一流规划教材

一流学科教材

物 理

# 电动力学

# ELECTRODYNAMICS

王少杰　编著

U0258961

中国科学技术大学出版社

## 内容简介

本书内容包括场论基础、电磁场的基本规律、静电场、稳恒磁场、电磁波的传播、连续系统的电磁辐射、运动粒子的电磁辐射、电磁波的散射和吸收、狭义相对论等9章，以及国际单位制与高斯单位制，经典电动力学的电磁对称性，经典电动力学的空间反射、时间反演和电荷共轭对称性，变分原理在物理学中的几个应用等附录. 在注重概念准确和数理逻辑严谨的基础上，本书扼要地介绍了电动力学发展历史上重要的传承脉络以及电动力学与理论力学、光学、统计力学、量子力学和等离子体物理学等学科之间的联系.

本书可供大学本科物理专业的师生在电动力学的教学中作为教材和参考书使用，也可供相关科研人员参考.

**图书在版编目(CIP)数据**

电动力学/王少杰编著. --合肥：中国科学技术大学出版社，2024. 8. -- ISBN 978-7-312-06041-0

Ⅰ. O442

中国国家版本馆 CIP 数据核字第 2024W43H36 号

**电动力学**

DIANDONG LIXUE

**出版** 中国科学技术大学出版社
安徽省合肥市金寨路96号，230026
http://press.ustc.edu.cn
http://zgkxjsdxcbs.tmall.com

**印刷** 安徽国文彩印有限公司

**发行** 中国科学技术大学出版社

**开本** 787 mm×1092 mm 1/16

**印张** 19.5

**字数** 484 千

**版次** 2024 年 8 月第 1 版

**印次** 2024 年 8 月第 1 次印刷

**定价** 68.00 元

# 前　言

本书原稿是笔者在中国科学技术大学讲授电动力学(80 学时)所用的讲义.内容包括场论基础(7 学时)、电磁场的基本规律(10 学时)、静电场(8 学时)、稳恒磁场(6 学时)、电磁波的传播(9 学时)、连续系统的电磁辐射(8 学时)、运动粒子的电磁辐射(6 学时)、电磁波的散射和吸收(8 学时)、狭义相对论(18 学时)等 9 章,以及国际单位制与高斯单位制,经典电动力学的电磁对称性,经典电动力学的空间反射、时间反演和电荷共轭对称性,变分原理在物理学中的几个应用等附录.

(1) 电动力学在其发展历史上有过很多重大的原始创新性工作.本书尽可能地交代清楚这些原始创新的来龙去脉,用历史事实证明这些原始创新都是在继承前人工作和思想的基础上自然而然发展起来的,而并不是不可捉摸地凭空产生的.

(2) 电动力学与其他课程的联系是广泛而紧密的.本书尽可能地介绍了电动力学与光学、经典力学、量子力学、统计力学以及等离子体物理学之间的联系.

(3) 电动力学在逻辑思维的严谨性方面堪称典范,然而这门课程要求学生具备良好的场论基础,这就使得许多学生在学习过程中难以专注于物理问题中关键的逻辑关系.因此,本书在介绍麦克斯韦的电磁场理论之前,把必要的场论基础放在第 1 章中专门加以讨论;而对于场论严格的数学处理则放在最后一章,在介绍狭义相对论的四维协变理论之前采用较为明晰的方式加以讨论.

在本书编写过程中,我的助教王子豪、尤金祥、李梦珂、邱岳峰、李岳松等协助校对了习题解答并绘制了插图;在中国科学技术大学的教学过程中,我的助教和学生们对本书提出了很多有益的意见和建议,笔者在此一并致谢!

由于笔者学识水平有限,本书错漏之处难免.衷心希望读者能够不吝赐教与批评,以期加以改正.

王少杰

2024 年 5 月于中国科学技术大学

# 目　　录

# 第 1 章　场论基础

电动力学的主要研究对象是电场矢量 $\boldsymbol{E}(\boldsymbol{x},t)$ 和磁感应强度矢量 $\boldsymbol{B}(\boldsymbol{x},t)$ 以及它们的源项, 即电荷密度 $\rho(\boldsymbol{x},t)$ 和电流密度矢量 $\boldsymbol{j}(\boldsymbol{x},t)$; 这些物理量都是空间位置 $\boldsymbol{x}$ 和时间 $t$ 的函数, 因而叫作场. 麦克斯韦（J. C. Maxwell, 1831—1879, 英国）建立起来的电磁场理论可以总结为电场矢量 $\boldsymbol{E}(\boldsymbol{x},t)$ 和磁感应强度矢量 $\boldsymbol{B}(\boldsymbol{x},t)$ 所满足的偏微分方程组; 因此经典电动力学最为重要的数学基础是矢量分析. 在这一章中我们讨论经典电动力学的场论基础. 本章前 6 节讨论标量场的梯度、矢量场的旋度和散度以及相关常用的微分运算的恒等式;本章最后 2 节讨论对于学习经典电动力学, 尤其重要的关于矢量场的亥姆霍兹（H. V. Helmholtz, 1821—1894, 德国）定理和唯一性定理.

泡利（W. E. Pauli, 1900—1958, 奥地利）曾经说过:"不要把金灿灿的物理思想淹没在繁茂的数学丛林中"; 麦克斯韦曾经说过:"把数学分析和实验研究联合使用所得到的物理知识, 比之一个单纯实验人员或单纯的数学家能具有的知识更加坚实、有益和巩固". 掌握场论基础, 对于顺利学习电动力学的理论和方法来说, 是必要的前提.

## 1.1　笛卡儿坐标系与矢量代数

在物理学中矢量是一个我们经常要用到的数学概念, 例如位移、速度、加速度、电磁场等. 在这一节中, 我们简要介绍笛卡儿（R. Descartes,1596—1650, 法国）坐标系中矢量的基本定义和代数运算.

三维欧几里得（Euclid, 约公元前 330—公元前 275, 古希腊）空间中, 笛卡儿坐标系（右手直角坐标系）$(x_1,x_2,x_3)=(x,y,z)$ 的基矢为 $(\boldsymbol{e}_1,\boldsymbol{e}_2,\boldsymbol{e}_3)$.

笛卡儿坐标系的基矢满足如下关系

$$\boldsymbol{e}_i\cdot\boldsymbol{e}_j=\delta_{ij},\tag{1.1.1a}$$

$$\boldsymbol{e}_i\times\boldsymbol{e}_j=\epsilon_{ijk}\boldsymbol{e}_k,\tag{1.1.1b}$$

其中, 当 $i=j$ 时, $\delta_{ij}=1$;当 $i\neq j$ 时, $\delta_{ij}=0$;当 $(ijk)$ 可以经过偶数次置换变成 $(123)$ 时, $\epsilon_{ijk}=1$; 当 $(ijk)$ 可以经过奇数次置换变成 $(123)$ 时, $\epsilon_{ijk}=-1$; 当任意两个角标相等时, $\epsilon_{ijk}=0$. 在这里以及本书后面讨论中, 指标重复时我们约定求和.

以上两个方程给出了矢量点积和叉积的定义.

任何一个矢量 $\boldsymbol{A}$ 可以写成

$$\boldsymbol{A} = A_i \boldsymbol{e}_i. \tag{1.1.2}$$

矢量的加法定义为

$$\boldsymbol{A} + \boldsymbol{B} = (A_i + B_i)\, \boldsymbol{e}_i. \tag{1.1.3}$$

标量与矢量的乘法定义为

$$f\boldsymbol{A} = f A_i \boldsymbol{e}_i. \tag{1.1.4}$$

2 个矢量点乘可以写成

$$\boldsymbol{A} \cdot \boldsymbol{B} = A_i \boldsymbol{e}_i \cdot B_j \boldsymbol{e}_j = A_i B_i; \tag{1.1.5}$$

2 个矢量叉乘可以写成

$$\boldsymbol{A} \times \boldsymbol{B} = A_i \boldsymbol{e}_i \times B_j \boldsymbol{e}_j = A_i B_j \epsilon_{ijk} \boldsymbol{e}_k. \tag{1.1.6}$$

3 个矢量的混合积满足“循环规则”

$$\boldsymbol{A} \cdot (\boldsymbol{B} \times \boldsymbol{C}) = \boldsymbol{C} \cdot (\boldsymbol{A} \times \boldsymbol{B}). \tag{1.1.7}$$

3 个矢量的叉乘满足

$$\boldsymbol{A} \times (\boldsymbol{B} \times \boldsymbol{C}) = (\boldsymbol{C} \cdot \boldsymbol{A})\boldsymbol{B} - (\boldsymbol{B} \cdot \boldsymbol{A})\boldsymbol{C}. \tag{1.1.8}$$

上式可以理解为 3 个矢量叉乘的“远交近攻”规则;左边括号内的 2 个矢量分别与括号外矢量点乘, 距离远的取正号, 距离近的取负号.

利用上述关系, 可以证明如下的 $\epsilon$-$\delta$ 规则:

$$\epsilon_{ijk}\epsilon_{lmk} = \delta_i^l \delta_j^m - \delta_i^m \delta_j^l, \tag{1.1.9}$$

$$\epsilon_{ijk}\epsilon_{ijl} = 2\delta_k^l, \tag{1.1.10}$$

$$\epsilon_{ijk}\epsilon_{ijk} = 3!, \tag{1.1.11}$$

其中, $\delta_i^j = \delta_{ij}$.

## 1.2 矢量场的微分

在这一节中我们简要讨论矢量场微分运算的基本概念.

### 1.2.1 矢量场对标量的导数

矢量场对标量的导数在笛卡儿坐标系中定义为

$$\frac{\mathrm{d}}{\mathrm{d}t}\boldsymbol{A}(t) = \frac{\mathrm{d}A_i(t)}{\mathrm{d}t}\boldsymbol{e}_i. \tag{1.2.1}$$

例如, 速度矢量可以由位移矢量对时间的导数求出

$$\boldsymbol{v}(t) = \frac{\mathrm{d}\boldsymbol{x}(t)}{\mathrm{d}t} = \boldsymbol{e}_i \frac{\mathrm{d}x_i(t)}{\mathrm{d}t}. \tag{1.2.2}$$

### 1.2.2　标量场的梯度

一个标量场 $\phi(\boldsymbol{x})$ 的梯度是一个矢量场, 记为 $\mathrm{grad}\phi(\boldsymbol{x})$, 其定义为

$$\phi(\boldsymbol{x}_2)-\phi(\boldsymbol{x}_1)=\int_{\boldsymbol{x}_1}^{\boldsymbol{x}_2}\mathrm{d}\phi\equiv\int_{\boldsymbol{x}_1}^{\boldsymbol{x}_2}\mathrm{d}\boldsymbol{x}\cdot\mathrm{grad}\phi(\boldsymbol{x})=\int_{\boldsymbol{x}_1}^{\boldsymbol{x}_2}\mathrm{d}\boldsymbol{l}\cdot\mathrm{grad}\phi(\boldsymbol{x}). \tag{1.2.3}$$

其中的线积分的路径为如图 1.1 所示连接 $\boldsymbol{x}_1$ 和 $\boldsymbol{x}_2$ 两点的空间任意曲线 $C$.

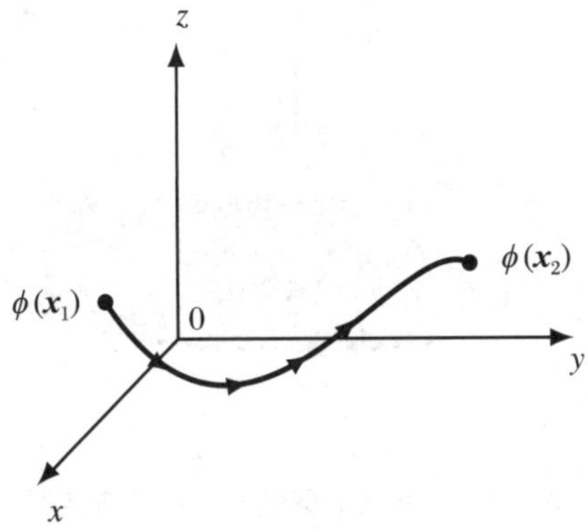


**图 1.1　标量场的梯度**

上述积分曲线是一维的, 因此方程 (1.2.3) 可以看作一元函数微积分的推广. 对于一元函数的微积分, 有牛顿 ( I. Newton, 1642—1727, 英国 ) 和莱布尼茨 ( G. W. Leibniz, 1646—1716, 德国 ) 在 1670 年代分别独立创立的牛顿-莱布尼茨公式

$$y(x_2)-y(x_1)=\int_{x_1}^{x_2}\mathrm{d}y=\int_{x_1}^{x_2}\mathrm{d}x\frac{\mathrm{d}y}{\mathrm{d}x}. \tag{1.2.4}$$

方程 ( 1.2.3 ) 可以看作牛顿-莱布尼茨公式的推广.

上述关于梯度的定义式对应的微分形式为

$$\mathrm{d}\phi(\boldsymbol{x})\equiv\mathrm{d}\boldsymbol{x}\cdot\mathrm{grad}\phi(\boldsymbol{x}). \tag{1.2.5}$$

在笛卡儿坐标系中引入算符

$$\nabla\equiv\boldsymbol{e}_i\partial_i=\nabla x_i\partial_i, \tag{1.2.6}$$

其中, $\partial_i=\partial/\partial x_i$, 注意 $\nabla$ 算符既有微分性质, 又有矢量性质.

在笛卡儿坐标系中, 可以写下

$$\mathrm{d}\phi(\boldsymbol{x})=\mathrm{d}x_i\partial_i\phi, \tag{1.2.7}$$

因此梯度可以写成

$$\mathrm{grad}\phi(\boldsymbol{x})=\nabla\phi. \tag{1.2.8}$$

### 1.2.3 矢量场的旋度

一个矢量场 $\boldsymbol{A}(\boldsymbol{x})$ 的旋度是一个矢量场, 记为 $\mathrm{rot}\boldsymbol{A}(\boldsymbol{x})$, 其定义为

$$\int_{\Sigma} \mathrm{d}\boldsymbol{S} \cdot \mathrm{rot}\boldsymbol{A}(\boldsymbol{x}) \equiv \oint_{L} \mathrm{d}\boldsymbol{l} \cdot \boldsymbol{A}, \tag{1.2.9}$$

其中, 积分围道 $L$ 为如图 1.2 所示的积分曲面 $\Sigma$ 的边界, 积分围道 $L$ 的方向与积分曲面 $\Sigma$ 的方向满足右手规则;本书中除非特别说明都采用右手规则和右手坐标系.

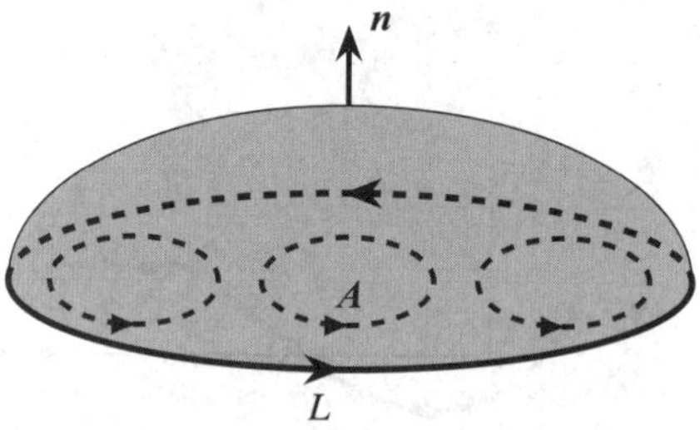


**图 1.2　矢量场的环量及斯托克斯定理**

上式右边给出的矢量场在闭合曲线(环路)上的积分称为环量.

在笛卡儿坐标系中可证明斯托克斯(G. G. Stokes, 1819—1903, 英国)定理

$$\oint_{L} \mathrm{d}\boldsymbol{l} \cdot \boldsymbol{A} = \int_{\Sigma} \mathrm{d}\boldsymbol{S} \cdot (\nabla \times \boldsymbol{A}), \tag{1.2.10}$$

其中

$$\nabla \times \boldsymbol{A} = (\boldsymbol{e}_i \partial_i) \times (A_j \boldsymbol{e}_j) = \epsilon_{ijk} \partial_i A_j \boldsymbol{e}_k. \tag{1.2.11}$$

因此, 旋度可以写成

$$\mathrm{rot}\boldsymbol{A} = \nabla \times \boldsymbol{A}. \tag{1.2.12}$$

### 1.2.4 矢量场的散度

一个矢量场 $\boldsymbol{A}(\boldsymbol{x})$ 的散度是一个标量场, 记为 $\mathrm{div}\boldsymbol{A}(\boldsymbol{x})$, 其定义为

$$\int_{V} \mathrm{d}^3\boldsymbol{x} \mathrm{div}\boldsymbol{A}(\boldsymbol{x}) \equiv \oint_{\Sigma} \mathrm{d}\boldsymbol{S} \cdot \boldsymbol{A}. \tag{1.2.13}$$

其中, 闭合曲面 $\Sigma$ 是如图 1.3 所示的体积分域 $V$ 的边界, 闭合曲面 $\Sigma$ 的方向向外. 上式右边给出的矢量场在曲面上的积分称为通量.

在笛卡儿坐标系中可证明高斯 (C. F. Gauss, 1777—1855, 德国) 定理

$$\oint_{\Sigma} \mathrm{d}\boldsymbol{S} \cdot \boldsymbol{A} = \int_{V} \mathrm{d}^3\boldsymbol{x} \nabla \cdot \boldsymbol{A}, \tag{1.2.14}$$

其中

$$\nabla \cdot \boldsymbol{A} = \partial_i A_i(\boldsymbol{x}). \tag{1.2.15}$$

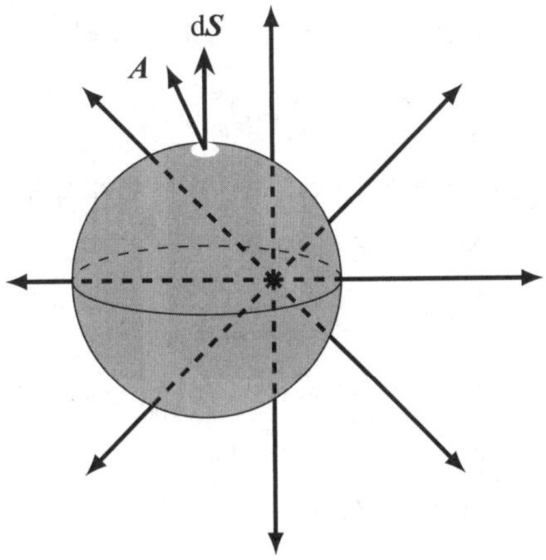


**图 1.3　矢量场的通量和高斯定理**

高斯定理是由数学家、物理学家高斯于 1813 年在研究椭球体的万有引力时发现的. 由于牛顿的万有引力满足平方反比关系和叠加原理, 因此引力场穿过任意闭合曲面的通量与该闭合曲面包围的质量成正比, 与曲面外质量无关. 这又称为高斯定律. 很显然高斯定律对于任意满足平方反比律的力(如库仑力)都是成立的.

根据高斯定理, 散度可以写成

$$\mathrm{div}\boldsymbol{A} = \nabla \cdot \boldsymbol{A}. \tag{1.2.16}$$

利用高斯定理可以证明

$$\oint_{\Sigma} \mathrm{d}\boldsymbol{S} \times \boldsymbol{A} = \int_V \mathrm{d}^3\boldsymbol{x} \nabla \times \boldsymbol{A}. \tag{1.2.17}$$

上式可以称为推广的斯托克斯定理.

## 1.3　矢量微分公式

我们将常用的矢量微分公式列举如下:

$$\nabla \cdot (f\boldsymbol{A}) = \nabla f \cdot \boldsymbol{A} + f\nabla \cdot \boldsymbol{A}, \tag{1.3.1}$$

$$\nabla \times (f\boldsymbol{A}) = \nabla f \times \boldsymbol{A} + f\nabla \times \boldsymbol{A}, \tag{1.3.2}$$

$$\nabla \cdot (\boldsymbol{A} \times \boldsymbol{B}) = -\boldsymbol{A} \cdot (\nabla \times \boldsymbol{B}) + \boldsymbol{B} \cdot (\nabla \times \boldsymbol{A}), \tag{1.3.3}$$

$$\nabla \times (\boldsymbol{A} \times \boldsymbol{B}) = \boldsymbol{B} \cdot \nabla \boldsymbol{A} + (\nabla \cdot \boldsymbol{B})\boldsymbol{A} - \boldsymbol{A} \cdot \nabla \boldsymbol{B} - (\nabla \cdot \boldsymbol{A})\boldsymbol{B}, \tag{1.3.4}$$

$$\nabla(\boldsymbol{A} \cdot \boldsymbol{B}) = \boldsymbol{B} \times (\nabla \times \boldsymbol{A}) + (\boldsymbol{B} \cdot \nabla)\boldsymbol{A} + \boldsymbol{A} \times (\nabla \times \boldsymbol{B}) + (\boldsymbol{A} \cdot \nabla)\boldsymbol{B}, \tag{1.3.5}$$

$$\nabla \times (\nabla \times \boldsymbol{A}) = \nabla(\nabla \cdot \boldsymbol{A}) - \nabla^2 \boldsymbol{A}, \tag{1.3.6}$$

$$\nabla \times \nabla f = \boldsymbol{0}, \tag{1.3.7}$$

$$\nabla \cdot (\nabla \times \boldsymbol{A}) = 0, \tag{1.3.8}$$

$$\nabla \cdot \nabla f = \nabla^2 f, \tag{1.3.9}$$

其中, $\nabla^2$ 称为拉普拉斯 (P. S. Laplace, 1749—1827, 法国) 算符;在笛卡儿系中有

$$\nabla^2 = \partial_x^2 + \partial_y^2 + \partial_z^2.$$

这里以 $\nabla \times (\boldsymbol{A} \times \boldsymbol{B})$ 为例介绍矢量微分公式的两种化简方法.

方法(1), 利用 $\epsilon$-$\delta$ 规则在笛卡儿系中运算:

$$\begin{aligned}
\nabla \times (\boldsymbol{A} \times \boldsymbol{B}) &= (\boldsymbol{e}_l \partial_l) \times (A_i \boldsymbol{e}_i \times B_j \boldsymbol{e}_j) \\
&= (\boldsymbol{e}_l \partial_l) \times (A_i B_j \epsilon_{ijk} \boldsymbol{e}_k) \\
&= \partial_l (A_i B_j) \epsilon_{ijk} \boldsymbol{e}_l \times \boldsymbol{e}_k \\
&= \partial_l (A_i B_j) \epsilon_{ijk} \epsilon_{mlk} \boldsymbol{e}_m \\
&= (B_j \partial_l A_i + A_i \partial_l B_j)(\delta_i^m \delta_j^l - \delta_i^l \delta_j^m) \boldsymbol{e}_m \\
&= (B_l \partial_l A_m + A_m \partial_l B_l - B_m \partial_l A_l - A_l \partial_l B_m) \boldsymbol{e}_m \\
&= (\boldsymbol{B} \cdot \nabla) \boldsymbol{A} + (\nabla \cdot \boldsymbol{B}) \boldsymbol{A} - (\nabla \cdot \boldsymbol{A}) \boldsymbol{B} - \boldsymbol{A} \cdot \nabla \boldsymbol{B}.
\end{aligned}$$

方法(2), 利用 $\nabla$ 算符的微分性和矢量性:

$$\begin{aligned}
\nabla \times (\boldsymbol{A} \times \boldsymbol{B}) &= \nabla \times (\boldsymbol{A} \times \boldsymbol{B}_\mathrm{c}) + \nabla \times (\boldsymbol{A}_\mathrm{c} \times \boldsymbol{B}) \\
&= (\boldsymbol{B}_\mathrm{c} \cdot \nabla) \boldsymbol{A} - (\nabla \cdot \boldsymbol{A}) \boldsymbol{B}_\mathrm{c} + (\nabla \cdot \boldsymbol{B}) \boldsymbol{A}_\mathrm{c} - (\boldsymbol{A}_\mathrm{c} \cdot \nabla) \boldsymbol{B}.
\end{aligned}$$

其中, 下标"c"表示将其暂时看作常数, 在最后的结果中去掉下标即可.

**例 1.1** 导出 $\nabla (\boldsymbol{A} \cdot \boldsymbol{B})$ 的展开式.

**解** 考虑 $\nabla$ 算符的微分性质, 有

$$\nabla (\boldsymbol{A} \cdot \boldsymbol{B}) = \nabla (\boldsymbol{A}_\mathrm{c} \cdot \boldsymbol{B}) + \nabla (\boldsymbol{A} \cdot \boldsymbol{B}_\mathrm{c}). \tag{1.3.10}$$

考虑 $\nabla$ 算符的矢量性质, 有

$$\nabla (\boldsymbol{A}_\mathrm{c} \cdot \boldsymbol{B}) = \boldsymbol{A}_\mathrm{c} \times (\nabla \times \boldsymbol{B}) + (\boldsymbol{A}_\mathrm{c} \cdot \nabla) \boldsymbol{B}, \tag{1.3.11}$$

$$\nabla (\boldsymbol{B}_\mathrm{c} \cdot \boldsymbol{A}) = \boldsymbol{B}_\mathrm{c} \times (\nabla \times \boldsymbol{A}) + (\boldsymbol{B}_\mathrm{c} \cdot \nabla) \boldsymbol{A}. \tag{1.3.12}$$

矢量的微分公式在场论中有着广泛的应用, 熟练掌握矢量微分公式的运算对于我们学习电动力学以及今后的工作有着重要的意义. 上述两个例题给出了两个典型的演算方法. 注意方法(1)的实质是在笛卡儿系中演算, 我们只不过应用了 $\epsilon$-$\delta$ 符号和规则, 使得演算过程简洁一些. 费曼(R. P. Feynman, 1918—1988, 美国)曾经说过, 对于这些矢量微分公式, 如果你记不住也没有什么关系, 不妨就在笛卡儿坐标系中演算, 你不必为此感到羞愧.

## 1.4* 一般曲线坐标系下的梯度、旋度和散度算符

考虑一般曲线坐标系 $(x^1, x^2, x^3)$, 其与笛卡儿坐标的变换关系 $x^i = x^i(x, y, z)$ 给定, 变换的雅克比(C. G. Jacobi, 1804—1851, 德国)行列式记为 $J$, 有

$$\frac{1}{J} = \nabla x^1 \cdot (\nabla x^2 \times \nabla x^3). \tag{1.4.1}$$

对于一般曲线坐标系，其基矢有逆变基矢和协变基矢两种选择.

逆变基矢为

$$\left(\boldsymbol{e}^1,\boldsymbol{e}^2,\boldsymbol{e}^3\right)\equiv\left(\nabla x^1,\nabla x^2,\nabla x^3\right); \tag{1.4.2}$$

协变基矢为

$$\left(\boldsymbol{e}_1,\boldsymbol{e}_2,\boldsymbol{e}_3\right)\equiv J\left(\nabla x^2\times\nabla x^3,\nabla x^3\times\nabla x^1,\nabla x^1\times\nabla x^2\right). \tag{1.4.3}$$

注意，这里的基矢一般并非单位矢量,

$$\boldsymbol{e}^i\cdot\boldsymbol{e}_j=\delta^i_j, \tag{1.4.4}$$

$$\boldsymbol{e}^i\times\boldsymbol{e}^j=\frac{1}{J}\epsilon^{ijk}\boldsymbol{e}_k, \tag{1.4.5}$$

其中, $\epsilon^{ijk}=\epsilon_{ijk}$.

需要强调的是，对于一般曲线坐标系，其逆变基矢之间并不一定相互正交；同样地，其协变基矢之间也不一定相互正交.

相应地，矢量可以有两种表达式

$$\boldsymbol{A}=A_i\boldsymbol{e}^i=A_i\nabla x^i, \tag{1.4.6}$$

$$\boldsymbol{A}=A^k\boldsymbol{e}_k=\frac{1}{2}A^kJ\epsilon_{ijk}\nabla x^i\times\nabla x^j. \tag{1.4.7}$$

其中, $A_i$ 称为协变分量, $A^i$ 称为逆变分量. 易知两个矢量的内积可以写成

$$\boldsymbol{A}\cdot\boldsymbol{B}=A_iB^i=A^jB_j. \tag{1.4.8}$$

在实际应用中，矢量的两种表示可以根据运算的方便需要选择使用.

### 1.4.1　一般曲线坐标系下的梯度算符

利用简单的链式法则，可知一般曲线坐标系下的梯度为

$$\nabla\phi(x^1,x^2,x^3)=\nabla x^i\partial_i\phi=\boldsymbol{e}^i\partial_i\phi. \tag{1.4.9}$$

**例 1.2**　柱坐标 $(r,\theta,z)$ 下梯度算符的表示.

**解**　在柱坐标下

$$\nabla r=\widehat{\boldsymbol{e}}_r,\ \nabla\theta=\frac{1}{r}\widehat{\boldsymbol{e}}_\theta,\ \nabla z=\widehat{\boldsymbol{e}}_z;$$

这里 $\hat{\boldsymbol{e}}_r$, $\hat{\boldsymbol{e}}_\theta$, $\hat{\boldsymbol{e}}_z$ 为单位基矢. 因此柱坐标下的梯度算符为

$$\nabla=\nabla x^i\partial_i=\hat{\boldsymbol{e}}_r\partial_r+\hat{\boldsymbol{e}}_\theta\frac{1}{r}\partial_\theta+\hat{\boldsymbol{e}}_z\partial_z.$$

**例 1.3**　球坐标 $(r,\theta,\phi)$ 下梯度算符的表示.

**解**　在球坐标下,

$$\nabla r=\widehat{\boldsymbol{e}}_r,\ \nabla\theta=\frac{1}{r}\widehat{\boldsymbol{e}}_\theta,\ \nabla\phi=\frac{1}{r\sin\theta}\widehat{\boldsymbol{e}}_\phi;$$

这里 $\hat{\boldsymbol{e}}_r$, $\hat{\boldsymbol{e}}_\theta$, $\hat{\boldsymbol{e}}_\phi$ 为单位基矢. 因此球坐标下的梯度算符为

$$\nabla=\nabla x^i\partial_i=\hat{\boldsymbol{e}}_r\partial_r+\hat{\boldsymbol{e}}_\theta\frac{1}{r}\partial_\theta+\hat{\boldsymbol{e}}_\phi\frac{1}{r\sin\theta}\partial_\phi.$$

### 1.4.2 一般曲线坐标系下的旋度算符

利用矢量微分恒等式

$$\nabla \times (\nabla f) = 0, \tag{1.4.10}$$

结合方程 (1.4.6) 可知, 一般曲线坐标系下的旋度为

$$\nabla \times \boldsymbol{A} = \nabla \times \left(A_i \nabla x^i\right) = \nabla A_i \times \nabla x^i = \boldsymbol{e}^j \times \boldsymbol{e}^i \partial_j A_i. \tag{1.4.11}$$

**例 1.4** 在柱坐标 $(r, \theta, z)$ 下, 通常将一个矢量写成

$$\boldsymbol{B} = \bar{B}_r \hat{\boldsymbol{e}}_r + \bar{B}_\theta \hat{\boldsymbol{e}}_\theta + \bar{B}_z \hat{\boldsymbol{e}}_z.$$

这里 $\hat{\boldsymbol{e}}_r, \hat{\boldsymbol{e}}_\theta, \hat{\boldsymbol{e}}_z$ 为单位基矢. 试计算矢量 $\boldsymbol{B}$ 的旋度.

**解** 在柱坐标下

$$\nabla r = \widehat{\boldsymbol{e}}_r, \quad \nabla \theta = \frac{1}{r} \widehat{\boldsymbol{e}}_\theta, \quad \nabla z = \widehat{\boldsymbol{e}}_z.$$

首先将矢量在柱坐标下写成如下形式:

$$\boldsymbol{B} = \bar{B}_r \nabla r + r \bar{B}_\theta \nabla \theta + \bar{B}_z \nabla z.$$

计算其旋度得

$$\nabla \times \boldsymbol{B} = \nabla \bar{B}_r \times \nabla r + \nabla \left(r \bar{B}_\theta\right) \times \nabla \theta + \nabla \bar{B}_z \times \nabla z.$$

再利用梯度算符在柱坐标下的表示, 不难得到

$$\nabla \times \boldsymbol{B} = \hat{\boldsymbol{e}}_r \left(\frac{1}{r} \partial_\theta \bar{B}_z - \partial_z \bar{B}_\theta\right) + \hat{\boldsymbol{e}}_\theta \left(\partial_z \bar{B}_r - \partial_r \bar{B}_z\right) + \hat{\boldsymbol{e}}_z \left[\frac{1}{r} \partial_r \left(r \bar{B}_\theta\right) - \frac{1}{r} \partial_\theta \bar{B}_r\right].$$

### 1.4.3 一般曲线坐标系下的散度算符

利用矢量微分恒等式

$$\nabla \cdot (\nabla \times \boldsymbol{A}) = 0, \tag{1.4.12}$$

以及

$$\nabla x^2 \times \nabla x^3 = \nabla \times \left(x^2 \nabla x^3\right), \tag{1.4.13}$$

并结合方程 (1.4.7) 可知, 一般曲线坐标系下的散度为

$$\begin{aligned} \nabla \cdot \boldsymbol{A} &= \nabla \cdot \left(\frac{1}{2} A^k J \epsilon_{ijk} \nabla x^i \times \nabla x^j\right) \\ &= \nabla \left(A^k J\right) \cdot \left(\frac{1}{2} \epsilon_{ijk} \nabla x^i \times \nabla x^j\right) \\ &= \frac{1}{J} \partial_k \left(J A^k\right). \end{aligned} \tag{1.4.14}$$

**例 1.5** 在球坐标 $(r, \theta, \phi)$ 下, 通常将一个矢量写成

$$\boldsymbol{B} = \bar{B}_r \hat{\boldsymbol{e}}_r + \bar{B}_\theta \hat{\boldsymbol{e}}_\theta + \bar{B}_\phi \hat{\boldsymbol{e}}_\phi. \tag{1.4.15}$$

计算 $\nabla\cdot\boldsymbol{B}$.

**解** 在球坐标下,

$$\nabla r=\widehat{\boldsymbol{e}}_r,\ \nabla\theta=\frac{1}{r}\widehat{\boldsymbol{e}}_\theta,\ \nabla\phi=\frac{1}{r\sin\theta}\widehat{\boldsymbol{e}}_\phi;$$

这里 $\hat{\boldsymbol{e}}_r$, $\hat{\boldsymbol{e}}_\theta$, $\hat{\boldsymbol{e}}_\phi$ 为单位基矢. 因此球坐标的雅克比为

$$\begin{aligned}
&J=\frac{1}{(\nabla r\times\nabla\theta)\cdot\nabla\phi}=r^2\sin\theta.\\
&B^r=\nabla r\cdot\boldsymbol{B}=\bar{B}_r,\\
&B^\theta=\nabla\theta\cdot\boldsymbol{B}=\frac{1}{r}\bar{B}_\theta,\\
&B^\phi=\nabla\phi\cdot\boldsymbol{B}=\frac{1}{r\sin\theta}\bar{B}_\phi.
\end{aligned}$$

由此可得

$$\nabla\cdot\boldsymbol{B}=\frac{1}{r^2}\partial_r\left(r^2\bar{B}_r\right)+\frac{1}{r\sin\theta}\partial_\theta\left(\sin\theta\bar{B}_\theta\right)+\frac{1}{r\sin\theta}\partial_\phi\bar{B}_\phi.$$

## 1.5 二阶张量

对于各向同性介质中的应力, 分界面一侧的介质对另外一侧介质的作用力总是垂直于界面; 然而如果介质并非各向同性, 那么分界面两侧介质之间的相互作用力就不一定与界面垂直. 对于一般的各向异性介质, 为了描述其中的应力, 需要引入二阶张量 $\boldsymbol{\mathcal{P}}$.

在笛卡儿坐标系中, 应力张量可表示为

$$\boldsymbol{\mathcal{P}}=\boldsymbol{e}_i\boldsymbol{e}_jP_{ij},\tag{1.5.1}$$

其中, $\boldsymbol{e}_i\boldsymbol{e}_j$ 称为并矢, 即两个矢量并在一起, 不做任何运算; 显然并矢也是张量.

张量与矢量的内积为矢量, 有

$$\boldsymbol{A}\cdot\boldsymbol{\mathcal{P}}=A_k\boldsymbol{e}_k\cdot\boldsymbol{e}_i\boldsymbol{e}_jP_{ij}=A_iP_{ij}\boldsymbol{e}_j,\tag{1.5.2}$$

$$\boldsymbol{\mathcal{P}}\cdot\boldsymbol{A}=\boldsymbol{e}_i\boldsymbol{e}_jP_{ij}\cdot A_k\boldsymbol{e}_k=\boldsymbol{e}_iP_{ij}A_j.\tag{1.5.3}$$

注意对于一般的张量, 与一个矢量是在左边点乘还是在右边点乘, 结果得到的内积是不同的.

应力张量的定义如下: 闭合曲面 $\Sigma$ 所包围体积 $V$ 内的介质, 受到界面外介质作用的应力为

$$\boldsymbol{F}=-\oint_\Sigma \mathrm{d}\boldsymbol{S}\cdot\boldsymbol{\mathcal{P}}.\tag{1.5.4}$$

应力张量 $P_{ij}$ 由 9 个数构成, 为三维空间的二阶张量.

应力张量的微分定义或许更有助于读者理解其数学物理含义. 介质中面积微元 $\mathrm{d}\boldsymbol{S}$ 所指向一侧的介质作用于该面积微元上的应力微元 $\mathrm{d}\boldsymbol{F}$ 为

$$\mathrm{d}\boldsymbol{F}=-\mathrm{d}\boldsymbol{S}\cdot\boldsymbol{\mathcal{P}}.\tag{1.5.5}$$

由此我们清楚地看到, 应力微元 d$\boldsymbol{F}$ 的方向与面积微元 d$\boldsymbol{S}$ 的方向并不一定是一致的, 这正是介质各向异性的体现.

一个张量场 $\boldsymbol{\mathcal{P}}(\boldsymbol{x})$ 的散度是一个矢量场, 记为 div$\boldsymbol{\mathcal{P}}(\boldsymbol{x})$, 其定义为

$$\oint_{\Sigma} \mathrm{d}\boldsymbol{S} \cdot \boldsymbol{\mathcal{P}} = \int_V \mathrm{d}^3\boldsymbol{x}\,\mathrm{div}\boldsymbol{\mathcal{P}}. \tag{1.5.6}$$

在笛卡儿坐标系中可以证明

$$\oint_{\Sigma} \mathrm{d}\boldsymbol{S} \cdot \boldsymbol{\mathcal{P}} = \int_V \mathrm{d}^3\boldsymbol{x}\nabla \cdot \boldsymbol{\mathcal{P}}, \tag{1.5.7}$$

其中

$$\nabla \cdot \boldsymbol{\mathcal{P}} = \boldsymbol{e}_j \partial_i P_{ij}. \tag{1.5.8}$$

因此, 张量场的散度可以写成

$$\mathrm{div}\boldsymbol{\mathcal{P}} = \nabla \cdot \boldsymbol{\mathcal{P}}. \tag{1.5.9}$$

对于并矢的散度, 有恒等式

$$\nabla \cdot (\boldsymbol{AB}) = (\nabla \cdot \boldsymbol{A})\boldsymbol{B} + (\boldsymbol{A} \cdot \nabla)\boldsymbol{B}. \tag{1.5.10}$$

显然 $\nabla\boldsymbol{B} = \boldsymbol{e}_i \partial_i A_j \boldsymbol{e}_j$ 可以看作张量, 因此

$$(\boldsymbol{A} \cdot \nabla)\boldsymbol{B} = \boldsymbol{A} \cdot (\nabla\boldsymbol{B}). \tag{1.5.11}$$

任意一个二阶张量可以表示为一个二阶对称张量 ( $S_{ij} = S_{ji}$ ) 和一个二阶反对称张量 ( $A_{ij} = -A_{ji}$ ) 之和.

引入单位张量

$$\boldsymbol{\mathcal{I}} = \boldsymbol{e}_i \boldsymbol{e}_i = \nabla \boldsymbol{x}. \tag{1.5.12}$$

任何矢量左点乘或者右点乘单位张量仍然得到这个矢量本身

$$\boldsymbol{A} \cdot \boldsymbol{\mathcal{I}} = \boldsymbol{A} = \boldsymbol{\mathcal{I}} \cdot \boldsymbol{A}. \tag{1.5.13}$$

对于各向同性介质, 其应力张量可以由一个标量场 ( 压强 $p$ ) 和一个单位张量的乘积表示, 这样的张量称为各向同性张量; 各向同性张量的散度可以表示为标量场 ( 压强 $p$ ) 的梯度

$$\nabla \cdot (p\boldsymbol{\mathcal{I}}) = \nabla p\,(\boldsymbol{x})\,. \tag{1.5.14}$$

例如, 静止的气体和水的应力张量都可以表示为一个标量场 ( 压强 $p$ ) 和单位张量的乘积.

现在我们回头再看三矢量叉乘

$$\begin{aligned} \boldsymbol{A} \times (\boldsymbol{B} \times \boldsymbol{C}) &= (\boldsymbol{C} \cdot \boldsymbol{A})\boldsymbol{B} - (\boldsymbol{B} \cdot \boldsymbol{A})\boldsymbol{C} \\ &= \boldsymbol{A} \cdot (\boldsymbol{CB} - \boldsymbol{BC})\,. \end{aligned} \tag{1.5.15}$$

这里我们看到, $\boldsymbol{B} \times \boldsymbol{C}$ 的结果中出现了一个二阶反对称张量 $(\boldsymbol{CB} - \boldsymbol{BC})$.

如果将笛卡儿坐标系（右手直角坐标系）的基矢全部反号（得到的是一个左手直角坐标系），这相当于做空间反演变换 $(x,y,z)\to(-x,-y,-z)$；需要指出的是，空间反演变换得到左手系后，矢量乘积的定义方程 (1.1.1) 不变，这意味着叉积的方向在左手系中由左手规则确定.

对于一般的矢量如位移 $\boldsymbol{r}$，动量 $\boldsymbol{p}$，以及力 $\boldsymbol{F}$，在空间反演变换下其分量均会反号，这意味着矢量本身没有变化，这类矢量称为极矢量. 对于两个极矢量的叉积，如角动量 $\boldsymbol{L}=\boldsymbol{r}\times\boldsymbol{p}$，其分量在空间反演变换下仍然不变，这表明 $\boldsymbol{r}\times\boldsymbol{p}$ 这个矢量在空间反演变换下大小不变，方向反转，这类矢量与极矢量的性质不同，称为轴矢量. 实际上，两个极矢量的叉积是一个二阶反对称张量，在三维空间中碰巧可以用轴"矢量"表示.

轴矢量的特点可以用一个例子说明：将你的右手大拇指朝上握起来（右手定则），放在镜子前面，你在镜子中看到的像虽然也是大拇指朝上，但是其他四指的螺旋方向却是反过来的（左手定则）. 注意在这个例子里，单独看你的大拇指可以理解为一个极矢量，而其他四指的螺旋（左旋右旋）却是一个轴矢量.

## 1.6　$\delta$ 函数与相对位矢的函数

狄拉克（P. A. M. Dirac, 1902—1984, 英国）$\delta$ 函数的定义为，对任意函数 $f(x)$ 有

$$\underbrace{\int_{-\infty}^{+\infty}\mathrm{d}x\delta(x)}f(x)=f(0). \tag{1.6.1}$$

其中，狄拉克的 $\delta$ 函数在零点趋于无穷，在其他任一点的数值均为零. 很显然狄拉克 $\delta$ 函数是一个"奇特的函数". 狄拉克引入 $\delta$ 函数的应用目的是显然的，如数学上描述质点的密度或者点电荷的电荷密度等都有此种需求. 然而这种"奇特的函数"刚开始出现时，正统的数学家们或许难以接受：因为它不是连续可微的. 假定这一"奇特的函数"与正常的函数一样可以做微分运算，同时也满足分部积分公式，我们就可以立即得到

$$\underbrace{\int_{-\infty}^{+\infty}\mathrm{d}x\frac{\mathrm{d}\delta(x)}{\mathrm{d}x}}f(x)=-\frac{\mathrm{d}f}{\mathrm{d}x}(0). \tag{1.6.2}$$

上式可以理解为与方程（1.6.1）一致的关于狄拉克 $\delta$ 函数定义的补充.

事实上，狄拉克 $\delta$ 函数在较为准确的数学意义上应该理解为算符.

一般地，三维空间的 $\delta$ 函数可以定义为

$$\int\mathrm{d}^3\boldsymbol{x}\delta^3\left(\boldsymbol{x}-\boldsymbol{x}_0\right)f\left(\boldsymbol{x}\right)=f\left(\boldsymbol{x}_0\right). \tag{1.6.3}$$

在球坐标下

$$\nabla\frac{1}{r}=\nabla r\partial_r\left(\frac{1}{r}\right)=-\frac{1}{r^2}\boldsymbol{e}_r,$$

$$\nabla^2\frac{1}{r}=\nabla\cdot\nabla\frac{1}{r}=\frac{1}{r^2}\partial_r\left[r^2(-\frac{1}{r^2})\right]=0,\quad r\neq0.$$

当 $r \to 0$ 时, 我们计算以坐标原点为球心的无穷小球体内的如下体积分

$$\int \mathrm{d}^3\boldsymbol{x}\nabla^2\frac{1}{r} = \int \mathrm{d}^3x\nabla\cdot\nabla\frac{1}{r} = \oint \mathrm{d}\boldsymbol{S}\cdot\nabla\frac{1}{r} = -\oint \mathrm{d}S\frac{1}{r^2} = -4\pi.$$

因此我们有

$$-\nabla^2\frac{1}{4\pi r} = \delta^3(\boldsymbol{x}). \tag{1.6.4}$$

由此我们立即得到

$$-\nabla_{\boldsymbol{x}}^2\frac{1}{4\pi|\boldsymbol{x}-\boldsymbol{x}'|} = \delta^3(\boldsymbol{x}-\boldsymbol{x}'). \tag{1.6.5}$$

这是三维空间 $\delta$ 函数的一个有用的表示.

注意上式中出现了 $1/|\boldsymbol{x}-\boldsymbol{x}'|$ 这样的函数. 一般地, 我们称

$$\phi = \phi(\boldsymbol{x}-\boldsymbol{x}') \tag{1.6.6}$$

为相对位矢 $\boldsymbol{R} = \boldsymbol{x}-\boldsymbol{x}'$ 的函数.

在场论分析中我们经常会遇到相对位矢的函数. 注意, 相对位矢的函数 $\phi = \phi(\boldsymbol{x}-\boldsymbol{x}')$ 既可以说是 $\boldsymbol{x}$ 的函数, 也可以说是 $\boldsymbol{x}'$ 的函数, 当然也可以说是 $\boldsymbol{R}$ 的函数. 需要强调的是, $\boldsymbol{x}$ 和 $\boldsymbol{x}'$ 分别是两类空间点在同一套坐标 $(x, y, z)$ 下的表示; 在场论分析中, $\boldsymbol{x}$ 通常代表场点或观测点, 而 $\boldsymbol{x}'$ 代表的则是源项所在的点.

对于相对位矢的函数,

$$\nabla_{\boldsymbol{x}}\phi(\boldsymbol{x}-\boldsymbol{x}') = (\boldsymbol{e}_x\partial_x + \boldsymbol{e}_y\partial_y + \boldsymbol{e}_z\partial_z)\phi(\boldsymbol{x}-\boldsymbol{x}'), \tag{1.6.7a}$$

$$\nabla_{\boldsymbol{x}'}\phi(\boldsymbol{x}-\boldsymbol{x}') = (\boldsymbol{e}_x\partial_{x'} + \boldsymbol{e}_y\partial_{y'} + \boldsymbol{e}_z\partial_{z'})\phi(\boldsymbol{x}-\boldsymbol{x}'), \tag{1.6.7b}$$

$$\nabla_{\boldsymbol{R}}\phi(\boldsymbol{R}) = (\boldsymbol{e}_x\partial_{R_x} + \boldsymbol{e}_y\partial_{R_y} + \boldsymbol{e}_z\partial_{R_z})\phi(\boldsymbol{R}). \tag{1.6.7c}$$

由此我们立即得到在处理相对位矢的函数导数时有用的几个恒等式,

$$\nabla_{\boldsymbol{x}} = -\nabla_{\boldsymbol{x}'} = \nabla_{\boldsymbol{R}}, \tag{1.6.8}$$

$$\nabla_{\boldsymbol{x}}^2 = \nabla_{\boldsymbol{x}'}^2 = \nabla_{\boldsymbol{R}}^2. \tag{1.6.9}$$

## 1.7 亥姆霍兹定理

对于一个矢量场 $\boldsymbol{F}(\boldsymbol{x})$, 如果其散度源和旋度源给定, 该矢量场的解如何? 这就是如下的亥姆霍兹 ( H. V. Helmholtz, 1821—1894, 德国 ) 定理要回答的问题.

**亥姆霍兹定理** 若矢量场 $\boldsymbol{F}(\boldsymbol{x})$ 的散度源和旋度源给定

$$\nabla\cdot\boldsymbol{F}(\boldsymbol{x}) = \rho(\boldsymbol{x}), \tag{1.7.1a}$$

$$\nabla\times\boldsymbol{F}(\boldsymbol{x}) = \boldsymbol{j}(\boldsymbol{x}), \tag{1.7.1b}$$

且源项的体积分有限, 则

$$\boldsymbol{F}(\boldsymbol{x}) = -\nabla\phi(\boldsymbol{x}) + \nabla\times\boldsymbol{A}(\boldsymbol{x}), \tag{1.7.2}$$

其中

$$\phi(\boldsymbol{x})=\frac{1}{4\pi}\int \mathrm{d}^3\boldsymbol{x}'\rho(\boldsymbol{x}')\frac{1}{|\boldsymbol{x}-\boldsymbol{x}'|}, \tag{1.7.3a}$$

$$\boldsymbol{A}(\boldsymbol{x})=\frac{1}{4\pi}\int \mathrm{d}^3\boldsymbol{x}'\boldsymbol{j}(\boldsymbol{x}')\frac{1}{|\boldsymbol{x}-\boldsymbol{x}'|}. \tag{1.7.3b}$$

**证明**　利用三维空间的 $\delta$ 函数, 我们可以将矢量场 $\boldsymbol{F}(\boldsymbol{x})$ 表示成如下形式:

$$\begin{aligned}
\boldsymbol{F}(\boldsymbol{x}) &= \int \mathrm{d}^3\boldsymbol{x}'\delta^3(\boldsymbol{x}-\boldsymbol{x}')\boldsymbol{F}(\boldsymbol{x}') \\
&= -\int \mathrm{d}^3\boldsymbol{x}'\nabla^2\frac{1}{4\pi|\boldsymbol{x}-\boldsymbol{x}'|}\boldsymbol{F}(\boldsymbol{x}') \\
&= -\nabla^2\frac{1}{4\pi}\int \mathrm{d}^3\boldsymbol{x}'\frac{\boldsymbol{F}(\boldsymbol{x}')}{|\boldsymbol{x}-\boldsymbol{x}'|} \\
&= \nabla\times\left[\nabla\times\frac{1}{4\pi}\int \mathrm{d}^3\boldsymbol{x}'\frac{\boldsymbol{F}(\boldsymbol{x}')}{|\boldsymbol{x}-\boldsymbol{x}'|}\right]-\nabla\left[\nabla\cdot\frac{1}{4\pi}\int \mathrm{d}^3\boldsymbol{x}'\frac{\boldsymbol{F}(\boldsymbol{x}')}{|\boldsymbol{x}-\boldsymbol{x}'|}\right] \\
&\equiv \nabla\times\boldsymbol{A}(\boldsymbol{x})-\nabla\phi(\boldsymbol{x}).
\end{aligned}$$

在上面的计算过程中, 我们利用了矢量微分的恒等式

$$\nabla\times(\nabla\times\boldsymbol{B})=\nabla(\nabla\cdot\boldsymbol{B})-\nabla^2\boldsymbol{B}.$$

下面我们分别计算 $\boldsymbol{A}(\boldsymbol{x})$ 和 $\phi(\boldsymbol{x})$,

$$\begin{aligned}
\boldsymbol{A}(\boldsymbol{x}) &= \frac{1}{4\pi}\int \mathrm{d}^3\boldsymbol{x}'\nabla\times\frac{\boldsymbol{F}(\boldsymbol{x}')}{|\boldsymbol{x}-\boldsymbol{x}'|} \\
&= \frac{1}{4\pi}\int \mathrm{d}^3\boldsymbol{x}'\nabla_{\boldsymbol{x}}\frac{1}{|\boldsymbol{x}-\boldsymbol{x}'|}\times\boldsymbol{F}(\boldsymbol{x}') \\
&= -\frac{1}{4\pi}\int \mathrm{d}^3\boldsymbol{x}'\nabla_{\boldsymbol{x}'}\frac{1}{|\boldsymbol{x}-\boldsymbol{x}'|}\times\boldsymbol{F}(\boldsymbol{x}') \\
&= -\frac{1}{4\pi}\int \mathrm{d}^3\boldsymbol{x}'\left\{\nabla_{\boldsymbol{x}'}\times\left[\frac{\boldsymbol{F}(\boldsymbol{x}')}{|\boldsymbol{x}-\boldsymbol{x}'|}\right]-\frac{1}{|\boldsymbol{x}-\boldsymbol{x}'|}\nabla_{\boldsymbol{x}'}\times\boldsymbol{F}(\boldsymbol{x}')\right\} \\
&= -\frac{1}{4\pi}\oint \mathrm{d}\boldsymbol{S}'\times\frac{\boldsymbol{F}(\boldsymbol{x}')}{|\boldsymbol{x}-\boldsymbol{x}'|}+\frac{1}{4\pi}\int \mathrm{d}^3\boldsymbol{x}'\frac{\boldsymbol{j}(\boldsymbol{x}')}{|\boldsymbol{x}-\boldsymbol{x}'|} \\
&= \frac{1}{4\pi}\int \mathrm{d}^3\boldsymbol{x}'\boldsymbol{j}(\boldsymbol{x}')\frac{1}{|\boldsymbol{x}-\boldsymbol{x}'|},
\end{aligned}$$

上述计算中倒数第二步面积分为零的理由如下.

注意上述体积分的积分域为全空间, 因此上述计算倒数第二步中面积分的积分域为无穷大球面. 对任意给定的 $\boldsymbol{x}$, 当 $r=|\boldsymbol{x}-\boldsymbol{x}'|\to|\boldsymbol{x}'|\to\infty$ 时,

$$\begin{aligned}
\oint \mathrm{d}\boldsymbol{S}'\times\frac{\boldsymbol{F}(\boldsymbol{x}')}{|\boldsymbol{x}-\boldsymbol{x}'|} &\to \frac{1}{r}\oint \mathrm{d}\boldsymbol{S}'\times\boldsymbol{F}(\boldsymbol{x}') \\
&= \frac{1}{r}\int \mathrm{d}^3\boldsymbol{x}'\nabla_{\boldsymbol{x}'}\times\boldsymbol{F}(\boldsymbol{x}') \\
&= \frac{1}{r}\int \mathrm{d}^3\boldsymbol{x}'\boldsymbol{j}(\boldsymbol{x}') \\
&\to \boldsymbol{0}.
\end{aligned}$$

注意由题设知旋度源 $\boldsymbol{j}$ 的体积分 $\int \mathrm{d}^3\boldsymbol{x}'\boldsymbol{j}(\boldsymbol{x}')$ 有限.

类似地, 对于 $\phi(\boldsymbol{x})$ 的计算如下:

$$\begin{aligned}
\phi(\boldsymbol{x}) &= \frac{1}{4\pi}\int \mathrm{d}^3\boldsymbol{x}'\nabla\cdot\frac{\boldsymbol{F}(\boldsymbol{x}')}{|\boldsymbol{x}-\boldsymbol{x}'|} \\
&= \frac{1}{4\pi}\int \mathrm{d}^3\boldsymbol{x}'\nabla_{\boldsymbol{x}}\frac{1}{|\boldsymbol{x}-\boldsymbol{x}'|}\cdot\boldsymbol{F}(\boldsymbol{x}') \\
&= -\frac{1}{4\pi}\int \mathrm{d}^3\boldsymbol{x}'\nabla_{\boldsymbol{x}'}\frac{1}{|\boldsymbol{x}-\boldsymbol{x}'|}\cdot\boldsymbol{F}(\boldsymbol{x}') \\
&= -\frac{1}{4\pi}\int \mathrm{d}^3\boldsymbol{x}'\left\{\nabla_{\boldsymbol{x}'}\cdot\left[\frac{\boldsymbol{F}(\boldsymbol{x}')}{|\boldsymbol{x}-\boldsymbol{x}'|}\right]-\frac{1}{|\boldsymbol{x}-\boldsymbol{x}'|}\nabla_{\boldsymbol{x}'}\cdot\boldsymbol{F}(\boldsymbol{x}')\right\} \\
&= -\frac{1}{4\pi}\oint \mathrm{d}\boldsymbol{S}'\cdot\frac{\boldsymbol{F}(\boldsymbol{x}')}{|\boldsymbol{x}-\boldsymbol{x}'|}+\frac{1}{4\pi}\int \mathrm{d}^3\boldsymbol{x}'\frac{\rho(\boldsymbol{x}')}{|\boldsymbol{x}-\boldsymbol{x}'|} \\
&= \frac{1}{4\pi}\int \mathrm{d}^3\boldsymbol{x}'\rho(\boldsymbol{x}')\frac{1}{|\boldsymbol{x}-\boldsymbol{x}'|},
\end{aligned}$$

上式中倒数第二步面积分为零的理由与前述关于 $\boldsymbol{A}(\boldsymbol{x})$ 的计算中倒数第二步的面积分为零的理由类似.

亥姆霍兹定理证毕.

**例 1.6** 已知静电场满足的微分方程为

$$\begin{aligned}
\nabla\times\boldsymbol{E} &= \boldsymbol{0}, \\
\nabla\cdot\boldsymbol{E} &= \frac{1}{\epsilon_0}\rho(\boldsymbol{x}) = \frac{1}{\epsilon_0}Q\delta^3(\boldsymbol{x}),
\end{aligned}$$

其中, $\epsilon_0$ 为常数. 试求静电场.

**解** 由亥姆霍兹定理, 立即得到

$$\boldsymbol{E}(\boldsymbol{x}) = -\nabla\phi(\boldsymbol{x}),$$

其中静电势为

$$\phi(\boldsymbol{x}) = \frac{1}{4\pi\epsilon_0}\int \mathrm{d}^3\boldsymbol{x}'\rho(\boldsymbol{x}')\frac{1}{|\boldsymbol{x}-\boldsymbol{x}'|}.$$

由此可得静电场的一般表达式

$$\boldsymbol{E}(\boldsymbol{x}) = \frac{1}{4\pi\epsilon_0}\int \mathrm{d}^3\boldsymbol{x}'\rho(\boldsymbol{x}')\frac{\boldsymbol{x}-\boldsymbol{x}'}{|\boldsymbol{x}-\boldsymbol{x}'|^3}.$$

代入 $\delta$ 函数所表示的位于坐标原点的点电荷 $Q$ 的电荷密度源项, 我们得到点电荷产生的静电场

$$\boldsymbol{E}(\boldsymbol{x}) = \frac{1}{4\pi\epsilon_0}Q\frac{\boldsymbol{x}}{|\boldsymbol{x}|^3}.$$

## 1.8* 矢量场的唯一性定理

亥姆霍兹定理回答了当散度源和旋度源在全空间给定时矢量场的解; 然而场论分析中经常遇到的一类问题是:矢量场的源项只在给定的有限域内能够确定, 解域外的源项对于解

域内场的影响通过边界上场的给定条件（即边界条件）确定. 通常我们讨论以闭合曲面为边界的单连通域内矢量场的两类求解问题. 下面我们给出两类常见问题的唯一性定理.

第一类问题讨论的单连通解域在闭合曲面以内, 如图 1.4 所示.

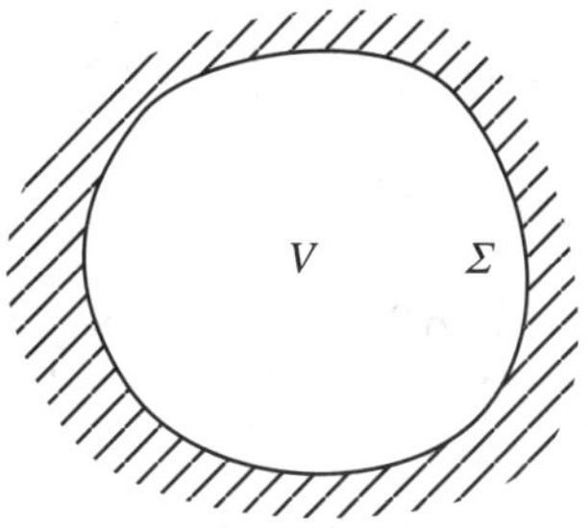


**图 1.4 第一类问题的解域与边界**

**矢量场的唯一性定理 1** 在闭合曲面 $\Sigma$ 包围的单连通域 $V$ 内给定矢量场 $\boldsymbol{F}$ 所满足的微分方程,

$$\nabla \cdot [\alpha(\boldsymbol{x})\boldsymbol{F}(\boldsymbol{x})] = \rho(\boldsymbol{x}), \tag{1.8.1a}$$

$$\nabla \times \boldsymbol{F}(\boldsymbol{x}) = \boldsymbol{j}(\boldsymbol{x}), \tag{1.8.1b}$$

其中, $\alpha(\boldsymbol{x}) > 0$ 且有界.

边界条件为在闭合曲面 $\Sigma$ 上给定场的切向分量,

$$\boldsymbol{n} \times \boldsymbol{F}|_{\Sigma} = \boldsymbol{g}(\boldsymbol{x}), \tag{1.8.2}$$

其中, $\boldsymbol{n}$ 为边界面 $\Sigma$ 的法向单位矢量, 方向由解域内指向域外.

矢量场 $\boldsymbol{F}(\boldsymbol{x})$ 唯一确定.

**证明** 假设 $\boldsymbol{F}_1 \neq \boldsymbol{F}_2$, 且两者均满足给定问题的微分方程和边界条件, 那么

$$\delta\boldsymbol{F} = \boldsymbol{F}_2 - \boldsymbol{F}_1 \neq \boldsymbol{0}.$$

代入矢量场满足的微分方程, 我们得到

$$\nabla \times \delta\boldsymbol{F} = \boldsymbol{0},$$
$$\nabla \cdot (\alpha\delta\boldsymbol{F}) = 0.$$

在单连通域内, 由上面第一个方程得 $\delta\boldsymbol{F} = -\nabla\delta\phi$; 再代入第二个方程, 我们得到

$$\nabla \cdot (\alpha\nabla\delta\phi) = 0. \tag{1.8.3}$$

对于 $\delta\phi$ 由高斯定理得到

$$\begin{aligned}\oint \mathrm{d}\boldsymbol{S} \cdot (\delta\phi\alpha\nabla\delta\phi) &= \int \mathrm{d}^3\boldsymbol{x}\nabla \cdot (\delta\phi\alpha\nabla\delta\phi) \\ &= \int \mathrm{d}^3\boldsymbol{x} \left[\alpha|\nabla\delta\phi|^2 + \delta\phi\nabla \cdot (\alpha\delta\phi)\right].\end{aligned} \tag{1.8.4}$$

边界条件可以写成

$$\boldsymbol{n}\times\delta\boldsymbol{F}|_{\Sigma}=\boldsymbol{0}\quad\Longrightarrow\quad\delta\phi|_{\Sigma}=\text{const}.$$

利用方程 (1.8.3) 和方程 (1.8.4) 得

$$\int_V \mathrm{d}^3\boldsymbol{x}\alpha|\nabla\delta\phi|^2=\oint_\Sigma \mathrm{d}\boldsymbol{S}\cdot\delta\phi\alpha\nabla\delta\phi.$$

下面证明上述积分为零. 利用边界条件得到

$$\oint_\Sigma \mathrm{d}\boldsymbol{S}\cdot\delta\phi\alpha\nabla\delta\phi=\delta\phi|_\Sigma\oint_\Sigma \mathrm{d}\boldsymbol{S}\cdot\alpha\nabla\delta\phi=\delta\phi|_\Sigma\int_V \mathrm{d}^3\boldsymbol{x}\nabla\cdot(\alpha\nabla\delta\phi)=0.$$

因此 $\nabla\delta\phi$ 必处处为零, 即

$$\delta\boldsymbol{F}=\boldsymbol{0}.$$

这与假设矛盾, 故唯一性定理 1 成立.

第二类问题讨论的单连通解域在两闭合曲面之间, 如图 1.5 所示.

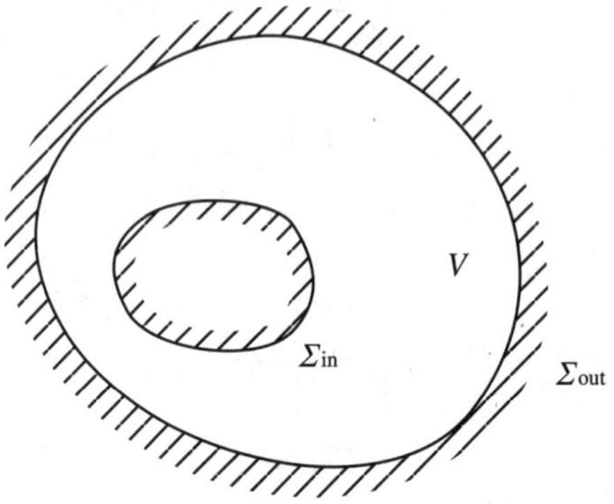


**图 1.5 第二类问题的解域与边界**

**矢量场的唯一性定理 2** 在单连通域 $V$ 内给定矢量场 $\boldsymbol{F}$ 所满足的微分方程,

$$\nabla\cdot[\alpha(\boldsymbol{x})\boldsymbol{F}(\boldsymbol{x})]=\rho(\boldsymbol{x}),\tag{1.8.5a}$$

$$\nabla\times\boldsymbol{F}(\boldsymbol{x})=\boldsymbol{j}(\boldsymbol{x}),\tag{1.8.5b}$$

其中, $\alpha(\boldsymbol{x})>0$ 且有界.

解域 $V$ 的内边界为闭合曲面 $\Sigma_{\text{in}}$, 外边界为闭合曲面 $\Sigma_{\text{out}}$. 边界条件为在外边界 $\Sigma_{\text{out}}$ 上给定场的切向分量, 在内边界 $\Sigma_{\text{in}}$ 上给定场的法向分量,

$$\boldsymbol{n}\times\boldsymbol{F}|_{\Sigma_{\text{out}}}=\boldsymbol{g}(\boldsymbol{x}),\tag{1.8.6}$$

$$\boldsymbol{n}\cdot\boldsymbol{F}|_{\Sigma_{\text{in}}}=f(\boldsymbol{x}),\tag{1.8.7}$$

其中, $\boldsymbol{n}$ 为边界面的法向单位矢量, 方向由解域内指向域外.

矢量场 $\boldsymbol{F}(\boldsymbol{x})$ 唯一确定.

**证明** 假设 $\boldsymbol{F}_1\neq\boldsymbol{F}_2$, 且两者均满足给定问题的微分方程和边界条件, 那么

$$\delta\boldsymbol{F}=\boldsymbol{F}_2-\boldsymbol{F}_1\neq\boldsymbol{0}.$$

于是在单连通域 $V$ 内

$$\nabla\cdot(\alpha\delta\boldsymbol{F})=0,$$
$$\nabla\times\delta\boldsymbol{F}=\boldsymbol{0}.$$

由上面的第二个方程得 $\delta\boldsymbol{F}=-\nabla\delta\phi$; 代入第一个方程得到

$$\nabla\cdot(\alpha\nabla\delta\phi)=0. \tag{1.8.8}$$

边界条件可以写成,

$$\boldsymbol{n}\times\delta\boldsymbol{F}|_{\Sigma_{\rm out}}=\boldsymbol{0}\implies\delta\phi|_{\Sigma_{\rm out}}={\rm const},$$
$$\boldsymbol{n}\cdot\delta\boldsymbol{F}|_{\Sigma_{\rm in}}=0\implies\boldsymbol{n}\cdot\nabla\delta\phi|_{\Sigma_{\rm in}}=0.$$

由高斯定理得

$$\oint{\rm d}\boldsymbol{S}\cdot(\delta\phi\alpha\nabla\delta\phi)=\int{\rm d}^3\boldsymbol{x}\nabla\cdot(\delta\phi\alpha\nabla\delta\phi)=\int{\rm d}^3\boldsymbol{x}\left[\alpha|\nabla\delta\phi|^2+\delta\phi\nabla\cdot(\alpha\nabla\delta\phi)\right]. \tag{1.8.9}$$

利用方程 (1.8.8) 和方程 (1.8.9) 得

$$\int_V{\rm d}^3\boldsymbol{x}\alpha|\nabla\delta\phi|^2=\oint_{\Sigma_{\rm in}}{\rm d}\boldsymbol{S}\cdot\delta\phi\alpha\nabla\delta\phi+\oint_{\Sigma_{\rm out}}{\rm d}\boldsymbol{S}\cdot\delta\phi\alpha\nabla\delta\phi.$$

由内边界条件我们立即得到上式中第一个面积分为零;上式中第二个面积分为零证明如下:

$$\oint_{\Sigma_{\rm out}}{\rm d}\boldsymbol{S}\cdot\delta\phi\alpha\nabla\delta\phi=\delta\phi|_{\Sigma_{\rm out}}\oint_{\Sigma_{\rm out}}{\rm d}\boldsymbol{S}\cdot\alpha\nabla\delta\phi=\delta\phi|_{\Sigma_{\rm out}}\int_{V+V_{\rm in}}{\rm d}^3\boldsymbol{x}\nabla\cdot(\alpha\nabla\delta\phi).$$

注意上式右边的体积分遍布外边界包围的空间, 除了解域 $V$ 还要加上内边界闭合曲面 $\Sigma_{\rm in}$ 所包围的区域 $V_{\rm in}$;该体积分在 $V$ 内的结果为零, 这显然由方程(1.8.8)保证. 考虑该体积分在 $V_{\rm in}$ 内的结果,

$$\int_{V_{\rm in}}{\rm d}^3\boldsymbol{x}\nabla\cdot(\alpha\nabla\delta\phi)=-\oint_{\Sigma_{\rm in}}{\rm d}\boldsymbol{\Sigma}\cdot\alpha\nabla\delta\phi=0.$$

在上式中的最后一步, 我们再一次利用了内边界条件.

综合上述讨论,

$$\int_V{\rm d}^3\boldsymbol{x}\alpha|\nabla\delta\phi|^2=0,$$

因此在解域 $V$ 内 $\nabla\delta\phi$ 必处处为零, 即

$$\delta\boldsymbol{F}=\boldsymbol{0}.$$

这与假设矛盾, 故唯一性定理 2 成立.

场论分析中也经常遇到无界空间的问题, 这相当于将上述两类有界空间问题的外边界取为半径 $r$ 为无限大的球面.

**矢量场的唯一性定理 3**　在无界空间域 $V$ 内给定矢量场 $\boldsymbol{F}$ 所满足的微分方程,

$$\nabla\cdot[\alpha(\boldsymbol{x})\boldsymbol{F}(\boldsymbol{x})]=\rho(\boldsymbol{x}), \tag{1.8.10a}$$

$$\nabla \times \boldsymbol{F}(\boldsymbol{x}) = \boldsymbol{j}(\boldsymbol{x}), \tag{1.8.10b}$$

其中, $\alpha(\boldsymbol{x}) > 0$ 且有界;源项在无穷远($r \to \infty$)处趋于零且源项的体积分有限.

边界条件为

$$\lim_{r\to\infty} \boldsymbol{F} \sim \mathcal{O}\left(\frac{1}{r^2}\right). \tag{1.8.11}$$

矢量场 $\boldsymbol{F}(\boldsymbol{x})$ 唯一确定.

**矢量场的唯一性定理 4** 在闭合曲面 $\Sigma_{\text{in}}$ 以外的半无界空间域 $V$ 内给定矢量场 $\boldsymbol{F}$ 所满足的微分方程,

$$\nabla \cdot [\alpha(\boldsymbol{x})\boldsymbol{F}(\boldsymbol{x})] = \rho(\boldsymbol{x}), \tag{1.8.12a}$$

$$\nabla \times \boldsymbol{F}(\boldsymbol{x}) = \boldsymbol{j}(\boldsymbol{x}), \tag{1.8.12b}$$

其中, $\alpha(\boldsymbol{x}) > 0$ 且有界;源项在无穷远($r \to \infty$)处趋于零且源项的体积分有限.

边界条件为

$$\lim_{r\to\infty} \boldsymbol{F} \sim \mathcal{O}\left(\frac{1}{r^2}\right), \tag{1.8.13}$$

$$\boldsymbol{n} \cdot \boldsymbol{F}|_{\Sigma_{\text{in}}} = f(\boldsymbol{x}), \tag{1.8.14}$$

其中, $\boldsymbol{n}$ 为边界面的法向单位矢量, 方向由解域内指向域外.

矢量场 $\boldsymbol{F}(\boldsymbol{x})$ 唯一确定.

定理 4 讨论的问题又称为域外问题.

定理 3 和定理 4 的证明从略. 无穷远处的边界条件通常是根据物理要求提出的, 这里我们指出定理 3 和定理 4 中给出的无穷远处的边界条件与场所满足的微分方程以及源项是自洽的.

本节讨论的 4 个唯一性定理虽然是针对三维问题给出的, 但稍加修改也适用于二维问题和一维问题.

## 习题与解答

1. 试证明方程(1.1.9).

2. 试证明:

$$\nabla(\boldsymbol{A} \cdot \boldsymbol{B}) = \boldsymbol{B} \times (\nabla \times \boldsymbol{A}) + (\boldsymbol{B} \cdot \nabla)\boldsymbol{A} + \boldsymbol{A} \times (\nabla \times \boldsymbol{B}) + (\boldsymbol{A} \cdot \nabla)\boldsymbol{B}.$$

3. 试证明:

$$\oint_{\Sigma} \mathrm{d}\boldsymbol{S} \times \boldsymbol{A} = \int_V \mathrm{d}^3\boldsymbol{x} \nabla \times \boldsymbol{A}.$$

这里 $V$ 为三维空间中闭合曲面 $\Sigma$ 所包围的体积.

答案: 以任意常矢量点乘原来的等式, 得到的等式由高斯定理知成立; 由点乘常矢量的任意性知需要证明的等式成立.

4. 分别写出拉普拉斯算符在柱坐标和球坐标下的表达式.

5. 试在笛卡儿坐标系下证明斯托克斯定理和高斯定理, 并讨论牛顿-莱布尼兹公式、斯托克斯定理和高斯定理之间的关系.

6. 对于二阶张量, 试由其散度的定义出发在笛卡儿坐标系下证明

$$\mathrm{div}\boldsymbol{\mathcal{P}} = \nabla \cdot \boldsymbol{\mathcal{P}}.$$

7. 今有一闭合环面, 在柱坐标 $(R, \phi, z)$ 下环面方程为 $(R-R_0)^2+z^2=a^2$, 其中 $R_0$ 和 $a$ 分别为环面的大半径和小半径. 已知环面内

$$\nabla \times \boldsymbol{E} = \boldsymbol{0};$$

当 $R \leqslant R_0 - a$ 时

$$\nabla \times \boldsymbol{E} = -\partial_t \boldsymbol{B}(t),$$

其中, $\boldsymbol{B}(t) = -\boldsymbol{e}_z \dfrac{\mathcal{E}}{\pi\left(R_0-a\right)^2} t$. 试证明:

对于环面内任意绕 $z$ 轴一周的闭合曲线 $L$, 有

$$\oint_L \mathrm{d}\boldsymbol{l} \cdot \boldsymbol{E} = \mathcal{E},$$

其中, 积分围道与 $z$ 轴构成右手关系.

对于环面内任意没有绕 $z$ 轴一周的闭合曲线 $C$,

$$\oint_C \mathrm{d}\boldsymbol{l} \cdot \boldsymbol{E} = 0.$$

提示:利用斯托克斯定理, 考察闭合曲线所围曲面上的场.

8. 试给出矢量场唯一性定理中三维欧氏空间中单连通域的数学定义.

答案:从物理应用的需求出发提出单连通域这一概念. 考虑域内无旋场的势能必须为一个单值函数;运用斯托克斯定理时需要域内任意闭合曲线必能在域内围出至少一个曲面. 由此可以得出单连通域的如下定义:域内任一简单闭合曲线可以连续收缩为一点.

9. 已知一个矢量场 $\boldsymbol{F}(\boldsymbol{x})$ 可以做如下的亥姆霍兹分解

$$\boldsymbol{F}(\boldsymbol{x}) = -\nabla\phi(\boldsymbol{x}) + \nabla \times \boldsymbol{A}(\boldsymbol{x}).$$

矢量场的标势 $\phi(\boldsymbol{x})$ 和矢势 $\boldsymbol{A}(\boldsymbol{x})$ 分别为

$$\begin{aligned}\phi(\boldsymbol{x}) &= \frac{1}{4\pi}\int \mathrm{d}^3\boldsymbol{x}'\rho(\boldsymbol{x}')\frac{1}{|\boldsymbol{x}-\boldsymbol{x}'|},\\ \boldsymbol{A}(\boldsymbol{x}) &= \frac{1}{4\pi}\int \mathrm{d}^3\boldsymbol{x}'\boldsymbol{j}(\boldsymbol{x}')\frac{1}{|\boldsymbol{x}-\boldsymbol{x}'|},\end{aligned}$$

其中

$$\nabla \cdot \boldsymbol{j} = 0.$$

试证明该矢量场 $\boldsymbol{F}(\boldsymbol{x})$ 的散度源和旋度源分别为

$$\nabla \cdot \boldsymbol{F}(\boldsymbol{x}) = \rho(\boldsymbol{x}),$$

$$\nabla \times \boldsymbol{F}(\boldsymbol{x}) = \boldsymbol{j}(\boldsymbol{x}).$$

提示:利用三维空间的 $\delta$ 函数.

10. 证明:

$$(\nabla \times \boldsymbol{A}) \times \boldsymbol{A} = -\nabla \cdot \left( \frac{A^2}{2} \boldsymbol{\mathcal{I}} - \boldsymbol{A}\boldsymbol{A} \right) - (\nabla \cdot \boldsymbol{A})\boldsymbol{A}.$$

11. 已知

$$\nabla^2 \phi = 0,$$

在闭合曲面 $\Sigma$ 包围的三维单连通域 $V$ 内成立, 且

$$\phi(\boldsymbol{x})_{\boldsymbol{x} \in \Sigma} = 0.$$

试求域 $V$ 内 $\phi(\boldsymbol{x})$ 的解.

提示:利用唯一性定理.

12. 令 $\boldsymbol{m}$ 为常矢量, 且

$$\boldsymbol{A}(\boldsymbol{x}) = \frac{\boldsymbol{m} \times \boldsymbol{x}}{|\boldsymbol{x}|^3},$$
$$\phi_m(\boldsymbol{x}) = \frac{\boldsymbol{m} \cdot \boldsymbol{x}}{|\boldsymbol{x}|^3}.$$

试证明, 除坐标原点 ( $\boldsymbol{x} = 0$ ) 外

$$\nabla \times \boldsymbol{A} = -\nabla \phi_m.$$

13. 已知静电场满足的微分方程为

$$\nabla \times \boldsymbol{E} = \boldsymbol{0},$$
$$\nabla \cdot \boldsymbol{E} = \frac{1}{\epsilon_0}\rho;$$

电偶极子的电荷密度可以表示为

$$\rho(\boldsymbol{x}) = -\boldsymbol{p} \cdot \nabla \delta^3(\boldsymbol{x}),$$

其中, 电偶极矩 $\boldsymbol{p}$ 为常矢量, $\epsilon_0$ 为常数. 试证明:

$$\boldsymbol{E} = -\nabla \phi,$$
$$\phi(\boldsymbol{x}) = \frac{1}{4\pi} \cdot \frac{\boldsymbol{p} \cdot \boldsymbol{x}}{|\boldsymbol{x}|^3}.$$

提示:利用亥姆霍兹定理, 再分部积分.

14. 已知静磁场满足的微分方程为

$$\nabla \times \boldsymbol{B} = \mu_0 \boldsymbol{j},$$
$$\nabla \cdot \boldsymbol{B} = 0.$$

磁偶极子的电流密度可以表示为

$$\boldsymbol{j}(\boldsymbol{x}) = -\boldsymbol{m} \times \nabla \delta^3(\boldsymbol{x}),$$

其中, 磁偶极矩 $\boldsymbol{m}$ 为常矢量, $\mu_0$ 为常数. 试证明:

$$\boldsymbol{B} = \nabla \times \boldsymbol{A},$$
$$\boldsymbol{A}(\boldsymbol{x}) = -\frac{\mu_0}{4\pi}\boldsymbol{m} \times \nabla \frac{1}{|\boldsymbol{x}|}.$$

提示:利用亥姆霍兹定理, 再分部积分.

15. 证明 1.8 节唯一性定理 3.

提示:参考定理 1 和定理 2 的证明, 使用反证法. 假设存在两个解

$$\boldsymbol{F}_2 - \boldsymbol{F}_1 = \delta \boldsymbol{F},$$

则 $\delta \boldsymbol{F} = -\nabla \delta\phi$ 在无穷远 $(r \to \infty)$ 处满足的边界条件为

$$\delta \boldsymbol{F} = -\nabla \delta\phi \to \mathcal{O}\left(\frac{1}{r^2}\right),$$
$$\delta\phi \to \mathcal{O}\left(\frac{1}{r}\right).$$

证明过程中涉及如下的无穷大球面上的面积分

$$\oint_{r\to\infty} \mathrm{d}\boldsymbol{S} \cdot \delta\phi\alpha\nabla\delta\phi \sim \mathcal{O}\left(r^2\right)\left(\frac{1}{r}\right)\left(\frac{1}{r^2}\right) \to 0.$$

16. 证明 1.8 节唯一性定理 4.

提示:参考题 15.

17. 在闭合曲面包围的单连通域内给定某矢量场的散度和旋度, 并在解域的界面上给定该矢量场的法向分量. 试证明该矢量场在所给定的单连通域内唯一确定.

提示:参考 1.8 节唯一性定理 2.

18. 试证明:

$$\nabla \times \nabla\phi = \boldsymbol{0},$$
$$\nabla \cdot (\nabla \times \boldsymbol{A}) = 0,$$

并讨论上述结论与亥姆霍兹定理的联系.

# 第 2 章　电磁场的基本规律

电磁场的基本规律可以概括为麦克斯韦方程组和洛伦兹（H. A. Lorentz, 1853—1928, 荷兰）力方程, 这是从大量电磁学现象和实验中总结发展出来的. 本章介绍麦克斯韦方程组和洛伦兹力公式是如何从实验定律中总结并发展出来的, 为此我们先介绍电磁学的四个基本的实验定律, 即库仑定律、电荷守恒定律、安培定律或毕奥-萨伐尔-拉普拉斯定律、法拉第定律, 再介绍麦克斯韦的位移电流理论. 麦克斯韦方程组解决了电荷和电流如何产生电磁场的问题, 而洛伦兹力方程则解决了电磁场如何影响电荷系统运动的问题. 在介绍自由空间中的麦克斯韦方程组的基础上我们讨论介质中的麦克斯韦方程组. 尽管自由空间中的麦克斯韦方程组在介质中同样适用, 但考虑介质对于外加电磁场的响应, 处理介质的经典电动力学时引入仅取决于自由电荷与自由电流的电位移矢量与磁场矢量在实际应用中是比较方便的. 介质在外场中会被诱导产生原本在无外场时宏观上并不呈现的极化电荷、磁化电流和极化电流. 这些由介质固有的电磁性质所决定的、由外场诱导产生的束缚电荷和束缚电流区别于自由空间中实验上易于直接操作的自由电荷与自由电流. 在这一章的最后我们讨论电磁场的能量守恒定理和动量守恒定理.

## 2.1　真空中的静电场

静电相互作用的平方反比律, 两个点电荷之间的相互作用力与距离平方成反比, 是卡文迪什（H. Cavendish, 1731—1810, 英国）在 1771—1773 年间的实验确立的; 在卡文迪什的工作之前, 普利斯特利（J. J. Priestley, 1733—1804, 英国）根据静电荷存在于导体杯子的外壁而不是内壁的事实, 借鉴万有引力的平方反比规律, 论证了静电相互作用力必为平方反比关系. 库仑 (C. A. Coulomb, 1736—1806, 法国) 在 1785 年发表了他著名的关于静电荷相互作用的实验结果, 即现在以他的名字命名的库仑定律.

**库仑定律**　两个静止点电荷之间的相互作用满足平方反比关系,

$$\boldsymbol{F}_q = \frac{1}{4\pi\epsilon_0}\cdot\frac{\boldsymbol{x}-\boldsymbol{x}'}{|\boldsymbol{x}-\boldsymbol{x}'|^3}qQ, \tag{2.1.1}$$

其中, $\boldsymbol{F}_q$ 为电量为 $Q$ 位于 $\boldsymbol{x}'$ 处的静止点电荷对于电量为 $q$ 位于 $\boldsymbol{x}$ 处的静止试探点电荷的作用力. 电荷具有极性, 有正负之分, 并且电荷量可以代数相加.

作为电磁学的开端, 库仑定律不仅是证实了卡文迪什的平方反比律以及更早之前就已经知道的静电荷具有极性这一事实, 更重要的是它揭示了静电荷量这一电磁学基本概念. 库仑定律指出, 两个完全一样的静止点电荷合并成一个点电荷后对试探点电荷的作用力是单个作用力的两倍. 在库仑的实验中, 将预先制作的完全相同的两个小球中的一个充电并测定其对于试探电荷的作用力, 然后将另一个不带电的小球与带电小球接触后再移开, 库仑的实验发现此种操作使得第一个原先带电的小球对于试探电荷的静电作用力下降一半, 而且第二个原先不带电的小球现在对于试探电荷在同等距离的作用与第一个小球相等. 库仑指出了这意味着原先小球上的带电量下降了一半. 这就揭示了静电荷这一物理量是一个可以相互加起来的广延物理量. 库仑定律确定了电荷量的物理概念, 因而加深了对于早期静电学中已经发现的电荷守恒性的理解.

库仑定律显然满足力的叠加原理. 设试探电荷 $q$ 位于 $\boldsymbol{x}$ 处, 电荷 $Q_i$ 位于 $\boldsymbol{x}_i$ 处, 则多个电荷 $Q_i$ 对于试探电荷 $q$ 的作用为

$$\boldsymbol{F}(\boldsymbol{x})=\frac{q}{4\pi\epsilon_0}\sum_i\frac{\boldsymbol{x}-\boldsymbol{x}_i}{|\boldsymbol{x}-\boldsymbol{x}_i|^3}Q_i. \tag{2.1.2}$$

现在我们从库仑定律出发导出真空中的静电场所满足的微分方程. 根据库仑定律可以定义静电场 $\boldsymbol{E}(\boldsymbol{x})$,

$$\boldsymbol{F}(\boldsymbol{x})=q\boldsymbol{E}(\boldsymbol{x}), \tag{2.1.3}$$

$$\boldsymbol{E}(\boldsymbol{x})=\frac{1}{4\pi\epsilon_0}\sum_i\frac{\boldsymbol{x}-\boldsymbol{x}_i}{|\boldsymbol{x}-\boldsymbol{x}_i|^3}Q_i. \tag{2.1.4}$$

对于连续介质, 我们可以引入电荷密度 $\rho$ 的概念, 计 $\boldsymbol{x}'$ 处体积微元 $\mathrm{d}^3\boldsymbol{x}'$ 内的电荷微元为

$$\mathrm{d}Q=\mathrm{d}^3\boldsymbol{x}'\rho(\boldsymbol{x}'). \tag{2.1.5}$$

对于连续分布电荷, 其产生的静电场可以根据叠加原理立即写成

$$\boldsymbol{E}(\boldsymbol{x})=\frac{1}{4\pi\epsilon_0}\int\mathrm{d}^3\boldsymbol{x}'\rho(\boldsymbol{x}')\frac{\boldsymbol{x}-\boldsymbol{x}'}{|\boldsymbol{x}-\boldsymbol{x}'|^3}. \tag{2.1.6}$$

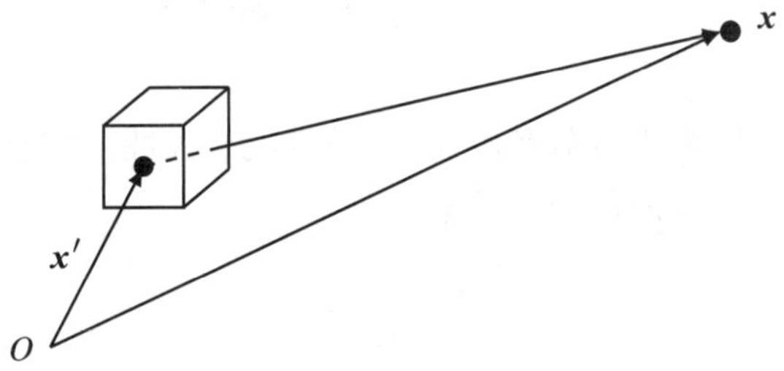


**图 2.1　$x'$ 处电荷微元在 $x$ 处产生静电场**

根据上式我们可以得到

$$\begin{aligned}\boldsymbol{E}(\boldsymbol{x})&=\frac{1}{4\pi\epsilon_0}\int\mathrm{d}^3\boldsymbol{x}'\rho(\boldsymbol{x}')\frac{\boldsymbol{x}-\boldsymbol{x}'}{|\boldsymbol{x}-\boldsymbol{x}'|^3}\\&=\frac{1}{4\pi\epsilon_0}\int\mathrm{d}^3\boldsymbol{x}'\rho(\boldsymbol{x}')\nabla\left(-\frac{1}{|\boldsymbol{x}-\boldsymbol{x}'|}\right)\\&=-\nabla\left(\frac{1}{4\pi\epsilon_0}\int\mathrm{d}^3\boldsymbol{x}'\rho(\boldsymbol{x}')\frac{1}{|\boldsymbol{x}-\boldsymbol{x}'|}\right).\end{aligned}$$

这表明静电场可以用静电势 $\phi(\boldsymbol{x})$ 表示：

$$\boldsymbol{E}(\boldsymbol{x}) = -\nabla\phi(\boldsymbol{x}), \tag{2.1.7}$$

$$\phi(\boldsymbol{x}) = \frac{1}{4\pi\epsilon_0}\int \mathrm{d}^3\boldsymbol{x}'\rho(\boldsymbol{x}')\frac{1}{|\boldsymbol{x}-\boldsymbol{x}'|}. \tag{2.1.8}$$

由此我们立即可以得到, 静电场的旋度为零,

$$\nabla\times\boldsymbol{E} = \boldsymbol{0}. \tag{2.1.9}$$

静电场的散度也可以简单地计算如下：

$$\begin{aligned}\nabla\cdot\boldsymbol{E}(\boldsymbol{x}) &= \frac{1}{4\pi\epsilon_0}\int \mathrm{d}^3\boldsymbol{x}'\rho(\boldsymbol{x}')\nabla\cdot\left(\frac{\boldsymbol{x}-\boldsymbol{x}'}{|\boldsymbol{x}-\boldsymbol{x}'|^3}\right)\\ &= \frac{1}{4\pi\epsilon_0}\int \mathrm{d}^3\boldsymbol{x}'\rho(\boldsymbol{x}')4\pi\delta^3(\boldsymbol{x}-\boldsymbol{x}')\\ &= \frac{1}{\epsilon_0}\rho(\boldsymbol{x}).\end{aligned} \tag{2.1.10}$$

由上式, 利用高斯定理, 我们可以得到

$$\oint_\Sigma \mathrm{d}\boldsymbol{S}\cdot\boldsymbol{E} = \frac{1}{\epsilon_0}\int_V \mathrm{d}^3\boldsymbol{x}\rho(\boldsymbol{x}) = \frac{1}{\epsilon_0}Q, \tag{2.1.11}$$

其中, $\Sigma$ 为包围域 $V$ 的闭合曲面, 上式左边称为穿过闭合曲面 $\Sigma$ 的电通量. 这就是静电场的高斯定律.

高斯定律是由数学家、物理学家高斯于 1813 年在研究椭球体的万有引力时发现的. 实际上, 拉格朗日 ( J. Lagrange, 1736—1813, 法国 ) 1773 年在研究同样的问题时也发现了这个定律.

## 2.2 电荷守恒定律

电荷的流动称为电流, 由于电荷有极性, 电流也就有极性, 电流的方向定义为正电荷流动的方向. 电流 $I$ 定义为单位时间流过的电荷总量:

$$I = \frac{\mathrm{d}}{\mathrm{d}t}Q. \tag{2.2.1}$$

电流密度 $\boldsymbol{j}$ 定义为单位面积流过的电流, 即流过面积微元 $\mathrm{d}\boldsymbol{S}$ 的电流微元为

$$\mathrm{d}I = \mathrm{d}\boldsymbol{S}\cdot\boldsymbol{j}(\boldsymbol{x},t); \tag{2.2.2}$$

电荷的连续性方程为

$$\partial_t\rho(\boldsymbol{x},t) + \nabla\cdot\boldsymbol{j}(\boldsymbol{x},t) = 0; \tag{2.2.3}$$

与上式等价的积分形式的方程为

$$\partial_t Q(t) = -\oint \mathrm{d}\boldsymbol{S}\cdot\boldsymbol{j}(\boldsymbol{x},t). \tag{2.2.4}$$

根据电流的定义, 该方程的意义为: 闭合曲面内总电荷量 $Q(t)$ 的时间变化率等于单位时间内流入该闭合曲面的总电荷量. 这就是电荷守恒定律.

对于静电情形或稳恒电流情形, 由于所涉及的物理量不依赖于时间, 我们有稳态形式的电荷守恒方程:

$$\nabla\cdot\boldsymbol{j}=0. \tag{2.2.5}$$

考虑一个电荷为 $Q$ 的运动带电粒子, 设 $t$ 时刻它的空间位置为 $\boldsymbol{x}_e(t)$; 利用三维空间的 $\delta$ 函数, 可以将其产生的电荷密度表示为

$$\rho\left(\boldsymbol{x},t\right)=Q\delta^3\left[\boldsymbol{x}-\boldsymbol{x}_e(t)\right]. \tag{2.2.6}$$

对上式求时间导数, 我们得到

$$\begin{aligned}\partial_t\rho\left(\boldsymbol{x},t\right)&=-Q\frac{\mathrm{d}\boldsymbol{x}_e(t)}{\mathrm{d}t}\cdot\nabla\delta^3\left[\boldsymbol{x}-\boldsymbol{x}_e(t)\right]\\&=-\nabla\cdot\left\{Q\frac{\mathrm{d}\boldsymbol{x}_e(t)}{\mathrm{d}t}\delta^3\left[\boldsymbol{x}-\boldsymbol{x}_e(t)\right]\right\}.\end{aligned} \tag{2.2.7}$$

将上式与电荷连续性方程比较, 我们得到运动点电荷所产生的电流密度的表达式

$$\boldsymbol{j}\left(\boldsymbol{x},t\right)=Q\frac{\mathrm{d}\boldsymbol{x}_e(t)}{\mathrm{d}t}\delta^3\left[\boldsymbol{x}-\boldsymbol{x}_e(t)\right]. \tag{2.2.8}$$

库仑定律指出电荷量是一个广延量. 联系库仑实验中操作电荷的过程, 例如将一个电荷等分为两份并移走其中的一份等等, 实际上就是电荷的流动. 我们应该说库仑的实验中对电荷的操作和分析过程实际上揭示了电荷守恒定律.

## 2.3　真空中的稳恒磁场

1819 年奥斯特 ( H. C. Osted, 1777—1851, 丹麦 ) 发现通电导线对小磁针的作用. 1820 年毕奥 ( J. B. Biot, 1774—1862, 法国 ) 和萨伐尔 ( F. Savart, 1791—1841, 法国 ) 发表了他们关于两通电直导线之间相互作用规律的实验成果. 1820 年至 1825 年安培 ( A. M. Ampere, 1775—1836, 法国 ) 完成了一系列精巧的实验, 测定了电流元之间的相互作用力. 由此稳恒电流与磁场之间的关系得以建立.

**安培定律**　电流元 $(I\mathrm{d}\boldsymbol{l},\boldsymbol{x})$ 受电流元 $(I'\mathrm{d}\boldsymbol{l}',\boldsymbol{x}')$ 的作用力为

$$\mathrm{d}\boldsymbol{F}=I\mathrm{d}\boldsymbol{l}\times\left(\frac{\mu_0}{4\pi}I'\mathrm{d}\boldsymbol{l}'\times\frac{\boldsymbol{x}-\boldsymbol{x}'}{|\boldsymbol{x}-\boldsymbol{x}'|^3}\right). \tag{2.3.1}$$

应该指出的是安培定律是其一系列精心构思的实验结果的推论; 实际的实验当然是在闭合的电流导线 ( 电路 ) 上做的, 因为实验不能设定一个给定的电流元; 安培定律正确给出了各种闭合通电导线之间的相互作用.

在安培开展他的一系列实验的同时, 毕奥-萨伐尔与数学家拉普拉斯合作进一步整理分析了他们的实验结果, 给出了以他们的名字命名的如下定律.

**毕奥-萨伐尔-拉普拉斯定律** 位于 $\boldsymbol{x}'$ 处的电流为 $I$ 的一段导线微元 $\mathrm{d}\boldsymbol{l}'$, 记为 $(I\mathrm{d}\boldsymbol{l}',\boldsymbol{x}')$, 其在 $\boldsymbol{x}$ 处产生的磁感应强度为

$$\mathrm{d}\boldsymbol{B}(\boldsymbol{x}) = \frac{\mu_0}{4\pi} I\mathrm{d}\boldsymbol{l}' \times \frac{\boldsymbol{x}-\boldsymbol{x}'}{|\boldsymbol{x}-\boldsymbol{x}'|^3}. \tag{2.3.2}$$

由毕奥-萨伐尔定律可得, 电流为 $I$ 的通电导线产生的磁感应强度为

$$\boldsymbol{B}(\boldsymbol{x}) = \frac{\mu_0}{4\pi} \int I\mathrm{d}\boldsymbol{l}' \times \frac{\boldsymbol{x}-\boldsymbol{x}'}{|\boldsymbol{x}-\boldsymbol{x}'|^3}. \tag{2.3.3}$$

对于电流集中于导线上的情形, 注意

$$\int \boldsymbol{j}\mathrm{d}^3\boldsymbol{x}' = \int I\mathrm{d}\boldsymbol{l}', \tag{2.3.4}$$

上式表明我们可以先完成导线横截面上的二维积分. 由此我们知道, 对于连续分布电流系统, 其产生的磁感应强度为

$$\boldsymbol{B}(\boldsymbol{x}) = \frac{\mu_0}{4\pi} \int \mathrm{d}^3\boldsymbol{x}' \boldsymbol{j}(\boldsymbol{x}') \times \frac{\boldsymbol{x}-\boldsymbol{x}'}{|\boldsymbol{x}-\boldsymbol{x}'|^3}. \tag{2.3.5}$$

利用毕奥-萨伐尔定律给出的磁感应强度与电流的关系, 由安培定律给出的磁场对电流元的作用力可以写成

$$\mathrm{d}\boldsymbol{F} = I\mathrm{d}\boldsymbol{l} \times \boldsymbol{B}. \tag{2.3.6}$$

对于连续分布电流情形, 电流系统的单位体积所受到的磁场作用力为

$$\boldsymbol{f}_{\mathrm{A}} = \boldsymbol{j} \times \boldsymbol{B}. \tag{2.3.7}$$

如果系统存在电荷, 考虑库仑定律后, 电荷电流系统单位体积所受到的电磁场的作用力为

$$\boldsymbol{f} = \rho\boldsymbol{E} + \boldsymbol{j} \times \boldsymbol{B}. \tag{2.3.8}$$

现在我们从安培定律出发, 导出真空中稳恒磁场所满足的微分方程. 由方程 (2.3.5) 可得

$$\begin{aligned}\boldsymbol{B}(\boldsymbol{x}) &= \frac{\mu_0}{4\pi} \int \mathrm{d}^3\boldsymbol{x}' \nabla \frac{1}{|\boldsymbol{x}-\boldsymbol{x}'|} \times \boldsymbol{j}(\boldsymbol{x}') \\ &= \frac{\mu_0}{4\pi} \int \mathrm{d}^3\boldsymbol{x}' \nabla \times \frac{\boldsymbol{j}(\boldsymbol{x}')}{|\boldsymbol{x}-\boldsymbol{x}'|} \\ &= \nabla \times \frac{\mu_0}{4\pi} \int \mathrm{d}^3\boldsymbol{x}' \frac{\boldsymbol{j}(\boldsymbol{x}')}{|\boldsymbol{x}-\boldsymbol{x}'|}.\end{aligned} \tag{2.3.9}$$

由此可以引入磁场的矢势

$$\boldsymbol{A}(\boldsymbol{x}) = \frac{\mu_0}{4\pi} \int \mathrm{d}^3\boldsymbol{x}' \boldsymbol{j}(\boldsymbol{x}') \frac{1}{|\boldsymbol{x}-\boldsymbol{x}'|}, \tag{2.3.10}$$

从而将磁感应强度表示为矢势的旋度

$$\boldsymbol{B} = \nabla \times \boldsymbol{A}. \tag{2.3.11}$$

因此安培定律表明磁感应强度的散度为零

$$\nabla \cdot \boldsymbol{B}(\boldsymbol{x}) = 0. \tag{2.3.12}$$

安培定律指出电流元之间的相互作用满足平方反比律, 这与比其早四十年建立的库仑定律是类似的. 然而安培定律给出的磁感应强度是没有散度的, 并不像库仑定律给出的电场那样具有散度. 电场的散度源代表了单极电荷, 因此我们说磁场没有单极磁荷或磁单极子.

稳恒磁场的旋度可以利用方程 (2.3.9) 直接计算,

$$\begin{aligned}\nabla \times \boldsymbol{B}(\boldsymbol{x}) &= \nabla \times (\nabla \times \boldsymbol{A}) \\ &= \nabla(\nabla \cdot \boldsymbol{A}) - \nabla^2 \boldsymbol{A}.\end{aligned}$$

$$\begin{aligned}\nabla \cdot \boldsymbol{A} &= \nabla \cdot \left[\frac{\mu_0}{4\pi}\int \mathrm{d}^3 x' \frac{\boldsymbol{j}(\boldsymbol{x}')}{|\boldsymbol{x}-\boldsymbol{x}'|}\right] \\ &= \frac{\mu_0}{4\pi}\int \mathrm{d}^3 \boldsymbol{x}' \boldsymbol{j}(\boldsymbol{x}') \cdot \nabla \frac{1}{|\boldsymbol{x}-\boldsymbol{x}'|} \\ &= -\frac{\mu_0}{4\pi}\int \mathrm{d}^3 \boldsymbol{x}' \boldsymbol{j}(\boldsymbol{x}') \cdot \nabla_{\boldsymbol{x}'} \frac{1}{|\boldsymbol{x}-\boldsymbol{x}'|} \\ &= -\frac{\mu_0}{4\pi}\int \mathrm{d}^3 \boldsymbol{x}' \left[\nabla_{\boldsymbol{x}'} \cdot \frac{\boldsymbol{j}(\boldsymbol{x}')}{|\boldsymbol{x}-\boldsymbol{x}'|} - \frac{1}{|\boldsymbol{x}-\boldsymbol{x}'|}\nabla_{\boldsymbol{x}'} \cdot \boldsymbol{j}(\boldsymbol{x}')\right] \\ &= -\frac{\mu_0}{4\pi}\oint \mathrm{d}\boldsymbol{S}' \cdot \frac{\boldsymbol{j}(\boldsymbol{x}')}{|\boldsymbol{x}-\boldsymbol{x}'|} \\ &= 0,\end{aligned}$$

其中, 利用了电荷守恒方程的稳态形式, $\nabla \cdot \boldsymbol{j} = 0$. 另外最后一步的面积分等于零是因为体积分包含了所有的电流, 因此相应地在应用高斯定理时在积分面上是没有电流的; 也可以参考亥姆霍兹定理的证明处理,

$$\begin{aligned}-\nabla^2 \boldsymbol{A} &= -\frac{\mu_0}{4\pi}\int \mathrm{d}^3 \boldsymbol{x}' \boldsymbol{j}(\boldsymbol{x}') \nabla^2 \frac{1}{|\boldsymbol{x}-\boldsymbol{x}'|} \\ &= \frac{\mu_0}{4\pi}\int \mathrm{d}^3 \boldsymbol{x}' \boldsymbol{j}(\boldsymbol{x}') 4\pi \delta^3(\boldsymbol{x}-\boldsymbol{x}') \\ &= \mu_0 \boldsymbol{j}(\boldsymbol{x}).\end{aligned} \tag{2.3.13}$$

综合上面的结果可以得到描述稳恒磁场的微分形式的安培方程

$$\nabla \times \boldsymbol{B} = \mu_0 \boldsymbol{j}. \tag{2.3.14}$$

由上式我们得到

$$\int_{\Sigma} \mathrm{d}\boldsymbol{S} \cdot \nabla \times \boldsymbol{B} = \mu_0 \int_{\Sigma} \mathrm{d}\boldsymbol{S} \cdot \boldsymbol{j}, \tag{2.3.15}$$

利用斯托克斯定理, 我们得到**安培环路积分定律**

$$\oint_L \mathrm{d}\boldsymbol{l} \cdot \boldsymbol{B} = \mu_0 \int_{\Sigma} \mathrm{d}I = \mu_0 I, \tag{2.3.16}$$

其中, 闭合曲线 $L$ 为曲面 $\Sigma$ 的边界, 它们的方向满足如图 2.2 所示的右手关系, 上式左边称为磁感性强度矢量的环量.

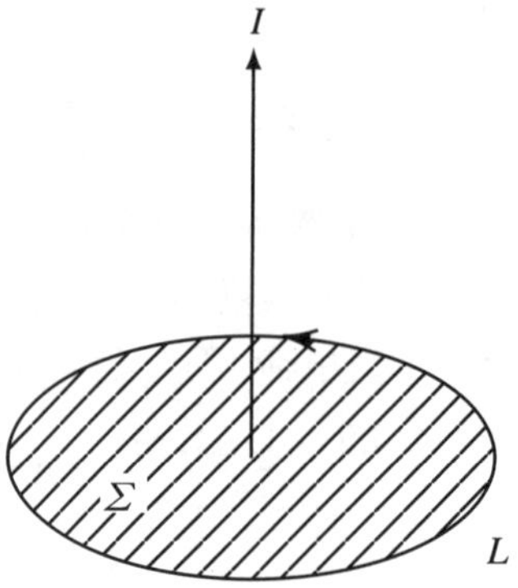


图 2.2 安培环路积分定律

## 2.4 法拉第电磁感应定律

在 1819 年的奥斯特实验之前, 电学和磁学是相互独立的. 奥斯特的实验揭示了磁现象的电本质. 由此可以提出一个问题, 既然电能够生磁, 那么磁能不能生电呢?

1831 年法拉第 ( M. Faraday, 1791—1867, 英国 ) 发表了电磁感应的实验结果, 通过一系列实验, 总结了电磁感应规律, 得到了以他的名字命名的电磁感应定律.

**法拉第定律** 线圈回路中的电动势与穿过线圈的磁通量变化率成正比, 与造成穿过线圈磁通量变化的方式无关.

在法拉第的实验中, 无论是将磁铁向闭合线圈运动还是将闭合线圈向磁铁运动都能在闭合线圈中检测出与线圈磁通变化率成正比关系的电流. 闭合线圈中的电流是由电动势驱动的, 当然电动势驱动电流满足欧姆 ( G. S. Ohm, 1789—1854, 德国 ) 定律:

$$\mathcal{E} = RI, \tag{2.4.1}$$

其中, $\mathcal{E}$ 为电动势,$R$ 为法拉第线圈的电阻.

法拉第根据他的实验认识到磁通变化感应产生电动势这一事实与线圈是否存在并没有什么关系. 法拉第定律的数学表达式为

$$\mathcal{E} = -\frac{\Delta\varPsi}{\Delta t}, \tag{2.4.2}$$

其中, $\varPsi$ 为穿过法拉第线圈的磁通量.

法拉第定律的数学表达式是由纽曼 ( F. E. Neumann, 1798—1895, 德国 ) 于 1845 年整理得到的.

### 2.4.1 法拉第定律的微分形式、感生电动势

现在我们从法拉第定律出发, 导出感应电场所满足的微分方程. 在空间固定的回路 $L$ 中的电动势可以写成

$$\mathcal{E} = \oint_L \mathrm{d}\boldsymbol{l} \cdot \boldsymbol{E}. \tag{2.4.3}$$

如图 2.3 所示, 在回路 $L$ 所张的曲面 $\Sigma$ 上应用斯托克斯定理可得

$$\oint_L \mathrm{d}\boldsymbol{l}\cdot\boldsymbol{E}=\int_\Sigma \mathrm{d}\boldsymbol{S}\cdot\nabla\times\boldsymbol{E}. \tag{2.4.4}$$

方程 (2.4.2) 右边的磁通变化率对于空间固定的回路情形可以写成

$$-\frac{\Delta\Psi}{\Delta t}=-\frac{\mathrm{d}}{\mathrm{d}t}\int_\Sigma \mathrm{d}\boldsymbol{S}\cdot\boldsymbol{B}=\int_\Sigma \mathrm{d}\boldsymbol{S}\cdot(-\partial_t\boldsymbol{B}). \tag{2.4.5}$$

对比方程 (2.4.2) 左右两边, 我们得到

$$\nabla\times\boldsymbol{E}=-\partial_t\boldsymbol{B}. \tag{2.4.6}$$

这就是法拉第定律的微分形式, 通常称为法拉第方程.

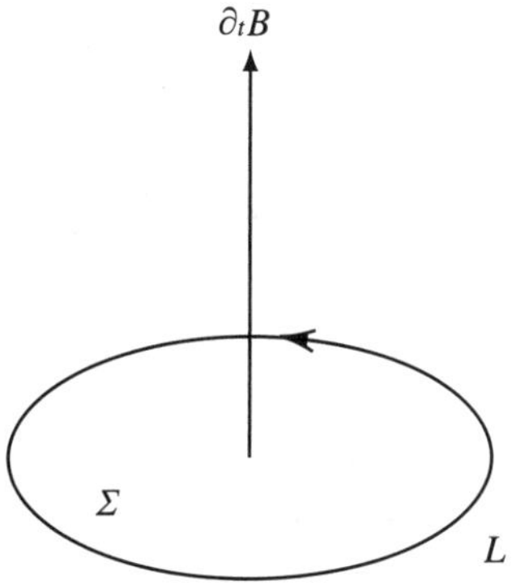


**图 2.3　法拉第定律, 感生电动势**

法拉第对于电磁感应现象的深入思考促使他提出影响深远的革命性的概念——电磁场. 在法拉第之前, 电磁相互作用被广泛地看作是一种超距作用; 法拉第正确指出电磁相互作用是通过电磁场（力线）以有限的速度在空间中传递的. 法拉第提出的场的概念, 对于物理学的研究影响至今. 虽然法拉第没有受过良好的数学训练, 但法拉第的继承人——麦克斯韦, 在数学上的修养和天赋, 为后世的物理学家所公认. 今天重读 1867 年麦克斯韦在法拉第去世后的悼词, 或许能使我们对于数学物理的博大精深管窥一二.

"法拉第通过他的力线概念来统一地理解各种电磁感应现象, 他运用这种想法的方式显示出他是一位高超的数学家——未来的数学家将能从他那里获得丰富而有价值的方法……也许下一个像法拉第一样的哲人能够发展出全新的科学, 而我们今天很可能连它的名称都还不知道."

法拉第在堪称典范的实验工作中发现了电磁感应定律, 并由此建造了人类历史上第一台发电机, 从而开启了一个崭新的时代. 有如太阳的光辉永恒地普照着大地万物, 法拉第的遗产不断地滋养着人类文明!

## 2.4.2　动生电动势

应该指出的是, 麦克斯韦的微分方程只考虑了法拉第电磁感应定律中的感生电动势（运动的磁铁在静止的线圈中产生）效应, 并没有包括法拉第定律中的动生（线圈运动而磁铁静止）电动势效应.

**例 2.1** 由法拉第定律导出低速运动参照系中的电场.

**解** 设实验室系中有静止磁场 $\boldsymbol{B}(\boldsymbol{x},t)$; 根据法拉第方程, 实验室中的电场 $\boldsymbol{E}$ 满足

$$\nabla \times \boldsymbol{E} = -\partial_t \boldsymbol{B}.$$

令以速度 $\boldsymbol{u}$（远小于光速）相对于实验室系运动的参照系中的电场为 $\boldsymbol{E}'$. 考虑刚性线圈以平动速度为 $\boldsymbol{u}$ 相对于实验室系运动. 如图 2.4 所示, 根据法拉第定律计算穿过运动线圈磁通的变化率; 计入线圈运动贡献的磁通变化, 考虑到运动线圈的微元 $\mathrm{d}\boldsymbol{l}$ 在 $\Delta t$ 时间内扫过的面积为 $\boldsymbol{u}\Delta t \times \mathrm{d}\boldsymbol{l}$, 则不难得到 $\Delta t$ 时间内穿过线圈的磁通变化为

$$\Delta \Psi = \int_{\Sigma} \mathrm{d}\boldsymbol{S} \cdot \partial_t \boldsymbol{B}(\boldsymbol{x},t)\,\Delta t + \oint_L \mathrm{d}\boldsymbol{l} \cdot (\boldsymbol{B} \times \boldsymbol{u}\Delta t)\,.$$

上式中 $\Sigma$ 为线圈 $L$ 所张的曲面.

由法拉第定律知

$$-\frac{\Delta \Psi}{\Delta t} = \mathcal{E} \equiv \oint_L \mathrm{d}\boldsymbol{l} \cdot \boldsymbol{E}', \tag{2.4.7}$$

其中, $\boldsymbol{E}'$ 为运动线圈中的电场.

利用斯托克斯定理, 我们立即得到

$$\nabla \times (\boldsymbol{E}' - \boldsymbol{u} \times \boldsymbol{B}) = -\partial_t \boldsymbol{B}. \tag{2.4.8}$$

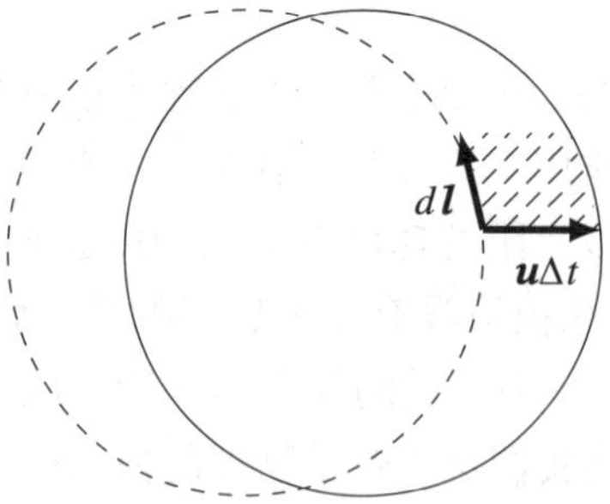


**图 2.4 穿过运动线圈的磁通的变化**

与 $\nabla \times \boldsymbol{E} = -\partial_t \boldsymbol{B}$ 比较得到

$$\boldsymbol{E}' = \boldsymbol{E} + \boldsymbol{u} \times \boldsymbol{B}. \tag{2.4.9}$$

这就是两个惯性系以低速相对运动时电场的变换关系; 注意这里暗含了一个低速运动不改变磁场的假定. 应该指出的是, 上式中的 $\boldsymbol{u} \times \boldsymbol{B}$ 代表了法拉第定律中的动生电动势.

由于电动势的物理本质为作用于载流子上的力（所做的功）, 方程（2.4.9）反映了低速运动带电粒子受电磁场作用力的伽利略不变性（参见 2.5 节对于洛伦兹力的讨论以及本章习题 10 关于法拉第定律的进一步讨论）.

从上述讨论中我们看到, 法拉第的动生电动势概念深刻地揭示了电磁场的统一性, 这正是狭义相对论的重要思想基础之一.

### 2.4.3* 法拉第定律中的比例常量

有些读者可能已经发现, 我们在上面的讨论并不严谨.

电磁学的基本理论是建立在电荷守恒定律、库仑定律、安培定律和法拉第定律等实验基础上的. 库仑、安培和法拉第的定律都只是给出了相应物理量之间的比例关系, 因而写成数学公式都涉及比例常量.

电荷守恒定律为

$$\partial_t \rho + \nabla \cdot \boldsymbol{j} = 0. \tag{2.4.10}$$

库仑定律中的比例常量为 $\epsilon_0/4\pi$:

$$\boldsymbol{f}_{\mathrm{C}} = \rho \boldsymbol{E}, \tag{2.4.11}$$

$$\boldsymbol{E}(\boldsymbol{x}) = \frac{1}{4\pi\epsilon_0}\int \mathrm{d}^3\boldsymbol{x}'\rho(\boldsymbol{x}')\frac{\boldsymbol{x}-\boldsymbol{x}'}{|\boldsymbol{x}-\boldsymbol{x}'|^3}. \tag{2.4.12}$$

安培定律（和毕奥-萨伐尔定律）中的比例常量为 $\mu_0/4\pi$:

$$\boldsymbol{f}_{\mathrm{A}} = \boldsymbol{j} \times \boldsymbol{B}, \tag{2.4.13}$$

$$\boldsymbol{B}(\boldsymbol{x}) = \frac{\mu_0}{4\pi}\int \mathrm{d}^3\boldsymbol{x}'\boldsymbol{j}(\boldsymbol{x}') \times \frac{\boldsymbol{x}-\boldsymbol{x}'}{|\boldsymbol{x}-\boldsymbol{x}'|^3}. \tag{2.4.14}$$

注意, 库仑定律中的比例常量确定后, 电荷（和电场）的单位就确定了; 同样地, 安培定律中的比例常量确定了, 电流（和磁感应强度）的单位也就确定了. 考虑到电荷守恒定律, 这两个常量只能任意选取其中的一个, 而另一个根据实验数据可以相应地确定. 本书采用的是国际单位制. 在国际单位制下, 我们选择安培定律中的比例常量, 根据安培定律确定电流的单位; 有了电流的单位, 根据电荷守恒方程导出电荷的单位; 其他所有的电磁学单位也都可以在加上三个力学基本单位后自洽地导出.

法拉第定律的数学表达式, 应该含有一个比例常量 $\alpha_{\mathrm{F}}$:

$$\mathcal{E} = -\alpha_{\mathrm{F}}\frac{\Delta\Psi}{\Delta t}, \tag{2.4.15}$$

由量纲分析, 不难知道 $\alpha_{\mathrm{F}}$ 为一无量纲常数.

根据上述定义, 重新演算第 2.4.2节中的例题, 我们得到

$$\boldsymbol{E}' = \boldsymbol{E} + \alpha_{\mathrm{F}}\boldsymbol{u} \times \boldsymbol{B}.$$

考虑伽利略不变性, 我们立即得到

$$\boldsymbol{F} = q(\boldsymbol{E} + \alpha_{\mathrm{F}}\boldsymbol{u} \times \boldsymbol{B}),$$

或

$$\boldsymbol{f} = \rho\boldsymbol{E} + \alpha_{\mathrm{F}}\boldsymbol{j} \times \boldsymbol{B}.$$

与库仑-安培力公式比较, 立即可以证明

$$\alpha_{\mathrm{F}} = 1.$$

1831 年, 当时已经名满天下的大数学家高斯邀请年轻的韦伯（W. E. Weber, 1804—1891, 德国）到哥廷根大学担任教授, 由此开始了两人之间在电磁学领域的长期合作. 1832

年高斯确立了电流和磁学单位, 后来在韦伯的进一步发展下形成了文献中广为流行的另一种单位制——高斯制. 进一步的关于电磁学基本定律中的比例常量以及单位制的讨论, 可以参考附录 A.

## 2.5 麦克斯韦的位移电流和麦克斯韦方程组

在麦克斯韦进入大学学习的时代, 静电场的库仑定律、稳恒磁场的安培定律和毕奥-萨伐尔-拉普拉斯定律以及法拉第的电磁感应定律都已经建立起来. 然而对于电磁相互作用, 当时还没有一个统一的理论加以定量地描述. 正如牛顿的万有引力是一种超距作用, 以韦伯、纽曼和高斯为代表的当时的物理学家们认为电力和磁力也是超距相互作用. 法拉第在其电磁感应实验的基础上, 提出了电磁场（力线）的概念, 即电磁相互作用是通过电磁场（或力线）以有限速度传递的. 1846 年, 法拉第进一步提出了一个极具洞察力的想法, 即光是电磁力线振动的传播. 1849 年, 菲佐 (A. H. L. Fizeau, 1819—1896, 法国) 较为准确地测定了真空中光速的数值（与现在已知的数值误差约 5%）. 1856 年, 韦伯与科尔劳施（R. Kohlrausch, 1809—1858, 德国）测定了库仑定律比例常量和安培定律比例常量之间的比值, 其平方根与菲佐测定的真空中光速值一致; 韦伯与科尔劳施指出该数值即光速并第一次使用字母 $c$ 表示.

法拉第的电磁感应定律和电磁场等深刻的想法为电磁学统一理论的建立从物理思想上奠定了基础. 尽管当时的绝大多数学者并不认同法拉第的观念, 但是麦克斯韦在阅读了法拉第的著作后坚信法拉第的观念中一定藏有某种非常有用的东西, 因而勇敢地开始了他的探索. 麦克斯韦受到当时已经较为成熟的流体力学的微分方程理论的启发, 认为以法拉第电磁力线的概念为基础, 借鉴流体力学中流线的概念和理论方法, 一定能够发展出统一的微分方程形式的电磁场理论. 1855 年, 麦克斯韦发表了“论法拉第力线”, 将电磁学规律整理成了微分方程形式; 法拉第读后大为欣慰. 1860 年, 年轻的麦克斯韦终于见到了他所敬仰的前辈; 法拉第对这位才华超群的晚辈毫不掩饰由衷的赞赏和殷切的期望, “你不要停留在用数学来解释我的观点上, 而应该突破它.” 1862 年, 麦克斯韦发表了《论物理力线》, 提出位移电流假说, 即绝缘介质中的电荷在时变电场作用下“位移”发生变化, 产生电流从而产生磁场. 1864 年, 麦克斯韦发表了《电磁场的动力学》, 将位移电流假说进一步推广到真空情形, 并得到了电磁波方程. 麦克斯韦在将他的位移电流假说推广到真空时, 假定真空中充满了“以太”媒质, 这种媒质渗透物体内部并能以有限的速度传播电磁相互作用.

对库仑定律、安培定律和法拉第定律重新审视并分析后, 麦克斯韦得到了描述真空中电磁场的微分方程组

$$\begin{cases} \nabla \cdot \boldsymbol{E} = \dfrac{1}{\epsilon_0}\rho, \\ \nabla \times \boldsymbol{E} = -\partial_t \boldsymbol{B}, \\ \nabla \cdot \boldsymbol{B} = 0, \\ \nabla \times \boldsymbol{B} = \mu_0 \boldsymbol{j}. \end{cases}$$

库仑定律和安培定律都是稳恒场的定律；法拉第定律指出随时间变化的磁场也可以产生电场，麦克斯韦将这种场称为涡旋电场. 上述方程组中的第一个方程，高斯在 1813 年就已经得到，因此又称高斯定律.

麦克斯韦在整理前人工作的基础上，认识到这组方程在一般的时变电磁场情形下违反了电荷守恒定律. 对第 4 式（安培方程）做散度得到 $\nabla \cdot \boldsymbol{j} = 0$，这与含时情况下的电荷守恒方程

$$\partial_t \rho + \nabla \cdot \boldsymbol{j} = 0 \tag{2.5.1}$$

是相互矛盾的.

麦克斯韦认识到，解决这一矛盾的合理假定是，正如法拉第定律指出的变化的磁场能够产生电场那样，随时间变化的电场也能产生磁场. 麦克斯韦将这一效应称为位移电流，并假定位移电流产生磁场的规律与稳恒电流一样服从安培定律；因此麦克斯韦将基于稳恒场得到的安培方程修改为

$$\nabla \times \boldsymbol{B} = \mu_0 \boldsymbol{j} + \mu_0 \epsilon_0 \partial_t \boldsymbol{E}, \tag{2.5.2}$$

从而使得他整理得到的电磁场的微分方程满足电荷守恒定律；上式称为安培-麦克斯韦方程. 麦克斯韦得到的统一描述电磁学规律的微分方程组，经赫兹（H. R. Hertz, 1857-1894, 德国）等人的进一步简化，形成了我们现在看到的麦克斯韦方程组.

在 1864 年的论文中，麦克斯韦基于他所得到的方程组预言了电磁波的存在. 麦克斯韦得到的真空中电磁波的传播速度 $c$ 由 $\mu_0 \epsilon_0 = 1/c^2$ 确定，这一数值与真空中的光速一致；基于这一论断，麦克斯韦预言光是电磁波. 麦克斯韦的方程组以及电磁波理论，在他生前并没有得到重视. 在麦克斯韦去世后的 1887 年，赫兹的实验证实了电磁波的存在. 麦克斯韦所得到的电磁场的微分方程组被公正地命名为麦克斯韦方程组.

应该指出的是，麦克斯韦方程组揭示了一个重要的事实：电磁场（波）可以独立于电荷电流在真空中传播，电磁场是一种崭新的物质.

麦克斯韦方程组预言了电磁波的存在，并预言了“光是电磁波”；麦克斯韦实现了法拉第“应该突破”的殷切期待. 这一重大突破极大地促进了以 1818 年菲涅尔（A. J. Fresnel, 1788-1827, 法国）的工作为代表的光的“波动说”理论的发展；电磁波理论很好地解释了光的反射、折射和衍射等现象和规律；这就意味着牛顿（I. Newton, 1642—1727, 英国）关于光的“粒子说”理论可能并没有反映光的物理本质. 麦克斯韦的电磁波理论是物理学理论中划时代的工作，这一伟大的发现极大地促进了人类文明的发展.

麦克斯韦的电磁场理论，以电磁场的 4 个微分方程，简洁地完成了电学和磁学的统一，并创造性地统一了电磁学和光学. 这是场论的开创也是典范.

尽管英年早逝的麦克斯韦生前并没有得到什么崇高的荣誉，他的电磁场理论今天已经被公认为物理学史上最为重要的里程碑之一. 爱因斯坦（A. Einstein, 1879—1955, 德国）曾经指出，麦克斯韦是继牛顿之后最为伟大的物理学家.

麦克斯韦的成就当然离不开他本人的数学天赋和勤奋，然而重要的是他继承了法拉第基于实验事实的物理思想.

与麦克斯韦同一时代的，致力于统一电学和磁学的物理学家们，其中的代表人物包括有“数学王子”美誉的、现代数学的奠基人高斯以及纽曼、韦伯等人，虽然比麦克斯韦早得多地

得到了散度方程（高斯通量定律）和法拉第方程，但令人叹息的是由于受超距作用这一错误思想的束缚，终究没有取得成功.

在物理学领域，数学当然是重要的，但是历史一再证明，实验事实终究是第一位的，物理思想往往比数学更为重要！

## 2.6 洛伦兹力

麦克斯韦方程组以及电磁波理论发表后，大量工作表明光的"波动说"是正确的. 然而麦克斯韦的电磁波理论在当时并不能解释牛顿所发现的光在介质中的色散. 洛伦兹为此创立了经典电子论. 洛伦兹认识到介质中存在微小的带电单元（电子），介质对于电磁波的响应（色散和吸收）机制在于电子对电磁波的散射和吸收. 在发展他的经典电子论的过程中，1895 年洛伦兹提出带电粒子在磁场中的受力与粒子的电荷以及速度与磁感应强度的矢量积成正比，得到了以他的名字命名的公式：

$$\frac{\mathrm{d}}{\mathrm{d}t}\boldsymbol{p} = q\left(\boldsymbol{E} + \boldsymbol{u} \times \boldsymbol{B}\right). \tag{2.6.1}$$

在上述洛伦兹力公式中，$\boldsymbol{p} = m\boldsymbol{u}$ 为带电粒子的动量，$\boldsymbol{u}$ 为粒子运动速度；$m$ 和 $q$ 分别为粒子的惯性质量和电荷. 洛伦兹力公式已经被大量的物理实验所证实.

尽管洛伦兹力公式是针对分立的运动点电荷的，不难理解对于连续分布的电荷系统它也是适用的. 单位体积所受到的电磁力可以写成

$$\boldsymbol{f} = \rho\boldsymbol{E} + \boldsymbol{j} \times \boldsymbol{B}, \tag{2.6.2}$$

上式称为连续电荷系统的洛伦兹力公式.

一个有趣的事实是，尽管 1895 年洛伦兹提出的方程 (2.6.1)，运动点电荷的洛伦兹力公式对于连续分布电荷系统可以写成方程 (2.6.2)，然而连续分布电荷系统的洛伦兹力公式也可以由安培定律（1820 年底建立）和库仑定律（1773 年建立）得到（参见第 2.3节的讨论）.

应该指出的一个重要事实是，1831 年法拉第得到的电磁感应定律中隐含了 1895 年提出的洛伦兹力公式；由方程 (2.4.9) 可知，法拉第的动生电动势本质上是运动电荷感受到的磁场作用力，即洛伦兹力；注意法拉第电磁感应定律中的动生电动势形式上并没有包括在麦克斯韦的微分方程中.

我们今天在讨论洛伦兹力公式与更早的电磁学规律之间关系的时候，不能忘记洛伦兹在 1895 年提出洛伦兹力公式从而创立他的经典电子论之时，世人并没有准确地认识到电子的存在. 重要的是，洛伦兹力公式、安培定律、法拉第定律，这些都是自洽的，或者说是一脉相承的. 特别需要强调的是，1895 年的洛伦兹力公式以及更早的 1831 年的法拉第定律都触及到了电磁学基本规律中运动的相对性以及电磁场的统一性，这为 1905 年爱因斯坦建立狭义相对论奠定了重要的思想上的基础.

## 2.7　电磁场理论基本方程的总结

作为一个简要的总结, 我们列出电磁场的基本方程:

**1. 麦克斯韦方程组**

$$\begin{cases}\nabla\cdot\boldsymbol{E}=\dfrac{1}{\epsilon_0}\rho,\\ \nabla\times\boldsymbol{E}=-\partial_t\boldsymbol{B},\\ \nabla\cdot\boldsymbol{B}=0,\\ \nabla\times\boldsymbol{B}=\mu_0\,\boldsymbol{j}+\dfrac{1}{c^2}\partial_t\boldsymbol{E}.\end{cases}\tag{2.7.1}$$

其中, $\rho$ 和 $\boldsymbol{j}$ 分别为电荷密度和电流密度;$\boldsymbol{E}$ 和 $\boldsymbol{B}$ 分别为电场强度和磁感应强度.

麦克斯韦方程组也可以等价地写成下列积分形式:

$$\begin{cases}\displaystyle\oint_\Sigma \mathrm{d}\boldsymbol{S}\cdot\boldsymbol{E}=\frac{1}{\epsilon_0}Q,\\ \displaystyle\oint_\Sigma \mathrm{d}\boldsymbol{S}\cdot\boldsymbol{B}=0,\\ \displaystyle\oint_L \mathrm{d}\boldsymbol{l}\cdot\boldsymbol{E}=-\partial_t\int_\Sigma \mathrm{d}\boldsymbol{S}\cdot\boldsymbol{B},\\ \displaystyle\oint_L \mathrm{d}\boldsymbol{l}\cdot\boldsymbol{B}=\mu_0 I+\frac{1}{c^2}\partial_t\int_\Sigma \mathrm{d}\boldsymbol{S}\cdot\boldsymbol{E}.\end{cases}\tag{2.7.2}$$

上述前两个积分方程是通过对微分形式的麦克斯韦方程组中的两个散度方程, 在闭合曲面 $\Sigma$ 包围的体积 $V$ 内, 应用高斯定理得到的; 而后两个积分方程则是通过对微分形式的麦克斯韦方程组中的两个旋度方程, 在闭合曲线 $L$ 所张的曲面 $\Sigma$ 上, 应用斯托克斯定理得到的. 这里

$$Q=\int_V \mathrm{d}^3\boldsymbol{x}\rho,$$

为闭合曲面所包围的电荷;

$$I=\int_\Sigma \mathrm{d}\boldsymbol{S}\cdot\boldsymbol{j},$$

为穿过闭合曲线所张曲面的电流.

**2. 洛伦兹力公式**

$$\frac{\mathrm{d}\boldsymbol{p}}{\mathrm{d}t}=q\left(\boldsymbol{E}+\boldsymbol{u}\times\boldsymbol{B}\right),\tag{2.7.3}$$

其中, 带电粒子的动量 $\boldsymbol{p}=m\boldsymbol{u}$;$m$ 和 $q$ 分别为粒子的质量和电荷;$\boldsymbol{u}$ 为粒子的速度.

洛伦兹力之所以列为电磁场理论的基本方程, 其理由不仅在于上一节关于洛伦兹力和法拉第定律以及麦克斯韦的电磁感应微分方程之间关系的讨论, 而且在于如下重要事实. 无论是库仑定律还是安培定律都是通过测量相互作用力来测量电场的效应或者磁场的效应的; 在这种意义上, 洛伦兹力公式可以理解为对于麦克斯韦方程组所论及的电磁场的实验操作性定义. 另外, 对于运动的电荷系统, 其产生电磁场的规律由麦克斯韦方程组描述, 但是麦克斯韦方程组并没有给出电磁场是如何影响电荷系统运动的; 因此为了完备地描述包括电磁场与运动的电荷的整个系统, 除了麦克斯韦方程组以外, 还必须加上洛伦兹力方程.

**3. 电荷守恒方程**

需要指出的是电荷守恒定律（方程）是电磁场理论的关键性基础. 我们已经知道, 由麦克斯韦方程组能够导出电荷守恒方程, 实际上这就是麦克斯韦在提出位移电流假说时所做的. 在实际应用中, 给定电荷密度和电流密度, 麦克斯韦方程组就确定了；然而, 如果给定的电荷密度和电流密度不满足电荷守恒方程, 那么麦克斯韦方程组将无解. 因此电荷连续性方程在数学上可以看作麦克斯韦方程组的适定性条件,

$$\partial_t \rho + \nabla \cdot \boldsymbol{j} = 0. \tag{2.7.4}$$

经典电动力学的绝大部分内容都可以由上面所列出的基本方程演绎出来, 除了爱因斯坦狭义相对论中关于带电粒子运动方程的力学部分内容.

麦克斯韦方程组和洛伦兹力公式表明电与磁具有对称性. 这一点在删去麦克斯韦方程组中的源项（电荷与电流）后尤其明显；法拉第方程表明磁生电, 而麦克斯韦位移电流表明电生磁. 麦克斯韦方程组的这种电磁对称性在本书第 6 章讨论电偶极辐射和磁偶极辐射时会进一步展现出来. 麦克斯韦方程组看起来并非完全是电磁对称的, 这是由于其中没有磁荷（磁单极子）效应, 磁感应强度的散度为零；这也导致了洛伦兹力公式并非完全电磁对称. 进一步的关于麦克斯韦方程组和洛伦兹力公式电磁对称性的讨论, 读者可以参考附录 B.

麦克斯韦方程组和洛伦兹力公式, 很明显具有空间反射和时间反演对称性. 这反映了磁感应强度方向的符号定义实际上存在任意性；磁感应强度方向与电流方向之间的关系涉及矢量的叉乘, 这取决于在数学上我们究竟是采用右手规则还是左手规则；这种任意性不会也不应该导致物理上的可观测效应；这在第 4.9 节的讨论中将进一步说明. 实际上电荷符号的选取, 进而电流符号的选取也带有主观性. 进一步的关于电磁场基本理论的空间反射、时间反演和电荷共轭对称性的讨论, 读者可以参考附录 C.

在第 1.7 节的亥姆霍兹定理中, 我们已经看到, 矢量场可以由标势和矢势表示. 在 2.1 节和 2.3 节中, 我们已经分别看到了电磁场的标势和矢势. 电磁学的基本理论也可以用矢势和标势表述, 基本方程满足变分原理. 在第 3.3 节, 我们将讨论静电场的变分原理；在第 4.3 节我们将讨论稳恒磁场的变分原理；在第 6.1 节我们将讨论含时情形下矢势和标势的微分方程并讨论带电粒子运动的变分原理. 关于变分原理在物理学中应用的进一步讨论, 读者可以参考附录 D.

## 2.8 介质的电磁性质

### 2.8.1 极化电荷

考虑一个无限大平板电容器. 实验发现, 保持两极板上的电荷不变, 在极板之间引入电介质后的电场比极板之间为真空的情况要小. 要解释这一现象, 有两种方案. 要么认为电场仅由两极板上原来的电荷产生, 修改库仑定律；要么保持库仑定律不变, 假定还有其他未知的电荷贡献电场. 第二种方案与万有引力定律的情况类似；在发现天王星的运动轨迹与万有引力定律的预言不符的时候, 是修改万有引力定律, 还是考虑未观测到的天体质量对引力的贡献. 历史已经证明, 相信牛顿的万有引力定律是正确的选择.

我们选择相信库仑定律，考虑引入介质中存在束缚电荷的概念；这一概念与静电学中摩擦起电的现象是一致的．静电场由包括束缚电荷的总电荷按库仑定律产生

$$\nabla \cdot \boldsymbol{E} = \frac{1}{\epsilon_0}(\rho_{\mathrm{f}} + \rho_{\mathrm{p}}), \tag{2.8.1}$$

其中，$\rho_{\mathrm{f}}$ 称为自由电荷，指的是原来的或者说实验中易于操作的电荷；$\rho_{\mathrm{p}}$ 为外场在介质中诱导产生的束缚电荷．

注意我们假定束缚电荷产生电场的规律同样符合库仑定律，故其必可表示为一个类似于静电场的矢量的散度：

$$\rho_{\mathrm{p}} = -\nabla \cdot \boldsymbol{P}, \tag{2.8.2}$$

其中，$\boldsymbol{P}$ 称为介质的极化强度矢量．

以上两式可化为

$$\nabla \cdot (\epsilon_0 \boldsymbol{E} + \boldsymbol{P}) = \rho_{\mathrm{f}}. \tag{2.8.3}$$

引入电位移矢量

$$\boldsymbol{D} \equiv \epsilon_0 \boldsymbol{E} + \boldsymbol{P}, \tag{2.8.4}$$

则介质中的静电场方程可以写成

$$\nabla \cdot \boldsymbol{D} = \rho_{\mathrm{f}}. \tag{2.8.5}$$

如图 2.5 所示，在两均匀介质界面处取平行于界面的底面积为 $S$ 厚度为 $\Delta z$ 的长方体薄板，应用高斯定理，由方程 (2.8.2) 知

$$\int \mathrm{d}^3\boldsymbol{x}\rho_{\mathrm{p}} = -\oint \mathrm{d}\boldsymbol{S} \cdot \boldsymbol{P}.$$

当薄板的厚度 $\Delta z \to 0$ 时，我们得到

$$\sigma_{\mathrm{p}} S = -\boldsymbol{n} \cdot (\boldsymbol{P}_2 - \boldsymbol{P}_1) S,$$

其中，$\boldsymbol{n}$ 是界面的法向单位矢量（由介质 1 指向介质 2）；$\sigma_{\mathrm{p}}$ 是束缚电荷的面电荷密度，其定义为极化电荷体密度沿垂直于界面方向（$z$ 方向）在薄层内的积分

$$\sigma_{\mathrm{p}} = \int_{\Delta z} \mathrm{d}z \rho_{\mathrm{p}}. \tag{2.8.6}$$

薄层内极化电荷面密度的物理意义是单位面积薄板内的极化电荷．

令薄板的底面趋于一点，我们立即得到如下结论．在两种均匀介质的界面上有极化电荷面密度

$$\sigma_{\mathrm{p}} = -\boldsymbol{n} \cdot (\boldsymbol{P}_2 - \boldsymbol{P}_1). \tag{2.8.7}$$

极化（束缚）电荷产生的微观机制讨论如下：

如图 2.5 所示，考虑介质中束缚在一起的一对正负电荷 $(+q, \boldsymbol{r}^+)$ 和 $(-q, \boldsymbol{r}^-)$（分子），其电偶极矩为

$$\boldsymbol{p}_i = +q\boldsymbol{r}_i^+ - q\boldsymbol{r}_i^- \equiv q\boldsymbol{l}_i. \tag{2.8.8}$$

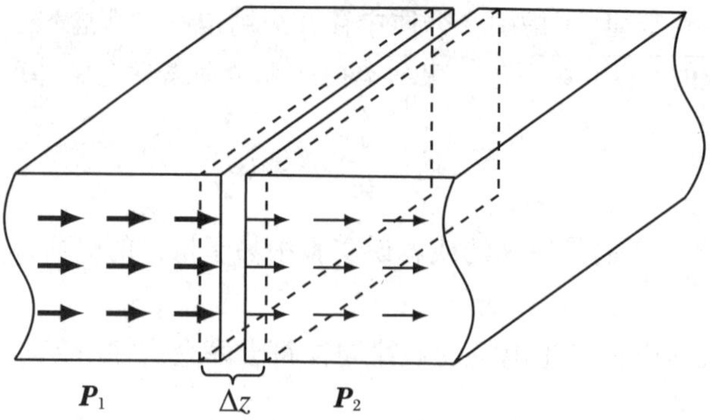


**图 2.5　极化电荷产生的微观机制**

介质的宏观极化强度定义为单位体积内介质的电偶极矩：

$$\boldsymbol{P} = \lim_{\Delta V \to 0} \frac{\sum_i \boldsymbol{p}_i}{\Delta V}. \tag{2.8.9}$$

无外电场时介质中的大量电偶极矩排列杂乱, $\boldsymbol{P} = \boldsymbol{0}$; 有外电场时, 介质中的大量电偶极矩趋于定向排列, $\boldsymbol{P} \neq \boldsymbol{0}$. 由图 2.5 可知, 均匀介质表面极化电荷显然由方程 (2.8.7) 给出.

注意到大量的实验数据表明, 在弱场情形下介质加入后的电场与原来真空中的电场成正比, 我们立即得到

$$\boldsymbol{P} = \epsilon_0 \chi_{\mathrm{E}} \boldsymbol{E}. \tag{2.8.10}$$

上式中 $\chi_{\mathrm{E}}$ 为电极化系数. 在弱场情形下该系数与外场无关, 是一个取决于介质电磁性质的常数. 相应地, 电位移矢量可以写成

$$\boldsymbol{D} \equiv \epsilon_0 \boldsymbol{E} + \boldsymbol{P} = \epsilon_0 (1 + \chi_{\mathrm{E}}) \boldsymbol{E} = \epsilon_0 \epsilon_{\mathrm{r}} \boldsymbol{E} = \epsilon \boldsymbol{E}, \tag{2.8.11}$$

其中, $\epsilon$ 为给定介质的介电系数, $\epsilon_{\mathrm{r}}$ 为相对介电系数.

对于各向异性介质, 需引入介电张量, $\boldsymbol{D} = \boldsymbol{\epsilon} \cdot \boldsymbol{E}$; 对于强电场情形, 介电张量可能是电场的函数, $\boldsymbol{\epsilon} = \boldsymbol{\epsilon}(\boldsymbol{E})$.

## 2.8.2　磁化电流

考虑介质的影响, 对于真空中稳恒磁场的安培方程我们做如下的改动

$$\nabla \times \boldsymbol{B} = \mu_0 \left( \boldsymbol{j}_{\mathrm{f}} + \boldsymbol{j}_{\mathrm{M}} \right), \tag{2.8.12}$$

即磁场的旋度应该由所有的电流贡献, 包括自由（实验易于操作的）电流（$\boldsymbol{j}_{\mathrm{f}}$）和介质的磁化电流（$\boldsymbol{j}_{\mathrm{M}}$）.

磁化电流的引入与上一小节极化电荷的引入是基于类似的考虑. 因为磁化电流产生磁场的规律与自由电流类似, 磁化电流必可表示为一个类似于磁感应强度矢量（称之为磁化强度矢量）的旋度：

$$\boldsymbol{j}_{\mathrm{M}} = \nabla \times \boldsymbol{M}. \tag{2.8.13}$$

如图 2.6 所示, 在两均匀介质界面处取平行于界面的底面为 $(a\times b)$ 厚度为 $\Delta z$ 的长方体薄板, 应用推广的斯托克斯定理, 由方程 (2.8.13) 知

$$\int \mathrm{d}^3\boldsymbol{x}\boldsymbol{j}_{\mathrm{M}} = \int \mathrm{d}^3\boldsymbol{x}\nabla\times\boldsymbol{M} = \oint \mathrm{d}\boldsymbol{S}\times\boldsymbol{M}.$$

令薄板的厚度 $\Delta z\to 0$, 我们得到

$$\boldsymbol{\alpha}_{\mathrm{M}}ab = \boldsymbol{n}\times(\boldsymbol{M}_2-\boldsymbol{M}_1)ab,$$

其中, $\boldsymbol{n}$ 是界面的法向单位矢量（由介质 1 指向介质 2）; $\boldsymbol{\alpha}_{\mathrm{M}}$ 是磁化电流的线密度, 其定义为磁化电流密度沿垂直于界面方向（$z$ 方向）在薄层内的积分

$$\boldsymbol{\alpha}_{\mathrm{M}} = \int_{\Delta z}\mathrm{d}z\boldsymbol{j}_{\mathrm{M}}. \tag{2.8.14}$$

薄层内磁化电流线密度的物理意义是单位长度的线段上薄板内流过的磁化电流.

令薄板的底面趋于一点, 我们立即得到如下结论. 在两种均匀介质的界面上有磁化电流线密度

$$\boldsymbol{\alpha}_{\mathrm{M}} = \boldsymbol{n}\times(\boldsymbol{M}_2-\boldsymbol{M}_1). \tag{2.8.15}$$

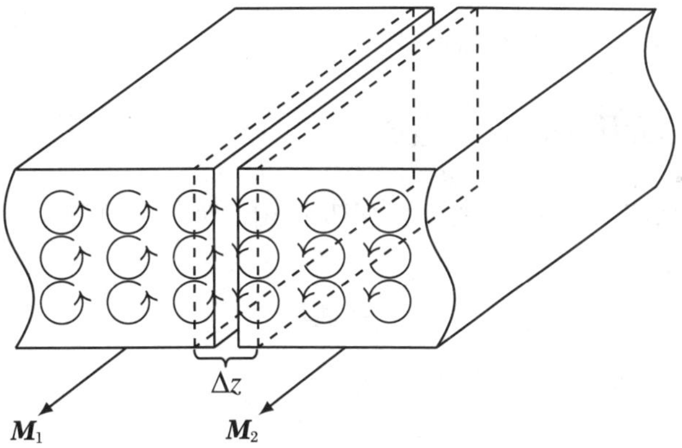


**图 2.6　两均匀介质界面处的磁化电流**

磁化电流的微观机制可由安培的分子环流假说解释. 如图 2.6 所示, 介质分子环流的微观磁矩, 即分子环流的磁偶极矩为

$$\boldsymbol{m}_i = I\boldsymbol{s}_i, \tag{2.8.16}$$

其中, $I$ 为分子环形电流的大小, $\boldsymbol{s}_i$ 为电流环的面积. 介质的宏观磁化强度定义为介质单位体积内的磁偶极矩:

$$\boldsymbol{M} = \lim_{\Delta V\to 0}\frac{\sum\limits_i \boldsymbol{m}_i}{\Delta V}. \tag{2.8.17}$$

无外磁场时, 介质中的大量磁偶极矩排列杂乱, $\boldsymbol{M}=\boldsymbol{0}$; 有外磁场时, 介质中的大量磁偶极矩趋于定向排列, $\boldsymbol{M}\neq\boldsymbol{0}$. 由图 2.6 可知, 均匀介质表面磁化电流显然由方程 (2.8.15) 给出.

注意磁化电流（$\boldsymbol{j}_{\mathrm{M}} = \nabla \times \boldsymbol{M}$）的散度为零, 磁化电流可以理解为介质中束缚电荷的散度为零的流动, 即磁化电流本身不会导致电荷的变化.

为了便于处理介质中的磁化电流效应, 我们引入磁场强度矢量

$$\boldsymbol{H} = \frac{\boldsymbol{B}}{\mu_0} - \boldsymbol{M}. \tag{2.8.18}$$

方程 (2.8.12) 为介质中稳恒磁场的安培方程, 可以写作

$$\nabla \times \boldsymbol{H} = \boldsymbol{j}_{\mathrm{f}}. \tag{2.8.19}$$

对于一般的介质, 有

$$\boldsymbol{B} = \mu_0 \boldsymbol{H} + \mu_0 \boldsymbol{M}(\boldsymbol{H}). \tag{2.8.20}$$

对于线性（弱场情形）各向同性非铁磁性介质, 有

$$\boldsymbol{M} = \chi_{\mathrm{M}} \boldsymbol{H}, \tag{2.8.21}$$

其中, $\chi_{\mathrm{M}}$ 是一个由介质的电磁性质决定的常数, 我们称之为磁化系数；相应地, 有

$$\boldsymbol{B} = \mu_0 \boldsymbol{H} + \mu_0 \boldsymbol{M} = \mu_0 (1 + \chi_{\mathrm{M}}) \boldsymbol{H} \equiv \mu \boldsymbol{H} = \mu_0 \mu_{\mathrm{r}} \boldsymbol{H}, \tag{2.8.22}$$

其中, $\mu$ 为介质的磁导率, $\mu_{\mathrm{r}}$ 称为相对磁导率.

### 2.8.3 极化电流与介质中的位移电流

考虑介质处于一般的随时间变化的电场中时, 由于极化电荷也随时间变化, 我们需要引入极化电流

$$\boldsymbol{j}_{\mathrm{p}} = \partial_t \boldsymbol{P}. \tag{2.8.23}$$

注意极化电流可以由极化电荷的守恒方程

$$\partial_t \rho_{\mathrm{p}} + \nabla \cdot \boldsymbol{j}_{\mathrm{p}} = 0, \tag{2.8.24}$$

结合方程 (2.8.2)（极化电荷的定义）给出.

将极化电流与真空中的位移电流合并, 我们得到介质中的位移电流

$$\partial_t \boldsymbol{D} = \epsilon_0 \partial_t \boldsymbol{E} + \partial_t \boldsymbol{P}. \tag{2.8.25}$$

综合上述讨论, 考虑随时间变化的电场时, 方程 (2.8.19) 进一步改写成

$$\nabla \times \boldsymbol{H} = \boldsymbol{j}_{\mathrm{f}} + \partial_t \boldsymbol{D}. \tag{2.8.26}$$

这就是介质中的安培-麦克斯韦方程.

介质中的位移电流包含了极化电流. 介质的极化强度可以写成

$$\boldsymbol{P} = \lim_{\Delta V \to 0} \frac{\sum\limits_i \boldsymbol{q}_i \boldsymbol{x}_i}{\Delta V}, \tag{2.8.27}$$

其中, $\boldsymbol{x}_i$ 为第 $i$ 个电荷 $q_i$ 的位矢. 因此极化电流可以写成

$$\partial_t \boldsymbol{P} = \lim_{\Delta V \to 0} \frac{\sum_i \boldsymbol{q}_i \dot{\boldsymbol{x}}_i}{\Delta V}. \tag{2.8.28}$$

注意介质的极化强度与电场成正比, 很显然极化电流代表电场变化导致介质中电荷的 "位移" 发生变化从而产生的电流. 这正是位移电流中"位移"一词的来源. 麦克斯韦的位移电流概念来源于他对介质中安培方程的研究. 麦克斯韦认识到电场变化时介质中的电荷必然发生位移, 这就形成了"位移"电流. 麦克斯韦在其后续的进一步研究中, 将位移电流的概念推广到真空中的情形, 从而导致了电磁波的发现.

### 2.8.4　介质中的麦克斯韦方程组

考虑介质对于电磁场的响应, 介质中的麦克斯韦方程组可以写成

$$\begin{cases} \nabla \cdot \boldsymbol{D} = \rho_{\mathrm{f}}, \\ \nabla \times \boldsymbol{E} = -\partial_t \boldsymbol{B}, \\ \nabla \cdot \boldsymbol{B} = 0, \\ \nabla \times \boldsymbol{H} = \boldsymbol{j}_{\mathrm{f}} + \partial_t \boldsymbol{D}. \end{cases} \tag{2.8.29}$$

介质对于电磁场的响应可以总结为所谓的本构方程

$$\begin{cases} \boldsymbol{D} = \epsilon \boldsymbol{E}, \\ \boldsymbol{B} = \mu \boldsymbol{H}, \\ \boldsymbol{j}_{\mathrm{f}} = \sigma \boldsymbol{E}, \end{cases} \tag{2.8.30}$$

其中, 第 3 式为确定传导电流的欧姆定律, $\sigma$ 为导电体的电导率.

需要注意的是, 上述本构方程只适用于各向同性介质和弱场近似. 对于一般的各向异性介质, 例如晶体的极化和磁化与方向有关, 上述本构方程中代表介质响应的系数应该取张量;对于一般的强场情形, 这些系数可能依赖于场强. 因此, 一般的本构方程应该写成

$$\begin{cases} \boldsymbol{D} = \epsilon_0 \boldsymbol{E} + \boldsymbol{P} = \boldsymbol{\epsilon}\,(\boldsymbol{E}, \boldsymbol{H}) \cdot \boldsymbol{E}, \\ \boldsymbol{B} = \mu_0 \boldsymbol{H} + \mu_0 \boldsymbol{M} = \boldsymbol{\mu}\,(\boldsymbol{E}, \boldsymbol{H}) \cdot \boldsymbol{H}, \\ \boldsymbol{j}_{\mathrm{f}} = \boldsymbol{\sigma}\,(\boldsymbol{E}, \boldsymbol{H}) \cdot \boldsymbol{E}. \end{cases} \tag{2.8.31}$$

在实际应用中, 为了处理问题的方便, 我们也经常使用积分形式的麦克斯韦方程组:

$$\begin{cases} \oint_{\Sigma} \mathrm{d}\boldsymbol{S} \cdot \boldsymbol{D} = Q_{\mathrm{f}}, \\ \oint_{\Sigma} \mathrm{d}\boldsymbol{S} \cdot \boldsymbol{B} = 0, \\ \oint_{L} \mathrm{d}\boldsymbol{l} \cdot \boldsymbol{E} = -\partial_t \int_{\Sigma} \mathrm{d}\boldsymbol{S} \cdot \boldsymbol{B}, \\ \oint_{L} \mathrm{d}\boldsymbol{l} \cdot \boldsymbol{H} = I_{\mathrm{f}} + \partial_t \int_{\Sigma} \mathrm{d}\boldsymbol{S} \cdot \boldsymbol{D}. \end{cases} \tag{2.8.32}$$

上述前两个积分方程是通过对微分形式的麦克斯韦方程组中的两个散度方程, 在闭合曲面 $\Sigma$ 包围的体积 $V$ 内, 应用高斯定理得到的. 而后两个积分方程则是通过对微分形式的麦克

斯韦方程组中的两个旋度方程, 在闭合曲线 $L$ 所张的曲面 $\Sigma$ 上, 应用斯托克斯定理得到的. 这里

$$Q_{\mathrm{f}} = \int_V \mathrm{d}^3\boldsymbol{x}\rho_{\mathrm{f}},$$

为闭合曲面所包围的自由电荷;

$$I_{\mathrm{f}} = \int_\Sigma \mathrm{d}\boldsymbol{S}\cdot\boldsymbol{j}_{\mathrm{f}}, \tag{2.8.33}$$

为穿过闭合曲线所张曲面的自由电流.

对于法拉第方程和安培-麦克斯韦方程, 另外一种积分形式有时也会用到. 在闭合曲面 $\Sigma$ 包围的体积 $V$ 内, 对这两个微分方程, 应用推广的斯托克斯定理, 我们立即得到

$$\begin{cases} \oint_\Sigma \mathrm{d}\boldsymbol{S}\times\boldsymbol{E} = -\int_V \mathrm{d}^3\boldsymbol{x}\partial_t\boldsymbol{B}, \\ \oint_\Sigma \mathrm{d}\boldsymbol{S}\times\boldsymbol{H} = \int_V \mathrm{d}^3\boldsymbol{x}\left(\boldsymbol{j}_{\mathrm{f}} + \partial_t\boldsymbol{D}\right). \end{cases} \tag{2.8.34}$$

应该注意的是, 介质中麦克斯韦方程组的应用依赖于本构方程的有效性;对于简单的各向同性线性介质, 我们可以事先测定介质的介电系数和磁化系数. 对于一般的情形, 介质的本构方程往往难以得到一个简单的公式. 当我们遇到这类情况时, 我们需要记住, 真空（自由空间）中的麦克斯韦方程组总是正确的, 当然我们需要知道总的电荷和电流. 因此在这种情况下, 我们通常使用自由空间中的麦克斯韦方程组, 而介质响应的电荷和电流应该通过研究介质具体的微观电磁性质得到, 其结果计入总电荷和总电流之中.

## 2.9 两种介质界面上的边值关系

在两种均匀介质的界面附近, 介质的电磁性质发生突变, 因而介电系数或磁导率为阶跃函数; 在这种情形下, 微分形式的麦克斯韦方程组的直接应用是困难的 (因为连续性不够). 在某些实际情况中, 虽然没有出现真正的阶跃函数, 但介质的电磁性质在一个厚度很小的薄层内发生剧烈变化; 在这种情形下, 如果我们并不关心薄层内的细节, 就可以在数学处理上认为介质的电磁性质存在跃变（图 2.7）; 电磁性质跃变应该正确理解为一个空间尺度的问题.

在两种介质的界面附近, 我们需要应用积分形式的麦克斯韦方程组. 为此我们在两种介质界面附近取底面积为 $S$ 厚度为 $\Delta z$ 的平行于界面的薄板, 使得薄板的上下底面分别位于两种介质内（图 2.5—图 2.6）. 取 $S$ 足够小, 我们可以忽略物理量在薄板底面上的变化; 当然我们所取的 $\Delta z$ 相对于底面的线度来说是高阶小量, 因此在计算薄板表面上的面积分时, 我们可以略去侧面的贡献.

**1. $\boldsymbol{D}$ 的边值关系**

利用高斯定理, 我们得到

$$\nabla\cdot\boldsymbol{D} = \rho_{\mathrm{f}} \xrightarrow{\int \mathrm{d}^3\boldsymbol{x}} \oint \mathrm{d}\boldsymbol{S}\cdot\boldsymbol{D} = \int \mathrm{d}^3\boldsymbol{x}\rho_{\mathrm{f}}.$$

由此可得

$$Sn\cdot(\boldsymbol{D}_2-\boldsymbol{D}_1)=S\int_{\Delta z}\mathrm{d}z\rho_\mathrm{f}\equiv S\sigma_\mathrm{f},$$

其中, 法向单位矢量 $\boldsymbol{n}$ 由介质 1 指向介质 2.

在上式中的最后一步, 我们考虑到两种介质交界面附近薄层内可能有很高的自由电荷体密度, 薄层内自由电荷的总量可能是一个有限的数值, 因此我们定义自由电荷面密度

$$\sigma_\mathrm{f}=\int_{\Delta z}\mathrm{d}z\rho_\mathrm{f}. \tag{2.9.1}$$

由此, 我们得到

$$\boldsymbol{n}\cdot(\boldsymbol{D}_2-\boldsymbol{D}_1)=\sigma_\mathrm{f}. \tag{2.9.2}$$

即界面附近由于存在很高的自由电荷体密度, 电位移矢量的法向分量发生跳跃; 上式也可以写成

$$D_{\mathrm{n}2}-D_{\mathrm{n}1}=\sigma_\mathrm{f}.$$

两种介质交界面处由于有限的自由电荷面密度的存在从而导致法向电位移矢量的跃变, 这一结论的正确理解需要做进一步的讨论. 如图 2.7 所示, 考虑两种均匀介质交界面处的薄层, 不妨假定在薄层内介质的介电系数是连续变化的. 如果薄层内存在有限的自由电荷, 根据库仑定律, 薄层内的电位移矢量必然发生剧烈变化. 如果我们不关心薄层内的细节, 我们可以说交界面（薄层）两边的介电系数和法向电位移矢量都是不连续的, 但是我们必须记住薄层内的自由电荷是有限的.

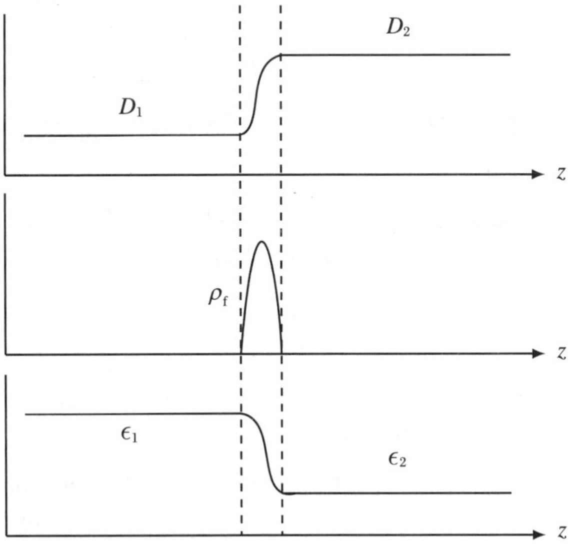


**图 2.7　电位移矢量的法向跃变、界面薄层内的有限自由电荷、介质性质的跃变**

**2. $\boldsymbol{E}$ 的边值关系**

在两种介质界面附近取与前述相同的薄板. 利用推广的斯托克斯定理, 我们立即得到

$$\nabla\times\boldsymbol{E}=-\partial_t\boldsymbol{B}\xrightarrow{\int\mathrm{d}^3\boldsymbol{x}}\oint\mathrm{d}\boldsymbol{S}\times\boldsymbol{E}=\int\mathrm{d}^3\boldsymbol{x}(-\partial_t\boldsymbol{B}),$$

积分域与上面的取法相同, 由此我们得到

$$S\boldsymbol{n}\times(\boldsymbol{E}_2-\boldsymbol{E}_1)=-\Delta zS\partial_t\boldsymbol{B},$$

其中, 场是有限的, 因此当 $\Delta z\to 0$, 等号右边趋于零. 由此我们得到

$$\boldsymbol{n}\times(\boldsymbol{E}_2-\boldsymbol{E}_1)=\boldsymbol{0}. \tag{2.9.3}$$

即界面两侧电场的切向分量连续;上式也可以写成

$$E_{\mathrm{t}2}=E_{\mathrm{t}1}.$$

**3. *B* 的边值关系**

与电位移矢量的法向跃变关系类似, 我们直接写出磁感应强度矢量的法向连续性关系:

$$\boldsymbol{n}\cdot(\boldsymbol{B}_2-\boldsymbol{B}_1)=0, \tag{2.9.4}$$

即界面附近磁感应强度的法向分量连续;上式也可以写成

$$B_{\mathrm{n}2}=B_{\mathrm{n}1}.$$

**4. *H* 的边值关系**

推导方式与上述电场强度的切向分量连续性关系类似, 我们利用推广的斯托克斯定理得到

$$\nabla\times\boldsymbol{H}=\boldsymbol{j}_{\mathrm{f}}+\partial_t\boldsymbol{D}\xrightarrow{\int\mathrm{d}^3\boldsymbol{x}}\oint\mathrm{d}\boldsymbol{S}\times\boldsymbol{H}=\int\mathrm{d}^3\boldsymbol{x}\boldsymbol{j}_{\mathrm{f}}+\int\mathrm{d}^3\boldsymbol{x}\partial_t\boldsymbol{D}.$$

由此可得

$$S\boldsymbol{n}\times(\boldsymbol{H}_2-\boldsymbol{H}_1)=S\int_{\Delta z}\mathrm{d}z\boldsymbol{j}_{\mathrm{f}}+\Delta zS\partial_t\boldsymbol{D},$$

当 $\Delta z\to 0$ 时, 由于 $\partial_t\boldsymbol{D}$ 是有限的, 上式右边第二项为零;上式右边第一项代表界面附近薄层内自由电流的总量.

考虑到两种介质交界面附近薄层内可能有很高的自由电流密度, 薄层内自由电流的总量可能是一个有限的数值, 我们定义自由电流线密度

$$\boldsymbol{\alpha}_{\mathrm{f}}\equiv\int_{\Delta z}\mathrm{d}z\boldsymbol{j}_{\mathrm{f}}. \tag{2.9.5}$$

由此我们得到

$$\boldsymbol{n}\times(\boldsymbol{H}_2-\boldsymbol{H}_1)=\boldsymbol{\alpha}_{\mathrm{f}}. \tag{2.9.6}$$

这意味着界面附近由于存在很高的自由电流体密度, $\boldsymbol{H}$ 的切向分量发生跳跃; 上式也可以写成

$$H_{\mathrm{t}2}-H_{\mathrm{t}1}=\alpha_{\mathrm{f}}.$$

两种介质交界面处的边值关系总结如下

$$\begin{cases}\boldsymbol{n}\cdot(\boldsymbol{D}_2-\boldsymbol{D}_1)=\sigma_{\mathrm{f}},\\\boldsymbol{n}\times(\boldsymbol{E}_2-\boldsymbol{E}_1)=\boldsymbol{0},\\\boldsymbol{n}\cdot(\boldsymbol{B}_2-\boldsymbol{B}_1)=0,\\\boldsymbol{n}\times(\boldsymbol{H}_2-\boldsymbol{H}_1)=\boldsymbol{\alpha}_{\mathrm{f}}.\end{cases} \tag{2.9.7}$$

上式应该理解为积分形式的麦克斯韦方程组;从其推导过程, 不难理解其与上一小节中讨论的积分形式的麦克斯韦方程组的联系.

两种介质之间厚度很薄的边界层内存在有限的自由电荷和自由电流, 因而当我们令边界层的厚度趋于零时, 自由电荷密度和自由电流密度分布是奇异的;麦克斯韦方程组要求在边界层两侧, 电位移矢量的法向分量和磁场强度矢量的切向分量发生跃变. 当然正如本节开头所言, 这种问题应该正确地理解为如图 2.7 所示的尺度分离的边界层问题. 自由电荷、自由电流、电场、磁场等物理量以及介质的电磁性质等, 在边界层内区中变化的空间尺度远小于在外区中变化的空间尺度. 边值关系给出的实际上是积分形式的麦克斯韦方程组在边界层内区中的解, 它规定了边界层外区(即边界层两侧缓变或均匀介质)中麦克斯韦方程组解的边界条件. 外区电磁场的解必须与内区电磁场的解匹配, 这种处理边界层问题的理论方法在其他领域的边界层问题中也有着广泛的应用.

记忆上述公式不难, 只需要对照介质中的麦克斯韦方程组记忆就行了, 需要指出的是, 要牢记法向单位矢量 $\boldsymbol{n}$ 由介质 1 指向介质 2.

根据上述讨论, 记住

$$\begin{cases} -\nabla\cdot\boldsymbol{P}=\rho_{\mathrm{p}}, \\ \nabla\times\boldsymbol{M}=\boldsymbol{j}_{\mathrm{M}}, \end{cases} \tag{2.9.8}$$

就可以立即写出极化强度矢量 $\boldsymbol{P}$ 和磁化强度矢量 $\boldsymbol{M}$ 的边值关系:

$$\begin{cases} -\boldsymbol{n}\cdot(\boldsymbol{P}_2-\boldsymbol{P}_1)=\sigma_{\mathrm{p}}, \\ \boldsymbol{n}\times(\boldsymbol{M}_2-\boldsymbol{M}_1)=\boldsymbol{\alpha}_{\mathrm{M}}, \end{cases} \tag{2.9.9}$$

其中, $\sigma_{\mathrm{p}}$ 和 $\boldsymbol{\alpha}_{\mathrm{M}}$ 分别为极化电荷面密度和磁化电流线密度.

## 2.10　电磁场的能量和能流

电磁场的能量定理由坡印廷(J. Poynting, 1852—1914, 英国)在 1884 年得到.

能量与做功相联系. 电磁场对带电粒子做功由洛伦兹力来完成, 由于 $\boldsymbol{j}_{\mathrm{f}}=\rho_{\mathrm{f}}\boldsymbol{u}$, 单位体积内洛伦兹力对自由电荷做功的功率是

$$\boldsymbol{f}\cdot\boldsymbol{u}=(\rho_{\mathrm{f}}\boldsymbol{E}+\boldsymbol{j}_{\mathrm{f}}\times\boldsymbol{B})\cdot\boldsymbol{u}=\boldsymbol{j}_{\mathrm{f}}\cdot\boldsymbol{E}. \tag{2.10.1}$$

考虑空间中闭合曲面 $\Sigma$ 所包围的体积 $V$, 电磁场的的能量守恒定理可写成

$$-\oint_{\Sigma}\mathrm{d}\boldsymbol{\Sigma}\cdot\boldsymbol{S}=\partial_t\int_V\mathrm{d}^3\boldsymbol{x}w+\int_V\mathrm{d}^3\boldsymbol{x}\boldsymbol{j}_{\mathrm{f}}\cdot\boldsymbol{E}, \tag{2.10.2}$$

其中, $\boldsymbol{S}$ 为电磁场的能流密度, 即单位时间流过单位面积的电磁场能量; $w$ 为电磁场能量密度.

这个能量守恒定律可以这么解读:界面外流入该体积的电磁场能量, 使得该体积内电磁场的总能量增加, 剩余的部分对该体积内的自由电荷做功.

运用高斯定理之后将上式稍作整理得到

$$-\nabla\cdot\boldsymbol{S}=\partial_t w+\boldsymbol{j}_{\mathrm{f}}\cdot\boldsymbol{E}. \tag{2.10.3}$$

如果能将 $\boldsymbol{j}_{\mathrm{f}}\cdot\boldsymbol{E}$ 改写成左边的形式, 那么就可以识别出 $w$ 和 $\boldsymbol{S}$.

运用介质中的麦克斯韦方程组, 我们得到

$$\begin{aligned}\boldsymbol{j}_{\mathrm{f}}\cdot\boldsymbol{E}&=(\nabla\times\boldsymbol{H}-\partial_t\boldsymbol{D})\cdot\boldsymbol{E}\\&=-\nabla\cdot(\boldsymbol{E}\times\boldsymbol{H})+\boldsymbol{H}\cdot(\nabla\times\boldsymbol{E})-\boldsymbol{E}\cdot\partial_t\boldsymbol{D}\\&=-\nabla\cdot(\boldsymbol{E}\times\boldsymbol{H})-\boldsymbol{H}\cdot\partial_t\boldsymbol{B}-\boldsymbol{E}\cdot\partial_t\boldsymbol{D}\\&=-\nabla\cdot(\boldsymbol{E}\times\boldsymbol{H})-(\boldsymbol{E}\cdot\partial_t\boldsymbol{D}+\boldsymbol{H}\cdot\partial_t\boldsymbol{B}).\end{aligned}$$

由此我们得到介质中电磁场的能量守恒方程：

$$-\nabla\cdot\boldsymbol{S}=\partial_t w+\boldsymbol{j}_{\mathrm{f}}\cdot\boldsymbol{E},\tag{2.10.4a}$$

$$\partial_t w=\boldsymbol{E}\cdot\partial_t\boldsymbol{D}+\boldsymbol{H}\cdot\partial_t\boldsymbol{B},\tag{2.10.4b}$$

$$\boldsymbol{S}=\boldsymbol{E}\times\boldsymbol{H}.\tag{2.10.4c}$$

电磁场的能流 $\boldsymbol{S}$ 称为坡印廷矢量, 电磁场的能量守恒定理称为坡印廷定理.

应该指出的是坡印廷定理中的能流 $\boldsymbol{S}$ 不是唯一确定的；如果对能流作变换 $\boldsymbol{S}\to\boldsymbol{S}+\nabla\times\boldsymbol{G}$, 其中 $\boldsymbol{G}$ 为任意矢量场, 那么能量守恒方程依然成立. 这就说明, 单独谈能流是没有意义的, 这就像力学中单独谈势能是没有意义的一样, 能流只有在能量守恒方程中才有意义.

在能量守恒方程中只出现了 $\boldsymbol{j}_{\mathrm{f}}\cdot\boldsymbol{E}$, 看起来似乎是电场只对自由电荷做功. 事实并非如此, 要点是能量密度里面包含了极化能和磁化能. 事实上, 正如我们已经看到的, 单独谈能流是没有意义的, 单独谈能量也是没有意义的, 它们只有放在能量守恒方程中才有意义.

为了进一步理解上述讨论的意义, 我们将方程 (2.10.4) 中的坡印廷矢量的散度重新整理；利用 $\boldsymbol{H}=\boldsymbol{B}/\mu_0-\boldsymbol{M}$, 我们得到

$$\begin{aligned}-\nabla\cdot\boldsymbol{S}&=-\nabla\cdot\left(\boldsymbol{E}\times\frac{\boldsymbol{B}}{\mu_0}\right)+\nabla\cdot(\boldsymbol{E}\times\boldsymbol{M})\\&=-\nabla\cdot\left(\boldsymbol{E}\times\frac{\boldsymbol{B}}{\mu_0}\right)-\boldsymbol{j}_{\mathrm{M}}\cdot\boldsymbol{E}-\boldsymbol{M}\cdot\partial_t\boldsymbol{B},\end{aligned}\tag{2.10.5}$$

其中, 第二步应用了磁化电流的定义 $\boldsymbol{j}_{\mathrm{M}}=\nabla\times\boldsymbol{M}$ 以及法拉第方程.

考察方程 (2.10.4) 中的能量密度的时间变化率, 利用 $\boldsymbol{H}=\boldsymbol{B}/\mu_0-\boldsymbol{M}$ 以及 $\boldsymbol{D}=\epsilon_0\boldsymbol{E}+\boldsymbol{P}$, 我们得到

$$\boldsymbol{E}\cdot\partial_t\boldsymbol{D}+\boldsymbol{H}\cdot\partial_t\boldsymbol{B}=\partial_t\left(\frac{1}{2}\epsilon_0E^2+\frac{1}{2\mu_0}B^2\right)+\partial_t\boldsymbol{P}\cdot\boldsymbol{E}-\boldsymbol{M}\cdot\partial_t\boldsymbol{B},\tag{2.10.6}$$

其中, 右边第二项代表介质极化能的变化, 第三项与介质磁化能的变化有关. 进一步利用极化电流的定义 $\boldsymbol{j}_{\mathrm{p}}=\partial_t\boldsymbol{P}$, 我们得到

$$\boldsymbol{E}\cdot\partial_t\boldsymbol{D}+\boldsymbol{H}\cdot\partial_t\boldsymbol{B}=\partial_t\left(\frac{1}{2}\epsilon_0E^2+\frac{1}{2\mu_0}B^2\right)+\boldsymbol{j}_{\mathrm{p}}\cdot\boldsymbol{E}-\boldsymbol{M}\cdot\partial_t\boldsymbol{B},\tag{2.10.7}$$

将方程 (2.10.5) 和方程 (2.10.7) 代入方程 (2.10.4), 经过整理, 我们现在可以将介质中的电磁场的能量守恒方程写成

$$-\nabla\cdot\left(\boldsymbol{E}\times\frac{\boldsymbol{B}}{\mu_0}\right)=\partial_t\left(\frac{1}{2}\epsilon_0E^2+\frac{B^2}{2\mu_0}\right)+(\boldsymbol{j}_{\mathrm{f}}+\boldsymbol{j}_{\mathrm{p}}+\boldsymbol{j}_{\mathrm{M}})\cdot\boldsymbol{E}.\tag{2.10.8}$$

上式右边第二项表明电场对所有的电荷都做功；右边第一项代表的是纯电磁场能量密度的时间变化率.

考虑能流的定义和能量密度的定义都不是唯一的, 我们可以将上式写成如下的坡印廷定理

$$-\nabla\cdot\boldsymbol{S}=\partial_t w+\boldsymbol{j}\cdot\boldsymbol{E}, \tag{2.10.9a}$$

$$\boldsymbol{S}=\boldsymbol{E}\times\frac{\boldsymbol{B}}{\mu_0}, \tag{2.10.9b}$$

$$w=\frac{1}{2}\epsilon_0E^2+\frac{B^2}{2\mu_0}, \tag{2.10.9c}$$

其中, 总电流

$$\boldsymbol{j}=\boldsymbol{j}_{\mathrm{f}}+\boldsymbol{j}_{\mathrm{p}}+\boldsymbol{j}_{\mathrm{M}}.$$

上式当然可以从真空中的麦克斯韦方程组导出, 因此我们也可以将它理解为真空中的电磁场能量守恒方程.

比较方程 (2.10.4)、方程 (2.10.9), 我们又一次看到, 真空中的麦克斯韦方程组同样适用于介质中的电磁场问题. 介质中的电磁场能量守恒方程 (2.10.4) 与真空中的电磁场能量守恒方程 (2.10.9) 两者定义的能流和电磁场能量密度都是不同的, 当然前者只是显式地给出对自由电荷做功而后者给出了对所有电荷的做功. 这一点也不奇怪, 我们再次强调, 单独谈论能流、能量是没有意义的, 只有将它们放在能量守恒方程中才有明确的物理意义. 进一步理解这一要点可以参考方程 (2.10.8) 及其推导过程.

我们已经看到, 坡印廷定理应用于真空中电磁场能量守恒问题时写成方程 (2.10.9), 应用于介质中电磁场能量守恒问题可以写成方程 (2.10.4). 两者最为显著的区别在于能量密度；方程 (2.10.4) 的能量密度 $w$ 由下式给出

$$\partial_t w=\boldsymbol{E}\cdot\partial_t\boldsymbol{D}+\boldsymbol{H}\cdot\partial_t\boldsymbol{B}, \tag{2.10.10}$$

其中, 包含了介质的极化能和磁化能.

对于线性介质, 我们在前面通过稳恒场的讨论已经引入了 "简单" 的线性关系 $\boldsymbol{D}=\epsilon\boldsymbol{E}$, $\boldsymbol{B}=\mu\boldsymbol{H}$；假如这两个比例系数, 介电系数和磁导率, 都与时间无关, 我们立即可以积分上式得到 $w=\dfrac{1}{2}(\boldsymbol{D}\cdot\boldsymbol{E}+\boldsymbol{B}\cdot\boldsymbol{H})$ 这一简单的结果；如果确实能够做到这样, 介质中的电磁场能量守恒方程在形式上就能够与真空中的情形简单地统一起来. 然而, 对于一般的介质, 即使是线性介质, 由于色散的存在其介电系数和磁导率都是与频率有关的, 因而是依赖于时间的. 因此严格来说只有对于单色波情形我们才能得到上述简单结果. 这就给介质中的坡印廷定理的应用造成了一定的不便. 对于电磁场稳恒的情形, $\partial_t w=0$, 或者该式在时间平均意义上成立的情形, 介质中电磁场能量守恒的坡印廷定理, 方程 (2.10.4), 可以得到方便的应用.

**例 2.2**　同轴传输线的内导体半径为 $a$, 外导体半径为 $b$；内外导体间均匀绝缘介质的介电系数为 $\epsilon$. 内外导体间电压为 $U$, 导体中载有电流 $I$.

（1）略去导体电阻, 计算介质中的能流和传输功率；

（2）假定内导体电导率为 $\sigma$, 计算通过内导体表面进入内导体的能流.

**解**　取以传输线中心线为 $z$ 轴的柱坐标系 $(r,\theta,z)$.

（1）在介质内应用安培环路定律得极向磁场为

$$H_\theta = \frac{1}{2\pi r} I.$$

假定内导体单位长度上的电荷为 $\tau$, 在介质内应用高斯定律得径向电场为

$$E_r = \frac{1}{2\pi\epsilon r}\tau.$$

由此可得介质内能流为

$$\boldsymbol{S} = \boldsymbol{E} \times \boldsymbol{H} = \frac{1}{4\pi^2 \epsilon r^2} I\tau \boldsymbol{e}_z.$$

内外导线间电压为

$$U = \int_a^b \mathrm{d}r E_\mathrm{r} = \frac{\tau}{2\pi\epsilon} \ln\frac{b}{a}.$$

代入能流表达式得

$$\boldsymbol{S} = \frac{IU}{2\pi r^2 \ln\dfrac{b}{a}} \boldsymbol{e}_z.$$

传输功率为

$$P = \int_a^b 2\pi r \mathrm{d}r S = IU.$$

由此可知通常电路方程中 $IU$ 所表示的传输功率是由坡印廷矢量决定的.

（2）由欧姆定律得到内导体中的电场

$$\boldsymbol{E} = \frac{1}{\sigma}\boldsymbol{j} = \frac{I}{\sigma\pi a^2}\boldsymbol{e}_z.$$

由切向电场的连续性知介质中内导体表面处的切向电场为

$$E_z = \frac{I}{\sigma\pi a^2}.$$

由此可以计算介质中进入内导体表面 $(r = a)$ 的能流

$$-S_r = E_z H_\theta = \frac{I^2}{2\pi^2\sigma a^3}.$$

流入长度为 $l$ 的内导体的功率为

$$P = -S_r \cdot 2\pi a l = I^2 R,$$

其中, $R = l/\pi a^2 \sigma$ 为该段导体的电阻.

由此可知通常的电路定律中 $I^2R$ 所表示的欧姆耗散功率为坡印廷矢量所确定的流入导体内部的功率.

## 2.11 电磁场的动量和麦克斯韦应力张量

考虑空间中闭合曲面 $\Sigma$ 所包围的体积 $V$, 电磁场的动量守恒定理可以写成

$$-\oint_\Sigma \mathrm{d}\boldsymbol{\Sigma} \cdot \boldsymbol{T} = \partial_t \int_V \mathrm{d}^3\boldsymbol{x}\,\boldsymbol{g} + \int_V \mathrm{d}^3\boldsymbol{x}\,\boldsymbol{f}, \tag{2.11.1}$$

其中, $\boldsymbol{\mathcal{T}}$ 为麦克斯韦应力张量, 也称为电磁场动量流密度, 即单位时间流过单位面积的电磁场动量; $\boldsymbol{g}$ 为电磁场动量密度.

这个动量守恒方程可以这么解读: 界面外流入该体积的电磁场的动量使得该体积内的电磁场本身的动量增加, 剩余的部分可以对该体积内的电荷施加力.

电磁场动量守恒定理的微分形式为

$$-\nabla\cdot\boldsymbol{\mathcal{T}}=\partial_t\boldsymbol{g}+\boldsymbol{f}. \tag{2.11.2}$$

这里考虑自由空间中电磁场的动量守恒定理. 由于动量与力相联系, 我们将从洛伦兹力的表达式开始推导. 在此之前, 我们先准备一个下面的演算中将要用到的矢量微分公式

$$\begin{aligned}(\nabla\times\boldsymbol{A})\times\boldsymbol{A}&=-\frac{1}{2}\nabla(\boldsymbol{A}\cdot\boldsymbol{A})+\boldsymbol{A}\cdot\nabla\boldsymbol{A}\\&=-\nabla\cdot\left(\frac{A^2}{2}\boldsymbol{\mathcal{I}}\right)+\nabla\cdot(\boldsymbol{A}\boldsymbol{A})-(\nabla\cdot\boldsymbol{A})\boldsymbol{A}\\&=-\nabla\cdot\left(\frac{A^2}{2}\boldsymbol{\mathcal{I}}-\boldsymbol{A}\boldsymbol{A}\right)-(\nabla\cdot\boldsymbol{A})\boldsymbol{A}.\end{aligned} \tag{2.11.3}$$

利用麦克斯韦方程组, 真空中的洛伦兹力可以写成

$$\begin{aligned}\boldsymbol{f}&=\rho\boldsymbol{E}+\boldsymbol{j}\times\boldsymbol{B}\\&=\epsilon_0(\nabla\cdot\boldsymbol{E})\boldsymbol{E}+\frac{1}{\mu_0}(\nabla\times\boldsymbol{B})\times\boldsymbol{B}-\epsilon_0\partial_t\boldsymbol{E}\times\boldsymbol{B}.\end{aligned}$$

下面我们利用方程（2.11.3）分别计算上式右边第一项和第二项:

$$\begin{aligned}\epsilon_0(\nabla\cdot\boldsymbol{E})\boldsymbol{E}&=-\epsilon_0\left[(\nabla\times\boldsymbol{E})\times\boldsymbol{E}+\nabla\cdot\left(\frac{E^2}{2}\boldsymbol{\mathcal{I}}-\boldsymbol{E}\boldsymbol{E}\right)\right]\\&=-\nabla\cdot\left(\frac{\epsilon_0E^2}{2}\boldsymbol{\mathcal{I}}-\epsilon_0\boldsymbol{E}\boldsymbol{E}\right)-\epsilon_0\boldsymbol{E}\times\partial_t\boldsymbol{B},\end{aligned}$$

其中我们应用了法拉第方程;

$$\frac{1}{\mu_0}(\nabla\times\boldsymbol{B})\times\boldsymbol{B}=-\nabla\cdot\left(\frac{B^2}{2\mu_0}\boldsymbol{\mathcal{I}}-\frac{\boldsymbol{B}\boldsymbol{B}}{\mu_0}\right),$$

其中我们利用了 $\nabla\cdot\boldsymbol{B}=0$.

综合以上 3 式我们得到

$$\boldsymbol{f}=-\nabla\cdot\left[\left(\frac{B^2}{2\mu_0}+\frac{\epsilon_0E^2}{2}\right)\boldsymbol{\mathcal{I}}-\left(\frac{\boldsymbol{B}\boldsymbol{B}}{\mu_0}+\epsilon_0\boldsymbol{E}\boldsymbol{E}\right)\right]-\partial_t(\epsilon_0\boldsymbol{E}\times\boldsymbol{B}).$$

由此我们可以立即识别出真空中电磁场的动量流（麦克斯韦应力张量）

$$\boldsymbol{\mathcal{T}}=\left(\frac{B^2}{2\mu_0}+\frac{\epsilon_0E^2}{2}\right)\boldsymbol{\mathcal{I}}-\left(\frac{\boldsymbol{B}\boldsymbol{B}}{\mu_0}+\epsilon_0\boldsymbol{E}\boldsymbol{E}\right), \tag{2.11.4}$$

以及真空中电磁场的动量密度

$$\boldsymbol{g}=\epsilon_0\boldsymbol{E}\times\boldsymbol{B}. \tag{2.11.5}$$

真空中电磁场能流和动量密度的关系为

$$\boldsymbol{S}=\frac{1}{\epsilon_0\mu_0}\boldsymbol{g}=c^2\boldsymbol{g}. \tag{2.11.6}$$

关于应力张量的物理意义, 我们简要讨论如下.

**1. 积分形式**

作用在闭合曲面所包围的有限体积上的应力(流入闭合曲面包围体积的动量)为

$$\boldsymbol{F}_{\mathrm{M}}=-\oint \mathrm{d}\boldsymbol{S}\cdot\boldsymbol{\mathcal{T}}. \tag{2.11.7}$$

**2. 微分形式**

作用在单位体积上的应力为

$$\boldsymbol{f}_{\mathrm{M}}=-\nabla\cdot\boldsymbol{\mathcal{T}}, \tag{2.11.8}$$

$$\mathrm{d}\boldsymbol{F}_{\mathrm{M}}=-\nabla\cdot\boldsymbol{\mathcal{T}}\mathrm{d}^3\boldsymbol{x}; \tag{2.11.9}$$

面元 $\Delta\boldsymbol{S}$ 所朝向一侧物质作用于面元另一侧物质的应力为

$$\Delta\boldsymbol{F}_{\mathrm{M}}=-\Delta\boldsymbol{S}\cdot\boldsymbol{\mathcal{T}}. \tag{2.11.10}$$

注意积分形式的应力张量的定义相对比较容易理解和记忆.

为了进一步理解电磁场的麦克斯韦应力张量的物理意义, 我们来看一个例子. 假设不存在电场, 则麦克斯韦应力张量可以表示为

$$\begin{cases}\boldsymbol{\mathcal{T}}=\dfrac{B^2}{2\mu_0}\boldsymbol{\mathcal{I}}-\dfrac{\boldsymbol{BB}}{\mu_0},\\ -\nabla\cdot\boldsymbol{\mathcal{T}}=\boldsymbol{f}=\boldsymbol{j}\times\boldsymbol{B}.\end{cases} \tag{2.11.11}$$

**例 2.3** 完全电离气体通常是宏观电中性的, 称为等离子体. 将等离子体看成流体, 我们可以将普通的流体动力学理论加以推广用于处理等离子体. 由于等离子体的宏观电中性, 电场力的作用通常可以忽略. 由于等离子体良好的导电性, 作用于这种流体上的洛伦兹力是重要的. 另外, 与普通流体类似的热力学膨胀力也是必须考虑的. 因此作用于这种流体上的力主要为洛伦兹力和热力学膨胀力. 等离子体的这种流体处理称为磁流体力学.

考虑无限长轴对称分布的柱状等离子体为外加纵向磁场所约束. 取柱坐标 $(r,\theta,z)$. 考虑系统沿径向不均匀, 假定磁场 $\boldsymbol{B}=B(r)\boldsymbol{e}_z$, 等离子体的热力学压强为 $P(r)$. 如果电离气体处于宏观力平衡状态, 则有

$$-\nabla P+\boldsymbol{j}\times\boldsymbol{B}=\boldsymbol{0}.$$

这就是磁流体的力平衡方程.

针对这一简单的磁流体力学平衡情形, 从麦克斯韦应力张量的观点出发, 对其给出不同的解释.

**解** 将上面的磁流体平衡方程改写成

$$-\nabla P-\nabla\cdot\boldsymbol{\mathcal{T}}=\boldsymbol{0}\implies -\nabla\left(P+\frac{B^2}{2\mu_0}\right)=\boldsymbol{0}.$$

我们可以得到另外一种理解. 在磁场中的等离子体除了感受到热压强 $P$ 外还感受到另一种压强, 这种压强 $B^2/2\mu_0$ 来自磁场, 并且方向垂直于磁场; 这是磁约束聚变等离子体平衡的基础.

**例 2.4**　在上述例子中, 我们假定磁力线是平直的. 对于一般的弯曲磁力线情形, 磁流体中的麦克斯韦应力张量有何新的效应?

**解**　磁场的麦克斯韦应力为

$$\boldsymbol{f}_{\mathrm{M}} = -\nabla\cdot\boldsymbol{\mathcal{T}} = -\nabla\frac{B^2}{2\mu_0} + \frac{1}{\mu_0}\boldsymbol{B}\cdot\nabla\boldsymbol{B}.$$

上式可以进一步写成

$$\boldsymbol{f}_{\mathrm{M}} = -\nabla_{\perp}\frac{B^2}{2\mu_0} + \frac{B^2}{\mu_0}\boldsymbol{b}\cdot\nabla\boldsymbol{b}, \tag{2.11.12}$$

其中, $\boldsymbol{b} = \boldsymbol{B}/B$ 为沿磁力线方向的单位矢量; $\nabla_{\perp} = \nabla - \boldsymbol{bb}\cdot\nabla$ 表示沿着与磁力线垂直方向的梯度; $\boldsymbol{b}\cdot\nabla\boldsymbol{b}$ 为磁力线的曲率. 上式中的第一项表明, $B^2/2\mu_0$ 可以类比为气体的压强, 它会在与磁力线垂直的方向上产生一个与其梯度方向相反的压力; 上式第二项表明弯曲的磁力线就像是一根弯曲的拉伸的橡皮筋, 它的张力会产生一个指向其曲率方向的回复力.

上述关于麦克斯韦应力张量的讨论意味着如下重要的事实: 等离子体中的磁场在垂直于磁力线方向会产生一个类似于气体压力的效应; 弯曲的磁力线会产生类似于弯曲的弦上的回复力; 压缩气体会产生声波, 类似地压缩等离子体中的磁场会产生压缩阿尔芬 (H. Alfven, 1908—1995, 瑞典) 波; 弯曲一根拉紧的弦会产生横波, 类似地弯曲等离子体中的磁力线会产生剪切阿尔芬波. 阿尔芬因为在磁流体力学和等离子体物理上的贡献获得了 1970 年的诺贝尔物理学奖. 等离子体中的压缩阿尔芬波和剪切阿尔芬波在空间等离子体和聚变等离子体物理中都有非常重要的应用.

## 习题与解答

1. 写出真空中麦克斯韦方程组的积分形式.

2. 写出各向同性线性介质中的麦克斯韦方程组, 并讨论其中何处体现了介质的极化电荷、极化电流与磁化电流.

3. 试证明体积有限的导体处于静电平衡时, 带电导体的内部电荷为零.

答案: 由欧姆定律和静电平衡条件 $\boldsymbol{j} = \sigma\boldsymbol{E}, \boldsymbol{j} = \boldsymbol{0}$, 可知静电平衡时导体内部电场为零. 进一步利用高斯定律即可得证.

4. 真空中置一均匀介质球, 球内均匀带有静止自由电荷. 试求:

(1) 空间各处电场;

(2) 极化电荷.

提示: 球内极化电荷与球面极化电荷不同.

5. 真空中置一均匀磁化的铁球. 令铁球的磁化强度为 $\boldsymbol{M}$. 试求磁化电流.

6. 真空实验室中磁场为 $\boldsymbol{B}(\boldsymbol{x}, t)$, 电场为 $\boldsymbol{E} = \boldsymbol{0}$. 今有一观测者相对于实验室以远小于光速的 $\boldsymbol{u}$ 做匀速直线运动. 试求观测者看到的电场.

提示：直接应用法拉第定律计算运动线圈中的电动势（参考第 2.4节例题）.

7. 电荷体系的电偶极矩定义为

$$\boldsymbol{p}(t)=\int \mathrm{d}^3\boldsymbol{x}\rho(\boldsymbol{x},t)\boldsymbol{x},$$

假定电荷体系分布在有限区域内. 根据电荷守恒定律 $\partial_t\rho+\nabla\cdot\boldsymbol{j}=0$, 试证明

$$\frac{\mathrm{d}}{\mathrm{d}t}\boldsymbol{p}(t)=\int \mathrm{d}^3\boldsymbol{x}\boldsymbol{j}(\boldsymbol{x},t).$$

提示：由 $\boldsymbol{j}=\boldsymbol{j}\cdot\boldsymbol{\mathcal{I}}$, $\boldsymbol{\mathcal{I}}=\nabla\boldsymbol{x}$ 得到 $\boldsymbol{j}=\boldsymbol{j}\cdot\nabla\boldsymbol{x}$. 进一步可得 $\boldsymbol{j}=\nabla\cdot(\boldsymbol{j}\boldsymbol{x})-(\nabla\cdot\boldsymbol{j})\boldsymbol{x}$. 利用电荷守恒得 $\boldsymbol{j}=\nabla\cdot(\boldsymbol{j}\boldsymbol{x})+\partial_t\rho\boldsymbol{x}$. 将此式代入待求证方程右边再利用高斯定理即可得证.

8. 在一平行板电容器的两极上加以 $V=V_0\cos\omega t$ 的交变电压. 设平板是以 $a$ 为半径的圆形, 两板间距为 $d$. 忽略边缘效应, 试求：

（1）两板间位移电流；

（2）电容器内离轴为 $r$ 处的磁场；

（3）电容器内的能流密度.

答案：位移电流密度为

$$\boldsymbol{j}_{\mathrm{D}}=\epsilon_0\partial_t\boldsymbol{E}=-\frac{\epsilon_0\omega}{d}V_0\sin\omega t\boldsymbol{e}_z.$$

位移电流为 $\boldsymbol{I}_{\mathrm{D}}=\pi a^2\boldsymbol{j}_{\mathrm{D}}$. 利用安培定律得离轴 $r$ 处的磁场为

$$\boldsymbol{B}=-\mu_0\epsilon_0\cdot\frac{\omega V_0 r}{2d}\sin\omega t\boldsymbol{e}_\theta.$$

能流密度为

$$\boldsymbol{S}=\epsilon_0\omega\frac{V_0^2 r}{4d^2}\sin(2\omega t)\boldsymbol{e}_r.$$

9. 由麦克斯韦方程组导出静电库仑定律, 静磁场的毕奥-萨伐尔定律, 法拉第电磁感应定律, 电荷守恒定律.

提示：由静电场的两个微分方程可以得到点电荷产生的静电场, 由此可得静电库仑定律; 由静磁场的两个微分方程, 根据亥姆霍兹定理可以解出用矢势 $\boldsymbol{A}(\boldsymbol{x})$ 表示的静磁场, 再计算矢势的旋度可得毕奥-萨伐尔定律.

10. 试由电动势的概念出发, 通过考察方程（2.4.7）和（2.4.8）, 讨论法拉第电磁感应定律与洛伦兹力公式之间的关系.

答案：设实验室系磁场为 $\boldsymbol{B}$ 电场为 $\boldsymbol{E}$. 由第 2.4节例题的结果, 方程（2.4.8）, 可以知道, 以速度 $\boldsymbol{u}$ 运动的荷电 $q$ 的粒子受力为 $q(\boldsymbol{E}+\boldsymbol{u}\times\boldsymbol{B})$, 这与洛伦兹力公式一致.

这里的关键点是方程（2.4.7）将法拉第定律中所论及的运动线圈中的电动势解释为运动线圈中所观测到的电场 $\boldsymbol{E}'$. 这一解释需要做进一步的讨论.

电动势的概念可由欧姆定律 $\mathcal{E}=RI$ 确立. 电动势 $\mathcal{E}$ 代表电动力对载流子的单位电荷所做的功. 电阻的起源为载流子沿着导线流动时受到的摩擦力. 欧姆定律的物理本质为作用于载流子的电动力（正比于 $\mathcal{E}$）与载流子的流动摩擦力（正比于 $RI$）之间的平衡. 因此, 在第 2.4.2节的例题中, 方程（2.4.7）中的 $\boldsymbol{E}'$, 根据欧姆定律应该理解为运动线圈中载流子所受的电动力 $\boldsymbol{F}$ 与其电荷的比值. 结果与洛伦兹力公式是一致的.

11. 试证明两个闭合恒流线圈之间的作用力满足牛顿第三定律, 但两个恒流导线元之间的作用力一般并不满足牛顿第三定律.

答案:记两个电流元本身及其位置分别为 $(I_1\mathrm{d}\boldsymbol{l}_1,\boldsymbol{x}_1)$, $(I_2\mathrm{d}\boldsymbol{l}_2,\boldsymbol{x}_2)$. 两个电流元之间的相对位置为 $\boldsymbol{r}_{21}=\boldsymbol{x}_2-\boldsymbol{x}_1$, $\boldsymbol{r}_{12}=\boldsymbol{x}_1-\boldsymbol{x}_2$, $|\boldsymbol{r}_{21}|=|\boldsymbol{r}_{12}|=r$.

电流元 2 对电流源 1 的作用力可以写成

$$\begin{aligned}\mathrm{d}\boldsymbol{F}_{12}&=\frac{\mu_0 I_1 I_2}{4\pi r^3}\mathrm{d}\boldsymbol{l}_1\times(\mathrm{d}\boldsymbol{l}_2\times\boldsymbol{r}_{12})\\&=\frac{\mu_0 I_1 I_2}{4\pi r^3}\left[(\mathrm{d}\boldsymbol{l}_1\cdot\boldsymbol{r}_{12})\mathrm{d}\boldsymbol{l}_2-(\mathrm{d}\boldsymbol{l}_1\cdot\mathrm{d}\boldsymbol{l}_2)\boldsymbol{r}_{12}\right],\end{aligned}$$

$\mathrm{d}\boldsymbol{F}_{21}$ 的计算只需在上式中交换角标 1 和 2 即可.

由此可得, 一般地两个恒流导线元之间的作用力并不满足简单的牛顿第三定律,

$$\mathrm{d}\boldsymbol{F}_{12}+\mathrm{d}\boldsymbol{F}_{21}\neq\boldsymbol{0}.$$

闭合恒流线圈 2 对线圈 1 的作用力可以写成

$$\boldsymbol{F}_{12}=\frac{\mu_0 I_1 I_2}{4\pi}\oint_{L_1}\oint_{L_2}\mathrm{d}\boldsymbol{l}_1\times\left(\mathrm{d}\boldsymbol{l}_2\times\frac{\boldsymbol{r}_{12}}{r^3}\right),$$

$\boldsymbol{F}_{21}$ 的计算只需在上式中交换角标 1 和 2 即可.

计算两个线圈之间作用力的和时, 注意到积分次序可交换, 将双叉乘展开, 我们得到

$$\boldsymbol{F}_{12}+\boldsymbol{F}_{21}=\frac{\mu_0 I_1 I_2}{4\pi}\oint_{L_2}\oint_{L_1}\left[\left(\mathrm{d}\boldsymbol{l}_1\cdot\frac{\boldsymbol{r}_{12}}{r^3}\right)\mathrm{d}\boldsymbol{l}_2+\left(\mathrm{d}\boldsymbol{l}_2\cdot\frac{\boldsymbol{r}_{21}}{r^3}\right)\mathrm{d}\boldsymbol{l}_1\right].$$

运用斯托克斯定理, 上式右边的积分可以写成

$$\oint_{L_2}\mathrm{d}\boldsymbol{l}_2\int_{S_1}\mathrm{d}\boldsymbol{S}_1\cdot\nabla_1\times\frac{\boldsymbol{r}_{12}}{r^3}+\oint_{L_1}\mathrm{d}\boldsymbol{l}_1\int_{S_2}\mathrm{d}\boldsymbol{S}_2\cdot\nabla_2\times\frac{\boldsymbol{r}_{21}}{r^3}.$$

上式中 $\nabla_{1,2}=\partial/\partial\boldsymbol{x}_{1,2}$. 注意当 $r\neq 0$ 时,

$$\nabla_1\times\frac{\boldsymbol{r}_{12}}{r_{12}^3}=\boldsymbol{0}=\nabla_2\times\frac{\boldsymbol{r}_{21}}{r_{21}^3},$$

其中, $r_{12}=|\boldsymbol{r}_{12}|=r$, $r_{21}=|\boldsymbol{r}_{21}|=r$. 由此立得两个闭合恒流线圈间的作用力满足牛顿第三定律,

$$\boldsymbol{F}_{12}+\boldsymbol{F}_{21}=\boldsymbol{0}.$$

12. 真空中沿 $z$ 轴传播的圆偏振电磁波的电场为 $E_x=E_0\cos(kz-\omega t)$, $E_y=E_0\sin(kz-\omega t)$, $E_z=0$. 试求圆偏振电磁波的能流和能量密度, 并证明其满足能量守恒定律.

答案: 注意到真空中电磁波满足 $\omega/k=c$, 不难得到能量密度为 $w=\epsilon_0 E_0^2$, 能流为 $\boldsymbol{S}=wc\boldsymbol{e}_z$.

13. 考虑导体和绝缘介质的分界面附近, 证明:

(1) 静电情形下导体外电场总是垂直于导体表面;

(2) 恒定电流情形下导体内电场总是平行于导体表面.

答案:利用边值关系.

(1) 静电平衡时导体内部电场为零. 利用电场的切向连续性边值关系可以得证.

(2) 恒定电流情形下 $\nabla \cdot \boldsymbol{j} = 0$. 由此可得电流密度的边值关系 $\boldsymbol{n} \cdot \boldsymbol{j} = 0$. 再利用欧姆定律知导体内部边界附近的电场法向分量为零.

14. 考虑两种各向同性线性电介质的分界面. 设界面两侧电力线与界面法线的夹角分别为 $\theta_1$ 和 $\theta_2$, 相应的界面两侧的介电系数分别为 $\epsilon_1$ 和 $\epsilon_2$. 试证明

$$\frac{\tan\theta_1}{\epsilon_1} = \frac{\tan\theta_2}{\epsilon_2}.$$

15. 利用斯托克斯定理, 证明两种均匀介质界面处电磁场切向分量的边值关系.

16. 从真空中齐次麦克斯韦方程组出发, 导出电磁波传播的方程.

17. 一根长为 $R$ 的细金属棒铅直地竖立. 细棒的上端嵌入在半径为 $R$ 的半圆形金属滑轨的光滑导槽中, 半圆形轨道所在的面与地面垂直; 细棒的下端通过无摩擦的铰链与沿着东西方向水平固定的细导体棒的东端链接; 水平固定的细导体棒的西端与半圆形导体轨道的一端连接. 考虑铅直竖立的细金属棒受到微小的扰动向东倒下, 试计算它倒到水平位置时两端的电动势. 设地磁场的水平分量为 $B$.

答案: 细棒绕端点转动的惯量为 $I = \dfrac{1}{3}mR^2$, 其中 $m$ 为细棒质量. 由机械能守恒知道, 细棒落下到水平位置时的角速度 $\omega$ 满足 $I\omega^2 = mgR$, 其中 $g$ 为重力加速度. 所求的电动势为

$$\mathcal{E} = \int \mathrm{d}\boldsymbol{l} \cdot (\boldsymbol{u} \times \boldsymbol{B}) = \int_0^R \mathrm{d}x\omega x B = \frac{\sqrt{3gR^3}}{2}B.$$

18. 求一个以匀速 $\boldsymbol{v}$ 运动 ($v \ll c$) 的电子所产生的磁场.

答案: 令电子位于笛卡儿系原点, $z$ 轴沿其运动方向. 电位移矢量

$$\boldsymbol{D} = \frac{-e\boldsymbol{R}}{4\pi R^3}.$$

显然, 只有 $z$ 和 $R$ 依赖于时间, 且 $R\partial_t R = z\partial_t z$. 由此得

$$\partial_t D_x = \frac{-3ezxv}{4\pi R^5}.$$

显然有 $H_z = 0$; 除原点外没有自由电流. 由安培-麦克斯韦方程得

$$-\partial_z H_y = \partial_t D_x.$$

利用 $R \to \infty$ 时, $H \to 0$ 的边界条件, 积分上式可得

$$H_y = \frac{-evx}{4\pi R^3}.$$

利用 $H_z = 0$ 以及磁感应强度无散的性质, 积分出 $H_x$, 从而得到最终的结果

$$\boldsymbol{H} = \frac{-e\boldsymbol{v} \times \boldsymbol{R}}{4\pi R^3}.$$

# 第 3 章　静　电　场

在这一章中, 我们讨论经典电动力学中最简单的一类问题, 静止电荷产生的场. 静止的电荷产生的场只有静电场; 静电场是无旋场, 因此我们可以引入静电势的概念, 从而将静电学的问题化为标量场（静电势）的泊松方程的求解问题. 求解泊松方程的方法在物理学多个领域都有广泛的应用. 在这一章中, 我们将讨论求解静电学的泊松方程问题中的变分法、分离变量法、基于唯一性定理的镜像法、格林函数方法、基于亥姆霍兹定理的积分法以及与此相联系的小区域分布静电荷产生远场的多极展开方法.

静电场满足的微分方程为

$$\begin{cases}\nabla \times \boldsymbol{E} = \boldsymbol{0}, \\ \nabla \cdot \boldsymbol{D} = \rho_{\mathrm{f}},\end{cases} \tag{3.0.1}$$

其中, 电位移矢量 $\boldsymbol{D} = \epsilon \boldsymbol{E}$; $\epsilon$ 为介质的介电系数; $\rho_{\mathrm{f}}$ 为自由电荷密度.

在两种极化介质界面处的边值关系为

$$\begin{cases}\boldsymbol{n} \cdot (\boldsymbol{D}_2 - \boldsymbol{D}_1) = \sigma_{\mathrm{f}}, \\ \boldsymbol{n} \times (\boldsymbol{E}_2 - \boldsymbol{E}_1) = \boldsymbol{0},\end{cases} \tag{3.0.2}$$

其中, $\sigma_{\mathrm{f}}$ 为自由电荷面密度.

## 3.1　静电势和泊松方程

### 3.1.1　静电势

静电场是无旋场, 因此静电场可以表示为

$$\boldsymbol{E} = -\nabla \phi(\boldsymbol{x}). \tag{3.1.1}$$

考虑如下对于空间中给定闭合曲线上的积分

$$\oint \mathrm{d}\phi = \oint \mathrm{d}\boldsymbol{l} \cdot \nabla \phi.$$

由于静电场在全空间（单连通域）无旋度, 故上述标量函数 $\phi(\boldsymbol{x})$ 及其梯度在空间任意一点都有定义, 当然 $\nabla \phi(\boldsymbol{x})$ 在我们考虑的闭合曲线所张的曲面 $S$ 上任意一点都有定义, 因此我们可以应用斯托克斯定理得到

$$\oint \mathrm{d}\boldsymbol{l} \cdot \nabla \phi = \int \mathrm{d}\boldsymbol{S} \cdot \nabla \times \nabla \phi = 0.$$

这就意味着 $\phi$ 是单值函数, 我们称之为静电势. 空间中两点间静电势的差称为电势差

$$\phi(\boldsymbol{x}_B)-\phi(\boldsymbol{x}_A)=-\int_{\boldsymbol{x}_A}^{\boldsymbol{x}_B}\mathrm{d}\boldsymbol{l}\cdot\boldsymbol{E}.$$

静电场力对试探电荷 $q$ 做功为

$$W_{A\to B}=\int_{\boldsymbol{x}_A}^{\boldsymbol{x}_B}\mathrm{d}\boldsymbol{l}\cdot q\boldsymbol{E}=q\left[\phi\left(\boldsymbol{x}_A\right)-\phi\left(\boldsymbol{x}_B\right)\right]. \tag{3.1.2}$$

由此可知, 电场对试探电荷做功与路径无关, 且等于电势能的减小; 因此可以定义试探电荷 $q$ 的静电势能

$$U(\boldsymbol{x})=q\phi(\boldsymbol{x}). \tag{3.1.3}$$

如果电荷在整个空间的分布给定, 由于静电场满足

$$\begin{cases}\nabla\cdot\boldsymbol{E}=\dfrac{1}{\epsilon_0}\rho,\\ \nabla\times\boldsymbol{E}=0,\end{cases} \tag{3.1.4}$$

根据亥姆霍兹定理可以直接写出静电势

$$\phi(\boldsymbol{x})=\frac{1}{4\pi\epsilon_0}\int\mathrm{d}^3\boldsymbol{x}'\rho(\boldsymbol{x}')\frac{1}{|\boldsymbol{x}-\boldsymbol{x}'|}. \tag{3.1.5}$$

如果知道全空间的电荷分布, 原则上只要利用亥姆霍兹定理, 静电场问题都可以解决. 但是实际问题中有些区域的电荷分布是很难确定的; 比较容易确定的是场的边界条件, 因此我们还需要讨论更多的解决静电场问题的方法.

### 3.1.2 静电场的能量

考虑真空中的情形, 静电场的能量密度为

$$w=\frac{1}{2}\boldsymbol{D}\cdot\boldsymbol{E}, \tag{3.1.6}$$

其中, $\boldsymbol{D}=\epsilon_0\boldsymbol{E}$. 因此真空中的静电场在全空间的总能量为

$$W=\int\mathrm{d}^3\boldsymbol{x}\frac{1}{2}\boldsymbol{D}\cdot\boldsymbol{E}. \tag{3.1.7}$$

由此可得

$$\begin{aligned}W&=-\frac{1}{2}\int\mathrm{d}^3\boldsymbol{x}\boldsymbol{D}\cdot\nabla\phi\\&=-\frac{1}{2}\int\mathrm{d}^3\boldsymbol{x}\left[\nabla\cdot(\boldsymbol{D}\phi)-(\nabla\cdot\boldsymbol{D})\phi\right]\\&=-\frac{1}{2}\int\mathrm{d}\boldsymbol{S}\cdot(\boldsymbol{D}\phi)+\frac{1}{2}\int\mathrm{d}^3\boldsymbol{x}\rho\phi,\end{aligned}$$

其中, 第一项面积分为零, 这是因为在无穷远处 $\boldsymbol{D}\to\mathcal{O}(1/r^2)$, $\phi\to\mathcal{O}(1/r)$. 注意上式中的 $\rho$ 为总的电荷密度,

$$W=\frac{1}{2}\int\mathrm{d}^3\boldsymbol{x}\rho\phi. \tag{3.1.8}$$

静电场的总能量有两种计算方法, 可以用能量密度积分, 也可以用电荷来计算. 但是要注意, 使用电荷的计算方法时不能认为 $\frac{1}{2}\rho\phi$ 是能量密度.

考虑无界空间中两个静止的电荷系统 $\rho_1$ 和 $\rho_2$; 由于静电场满足的方程为线性方程, 空间中电势为两个系统分别产生的电势 $\phi_1$ 和 $\phi_2$ 的叠加. 因此两个电荷系统总的静电能为

$$W = \frac{1}{2}\int \mathrm{d}^3\boldsymbol{x}\,(\rho_1\phi_1 + \rho_2\phi_2 + \rho_1\phi_2 + \rho_2\phi_1)\,, \tag{3.1.9}$$

其中, 积分核的前两项为两个子系统各自的静电能, 而积分核的后两项为两个子系统之间相互作用的能量.

根据对称性, 我们立即得到两个子系统相互作用的静电能为

$$W_{1,2} = \int \mathrm{d}^3\boldsymbol{x}\rho_1\phi_2. \tag{3.1.10}$$

上述结论证明如下: 设电荷系统 $\rho_1$ 和 $\rho_2$ 的域分别为 $V_1$ 和 $V_2$,

$$\begin{aligned}\int \mathrm{d}^3\boldsymbol{x}\rho_2(\boldsymbol{x})\phi_1(\boldsymbol{x}) &= \int_{V_2} \mathrm{d}^3\boldsymbol{x}_2\rho_2(\boldsymbol{x}_2)\phi_1(\boldsymbol{x}_2)\\ &= \int_{V_2} \mathrm{d}^3\boldsymbol{x}_2\rho_2(\boldsymbol{x}_2)\frac{1}{4\pi\epsilon_0}\int_{V_1} \mathrm{d}^3\boldsymbol{x}_1\rho_1(\boldsymbol{x}_1)\frac{1}{|\boldsymbol{x}_2-\boldsymbol{x}_1|}\\ &= \int_{V_1} \mathrm{d}^3\boldsymbol{x}_1\rho_1(\boldsymbol{x}_1)\frac{1}{4\pi\epsilon_0}\int_{V_2} \mathrm{d}^3\boldsymbol{x}_2\rho_2(\boldsymbol{x}_2)\frac{1}{|\boldsymbol{x}_2-\boldsymbol{x}_1|}\\ &= \int \mathrm{d}^3\boldsymbol{x}\rho_1(\boldsymbol{x})\phi_2(\boldsymbol{x}).\end{aligned}$$

### 3.1.3 静电场的泊松方程

由静电场的基本方程

$$\begin{cases}\nabla\cdot\boldsymbol{D} = \rho_{\mathrm{f}},\\ \boldsymbol{E} = -\nabla\phi,\end{cases} \tag{3.1.11}$$

我们得到静电势所满足的泊松 ( S. D. Poisson, 1781—1840, 法国 ) 方程

$$\nabla\cdot(\epsilon\nabla\phi) = -\rho_{\mathrm{f}}. \tag{3.1.12}$$

若介电常数不随空间变化, 上式可以写成

$$\nabla^2\phi = -\frac{1}{\epsilon}\rho_{\mathrm{f}}. \tag{3.1.13}$$

应用泊松方程解决静电场问题时经常遇到的一类问题是解域内为分区均匀介质, 每两种均匀介质分界面上的自由电荷面密度 $\sigma_{\mathrm{f}}$ 给定, 每种介质内部的自由电体密度 $\rho_{\mathrm{f}}$ 给定. 对于这种问题, 我们可以在每块介质内部应用方程 (3.1.13), 在不同介质分界面处利用场的边值关系将每个分区的解连接起来. 连接条件 ( 边值关系 ) 讨论如下.

( 1 ) 两种介质分界面处电位移矢量的法向跳变为

$$\boldsymbol{n}\cdot(\boldsymbol{D}_2 - \boldsymbol{D}_1) = \sigma_{\mathrm{f}}.$$

由此可得

$$-\epsilon_2 \frac{\partial \phi}{\partial n}\bigg|_2 + \epsilon_1 \frac{\partial \phi}{\partial n}\bigg|_1 = \sigma_{\mathrm{f}}. \tag{3.1.14}$$

（2）两种介质分界面处静电场的切向分量连续,

$$\boldsymbol{n} \times (\boldsymbol{E}_2 - \boldsymbol{E}_1) = \boldsymbol{0}.$$

由此可得

$$\boldsymbol{n} \times (-\nabla\phi|_2 + \nabla\phi|_1) = \boldsymbol{0}.$$

上式表明, 静电势梯度的切向分量在界面两侧相等;进一步考虑电场的法向分量有限这一约束条件, 我们立即得到电势的连续性条件:

$$\phi_2 = \phi_1. \tag{3.1.15}$$

需要指出的是, 解域内为分区均匀介质的这类问题在数学上处理为泊松方程 (3.1.13) 与连接关系 (3.1.14) 和 (3.1.15) 的联立, 这是一种较为方便的方法;但是这种处理方法与直接应用方程 (3.1.12) 并没有本质的区别, 只要注意到边值关系是在边界上应用积分形式的微分方程就不难理解.

### 3.1.4 泊松方程的边界条件

应用泊松方程

$$\nabla \cdot (\epsilon \nabla \phi) = -\rho_{\mathrm{f}} \tag{3.1.16}$$

解决有界空间的静电场问题时, 需要根据实际问题提出适当的边界条件. 我们列出泊松方程常见的三类边值问题的边界条件.

**第一类边值问题** 也称为迪利克雷（J. Dirichlet, 1805—1859, 德国）问题. 解域 $V$ 为闭合曲面 $\Sigma$ 所包围的单连通域. 在边界面 $\Sigma$ 上给定静电势, 即边界条件为

$$\phi(\boldsymbol{x})|_{\boldsymbol{x}\in\Sigma} = \phi_{\Sigma}(\boldsymbol{x}). \tag{3.1.17}$$

这相当于给定边界面上的切向电场.

**第二类边值问题** 也称为诺伊曼（C. G. Neumann, 1832—1925, 德国）问题. 解域 $V$ 为闭合曲面 $\Sigma_{\mathrm{in}}$ 以外的整个空间. 在边界面上给定静电势的法向导数, 即边界条件为

$$\boldsymbol{n} \cdot \nabla\phi(\boldsymbol{x})|_{\boldsymbol{x}\in\Sigma_{\mathrm{in}}} = \partial_n \phi_{\Sigma_{\mathrm{in}}}(\boldsymbol{x}), \tag{3.1.18}$$

这里 $\boldsymbol{n}$ 为边界面的法向单位矢量, 指向闭合曲面 $\Sigma_{\mathrm{in}}$ 外. 这类问题相当于在内边界上给定法向电场. 由于这类问题的解域在边界面以外, 所以我们也称之为“域外”问题.

**第三类边值问题 1** 解域 $V$ 的边界为两个嵌套的闭合曲面 $\Sigma_{\mathrm{out}}$ 和 $\Sigma_{\mathrm{in}}$, 其中 $\Sigma_{\mathrm{out}}$ 为外边界, $\Sigma_{\mathrm{in}}$ 为内边界.

外边界 $\Sigma_{\mathrm{out}}$ 上的边界条件与第一类边值问题相同, 内边界 $\Sigma_{\mathrm{in}}$ 上的边界条件与第二类边值问题相同, 即

$$\begin{cases} \phi(\boldsymbol{x})|_{\boldsymbol{x}\in\Sigma_{\mathrm{out}}} = \phi_{\Sigma_{\mathrm{out}}}(\boldsymbol{x}), \\ \boldsymbol{n} \cdot \nabla\phi(\boldsymbol{x})|_{\boldsymbol{x}\in\Sigma_{\mathrm{in}}} = \partial_n \phi_{\Sigma_{\mathrm{in}}}(\boldsymbol{x}). \end{cases} \tag{3.1.19}$$

如果将该类问题的外边界推向无限远, 并将无限远处的电势定为零, 则化为第二类问题.

**第三类边值问题 2**　解域 $V$ 的边界为两个嵌套的闭合曲面 $\Sigma_{\mathrm{out}}$ 和 $\Sigma_{\mathrm{in}}$, 其中 $\Sigma_{\mathrm{out}}$ 为外边界, $\Sigma_{\mathrm{in}}$ 为内边界.

外边界上的边界条件与第三类边值问题 1 相同. 内边界上电势为一未定常数, 穿过内边界的电通量为 $Q$. 即

$$\begin{cases} \phi(\boldsymbol{x})|_{\boldsymbol{x}\in\Sigma_{\mathrm{out}}} = \phi_{\Sigma_{\mathrm{out}}}(\boldsymbol{x}), \\ \phi(\boldsymbol{x})|_{\boldsymbol{x}\in\Sigma_{\mathrm{in}}} = \phi_{\mathrm{in}}, \\ -\oint_{\Sigma_{\mathrm{in}}} \mathrm{d}\boldsymbol{\Sigma}\cdot\nabla\phi = \dfrac{1}{\epsilon_0}Q, \end{cases} \tag{3.1.20}$$

其中, $\phi_{\mathrm{in}}$ 为一未定常数 (我们只知道静电势在内边界上处处相等, 但具体是多少我们并不知道); $Q$ 为内边界所包含的电荷. 该类边值问题的内边界通常为一个 (电位悬浮的) 带电导体 (面). 很显然该类边值问题可以稍加推广到外边界内有多个导体情形; 每个导体面上的边界条件类似. 静电问题中导体的处理要点是: 导体上电势处处相等, 导体所带的电荷只能存在于导体表面. 该类边值问题中规定了解域内部导体上的电荷总量, 而导体表面电势为一未定常数; 在外边界电势给定的情况下, 如果内部导体上的电势常数给定 (导体上总电荷未定), 则问题化为第一类边值问题.

很显然, 第三类问题的外边界条件也可以是规定外边界上电势为一个未定常数 (不接地的"悬浮"导体边界). 如果外边界电势、内部导体上的电势常数、内部导体所带电荷三者同时给定, 则问题未必有解. 进一步的关于有界空间泊松方程边界条件的适定性问题的讨论已经超出了本书的范畴.

## 3.2　静电场的唯一性定理

静电场的唯一性定理告诉我们哪些条件可以完全确定静电场. 唯一性定理的一个重要的应用是我们可以尝试猜测问题的解; 如果猜测解在我们所考虑问题的范围内同时满足规定问题的微分方程和边界条件, 那么我们就知道我们已经解决了所面临的问题.

泊松方程

$$\nabla\cdot(\epsilon\nabla\phi) = -\rho_{\mathrm{f}} \tag{3.2.1}$$

应用于有界空间时, 我们可以证明对于上一节提出的三类边值问题, 其解唯一确定.

**静电场的唯一性定理 1**　若解域 $V$ 为闭合曲面 $\Sigma$ 所围的单连通域, 其内自由电荷分布给定, 边界 $\Sigma$ 上的电势给定, 即

$$\begin{cases} -\nabla\cdot(\epsilon\nabla\phi) = \rho_{\mathrm{f}}, \\ \phi(\boldsymbol{x})|_{\boldsymbol{x}\in\Sigma} = \phi_{\Sigma}(\boldsymbol{x}), \end{cases} \tag{3.2.2}$$

其中, $\epsilon(\boldsymbol{x}) > 0$, 则解域 $V$ 内电场唯一确定.

**证**　假设存在两个场都满足条件, 即

$$\nabla\phi_2 - \nabla\phi_1 = \nabla\delta\phi \neq \boldsymbol{0},$$

那么 $\delta\phi$ 满足的条件是

$$\begin{cases} -\nabla\cdot(\epsilon\nabla\delta\phi)=0, \\ \delta\phi(\boldsymbol{x})\big|_{\boldsymbol{x}\in\Sigma}=0. \end{cases} \tag{3.2.3}$$

利用恒等式

$$\int_V \mathrm{d}^3\boldsymbol{x}\nabla\cdot(\psi\nabla\phi)=\oint_\Sigma \mathrm{d}\boldsymbol{S}\cdot(\psi\nabla\phi),$$

令 $\psi\to\epsilon\delta\phi,\ \phi\to\delta\phi$ 得到

$$\int_V \mathrm{d}^3\boldsymbol{x}[\nabla\delta\phi\cdot\epsilon\nabla\delta\phi+\delta\phi\nabla\cdot(\epsilon\nabla\delta\phi)]=\oint_\Sigma \mathrm{d}\boldsymbol{S}\cdot(\delta\phi\epsilon\nabla\delta\phi).$$

将方程 (3.2.3) 代入得到

$$\int_V \mathrm{d}^3\boldsymbol{x}\epsilon|\nabla\delta\phi|^2=0.$$

由于介电系数 $\epsilon$ 大于零, 上式表明 $\nabla\delta\phi=\boldsymbol{0}$, 即 $\boldsymbol{E}_2=\boldsymbol{E}_1$. 这与假设矛盾, 因此定理得证.

由静电场的唯一性定理 1 可以得到如下推论:

**推论 1** 若解域 $V$ 内为若干块相邻的不同的均匀介质构成, 每块介质中分布的自由电荷给定, 每两块相邻介质界面上的自由电荷面密度给定, 解域 $V$ 的边界 $\Sigma$ 上的电势给定, 则电场唯一确定.

**证** 从略.

**静电场的唯一性定理 2** 若如图 3.1 所示的解域 $V$ 内的自由电荷分布给定, 外边界 $\Sigma$ 上的电势给定, 内边界 $C$（导体）上的自由电荷总量给定并且内边界上电势为一未定常数, 即

$$\begin{cases} -\nabla\cdot(\epsilon\nabla\phi)=\rho_{\mathrm{f}}; \\ \phi(\boldsymbol{x})\big|_{\boldsymbol{x}\in\Sigma}=\phi_\Sigma(\boldsymbol{x}); \\ \phi(\boldsymbol{x})\big|_{\boldsymbol{x}\in C}=\phi_C, \\ \oint_C \mathrm{d}\boldsymbol{S}\cdot(-\epsilon\nabla\phi)=Q, \end{cases} \tag{3.2.4}$$

其中, $\epsilon(\boldsymbol{x})>0$, $\phi_C$ 为一个未定常数, 则解域 $V$ 内电场唯一确定.

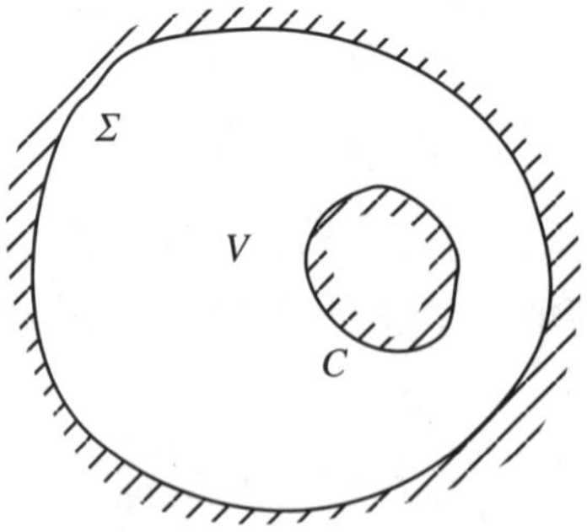


**图 3.1 内边界为电势悬浮的带电导体**

**证** 假设存在两个场都满足条件, 即

$$\nabla\phi_2-\nabla\phi_1=\nabla\delta\phi\neq\boldsymbol{0},$$

那么 $\delta\phi$ 满足的条件是

$$\begin{cases}\nabla^2\delta\phi=0,\\ \delta\phi|_{\boldsymbol{x}\in\Sigma}=0,\\ \delta\phi|_{\boldsymbol{x}\in C}=\phi_u,\\ \oint_C \mathrm{d}\boldsymbol{S}\cdot\nabla\delta\phi=0.\end{cases}$$

注意, $\phi_1|_{\boldsymbol{x}\in\Sigma}$ 和 $\phi_2|_{\boldsymbol{x}\in\Sigma}$ 都是未定常数, 因此 $\delta\phi|_{\boldsymbol{x}\in C}=\phi_u$ 也是未定常数.

为数学简便, 证明过程中我们考虑 $\epsilon$ 为常数的情形, 对于 $\epsilon$ 为一个大于零的变数（非均匀介质）情形, 将这里给出的证明方法简单地推广即可.

利用格林公式得到

$$\int_V \mathrm{d}^3\boldsymbol{x}(\nabla\delta\phi\cdot\nabla\delta\phi+\delta\phi\nabla^2\delta\phi)=\oint_\Sigma \mathrm{d}\boldsymbol{S}\cdot(\delta\phi\nabla\delta\phi)-\oint_C \mathrm{d}\boldsymbol{S}\cdot(\delta\phi\nabla\delta\phi).$$

利用上面关于 $\delta\phi$ 的方程得到

$$\begin{aligned}\int_V \mathrm{d}^3\boldsymbol{x}|\nabla\delta\phi|^2&=-\phi_u\oint_C \mathrm{d}\boldsymbol{S}\cdot\nabla\delta\phi\\&=0.\end{aligned}$$

因此 $\nabla\delta\phi=\mathbf{0}$, 即 $\boldsymbol{E}_2=\boldsymbol{E}_1$, 与假设矛盾. 定理得证.

由静电场的唯一性定理 2, 可以得到如下推论:

**推论 2**　若解域 $V$ 内为若干块相邻的不同的均匀介质构成, 每块介质中分布的自由电荷给定, 每两块相邻介质界面上的自由电荷面密度给定, 解域 $V$ 的外边界 $\Sigma$ 上的电势给定, 内边界 $C$（导体）上的自由电荷总量给定并且内边界上电势为一未定常数（进一步可以推广为 $\Sigma$ 的内部有若干分立导体情形, 每个分立导体上的边界条件类似）, 则电场唯一确定.

**证**　从略.

静电场的唯一性定理 1 指出上一小节第一类问题的解唯一.

静电场的唯一性定理 2 指出上一小节第三类问题 2 的解唯一.

参考定理 2 的证明方法或第 1 章矢量场唯一性定理的证明方法, 可以证明如下定理.

**静电场的唯一性定理 3**　上一小节第三类问题 1 的解唯一.

**静电场的唯一性定理 4**　上一小节第二类问题的解唯一.

作为唯一性定理的应用, 我们来看一个简单的例题.

**例 3.1**　两个同心导体球壳的内球壳上充以电量为 $Q$ 的电荷后在两球壳之间填充介质; 左半空间为均匀介质 1, 右半空间为均匀介质 2. 试求两球壳间电场.

**解**　采用球坐标系, 令内球壳的半径 $r=a$. 猜测一个在两介质界面上满足边值关系（切向电场连续, 法向电位移矢量连续）的解, 介质 1 和介质 2 中的电场分别为

$$\begin{aligned}\boldsymbol{E}_1&=A\frac{\boldsymbol{r}}{r^3},\\ \boldsymbol{E}_2&=A\frac{\boldsymbol{r}}{r^3}.\end{aligned}$$

注意猜测的解在解域内满足拉普拉斯方程, 也满足导体球壳为等势面的边界条件, 令

$$Q = \oint \mathrm{d}\boldsymbol{S} \cdot \boldsymbol{D} = 2\pi A(\epsilon_1 + \epsilon_2),$$

则可定出满足内球壳上自由电荷总量为 $Q$ 的边界条件的系数 $A$:

$$A = \frac{Q}{2\pi(\epsilon_1 + \epsilon_2)}.$$

由此得出的解虽然是猜测出来的, 但是它满足给定问题的所有条件, 同时由静电场的唯一性定理知道它是唯一正确的解, 因此问题解决完毕.

## 3.3* 静电场的变分原理

静电问题的泊松方程(或拉普拉斯方程)可以通过对泛函

$$I(\phi) = \int_V \mathrm{d}^3\boldsymbol{x} \left( \frac{1}{2}\boldsymbol{D} \cdot \boldsymbol{E} - \rho_{\mathrm{f}}\phi \right), \tag{3.3.1}$$

在相应的边界 $\varSigma$ 上的约束条件下求最小值来得到, 上式称为静电场的作用量; 这一变分原理称为最小作用量原理.

对泛函 $I(\phi)$ 做关于 $\phi$ 的变分, 并令其为零, 我们得到

$$\begin{aligned}
0 = \delta I(\phi) &= \int_V \mathrm{d}^3\boldsymbol{x}(\epsilon\nabla\phi \cdot \nabla\delta\phi - \rho_{\mathrm{f}}\delta\phi) \\
&= \int_V \mathrm{d}^3\boldsymbol{x}[\ \nabla \cdot (\delta\phi\epsilon\nabla\phi) - \delta\phi\nabla \cdot (\epsilon\nabla\phi) - \rho_{\mathrm{f}}\delta\phi\ ] \\
&= \oint_{\varSigma} \mathrm{d}\boldsymbol{S} \cdot (\epsilon\nabla\phi\delta\phi) + \int \mathrm{d}^3\boldsymbol{x}\delta\phi\,[-\nabla \cdot (\epsilon\nabla\phi) - \rho_{\mathrm{f}}\,].
\end{aligned}$$

如果右边第一项的面积分在合适的边界条件约束下为零, 我们就可以得到与此边界条件联立的泊松方程

$$-\nabla \cdot (\epsilon\nabla\phi) = \rho_{\mathrm{f}}. \tag{3.3.2}$$

对于第一类边值问题, 我们对泛函施加边界上电势给定的约束条件,

$$\phi(\boldsymbol{x})|_{\boldsymbol{x}\in\varSigma} = \phi_{\varSigma}(\boldsymbol{x}). \tag{3.3.3}$$

在此约束条件下有

$$\delta\phi(\boldsymbol{x})|_{\boldsymbol{x}\in\varSigma} = 0. \tag{3.3.4}$$

若解域为全空间, 则 $\varSigma$ 为无穷大球面. 此种情形下, 在无穷远处的边界条件 $\phi \to \mathcal{O}(1/r)$ 保证 $\nabla\phi \to \mathcal{O}(1/r^2)$, 因此变分计算中的面积分为零.

对于第二类边值问题可以类似地构造变分原理, 讨论从略.

变分原理不仅提供了一种从理论上考虑问题的方法, 也提供了一种解决实际问题的高效率的近似方法.

**例 3.2** 考虑两个同轴无限长圆柱导体构成的电容器, 电容器内外导体半径分别为 $a$ 和 $b$; 内外电势分别为 $V$ 和 0. 试用变分原理计算其电容.

**解** 由电容 $C$ 的定义得

$$I=\frac{1}{2}\epsilon_0\int \mathrm{d}^3\boldsymbol{x}|\nabla\phi|^2=\frac{1}{2}CV^2. \tag{3.3.5}$$

该问题的精确解为

$$\frac{C}{2\pi\epsilon_0}=\frac{1}{\ln\left(\frac{b}{a}\right)}.$$

考虑满足边界条件的尝试解,

$$\phi=V\left[1+\alpha\left(\frac{r-a}{b-a}\right)-(1+\alpha)\left(\frac{r-a}{b-a}\right)^2\right],$$

其中, $\alpha$ 为待定参数.

代入方程 (3.3.5) 极小化泛函的数值, 从而确定待定参数 $\alpha$, 由此可得该问题的变分解,

$$\frac{C}{2\pi\epsilon_0}=\frac{b^2+4ab+a^2}{3\left(b^2-a^2\right)}.$$

比较精确解和变分解的数值, 当 $b/a=1.1,\ 2,\ 10$ 时, 精确解 (变分解) 的数值分别为 10.492 (10.492), 1.442 (1.444), 0.434 (0.475). 由此可见, 变分解的数值精度相当令人满意.

注意方程 (3.3.5) 的右边可以理解为静电场的能量, 因此这里的变分原理又称为最小能量原理.

关于电磁场的变分原理的进一步讨论可以参考附录 D.

## 3.4 拉普拉斯方程和分离变量法

当不存在自由电荷时, 泊松方程简化成拉普拉斯方程,

$$\nabla^2\phi=0. \tag{3.4.1}$$

结合相应的边界条件, 我们可以确定问题的解.

对于典型的第一类问题, 解域的边界为外边界, 相应的边界条件为

$$\phi(\boldsymbol{x})|_{\Sigma}=\phi_{\Sigma}(\boldsymbol{x}). \tag{3.4.2}$$

在上述问题中, 场所满足的微分方程为齐次微分方程; 产生场的源项在边界上或边界以外, 其对于解域内的场的影响通过非齐次的边界条件体现. 静电学中这类典型问题的边界为导体边界, 自由电荷都分布在导体边界上, 解域内无自由电荷, 因而静电势在解域内满足拉普拉斯方程.

拉普拉斯方程边值问题的求解在静电学中的重要性不仅在于处理上述解域内无自由电荷的问题; 对于一般情形, 解域内存在自由电荷, 静电势满足的微分方程为泊松方程; 然而泊松方程的求解问题可以转化为拉普拉斯方程的求解问题.

**例 3.3** 对于一般的均匀介质内的静电学问题, 静电势满足泊松方程

$$\nabla^2\phi=-\frac{1}{\epsilon}\rho_{\mathrm{f}},$$

以及相应的边界条件;以第一类问题为例, 我们给定解域外边界上的静电势,

$$\phi(\boldsymbol{x})|_{\Sigma}=\phi_{\Sigma}(\boldsymbol{x}).$$

试证明上述问题的求解总可以转化为拉普拉斯方程的求解.

**解** 求解上述非齐次方程的一个常用的方法是将其化为一个齐次方程求解. 考虑特解 $\phi_{\mathrm{s}}(\boldsymbol{x})$, 令

$$\nabla^2\phi_{\mathrm{s}}=-\frac{1}{\epsilon}\rho_{\mathrm{f}}.$$

这里所谓的特解, 指的是 $\phi_{\mathrm{s}}(\boldsymbol{x})$ 在解域内满足原问题的微分方程, 但不一定满足原问题的边界条件. 一般希望特解比较容易求出. 这里我们不妨令上述特解方程在全空间满足;注意 $\rho_{\mathrm{f}}$ 在解域外可以取为零或任意函数, 只要它在解域内与原问题的源项相同即可. 这个特解很容易根据亥姆霍兹定理给出.

令 $\phi_{\mathrm{h}}=\phi-\phi_{\mathrm{s}}$, 则 $\phi_{\mathrm{h}}$ 在解域内所满足的微分方程为齐次拉普拉斯方程;相应地, $\phi_{\mathrm{h}}$ 的边界条件为 $\phi_{\mathrm{h}}(\boldsymbol{x})|_{\Sigma}=\phi_{\Sigma}(\boldsymbol{x})-\phi_{\mathrm{s}}(\boldsymbol{x})|_{\Sigma}$. 因此求解静电学的泊松方程问题总可以化为求解拉普拉斯方程的问题.

一维平板几何下的拉普拉斯方程的解为 $\phi(x)=ax+b$, 其中积分常数由解域两端的电势确定.

对于一般的二维或三维情形, 拉普拉斯方程以及齐次的亥姆霍兹波动方程等, 在特殊的坐标下可以用分离变量法求解;其要点是待求解的多元函数可以分解成多个一元函数的乘积形式, 而每个一元函数都可以用一个分离的常微分方程确定. 通过变量分离, 我们得到通解;再根据给定的边界条件确定通解中的待定系数, 从而最后得到所给定问题的解.

下面以两个典型的例子来说明如何使用分离变量法求解静电学问题中的拉普拉斯方程.

**例 3.4** 真空中存在匀强电场 $\boldsymbol{E}_0$, 现在垂直于 $\boldsymbol{E}_0$ 放入无限长均匀电介质棒, 介质的相对介电常数为 $\epsilon_{\mathrm{r}}$, 介质棒的半径为 $a$, 试计算放入电介质后, 棒内电势 $\phi_{\mathrm{I}}$ 和棒外电势 $\phi_{\mathrm{O}}$.

**解** 棒内外电势均满足拉普拉斯方程. 根据问题的对称性, 取柱坐标;介质棒的表面为 $r=a$, $\theta=0$ 为 $\boldsymbol{E}_0$ 方向. 由于问题与 $z$ 无关, 柱坐标下拉普拉斯方程为

$$\frac{1}{r}\partial_r\left(r\partial_r\phi\right)+\frac{1}{r^2}\partial_\theta^2\phi=0. \tag{3.4.3}$$

令 $\phi\left(r,\theta\right)=R(r)\Theta(\theta)$. 代入拉普拉斯方程得

$$r\partial_r\left(r\partial_r R\right)-n^2R=0, \tag{3.4.4}$$

$$\partial_\theta^2\Theta+n^2\Theta=0, \tag{3.4.5}$$

其中, $n$ 为整数(周期性条件的结果). 由此可得通解为

$$\phi(r,\theta)=\sum_{n=1}^{\infty}\left[\left(a_nr^n+b_nr^{-n}\right)\cos n\theta+\left(c_nr^n+d_nr^{-n}\right)\sin n\theta\right]. \tag{3.4.6}$$

对于棒外电势,

$$\lim_{r\to\infty} \phi_{\rm O} = -E_0 r\cos\theta. \tag{3.4.7}$$

由此可得

$$\phi_{\rm O} = -E_0 r\cos\theta + \sum_n r^{-n}\left(b_n\cos n\theta + d_n\sin n\theta\right). \tag{3.4.8}$$

对于棒内电势,

$$\lim_{r\to 0} \phi_{\rm I}\ 有限. \tag{3.4.9}$$

由此可得

$$\phi_{\rm I} = \sum_n r^n\left(a_n\cos n\theta + c_n\sin n\theta\right). \tag{3.4.10}$$

在介质棒的表面, $r=a$, 根据边值关系, 我们得到

$$\phi_{\rm O}(a) = \phi_{\rm I}(a), \tag{3.4.11}$$

$$\partial_r\phi_{\rm O}(a) = \epsilon_{\rm r}\partial_r\phi_{\rm I}(a). \tag{3.4.12}$$

根据上述介质棒表面处的边值关系以及傅里叶（J. Fourier, 1768—1830, 法国）级数的正交性, 显然有

$$\phi_{\rm O} = -E_0 r\cos\theta + b_1^{\rm O}\frac{1}{r}\cos\theta,$$

$$\phi_{\rm I} = a_1^{\rm I} r\cos\theta.$$

代入边值关系, 确定剩下的两个系数后我们得到

$$a_1^{\rm I} = -\frac{2}{\epsilon_{\rm r}+1}E_0,$$

$$b_1^{\rm O} = \frac{\epsilon_{\rm r}-1}{\epsilon_{\rm r}+1}a^2 E_0.$$

介质棒内外电势分别为

$$\phi_{\rm I} = -\frac{2}{\epsilon_{\rm r}+1}E_0 r\cos\theta, \tag{3.4.13}$$

$$\phi_{\rm O} = -E_0 r\cos\theta + \frac{\epsilon_{\rm r}-1}{\epsilon_{\rm r}+1}\cdot\frac{a^2}{r}E_0\cos\theta. \tag{3.4.14}$$

**例 3.5** 真空中存在匀强电场 $\boldsymbol{E}_0$, 现在放入均匀的球形电介质, 介电常数为 $\epsilon$, 球半径为 $R$. 问放入电介质后, 球内电势 $\phi_{\rm I}$ 和球外电势 $\phi_{\rm O}$.

**解** 以球心为原点建立球坐标系, 外电场的指向为 $z$ 轴, 位矢与 $z$ 轴的夹角为 $\theta$. 由于全空间都不包含自由电荷, 因此在全空间电势都满足拉普拉斯方程. 在球坐标系下, 拉普拉斯方程的轴对称通解为

$$\phi(r,\theta) = \sum_{n=0}^{\infty}\left(a_n r^n + \frac{b_n}{r^{n+1}}\right)P_n(\cos\theta). \tag{3.4.15}$$

其中, $P_n(x)$ 为 $n$ 阶勒让德（A. M. Legendre, 1752—1833, 法国）函数.

问题的边界条件如下.

(1)在 $r=R$ 处, 由边值关系得到

$$\phi_{\mathrm{I}}|_{r=R}=\phi_{\mathrm{O}}|_{r=R}, \tag{3.4.16a}$$

$$-\epsilon\left.\frac{\partial\phi_{\mathrm{I}}}{\partial r}\right|_{r=R}+\epsilon_0\left.\frac{\partial\phi_{\mathrm{O}}}{\partial r}\right|_{r=R}=0; \tag{3.4.16b}$$

(2)在球内当 $r\to 0$ 时,

$$\phi_{\mathrm{I}}|_{r\to 0}\ \text{有限}; \tag{3.4.17}$$

(3)在球外当 $r\to\infty$ 时,

$$\phi_{\mathrm{O}}|_{r\to\infty}=-E_0r\cos\theta=-E_0rP_1(\cos\theta). \tag{3.4.18}$$

下面利用边界条件和边值关系定出通解中的待定系数 $a_n$, $b_n$.

利用方程 (3.4.17) 和方程 (3.4.18) 可以简化球内外电势的通解

$$\phi_{\mathrm{I}}(r,\theta)=\sum_{n=0}^{\infty}a_nr^nP_n(\cos\theta),$$

$$\phi_{\mathrm{O}}(r,\theta)=-E_0rP_1(\cos\theta)+\sum_{n=0}^{\infty}\frac{b_n}{r^{n+1}}P_n(\cos\theta).$$

再利用方程 (3.4.16a) 和方程 (3.4.16b) 得到

$$\sum_{n=0}^{\infty}a_nR^nP_n=-E_0RP_1+\sum_{n=0}^{\infty}\frac{b_n}{R^{n+1}}P_n,$$

$$\epsilon\sum_{n=0}^{\infty}a_nnR^{n-1}P_n=\epsilon_0\left[-E_0P_1+\sum_{n=0}^{\infty}-(n+1)\frac{b_n}{R^{n+2}}P_n\right].$$

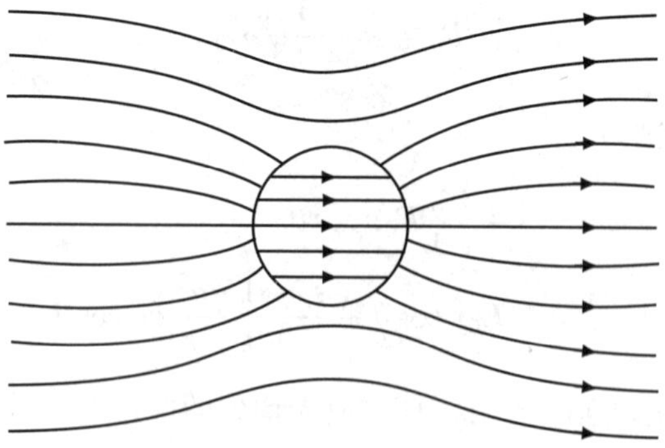

**图 3.2 均匀介质球置于匀强外电场中极化后的电场**

由 $P_n(x)$ 的正交性可知, 对应阶数的系数必相等, 由此可以看出只有 $n=1$ 阶的系数不为零:

$$a_1=-\frac{3\epsilon_0}{\epsilon+2\epsilon_0}E_0,$$

$$b_1=\frac{\epsilon-\epsilon_0}{\epsilon+2\epsilon_0}E_0R^3.$$

由此我们得到球内外的电势：

$$\phi_{\mathrm{I}}(r,\theta)=-\frac{3\epsilon_0}{\epsilon+2\epsilon_0}E_0 r\cos\theta, \tag{3.4.19a}$$

$$\phi_{\mathrm{O}}(r,\theta)=-E_0 r\cos\theta+\frac{\epsilon-\epsilon_0}{\epsilon+2\epsilon_0}E_0\frac{R^3}{r^2}\cos\theta. \tag{3.4.19b}$$

分析这个结果, 可以看出球内电场仍然是匀强电场, 方向和真空中的电场相同, 只是强度变小. 而球外的电场是两部分的叠加, 即原来真空中的电场和电偶极矩的场. 介质球内外的电场如图 3.2 所示. 介质球的极化强度为

$$\boldsymbol{P}=(\epsilon-\epsilon_0)\boldsymbol{E}=(\epsilon-\epsilon_0)\frac{3\epsilon_0}{\epsilon+2\epsilon_0}\boldsymbol{E}_0, \tag{3.4.20}$$

其总的电偶极矩为

$$\boldsymbol{p}=\frac{4}{3}\pi R^3\boldsymbol{P}. \tag{3.4.21}$$

利用上式, 方程 (3.4.19b) 可以重新写成

$$\phi_{\mathrm{O}}(r,\theta)=-E_0 r\cos\theta+\frac{1}{4\pi\epsilon_0}\cdot\frac{\boldsymbol{p}\cdot\boldsymbol{r}}{r^3}, \tag{3.4.22}$$

其中, 第二项代表电偶极子产生的电势.

## 3.5 镜　像　法

根据静电场的唯一性定理, 对于一些简单位形下的静电场问题, 我们可以先猜测答案, 再与边界条件比对, 能够满足所有条件的解就是该问题的唯一解. 在猜测的方法中, 镜像法是非常高效的一种方法.

镜像法的基本思想简述如下：在解域外放置“镜像”电荷, 解域内的电荷不变, 仍然为原电荷. 如果解域外的镜像电荷和解域内的原电荷共同产生的电场在边界上满足给定的边界条件, 则由于解域内静电场所满足的泊松方程不变, 由唯一性定理可知, 解域内的真实电场即为原电荷和镜像电荷所产生电场的叠加.

**例 3.6**　距离一无限大导体平板 $d$ 处放置一点电荷, 电荷量为 $Q$, 求电荷所在半空间中的电场.

**解**　如图 3.3 所示, 由于无限大平板是导体, 因此隐含的边界条件是, 在这个平板上电势为常数, 因此如果在平板的另一边对称的地方放置一个带 $-Q$ 的点电荷, 那么就可以满足这个条件. 注意在解域外放置的这个电荷并不影响问题解域内的电荷分布, 在解域外放置的这个电荷就称为镜像电荷. 原电荷所在空间的电势为原电荷和镜像电荷贡献电势的叠加.

以两电荷连线的中点为原点, 两电荷连线指向原电荷为 $z$ 轴, 那么原电荷所在的上半空间的电势可以写成

$$\phi=\frac{Q}{4\pi\epsilon_0}\left[\frac{1}{\sqrt{(z-d)^2+x^2+y^2}}-\frac{1}{\sqrt{(z+d)^2+x^2+y^2}}\right]. \tag{3.5.1}$$

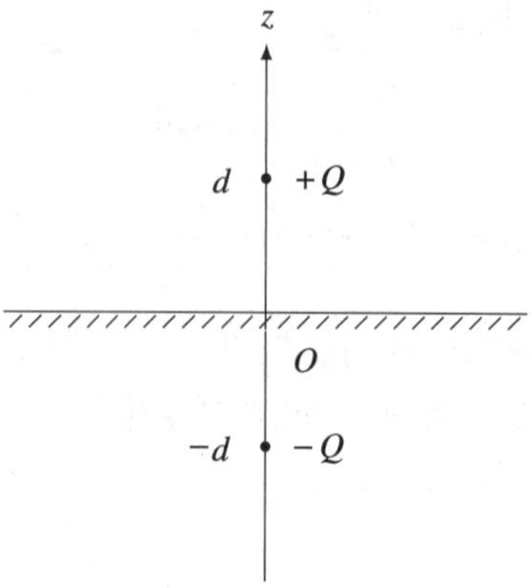


**图 3.3　点电荷在无限大导体平板中的镜像**

上述结果表明, 导体边界上（真实的）感应电荷和解域外（虚假的）镜像电荷在解域内产生的场相同.

**例 3.7**　在一个接地的半径为 $R$ 的导体球壳外距离球心 $b$ 处放置一点电荷, 电量为 $Q$, 求球壳外的电势?

**解**　如果这个点电荷足够接近球壳, 那么和无限大平板的例子是一样的, 因此可以猜测镜像电荷是在球壳内. 在电荷 $Q$ 与球心的连线上放置镜像电荷 $Q'$, 距离球心为 $a$. 决定这个镜像电荷位置和大小的限制条件是球壳上的电势为零. 如图 3.4 所示, 利用关于相似三角形的知识, 经过简单的平面几何运算, 我们可以得到

$$ab = R^2, \tag{3.5.2a}$$

$$Q' = -\frac{R}{b}Q. \tag{3.5.2b}$$

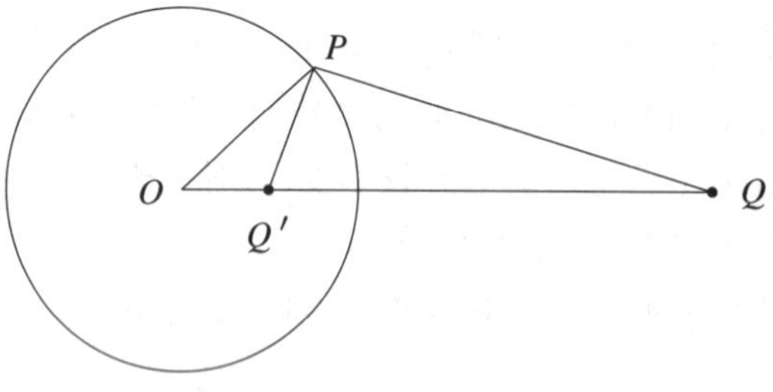


**图 3.4　点电荷在接地导体球中的镜像**

球壳外的电势由球壳外给定的电荷 $Q$ 与球壳内的镜像电荷共同贡献.

在例 3.7 中, 如果球壳不接地, 该如何处理?

回忆导体的静电学问题的提法. 导体表面电势为未定常数时, 需指定导体所带总电量. 在例 3.7 中, 明确指定了导体表面的电势, 因此不可再指定其所带电荷. 在这个问题里, 导体表面电势是一个不确定的常数. 导体上总电荷为零, 即指定了通过导体表面的电通量为零, 假设仍然像接地的情况一样在球内放置像电荷 $Q'$, 那么球面上电通量为零的边界条件将得

不到满足;因此需要在球内再补充放置一个像电荷抵消电通量, 在不影响球面电势相等这一边界条件的前提下, 可以放一个 $-Q'$ 在球心, 于是问题得解.

**例 3.8** 一线电荷密度为 $\lambda$ 的无限长带电直线与半径为 $R$ 的无限长圆柱形导体平行, 带电直线与圆柱形导体的轴线距离为 $b$, $b > R$. 圆柱导体接地. 试求空间电势分布.

**解** 这是一个二维问题, 取垂直于圆柱的平面为 $(x, y)$ 面, 坐标原点取圆柱截面的圆心. 带电直线与 $(x, y)$ 面交点为 $\boldsymbol{x}_b = (b, 0)$; 在该点与圆心之间, 圆与 $x$ 轴的交点 $\boldsymbol{x}_c = (R, 0)$.

显然该问题具有上下对称性, 可以将导体柱上的感应电荷等效为置于 $\boldsymbol{x}_a = (a, 0)$ 的像电荷, 其线电荷密度为 $\lambda'$, $a < R$. 取 $\boldsymbol{x}_c$ 点为电势参考点(电势为零). 柱外空间电势为原电荷 $\lambda$ 和像电荷 $\lambda'$ 分别贡献电势的叠加,

$$\phi(\boldsymbol{x}) = -\frac{\lambda}{2\pi\epsilon_0} \ln \frac{|\boldsymbol{x} - \boldsymbol{x}_b|}{b - R} - \frac{\lambda'}{2\pi\epsilon_0} \ln \frac{|\boldsymbol{x} - \boldsymbol{x}_a|}{R - a}. \tag{3.5.3}$$

对于柱面 $\Sigma$ 上一点 $\boldsymbol{x} \in \Sigma$, 令过该点的半径与 $x$ 轴的夹角为 $\theta$, 则有

$$|\boldsymbol{x} - \boldsymbol{x}_b|^2 = b^2 + R^2 - 2bR\cos\theta,$$
$$|\boldsymbol{x} - \boldsymbol{x}_a|^2 = a^2 + R^2 - 2aR\cos\theta.$$

柱面上电势为零, $\phi(\boldsymbol{x})_{\boldsymbol{x}\in\Sigma} = 0$, 要求

$$\lambda \ln \frac{|\boldsymbol{x} - \boldsymbol{x}_b|}{b - R} = -\lambda' \ln \frac{|\boldsymbol{x} - \boldsymbol{x}_a|}{R - a}.$$

经过简单的代数运算, 可以得到

$$\lambda' = -\lambda, \tag{3.5.4}$$

$$ab = R^2. \tag{3.5.5}$$

因此, 对于柱外空间问题的解, 镜像电荷的大小与无限大平板情形相同, 而镜像电荷放置的位置与球外空间问题相同.

**例 3.9** 两无限大介质分界面为无限大平面. 介质的介电系数分别为 $\epsilon_1$ 和 $\epsilon_2$. 在第一种介质内距离界面 $d$ 处放置点自由电荷 $q$. 试计算空间电势.

**解** 令界面为 $z = 0$ 的 $(x, y)$ 面, 试探点电荷 $q$ 位于 $\boldsymbol{x}_0 = (0, 0, d)$.

问题显然具有对称性, 故可尝试放置镜像电荷于 $z$ 轴上.

(1)考虑上半空间(介质 1)中的解.

置镜像电荷 $q'$ 于 $\boldsymbol{x}_\mathrm{i} = (0, 0, -d)$, 并将下半空间介质也换为介质 1. 注意这并不改变上半空间的泊松方程. 由此可得上半空间的尝试解

$$\phi_u(\boldsymbol{x}) = \frac{1}{4\pi\epsilon_1}\left(\frac{q}{|\boldsymbol{x} - \boldsymbol{x}_0|} + \frac{q'}{|\boldsymbol{x} - \boldsymbol{x}_\mathrm{i}|}\right).$$

(2)考虑下半空间(介质 2)中的解. 置镜像电荷 $q'' - q$ 于 $\boldsymbol{x}_0 = (0, 0, d)$, 并将上半空间介质也换为介质 2. 注意这并不改变下半空间的泊松方程. 由此可得下半空间的尝试解

$$\phi_d(\boldsymbol{x}) = \frac{1}{4\pi\epsilon_2} \cdot \frac{q''}{|\boldsymbol{x} - \boldsymbol{x}_0|}.$$

考察边值关系. 在 $z=0$ 处有

$$\begin{aligned}\phi_u(\boldsymbol{x})_{z=0}&=\phi_d(\boldsymbol{x})_{z=0},\\ \epsilon_1\partial_z\phi_u(\boldsymbol{x})_{z=0}&=\epsilon_2\partial_z\phi_d(\boldsymbol{x})_{z=0}.\end{aligned}$$

将前述尝试解代入上面的边值关系得到

$$\begin{aligned}q'&=\frac{\epsilon_1-\epsilon_2}{\epsilon_1+\epsilon_2},\\ q''&=\frac{2\epsilon_2}{\epsilon_1+\epsilon_2}.\end{aligned}$$

## 3.6 格林函数方法

在给定整个空间的电荷分布时, 可以应用亥姆霍兹定理求出电场, 即电场满足简单的叠加原理.

对于有界空间中的静电问题, 由于边界条件规定了解域以外电荷对域内的影响;解域外电荷分布的细节并不清楚. 上述基于亥姆霍兹定理的简单叠加原理失效. 上一节讨论的镜像电荷方法提供了构造有界空间静电问题的叠加原理解的思路.

**例 3.10** 一无穷大接地导体平板将空间分为上半空间和下半空间. 在上半空间中有限区域内给定电荷分布 $\rho(\boldsymbol{x})$, 试求上半空间电势.

**解** 上半空间 ( $z>0$ ) 电势满足泊松方程

$$\nabla^2\phi(\boldsymbol{x})=-\frac{1}{\epsilon_0}\rho(\boldsymbol{x}). \tag{3.6.1}$$

相应的边界条件为

$$\phi(\boldsymbol{x})|_{z=0}=0. \tag{3.6.2}$$

由例 3.6 知, 上半空间 $\boldsymbol{x}'=(x',y',z')$ 处的点电荷 $q$ 在 $\boldsymbol{x}$ 处贡献的静电势为

$$G(\boldsymbol{x},\boldsymbol{x}')=\frac{1}{4\pi\epsilon_0}q\left(\frac{1}{|\boldsymbol{x}-\boldsymbol{x}'|}-\frac{1}{|\boldsymbol{x}-\boldsymbol{x}'_{\mathrm{im}}|}\right). \tag{3.6.3}$$

其中, $\boldsymbol{x}'_{\mathrm{im}}=(x',y',-z')$. $G(\boldsymbol{x},\boldsymbol{x}')$ 可称为上半空间的格林 ( G. Green, 1793—1841, 英国 ) 函数.

由此可得上半空间电势的叠加原理解

$$\phi(\boldsymbol{x})=\int\mathrm{d}^3\boldsymbol{x}'\rho(\boldsymbol{x}')G(\boldsymbol{x},\boldsymbol{x}'). \tag{3.6.4}$$

对于上一小节讨论的几个简单位形下的有界空间的简单静电问题, 上述例题给出了叠加原理解法和相应的格林函数.

格林函数方法要解决的问题是, 如何找到求解一般的有界空间中静电场问题的叠加原理.

## 3.6.1　泊松方程及其边界条件

考虑三维空间中静电场的求解问题. 静电场的泊松方程为

$$\nabla^2\phi = -\frac{1}{\epsilon_0}\rho. \tag{3.6.5}$$

对应于第一类和第二类边值问题的边界条件分别为

$$\begin{cases} \phi|_{\boldsymbol{x}\in\Sigma} = \phi_\Sigma(\boldsymbol{x}), & \text{I}, \\ \partial_n\phi|_{\boldsymbol{x}\in\Sigma} = \partial_n\phi_\Sigma(\boldsymbol{x}), & \text{II}. \end{cases} \tag{3.6.6}$$

其中, $\Sigma$ 为解域 $V$ 的边界.

对于泊松方程, 我们通常只能提供上述两类边界条件;电势的边界值和边界法向导数值两者不能同时给定, 否则问题可能无解. 注意第一类问题的边界为外边界 ( 如图 3.5 所示 ), 而第二类问题的边界为内边界 ( 如图 3.6 所示 );第二类问题又称域外问题.

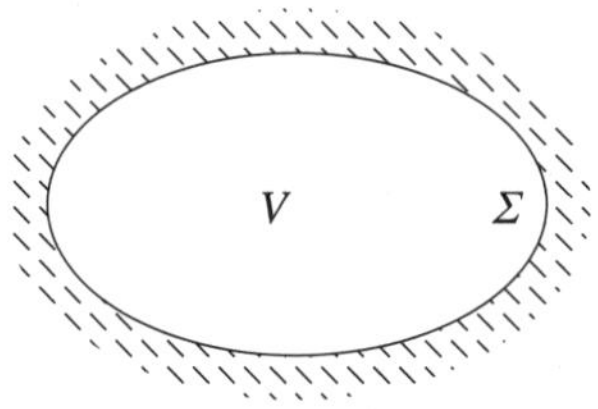


**图 3.5　第一类问题**

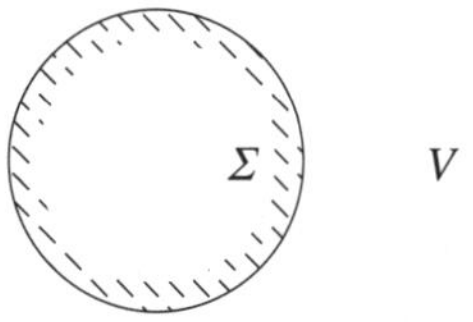


**图 3.6　第二类问题 ( 域外问题 )**

对于第二类问题, 根据静电学知识, 我们可以补充一个无穷远处的边界条件

$$\phi(r\to\infty) \to \mathcal{O}\left(\frac{1}{r}\right), \qquad \text{II}. \tag{3.6.7}$$

## 3.6.2　格林函数

利用高斯定理可以得到

$$\int_V \mathrm{d}^3\boldsymbol{x}\nabla\cdot(\psi\nabla\phi) = \oint_\Sigma \mathrm{d}\boldsymbol{S}\cdot(\psi\nabla\phi). \tag{3.6.8}$$

交换 $\phi$ 和 $\psi$, 并且与式 (3.6.8) 相减得到

$$\int_V \mathrm{d}^3\boldsymbol{x}(\psi\nabla^2\phi - \phi\nabla^2\psi) = \oint_\Sigma \mathrm{d}\boldsymbol{S}\cdot(\psi\nabla\phi - \phi\nabla\psi). \tag{3.6.9}$$

上式就是标准的格林公式. 可以看出, 该公式将场在边界面上的数值与场在解域内部的数值联系了起来.

对于泊松方程, 我们引入格林函数 $G(\boldsymbol{x},\boldsymbol{x}')$, 其满足的微分方程为

$$\nabla^2_{\boldsymbol{x}}G(\boldsymbol{x},\boldsymbol{x}') = -\frac{1}{\epsilon_0}\delta^3\left(\boldsymbol{x}-\boldsymbol{x}'\right). \tag{3.6.10}$$

对应于上述两类边值问题, 格林函数的边界条件分别为

$$\begin{cases} G|_{\boldsymbol{x}\in\Sigma}=0, & \text{I}, \\ \partial_n G|_{\boldsymbol{x}\in\Sigma}=-\dfrac{1}{\epsilon_0 S}, & \text{II}. \end{cases} \tag{3.6.11}$$

这里 $S$ 是内边界面的总面积.

对于第二类问题, 格林函数在无穷远处的补充边界条件为

$$\lim_{|\boldsymbol{x}|\to\infty} G(\boldsymbol{x},\boldsymbol{x}')\to\mathcal{O}\left(\frac{1}{|\boldsymbol{x}|}\right), \qquad \text{II}. \tag{3.6.12}$$

从物理上看, 格林函数代表了在指定边界条件的有限域内, 单位点电荷产生的势. 格林函数的两类边界条件, 第一类是指定外边界上的电势, 第二类是指定穿过内边界的电通量.

现在将方程 (3.6.9) 中的 $\phi$ 当作待求的电势, 将 $\psi$ 换作 $G$, 并利用电势的微分方程和格林函数的微分方程, 我们得到

$$\begin{aligned} &\int_V \mathrm{d}^3\boldsymbol{x}'\left[G(\boldsymbol{x}',\boldsymbol{x})\frac{-1}{\epsilon_0}\rho(\boldsymbol{x}')-\phi(\boldsymbol{x}')\frac{-1}{\epsilon_0}\delta^3(\boldsymbol{x}'-\boldsymbol{x})\right] \\ &=\oint_\Sigma \mathrm{d}S'\left[G(\boldsymbol{x}',\boldsymbol{x})\partial_{n'}\phi(\boldsymbol{x}')-\phi(\boldsymbol{x}')\partial_{n'}G(\boldsymbol{x}',\boldsymbol{x})\right]. \end{aligned}$$

注意上式右边的面积分涉及电势的边界值和边界法向导数值, 而我们在得到上式的过程中实际上并没有规定格林函数的边界条件. 注意, 在未确定格林函数的边界条件前, 上式只是关于 $\phi$ 的一个积分方程, 并非泊松方程的解!

现在我们可以理解为何前面要那样地选择格林函数的边界条件了. 其要点是在上式右边的面积分中我们必须消去一项, 这只有通过适当选择格林函数的边界条件来实现, 当然如何选择格林函数的边界条件需要同时考虑所求解问题（泊松方程）的边界条件以及格林函数的存在性.

上式右边的面积分根据方程 (3.6.11) 给出的两类边界条件分别等于

$$\begin{cases} -\oint_\Sigma \mathrm{d}S'\phi_\Sigma(\boldsymbol{x}')\partial_{n'}G(\boldsymbol{x}'\boldsymbol{x}), & \text{I}, \\ +\oint_\Sigma \mathrm{d}S'G(\boldsymbol{x}',\boldsymbol{x})\partial_{n'}\phi_\Sigma(\boldsymbol{x}')+\dfrac{1}{\epsilon_0}\langle\phi\rangle_\Sigma, & \text{II}. \end{cases}$$

其中, 电势在界面上的平均值

$$\langle\phi\rangle_\Sigma=\frac{1}{S}\oint_\Sigma \mathrm{d}S'\phi(\boldsymbol{x}').$$

经过简单的整理, 我们得到泊松方程两类边值问题的格林函数解分别为

$$\phi(\boldsymbol{x})=\int_V \mathrm{d}^3\boldsymbol{x}'\rho(\boldsymbol{x}')G(\boldsymbol{x}',\boldsymbol{x})\begin{cases} -\epsilon_0\oint_\Sigma \mathrm{d}S'\ \phi|_\Sigma(\boldsymbol{x}')\partial_{n'}G(\boldsymbol{x}',\boldsymbol{x}), & \text{I}, \\ +\epsilon_0\oint_\Sigma \mathrm{d}S'G(\boldsymbol{x}',\boldsymbol{x})\partial_{n'}\phi_\Sigma(\boldsymbol{x}')+\langle\phi\rangle_\Sigma, & \text{II}. \end{cases} \tag{3.6.13}$$

**例 3.11** 无穷大导体平面被一半径为 $a$ 的绝缘细圆环分割. 圆环内电势为 $V_0$, 圆环外电势为 0. 试计算上半空间电势.

**解**　取柱坐标系 $(r,\theta,z)$ 的原点为圆心, $z$ 轴垂直于导体平板 $(z=0)$. 上半空间格林函数在柱坐标下表示为

$$G(\boldsymbol{x},\boldsymbol{x}')=\frac{1}{4\pi\epsilon_0}\left(\frac{q}{|\boldsymbol{x}-\boldsymbol{x}'|}+\frac{-q}{|\boldsymbol{x}-\boldsymbol{x}'_{\text{im}}|}\right).$$

其中

$$|\boldsymbol{x}-\boldsymbol{x}'|^2=r^2+z^2+r'^2+z'^2-2zz'-2rr'\cos(\theta-\theta'),$$
$$|\boldsymbol{x}-\boldsymbol{x}'_{\text{im}}|^2=r^2+z^2+r'^2+z'^2+2zz'-2rr'\cos(\theta-\theta').$$

这是一个第一类边值问题且上半空间电荷为 0, 因此上半空间电势为

$$\phi(\boldsymbol{x})=-\epsilon_0\oint_\Sigma \mathrm{d}S'\partial_{n'}G(\boldsymbol{x},\boldsymbol{x}')\phi(\boldsymbol{x}').$$

其中, 闭合曲面 $\Sigma$ 由 $z=0$ 的无穷大平面和上半空间以原点为球心的无穷大半球面构成.

不难判断, 上述积分只在 $r\leqslant a$ 的圆环内平面上不为零：

$$\partial_{n'}G(\boldsymbol{x},\boldsymbol{x}')\phi(\boldsymbol{x}')_{z'=0}=\frac{1}{2\pi\epsilon_0}\frac{z}{[r^2+z^2+r'^2-2rr'\cos(\theta-\theta')]^{3/2}}.$$

因此

$$\phi(\boldsymbol{x})=\frac{V_0}{2\pi}\int_0^a r'\mathrm{d}r'\int_0^{2\pi}\mathrm{d}\theta'\frac{z}{[r^2+z^2+r'^2-2rr'\cos(\theta-\theta')]^{3/2}}.$$

上式可进一步化简为

$$\phi(\boldsymbol{x})=\frac{V_0 z}{2\pi(r^2+z^2)^{3/2}}I,$$
$$I=\int_0^a r'\mathrm{d}r'\int_0^{2\pi}\mathrm{d}\theta'\left[1+\frac{r'2-2rr'\cos(\theta-\theta')}{r^2+z^2}\right]^{-3/2}.$$

### 3.6.3* 第一类问题格林函数的对称性

泊松方程第一类边值问题的格林函数具有简单的对称性, 即

$$G(\boldsymbol{x},\boldsymbol{x}')=G(\boldsymbol{x}',\boldsymbol{x}). \tag{3.6.14}$$

利用该对称性, 泊松方程第一类边值问题的格林函数解可以写成

$$\phi(\boldsymbol{x})=\int_V \mathrm{d}^3\boldsymbol{x}'\rho(\boldsymbol{x}')G(\boldsymbol{x},\boldsymbol{x}')-\epsilon_0\oint_\Sigma \mathrm{d}S'\ \phi|_\Sigma(\boldsymbol{x}')\partial_{n'}G(\boldsymbol{x},\boldsymbol{x}'). \qquad \text{(I)} \tag{3.6.15}$$

这个解明显具有更加清晰的物理意义;格林函数可以解释为有界空间中点源对场的贡献.

泊松方程第一类边值问题格林函数的对称性证明如下：

利用格林函数所满足的方程 ( 3.6.10 ), 我们得到

$$\int_V \mathrm{d}^3\boldsymbol{x}\left[G(\boldsymbol{x},\boldsymbol{x}'')\nabla^2G(\boldsymbol{x},\boldsymbol{x}')-G(\boldsymbol{x},\boldsymbol{x}')\nabla^2G(\boldsymbol{x},\boldsymbol{x}'')\right]$$
$$=-\frac{1}{\epsilon_0}\int \mathrm{d}^3\boldsymbol{x}\left[G(\boldsymbol{x},\boldsymbol{x}'')\delta^3(\boldsymbol{x}-\boldsymbol{x}')-G(\boldsymbol{x},\boldsymbol{x}')\delta^3(\boldsymbol{x},\boldsymbol{x}'')\right]$$
$$=\frac{1}{\epsilon_0}\left[G(\boldsymbol{x}'',\boldsymbol{x}')-G(\boldsymbol{x}',\boldsymbol{x}'')\right].$$

利用格林公式再利用第一类格林函数的边界条件得到方程的左边等于

$$\oint \mathrm{d}\boldsymbol{\Sigma}\cdot\left[G\left(\boldsymbol{x},\boldsymbol{x}''\right)\nabla G\left(\boldsymbol{x},\boldsymbol{x}'\right)-G\left(\boldsymbol{x},\boldsymbol{x}'\right)\nabla G\left(\boldsymbol{x},\boldsymbol{x}''\right)\right]=0. \tag{3.6.16}$$

综合以上两式得方程 (3.6.14).

泊松方程第二类边值问题的格林函数没有上述第一类问题格林函数所具有的简单的对称性.

## 3.7 电多极矩

现在我们来讨论一个有着重要应用价值的静电学问题：如何通过测量远处的电场来推测一个小的封闭体积内（例如原子核内）的电荷分布？一个可行的办法是，先确定体积内的总电量，可以通过测量电通量来实现. 然后通过观察场的分布及其随距离的衰减情况来推测电荷分布的细节. 这需要知道一些典型的电荷分布会有怎样的电场.

如图 3.7 所示，假如在体积 $V$ 内有电荷分布 $\rho(\boldsymbol{x}')$，在 $\boldsymbol{x}$ 处观察电场；这里强调一下，$\boldsymbol{x}$ 和 $\boldsymbol{x}'$ 是同一个坐标系（该坐标系的原点在电荷分布区域 $V$ 内）下不同的空间位置，并非两套坐标. 电荷分布区域的尺度为 $l$；假设观测点在远处，即满足条件 $|\boldsymbol{x}|\gg l\sim|\boldsymbol{x}'|$，这时我们要问，有没有抓住这个电场主要特征的方法？

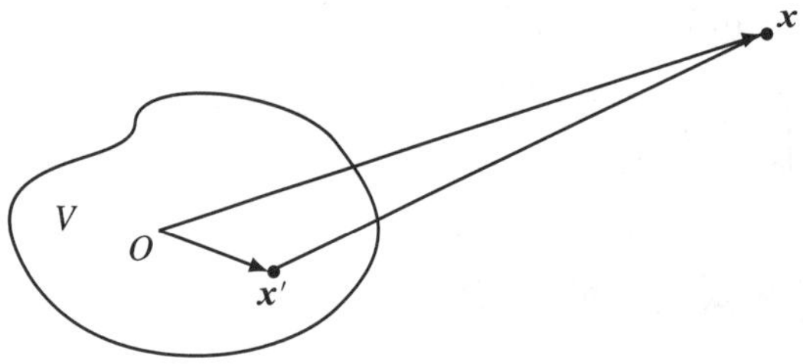


**图 3.7 小区域分布电荷在远处产生的电场**

在 $\boldsymbol{x}$ 处的电势为

$$\phi(\boldsymbol{x})=\frac{1}{4\pi\epsilon_0}\int \mathrm{d}^3\boldsymbol{x}'\rho(\boldsymbol{x}')\frac{1}{|\boldsymbol{x}-\boldsymbol{x}'|}.$$

考虑小区域分布电荷在远处产生的电势，对于上式做关于 $\boldsymbol{x}'$ 的泰勒（B.Taylor,1685—1731, 英国）展开，由此得到

$$\phi(\boldsymbol{x})=\frac{1}{4\pi\epsilon_0}\int \mathrm{d}^3\boldsymbol{x}'\rho(\boldsymbol{x}')\left(1-\boldsymbol{x}'\cdot\nabla+\frac{1}{2}\boldsymbol{x}'\boldsymbol{x}':\nabla\nabla+\cdots\right)\frac{1}{|\boldsymbol{x}|}, \tag{3.7.1}$$

其中，$\boldsymbol{x}'\boldsymbol{x}':\nabla\nabla=x_i'x_j'\partial_{ij}^2$.

电荷系统的总电量、电偶极矩和电四极矩分别为

$$Q=\int \mathrm{d}^3\boldsymbol{x}'\rho(\boldsymbol{x}'), \tag{3.7.2a}$$

$$\boldsymbol{p}=\int \mathrm{d}^3\boldsymbol{x}'\rho(\boldsymbol{x}')\boldsymbol{x}', \tag{3.7.2b}$$

$$\boldsymbol{\mathcal{D}}=\int \mathrm{d}^3\boldsymbol{x}'\rho(\boldsymbol{x}')3\boldsymbol{x}'\boldsymbol{x}'. \tag{3.7.2c}$$

因此, 电势的多极展开可以改写成

$$\phi(\boldsymbol{x})=\frac{1}{4\pi\epsilon_0}\left(Q-\boldsymbol{p}\cdot\nabla+\frac{1}{6}\boldsymbol{\mathcal{D}}:\nabla\nabla+\cdots\right)\frac{1}{|\boldsymbol{x}|}. \tag{3.7.3}$$

注意 $Q$, $\boldsymbol{p}$ 和 $\boldsymbol{\mathcal{D}}$ 分别为连续的电荷分布 $\rho(\boldsymbol{x})$ 关于 $\boldsymbol{x}$ 的零阶、一阶和二阶矩. 如果在方程 ( 3.7.1 ) 中写出无穷阶泰勒展开, 则方程 ( 3.7.3 ) 中就会出现 $\rho(\boldsymbol{x})$ 关于 $\boldsymbol{x}$ 的无穷阶矩. 由此可以看出, 给出电荷分布 $\rho(\boldsymbol{x})$ 关于 $\boldsymbol{x}$ 的零阶、一阶和二阶矩就近似地给出了电荷分布的信息;如果给出无穷阶矩, 则相当于精确地给出了电荷分布 $\rho(\boldsymbol{x})$. 这种利用有限阶矩 ( 通常截断到二阶 ) 近似表达一个连续分布的方法在其他领域也有重要的应用. 例如, 统计物理中的动理学方程描述分布函数 $f(\boldsymbol{x},\boldsymbol{v},t)$ ( 粒子数对于速度的连续分布 ) 的演化, 其零阶速度矩、一阶速度矩和二阶速度矩分别为流体力学中的质量连续性方程、动量方程和能量方程.

为了实际应用的方便, 我们进一步对电四极矩做一些必要的讨论.

一个球对称分布的电荷系统是应该没有电四极矩的;但是根据方程 (3.7.2c) 的定义, 其电四极矩并不等于零. 这并没有什么问题, 因为真实的物理量是电场;这样定义的电四极矩也能给出正确的电场, 只不过是增加了计算量. 为了方便起见, 我们可以对方程 (3.7.2c) 稍作修改.

引入电四极矩的新的定义

$$\boldsymbol{\mathcal{D}}=\int \mathrm{d}^3\boldsymbol{x}'\rho(\boldsymbol{x}')(3\boldsymbol{x}'\boldsymbol{x}'-|\boldsymbol{x}'|^2\boldsymbol{\mathcal{I}}). \tag{3.7.4}$$

在新的定义下, 电四极矩比旧的定义增加了一项, 但是增加的那一项并不改变电势. 这是因为

$$\boldsymbol{\mathcal{I}}:\nabla\nabla=\delta_{ij}\partial_{ij}^2=\nabla^2.$$

由于我们在这里考虑的场点距离坐标原点很远, 即 $|\boldsymbol{x}|\gg l$, 根据第 1.6 节方程 (1.6.4) 式, 我们得到

$$\nabla^2\frac{1}{|\boldsymbol{x}|}=0.$$

注意, 根据方程 (3.7.4) 对电四极矩新的定义,

$$\mathcal{D}_{ii}=0. \tag{3.7.5}$$

这就表明采用新的定义可能在实际的计算中带来某些方便. 例如, 对于一个球对称分布的电荷系统, 新的定义给出的电四极矩为零;当然这需要我们“敏锐地”将坐标原点选在球心 ( 分布电荷的中心 ) .

在实际应用中, 两种关于电四极矩的定义可以根据解决问题的需要选择使用.

容易证明, 如果电荷分布具有点对称性, 则系统的电偶极矩为零;如果电荷分布具有球对称性, 则系统的电四极矩为零.

**例 3.12** 求均匀带电旋转椭球体远处的电势.

**解** 令椭球体带电量为 $Q$. 以椭球体中心为坐标原点, 令椭球面方程为

$$\frac{x^2+y^2}{b^2}+\frac{z^2}{a^2}=1.$$

椭球的体积为

$$V=\frac{4}{3}\pi ab^2.$$

电荷密度为 $\rho=Q/V$.

由对称性知椭球的电偶极矩为 0. 椭球的电四极矩计算如下:

$$\mathcal{D}_{ij}=\rho\int \mathrm{d}^3\boldsymbol{x}\left(3x_ix_j-r^2\delta_{ij}\right).$$

由对称性知

$$\mathcal{D}_{12}=\mathcal{D}_{23}=\mathcal{D}_{31}=0.$$

令 $x^2+y^2=s^2$, 由对称性得

$$\begin{aligned}\int \mathrm{d}^3\boldsymbol{x}x^2=\int \mathrm{d}^3\boldsymbol{x}y^2&=\frac{1}{2}\int \mathrm{d}^3\boldsymbol{x}s^2\\&=\frac{1}{2}\int_{-a}^{+a}\mathrm{d}z\int_0^{b\sqrt{1-\frac{z^2}{a^2}}}2\pi s\mathrm{d}s\times s^2\\&=\frac{4\pi}{15}ab^4,\end{aligned}$$

$$\int \mathrm{d}^3\boldsymbol{x}z^2=\frac{4\pi}{15}a^3b^2.$$

因此

$$\mathcal{D}_{33}=\rho\int \mathrm{d}^3\boldsymbol{x}\left(3z^2-r^2\right)=\frac{2}{5}\left(a^2-b^2\right)Q.$$

由 $\mathcal{D}_{11}+\mathcal{D}_{22}+\mathcal{D}_{33}=0$, $\mathcal{D}_{11}=\mathcal{D}_{22}$ 立即可得

$$\begin{aligned}\mathcal{D}_{11}=\mathcal{D}_{22}&=-\frac{1}{2}\mathcal{D}_{33}\\&=-\frac{1}{5}\left(a^2-b^2\right)Q.\end{aligned}$$

电四极矩贡献的势

$$\begin{aligned}\phi_D&=\frac{1}{24\pi\epsilon_0}\mathcal{D}_{ij}\partial_{ij}^2\frac{1}{r}\\&=\frac{1}{40\pi\epsilon_0}\left(a^2-b^2\right)Q\frac{3z^2-r^2}{r^5},\end{aligned}$$

远处电势为总电荷产生的电势

$$\phi_Q=\frac{1}{4\pi\epsilon_0}\cdot\frac{Q}{r},$$

与电四极矩贡献电势 $\phi_D$ 的叠加.

**例 3.13**　如图 3.8 所示, 一对大小相等方向相反的电偶极子（$\pm\boldsymbol{p}$）相距 $l$ 放置在一直线上, 求空间中远处的电势.

**解**　取 $z$ 轴为电荷系统所在直线, 坐标原点为电荷系统中点. 假定电偶极子为 $\boldsymbol{p}=q\Delta\boldsymbol{e}_z$. 令 $r=|\boldsymbol{x}|$.

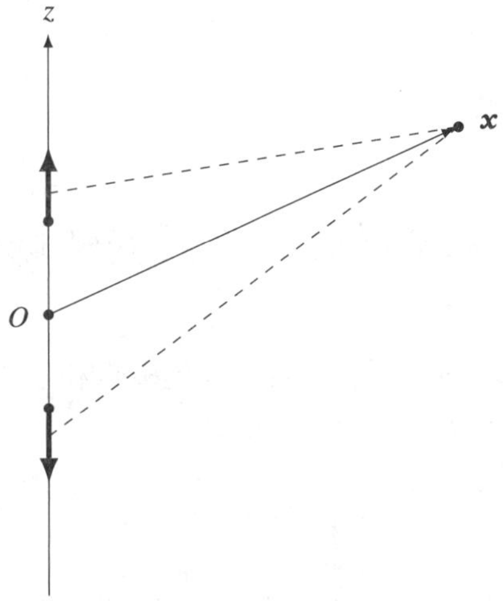


**图 3.8　一对反向放置的电偶极子构成一个电四极子**

该电荷系统总电荷为零, 电偶极矩为零. 采用第一种定义的电四极矩只有一个分量不为零, 即

$$D_{33}=6q\left[\left(\frac{l+\Delta}{2}\right)^2-\left(\frac{l-\Delta}{2}\right)^2\right]=6pl.$$

空间电势为电四极矩的贡献

$$\begin{aligned}\phi(\boldsymbol{x})&=\frac{1}{4\pi\epsilon_0}\cdot\frac{1}{6}D_{33}\partial_z^2\frac{1}{r}\\&=\frac{1}{4\pi\epsilon_0}pl\partial_z^2\frac{1}{r}\\&=-\frac{1}{4\pi\epsilon_0}pl\frac{r^2-3z^2}{r^5}.\end{aligned}$$

我们也可以通过计算两个反向平行排列的偶极子产生的电势的叠加得到这个电四极子在远处的电势：

$$\phi(\boldsymbol{x})=\frac{1}{4\pi\epsilon_0}\cdot\frac{\boldsymbol{p}\cdot\boldsymbol{x}_+}{|\boldsymbol{x}_+|^3}+\frac{1}{4\pi\epsilon_0}\cdot\frac{-\boldsymbol{p}\cdot\boldsymbol{x}_-}{|\boldsymbol{x}_-|^3},$$

其中, $\boldsymbol{x}_+=\boldsymbol{x}-\boldsymbol{e}_z l/2$ 为正向偶极子指向 $\boldsymbol{x}$ 点的矢径, $\boldsymbol{x}_-=\boldsymbol{x}+\boldsymbol{e}_z l/2$ 为负向偶极子指向 $\boldsymbol{x}$ 点的矢径.

注意到, $|\boldsymbol{x}_+| = r(1 - lz/2r^2)$, $|\boldsymbol{x}_-| = r(1 + lz/2r^2)$, 代入上式, 作泰勒展开得

$$\begin{aligned}\phi(\boldsymbol{x}) &= \frac{1}{4\pi\epsilon_0}\boldsymbol{p}\cdot\left[\frac{\boldsymbol{x}-\dfrac{1}{2}l\boldsymbol{e}_z}{r^3\left(1-\dfrac{lz}{2r^2}\right)^3}-\frac{\boldsymbol{x}+\dfrac{1}{2}l\boldsymbol{e}_z}{r^3\left(1+\dfrac{lz}{2r^2}\right)^3}\right]\\ &= -\frac{1}{4\pi\epsilon_0}pl\frac{r^2-3z^2}{r^5}.\end{aligned}$$

与利用电四极矩得到的结果相同.

## 3.8 小体积电荷体系在缓变外场中的能量

考虑一个小体积电荷体系 $\rho(\boldsymbol{x})$, 其总电荷、电偶极矩和电四极矩分别为 $Q$, $\boldsymbol{p}$ 和 $\boldsymbol{\mathcal{D}}$. 该体系在随空间缓变的静电外场 $\phi_{\text{ex}}(\boldsymbol{x})$ 中的能量为

$$W = \int \mathrm{d}^3\boldsymbol{x}'\rho(\boldsymbol{x}')\phi_{\text{ex}}(\boldsymbol{x}'). \tag{3.8.1}$$

将坐标原点设定在电荷体系内, 在原点附近对外场作泰勒展开得

$$\begin{aligned}W &= \int \mathrm{d}^3\boldsymbol{x}'\rho(\boldsymbol{x}')\left(1+\boldsymbol{x}'\cdot\nabla+\frac{1}{2}\boldsymbol{x}'\boldsymbol{x}':\nabla\nabla+\cdots\right)\phi_{\text{ex}}(0)\\ &= Q\phi_{\text{ex}}(0)+\boldsymbol{p}\cdot\nabla\phi_{\text{ex}}(0)+\frac{1}{6}\boldsymbol{\mathcal{D}}:\nabla\nabla\phi_{\text{ex}}(0)+\cdots.\end{aligned} \tag{3.8.2}$$

缓变外场中的小区域分布电荷体系问题, 指的是电荷分布区域的线度远小于外电场变化的特征长度, 这就是上式中做泰勒展开的理由.

令该小区域电荷分布系统的平均位置为 $\boldsymbol{x}$. 根据上式, 该电荷系统在静电外场中的能量可以写成如下的多极展开形式

$$W(\boldsymbol{x}) = Q\phi_{\text{ex}}(\boldsymbol{x})+\boldsymbol{p}\cdot\nabla\phi_{\text{ex}}(\boldsymbol{x})+\frac{1}{6}\boldsymbol{\mathcal{D}}:\nabla\nabla\phi_{\text{ex}}(\boldsymbol{x})+\cdots. \tag{3.8.3}$$

对于电偶极矩为 $\boldsymbol{p}$ 的偶极子, 其在外电场中所受的力为

$$\boldsymbol{F}_{\text{p}} = -\nabla W_{\text{p}} = -\nabla(\boldsymbol{p}\cdot\nabla\phi_{\text{ex}}) = \boldsymbol{p}\cdot\nabla\boldsymbol{E}_{\text{ex}}. \tag{3.8.4}$$

令 $\boldsymbol{p}$ 和 $\boldsymbol{E}_{\text{ex}}$ 的夹角为 $\theta$, 则外电场作用在电偶极子上的力矩为

$$L_{\text{p}} = -\partial_\theta W_{\text{p}} = -pE_{\text{ex}}\sin\theta,$$

计入力矩的方向, 得

$$\boldsymbol{L}_{\text{p}} = \boldsymbol{p}\times\boldsymbol{E}_{\text{ex}}. \tag{3.8.5}$$

需要指出的是, 上述讨论将偶极子的电偶极矩视为一个常量. 在实际的问题中, 偶极子的电偶极矩本身的大小往往会受到外场的影响.

# 习题与解答

1. 均匀外电场中置一半径为 $a$ 的导体球，导体球上带有电荷 $Q$. 试求空间电势.

答案：利用分离变量法得到

$$\phi = \phi_0 + \frac{Q}{4\pi\epsilon_0 r} - E_0 r\cos\theta + \frac{E_0 a^3}{r^2}\cos\theta.$$

其中，最后一项代表导体球表面感应电荷产生的偶极场；匀强外电场 $\boldsymbol{E}_0$ 在导体球上诱导的电偶极矩为

$$\boldsymbol{p} = 4\pi\epsilon_0 a^3 \boldsymbol{E}_0.$$

2. 在半径为 $a$ 的均匀介质球的中心置一点电荷 $Q$. 介质的介电系数为 $\epsilon$. 球外为真空. 试用泊松方程求空间中的电场.

3. 空心导体球壳内外半径分别为 $R_1$ 和 $R_2$，球壳上带有电荷 Q. 在球心处置一电偶极子 $\boldsymbol{p}$. 计算球壳内（$r \leqslant R_1$）电势及该电偶极子的受力.

答案：球内电势为

$$\phi = \frac{1}{4\pi\epsilon_0}\left(\frac{Q}{R_2} + \frac{\boldsymbol{p}\cdot\boldsymbol{r}}{r^3} - \frac{\boldsymbol{p}\cdot\boldsymbol{r}}{R_1^3}\right).$$

其中，第二项为电偶极子自身贡献的电势，最后一项为导体球壳上感应电荷产生的电势. 故感应电荷在球壳内产生的场为

$$\boldsymbol{E}_{\text{in}} = \frac{1}{4\pi\epsilon_0}\cdot\frac{\boldsymbol{p}}{R_1^3}.$$

由此可知导体球壳上感应电荷在空腔内产生的静电场为匀强电场；电偶极子受力为零.

4. 接地空心导体球壳内外半径分别为 $R_1$ 和 $R_2$. 在球壳内距离球心 $a$ 处（$a < R_1$）置一试探点电荷 $Q$.

（1）试计算该试探点电荷 $Q$ 的受力；

（2）试计算导体球壳上总的感应电荷以及感应电荷的分布.

答案：球壳内空腔中的电场可以由电像法求解；像电荷置于半径为 $R_1$ 的球面之外；像电荷与源电荷连线垂直于球面，两者在该球面上电势的叠加为零. 因此像电荷为 $-QR_1/a$，其距离球心 $R_1^2/a$. 空腔内的电场为试探点电荷与其像电荷共同叠加产生.

（1）试探点电荷受力为其所受到的像电荷的作用力；

（2）感应电荷分布在球壳的内表面. 注意这里由于球壳接地，感应电荷总量并不等于零. 由导体内电场为零知，穿过球壳内表面的电通量为零；因此感应电荷总量为 $-Q$.

感应电荷在内表面上的分布为

$$\sigma_{\text{induct}} = -\boldsymbol{e}_r\cdot\epsilon_0\boldsymbol{E}|_{r=R_1}.$$

其中，电场由空腔内的电势计算：

$$\phi(r,\theta) = \frac{1}{4\pi\epsilon_0}\left(\frac{Q}{\sqrt{r^2+a^2-2ar\cos\theta}} - \frac{\dfrac{QR_1}{a}}{\sqrt{r^2+\dfrac{R_1^4}{a^2}-2\dfrac{R_1^2}{a}r\cos\theta}}\right).$$

5. 真空中有匀强电场 $\boldsymbol{E}_0$; 垂直于真空中的匀强电场放置一半径为 $a$ 的无限长导体圆柱棒. 试求空间电场及导体棒上的感应电荷.

答案:柱坐标下解拉普拉斯方程得

$$\phi = \phi_0 - E_0 r\cos\theta + \frac{a^2}{r}E_0\cos\theta.$$

其中, 最后一项为感应电荷贡献的电势.

6. 真空中有一半径为 $R$ 的不带电导体球. 现以非静电外力将电荷为 $q$ 的试探粒子从无穷远处缓慢移至距离球心为 $b$ 处($b > R$):

(1)直接计算外力所做的功;

(2)计算初态和末态下试探粒子与导体球上感应电荷的静电相互作用能.

答案:应用电像法. 试探电荷所受的力为镜像电荷对其作用的力以及外力

$$A = \frac{q^2 R}{8\pi\epsilon_0}\left(\frac{1}{b^2} - \frac{1}{b^2 - R^2}\right).$$

注意缓慢移动试探电荷时, 其所受感应电荷的静电力与非静电外力相等.

7. 计算半径为 $a$ 电量为 $Q$ 的均匀带电圆盘的电四极矩及其电势.

答案:取球坐标系, 原点为圆盘的圆心, $z$ 轴垂直于圆盘. 电四极矩为

$$\boldsymbol{\mathcal{D}} = \frac{(\boldsymbol{\mathcal{I}} - 3\boldsymbol{e}_z\boldsymbol{e}_z)Qa^2}{4},$$

电势为

$$\phi = \frac{(1 - 3\cos^2\theta)Qa^2}{(32\pi\epsilon_0 r^3)}.$$

8. 计算相互距离为 $d$ 的一对反向平行(不共线)的电偶极子 $(\pm\boldsymbol{p})$ 构成的电荷系统在远处的电势.

答案:该电荷系统在远处的电势为其电四极矩的贡献. 将该电荷系统置于 $(x,y)$ 面, 并使得电偶极子的正电荷位于第一或第三象限. 电四极矩不为零的分量为

$$D_{12} = D_{21} = 3|\boldsymbol{p}|d.$$

电四极矩的电势为

$$\phi(\boldsymbol{x}) = \frac{1}{4\pi\epsilon_0}\cdot\frac{1}{6}D_{ij}\partial_{ij}^2\frac{1}{|\boldsymbol{x}|} = \frac{|\boldsymbol{p}|d}{4\pi\epsilon_0}\partial_{xy}^2\frac{1}{|\boldsymbol{x}|} = \frac{3xy|\boldsymbol{p}|d}{4\pi\epsilon_0|\boldsymbol{x}|^5}.$$

9. 无限大接地导体平面上有一半径为 $R$ 的无限长半圆柱形凸起. 在凸起的半圆柱上方的对称面内与半圆柱平行地置一无限长线电荷. 设线电荷与无限大导体平面距离为 $b$, 线电荷密度为 $\lambda$, $b > R$. 试计算线电荷所在半空间的电势.

提示:利用镜像电荷法. 镜像电荷为 3 个无限长线电荷.

10. 无穷大均匀导电液体的电导率为 $\sigma_1$, 其中电流密度 $\boldsymbol{J}_0$ 为一恒定常量. 现在液体中置入半径为 $R$ 电导率为 $\sigma_2$ 的固态导体球. 试计算稳恒时的电流分布.

答案:取原点为球心的球坐标系. 球内电流为

$$\boldsymbol{J} = \frac{3\sigma_2}{\sigma_2 + 2\sigma_1}\boldsymbol{J}_0;$$

球外电流为

$$\boldsymbol{J}=\boldsymbol{J}_0+\frac{\sigma_2-\sigma_1}{\sigma_2+2\sigma_1}\cdot\frac{R^3}{r^3}\left(3\frac{\boldsymbol{R}\boldsymbol{R}}{r^2}-\boldsymbol{\mathcal{I}}\right)\cdot\boldsymbol{J}_0.$$

由电荷守恒定律知, 导体中稳恒电流情形下的电场满足拉普拉斯方程, 电场的边值关系可以利用电荷守恒方程导出.

11. 无穷大导体平面被相距为 $2a$ 的无限长平行绝缘细条分割为 3 部分:其中绝缘条之间的部分电势为 $V$, 其余部分电势为 0. 试计算上半空间电势.

答案:取导体平面为 $(x,z)$ 面, $x$ 轴与绝缘条垂直, 原点为系统对称点. 利用格林函数方法得到

$$\phi(x,y)=\frac{V}{\pi}\arctan\left(\frac{2ay}{x^2+y^2-a^2}\right).$$

注意, 这是一个二维问题.

12. 计算例 3.5 中介质球面上的极化电荷面密度和总电荷面密度.

13. 均匀介质球半径为 $R$, 介电系数为 $\epsilon$, 在其中心置一自由电荷偶极子 $\boldsymbol{p}_0$, 球外为真空. 试计算空间电势.

答案:球外电势

$$\phi=\frac{3}{4\pi(\epsilon+2\epsilon_0)}\cdot\frac{\boldsymbol{p}_0\cdot\boldsymbol{r}}{r^3};$$

球内电势

$$\phi=\frac{1}{4\pi\epsilon}\cdot\frac{\boldsymbol{p}_0\cdot\boldsymbol{r}}{r^3}+\frac{\epsilon-\epsilon_0}{2\pi\epsilon(\epsilon+2\epsilon_0)}\cdot\frac{\boldsymbol{p}_0\cdot\boldsymbol{r}}{R^3}.$$

本题中电荷有 3 种:球心自由电荷、球心极化电荷和球面极化电荷.

对于球心极化电荷的处理可有两种方法.

(1)根据极化电荷的定义, 可以计算均匀介质中极化电荷与自由电荷的关系, 由此可得球心处总的电偶极子(自由电偶极子与极化电偶极子之和)产生的电势

$$\phi_{\mathrm{p}}=\frac{1}{4\pi\epsilon}\cdot\frac{\boldsymbol{p}_0\cdot\boldsymbol{r}}{r^3};$$

(2)由电偶极子电势的基本推导过程可知, 一个自由电偶极子在无穷大均匀介质中的电势可由上式给出.

注意:上式给出的电偶极子在无穷大均匀介质中的电势, 除了电偶极子所在处, 在空间任意位置上满足拉普拉斯方程.

由上述分析可知, 空间电势为上式中给出的电势叠加上一个满足拉普拉斯方程的电势,

$$\phi=\phi_{\mathrm{p}}+\overline{\phi},$$
$$\nabla^2\overline{\phi}=0.$$

分别解球内外的拉普拉斯方程, 再用球面上的边值关系, 即可定解.

14. 考虑一块极化矢量为 $\boldsymbol{P}(\boldsymbol{x})$ 的极化介质. 由极化电荷的定义知, 介质内部极化电荷为 $\rho_{\mathrm{p}}=-\nabla\cdot\boldsymbol{P}$, 介质表面极化电荷面密度为 $\sigma_{\mathrm{p}}=\boldsymbol{n}\cdot\boldsymbol{P}$, 这里 $\boldsymbol{n}$ 为介质表面外法向单位矢量.

由总电荷的泊松方程知, 极化介质贡献的静电势为

$$\phi(\boldsymbol{x})=\frac{1}{4\pi\epsilon_0}\int_V \mathrm{d}^3\boldsymbol{x}'\,\frac{\rho_{\mathrm{p}}(\boldsymbol{x}')}{|\boldsymbol{x}-\boldsymbol{x}'|}+\frac{1}{4\pi\epsilon_0}\oint_\Sigma \mathrm{d}S'\,\frac{\sigma_{\mathrm{p}}(\boldsymbol{x}')}{|\boldsymbol{x}-\boldsymbol{x}'|}.$$

这里 $\Sigma$ 为介质表面, $V$ 为介质内部空间.

根据电偶极子静电势的公式, 可以写出极化介质贡献的静电势

$$\phi(\boldsymbol{x}) = \frac{1}{4\pi\epsilon_0}\int_V \mathrm{d}^3\boldsymbol{x}'\boldsymbol{P}(\boldsymbol{x}')\cdot\frac{\boldsymbol{x}-\boldsymbol{x}'}{|\boldsymbol{x}-\boldsymbol{x}'|^3}.$$

试证明上述两种结果等价.

提示:由第二式出发, 利用高斯定理.

15. 无限长同轴电缆的内导体为半径为 $a$ 的圆柱, 外导体为半径为 $b$ 的薄圆筒. 试计算其单位长度的电容.

答案:令内外导体间电势差为 $V$. 取内导体为电势参考零点, 解柱位形下的拉普拉斯方程得内外导体之间电势为

$$\phi(r) = \frac{V}{\ln\left(\dfrac{b}{a}\right)}\ln\left(\frac{r}{a}\right).$$

利用边值关系计算内外导体上电荷, 得到的单位长度上的电荷 $Q$(内外导体上电荷等值反号);由电容定义 $C = Q/V$ 得到结果

$$C = \frac{2\pi\epsilon_0}{\ln\dfrac{b}{a}}.$$

16. 与无限长导体圆柱(半径为 $R$)轴线相距 $b$ 处($b > R$)平行置以线电荷密度为 $\lambda$ 的无限长线电荷, 要求:

(1)试计算空间电势;

(2)讨论当导体圆柱棒上电势为 0 且圆柱截面半径趋于无穷大时的结果, 并与直接考虑无限大导体平板的结果比较.

提示:(1)镜像电荷为两个线电荷;

(2)将原电荷的位置(距离轴线为 $b$)重写为距离柱面 $\Delta_{\mathrm{o}} = b - R$, 将像电荷位置(距离轴线为 $a$)重写为距离柱面 $\Delta_{im} = R - a$.

17. 第 3.6 节中讨论泊松方程第二类问题的格林函数时, 我们提到了无穷远处的补充边界条件. 试讨论该边界条件在构造第二类问题格林函数时, 究竟是如何起作用的?

提示:参考第 1 章最后一节唯一性定理 4 的证明.

18. 3 个同心薄金属球壳构成一个静电系统, 从内向外 3 个球壳半径依次为 $R_1$, $R_2$, $R_3$;内外球壳接地, 中间球壳上置电荷 $Q$;球壳之间为真空. 试求内外球壳上的感应电荷.

解答:取原点为球心的球坐标, 显然电位移矢量只有径向分量. 内外球壳空腔中电位移分别为

$$D_1 = \frac{A_1}{r^2},\quad D_2 = \frac{A_2}{r^2}.$$

对中间金属球壳使用高斯定理得 $A_1 + A_2 = Q/4\pi$. 由题设知中球壳到内外球壳的电势差相等, 由此构造另外一个关于 $A_1$, $A_2$ 的线性方程. 联立确定待定系数 $A_{1,2}$ 得到电场. 再根据

边值关系确定内外导体上的电荷面密度, 从而得到内外导体上总的感应电荷:

$$Q_1 = -\frac{R_1(R_3 - R_2)}{R_2(R_3 - R_1)}Q,$$
$$Q_2 = -\frac{R_3(R_2 - R_1)}{R_2(R_3 - R_1)}Q.$$

19. 半径为 $a$ 的导体球带电荷 $Q$; 球外置点电荷 $q$, 球心至该点电荷的矢径为 $\boldsymbol{r}$. 将该系统置于沿 $\boldsymbol{r}$ 方向的匀强电场 $E$ 中, 求电荷 $q$ 的受力.

解答: 由叠加原理知, 电荷 $q$ 受力为 $\boldsymbol{F}$,

$$\frac{1}{q}F = E + \frac{1}{4\pi\epsilon_0}\left[\frac{q'}{(r-b)^2} + \frac{Q-q'}{r^2} + \frac{2p}{r^3}\right].$$

右边为电荷 $q$ 处除了其自身以外所有电荷产生电场的叠加; 第一项为匀强电场, 方括号中前两项为镜像法给出的 $q$ 在导体球中的感应电荷产生的场, 方括号中最后一项为匀强电场在导体球面上诱导的电荷产生的偶极场

$$q' = -\frac{qa}{r}.$$

匀强电场诱导的电偶极矩为 $p = 4\pi\epsilon_0 a^3 E$ (参考本章习题 1 的答案).

20. 导体球壳外半径为 $R_0$, 利用外接电池使球壳具有确定的电势 $V_0$, 球壳内空腔中置一点电荷 $Q$, 试计算导体球壳上的电荷以及外接电池对球壳的充电电荷.

答案: 由导体内电场为零知, 穿过球壳内表面的电通量为零. 因此球壳内表面有感应电荷 $-Q$.

令导体球壳外表面电荷为 $Q_0$, 则导体球壳外表面所包围的总电荷为 $Q_0$, 导体球壳外电势为

$$\phi = \frac{1}{4\pi\epsilon_0} \cdot \frac{Q_0}{r} = \frac{R_0}{r}V_0.$$

注意: 上式给出的球壳外电势分布既满足电场在球外的微分方程, 也满足其在球壳外表面上的边界条件. 由此可得导体外表面电荷为

$$Q_0 = 4\pi\epsilon_0 R_0 V_0.$$

扣除球壳外表面上的感应电荷 $Q$ 后, 得到外接电池对导体球壳的充电电荷为

$$Q_{\mathrm{ch}} = Q_0 - Q = 4\pi\epsilon_0 R_0 V_0 - Q.$$

# 第 4 章　稳恒磁场

在本章中, 我们讨论经典电动力学中另一个简单的问题: 稳恒电流所产生的磁场. 在稳恒磁场问题中由于系统不随时间变化, 位移电流可以略去. 由于磁感应强度为无散场, 我们可以引入磁矢势的概念, 进一步引入库仑规范条件, 我们得到磁矢势满足的微分方程为泊松方程. 对于稳恒磁场问题中的一类特殊问题, 其解域为单连通域并且解域内没有自由电流, 因而磁场矢量为无旋场; 对于这类在磁体设计中有着广泛应用的特殊问题我们可以引入磁标势的概念, 磁标势满足的微分方程为拉普拉斯方程. 我们可以应用在静电学中学习过的泊松方程和拉普拉斯方程的求解方法以解决稳恒磁场的问题, 如分离变量法、镜像法和多极展开方法等. 与稳恒磁场密切联系的一类问题是导体中的准静态磁场, 对于这类问题, 由于系统是缓变的, 安培-麦克斯韦方程中的位移电流也是可以忽略的; 电流在导体中产生磁场的规律与稳恒磁场情形类似, 因此这类磁场也称为似稳磁场. 在本章的最后我们简要讨论磁力线的闭合性以及安培方程的空间反射对称性.

稳恒磁场的基本方程为

$$\begin{cases}\nabla \cdot \boldsymbol{B} = 0, \\ \nabla \times \boldsymbol{H} = \boldsymbol{j}_{\mathrm{f}},\end{cases} \tag{4.0.1}$$

其中, $\boldsymbol{j}_{\mathrm{f}}$ 为自由电流密度. 磁感应强度矢量 $\boldsymbol{B}$ 与磁场矢量 $\boldsymbol{H}$ 的一般关系为

$$\boldsymbol{B} = \mu_0 \boldsymbol{H} + \mu_0 \boldsymbol{M}, \tag{4.0.2}$$

其中, $\boldsymbol{M}(\boldsymbol{H})$ 为介质的磁化强度矢量. 对于非铁磁性介质有

$$\boldsymbol{B} = \mu \boldsymbol{H}, \tag{4.0.3}$$

其中, $\mu$ 为介质的磁导率.

在两种磁化介质界面处的边值关系为

$$\begin{cases}\boldsymbol{n} \cdot (\boldsymbol{B}_2 - \boldsymbol{B}_1) = 0, \\ \boldsymbol{n} \times (\boldsymbol{H}_2 - \boldsymbol{H}_1) = \boldsymbol{\alpha}_{\mathrm{f}},\end{cases} \tag{4.0.4}$$

其中, $\boldsymbol{\alpha}_{\mathrm{f}}$ 为自由电流线密度.

## 4.1　矢势及其微分方程

由于 $\nabla\cdot\boldsymbol{B}=0$, 我们可以引入矢势来表示磁感应强度,

$$\boldsymbol{B}=\nabla\times\boldsymbol{A},\tag{4.1.1}$$

其中, 矢量 $\boldsymbol{A}$ 称为矢势.

将上式代入安培方程, 我们得到矢势所满足的微分方程

$$\nabla\times(\nabla\times\boldsymbol{A})=\mu_0\boldsymbol{j}.\tag{4.1.2}$$

根据亥姆霍兹定理, 我们可以立即写出矢势的积分表达式

$$\boldsymbol{A}(\boldsymbol{x})=\frac{\mu_0}{4\pi}\int\mathrm{d}^3\boldsymbol{x}'\boldsymbol{j}(\boldsymbol{x}')\frac{1}{|\boldsymbol{x}-\boldsymbol{x}'|}.\tag{4.1.3}$$

如果整个空间中的电流分布 $\boldsymbol{j}(\boldsymbol{x})$ 已知, 则上式简单地给出了矢势所满足的微分方程的解. 然而在实际问题中, 解域外或边界上的电流经常是不能确定的, 其对于解域内的影响通过边界条件确定;在此情形下我们需要结合给定的边界条件求解矢势的微分方程.

由方程 ( 4.1.1 ) 可知, 矢势并非唯一确定. 作变换 $\boldsymbol{A}\to\boldsymbol{A}+\nabla\psi$, 并不影响磁感应强度;这一变换称为规范变换.

根据 1.7 节中亥姆霍兹定理的证明过程可知, 由于稳恒电流满足

$$\nabla\cdot\boldsymbol{j}=0,$$

我们能够得到

$$\nabla\cdot\boldsymbol{A}(\boldsymbol{x})=0.\tag{4.1.4}$$

上式称为库仑规范条件.

这就表明, 对于稳恒磁场必有满足库仑规范条件的矢势存在.

对于均匀非铁磁性介质, $\boldsymbol{B}=\mu\boldsymbol{H}$, $\mu$ 为常数;在这种情况下有

$$\nabla\times(\nabla\times\boldsymbol{A})=\nabla(\nabla\cdot\boldsymbol{A})-\nabla^2\boldsymbol{A}=\mu\boldsymbol{j}_{\mathrm{f}}.\tag{4.1.5}$$

参考真空中静磁场矢势的讨论, 我们在讨论分区均匀介质中磁场的矢势时, 仍然可以选择库仑规范条件

$$\nabla\cdot\boldsymbol{A}=0.\tag{4.1.6}$$

注意, 我们之所以能够如此选择, 是因为对于稳恒磁场必有满足库仑规范条件的矢势存在.

由此可以得到关于矢势的泊松方程

$$\nabla^2\boldsymbol{A}=-\mu\boldsymbol{j}_{\mathrm{f}}.\tag{4.1.7}$$

根据方程 (4.1.1) 以及方程 (4.1.6), 可以写出矢势在两种均匀介质界面处的连接条件

$$\begin{cases}\boldsymbol{n}\cdot(\boldsymbol{A}_2-\boldsymbol{A}_1)=0,\\ \boldsymbol{n}\times(\boldsymbol{A}_2-\boldsymbol{A}_1)=\boldsymbol{0}.\end{cases}$$

这意味着边界上两边的矢势连续，即

$$\boldsymbol{A}_2 = \boldsymbol{A}_1. \tag{4.1.8}$$

我们在静电场问题中讨论过的解泊松方程的方法都可以应用于解矢势的泊松方程从而解决稳恒磁场的问题. 然而需要强调的是，应用磁矢势的泊松方程求解稳恒磁场问题通常是不方便的；例如对于得到的泊松方程的解，我们还需要验证解得的矢势是否满足库仑规范条件.

对于某些具有对称性的特殊问题，在适当选取的坐标系 $(\alpha,\beta,\gamma)$ 下，$\boldsymbol{j} = j_\alpha(\beta,\gamma)\nabla\alpha$. 利用亥姆霍兹定理的结果，方程（4.1.3），我们可以判定矢势 $\boldsymbol{A}$ 的方向. 特别地，当矢势 $\boldsymbol{A}$ 只有一个 $\nabla\alpha$ 分量时，$\boldsymbol{A} = A_\alpha(\beta,\gamma)\nabla\alpha$，矢势所满足的微分方程为

$$\nabla \times (\nabla A_\alpha \times \nabla\alpha) = \mu_0 j_\alpha \nabla\alpha. \tag{4.1.9}$$

该方程显然可以化为一个关于标量函数 $A_\alpha(\beta,\gamma)$（矢势仅有的一个不为零的分量）的微分方程. 这种情形下，利用矢势求解稳恒磁场的问题可以化为一个简单的标量函数的微分方程问题；进一步的讨论可以参考本章习题.

**例 4.1** 恒定电流 $(I_0)$ 无限长直导线产生的矢势.

**解** 取柱坐标，导线为 $z$ 轴. 根据问题的对称性，矢势 $\boldsymbol{A}$ 只依赖于 $r$. 由亥姆霍兹定理立即得

$$\boldsymbol{A}(r) = \frac{\mu_0}{4\pi}\boldsymbol{I}_0\int_{-\infty}^{\infty} \mathrm{d}z\frac{1}{\sqrt{r^2+z^2}}.$$

上式中积分发散.

我们注意到矢势的意义在于其旋度等于磁感应强度，因此尽管上式积分发散，我们不难得到有意义的结果. 令 $\boldsymbol{A}(r_0) = 0$，可以得到

$$\boldsymbol{A}(r) = \frac{\mu_0}{2\pi}\boldsymbol{I}_0 \ln\frac{r}{r_0}.$$

可以验证，根据这里得到的矢势计算出的磁场与直接应用安培环路定律得到的结果是一致的.

## 4.2 静磁场的能量

考虑真空中的情形，静磁场的能量密度为

$$w = \frac{1}{2}\boldsymbol{B}\cdot\boldsymbol{H}, \tag{4.2.1}$$

其中，$\boldsymbol{B} = \mu_0\boldsymbol{H}$. 因此真空中静磁场的总能量为

$$W = \int \mathrm{d}^3\boldsymbol{x}\frac{1}{2}\boldsymbol{B}\cdot\boldsymbol{H}. \tag{4.2.2}$$

将 $\boldsymbol{B}=\nabla\times\boldsymbol{A}$ 代入上式得

$$\begin{aligned}W&=\frac{1}{2}\int\mathrm{d}^3\boldsymbol{x}(\nabla\times\boldsymbol{A})\cdot\boldsymbol{H}\\&=\frac{1}{2}\int\mathrm{d}^3\boldsymbol{x}\left[\nabla\cdot(\boldsymbol{A}\times\boldsymbol{H})+\boldsymbol{A}\cdot\nabla\times\boldsymbol{H}\right]\\&=\frac{1}{2}\oint\mathrm{d}\boldsymbol{S}\cdot(\boldsymbol{A}\times\boldsymbol{H})+\frac{1}{2}\int\mathrm{d}^3\boldsymbol{x}\boldsymbol{A}\cdot\boldsymbol{j},\end{aligned}\tag{4.2.3}$$

其中, 在无穷大球面 $(r\to\infty)$ 上的面积分为零, 这是因为在无穷远处, $\boldsymbol{H}\to\mathcal{O}(1/r^2)$, $\boldsymbol{A}\to\mathcal{O}(1/r)$. 由此可得

$$W=\frac{1}{2}\int\mathrm{d}^3\boldsymbol{x}\boldsymbol{j}\cdot\boldsymbol{A}.\tag{4.2.4}$$

注意: $\dfrac{1}{2}\boldsymbol{j}\cdot\boldsymbol{A}$ 不能理解为磁场的能量密度.

考虑真空中的两个电流系统, 令其电流密度分别为 $\boldsymbol{j}_1(\boldsymbol{x})$ 和 $\boldsymbol{j}_2(\boldsymbol{x})$, 则其相互作用能（不包括在自己产生的场中的能量）为

$$\begin{aligned}W_{12}&=\int\mathrm{d}^3\boldsymbol{x}\frac{1}{2}\left[\boldsymbol{j}_1(\boldsymbol{x})\cdot\boldsymbol{A}_2(\boldsymbol{x})+\boldsymbol{j}_2(\boldsymbol{x})\cdot\boldsymbol{A}_1(\boldsymbol{x})\right]\\&=\int\mathrm{d}^3\boldsymbol{x}\,\boldsymbol{j}_1(\boldsymbol{x})\cdot\boldsymbol{A}_2(\boldsymbol{x}).\end{aligned}\tag{4.2.5}$$

上式中第二步利用了矢势与电流的关系, 方程 (4.1.3).

由此可知, 电流系统 $\boldsymbol{j}(\boldsymbol{x})$ 在外场 $\boldsymbol{A}_{\text{ex}}(\boldsymbol{x})$ 中的能量为

$$W=\int\mathrm{d}^3\boldsymbol{x}\,\boldsymbol{j}(\boldsymbol{x})\cdot\boldsymbol{A}_{\text{ex}}(\boldsymbol{x}).\tag{4.2.6}$$

考虑一个载流为 $I$ 的通电线圈, 它在外场中的能量为

$$\begin{aligned}W&=\int\mathrm{d}^3\boldsymbol{x}\,\boldsymbol{j}(\boldsymbol{x})\cdot\boldsymbol{A}_{\text{ex}}(\boldsymbol{x})\\&=I\oint\mathrm{d}\boldsymbol{l}\cdot\boldsymbol{A}_{\text{ex}}(\boldsymbol{x}).\end{aligned}$$

利用斯托克斯定理, 我们得到

$$W=I\oint\mathrm{d}\boldsymbol{S}\cdot\boldsymbol{B}_{\text{ex}}(\boldsymbol{x}).\tag{4.2.7}$$

其结果可以做如下两种理解:

① 一般情形下,

$$W=I\left(\oint\mathrm{d}\boldsymbol{S}\cdot\boldsymbol{B}_{\text{ex}}\right)=I\Psi_{\text{ex}},\tag{4.2.8}$$

括号里面是外场穿过线圈的磁通量. 这表明, 恒流线圈与外磁场的作用能等于线圈电流与外场穿过线圈磁通的乘积.

② 当线圈足够小时, 穿过线圈的外磁场可以看作是均匀的;我们可以在方程（4.2.7）中将磁场移出积分号外, 即

$$W=\left(I\oint \mathrm{d}\boldsymbol{S}\right)\cdot\boldsymbol{B}_{\mathrm{ex}}=\boldsymbol{\mu}_{\mathrm{m}}\cdot\boldsymbol{B}_{\mathrm{ex}},\tag{4.2.9}$$

括号里面是载流线圈的磁矩. 这表明, 磁偶极子与外磁场的作用能等于其磁偶极矩与外场磁感应强度的内积.

**例 4.2** 计算恒流无限长直导线 ( 半径为 $a$ ) 的内感.

**解** 采用柱坐标系, $z$ 轴为导线. 令电流为 $I$; 磁场为极向, $B_\theta\propto I$ 可由安培环路定律计算:

$$2\pi rB_\theta(r)=\mu_0\begin{cases}I, & r>a,\\ I\dfrac{r^2}{a^2}, & r\leqslant a.\end{cases}$$

导线内部磁场能量为

$$\frac{1}{2}LI^2=\int_V \mathrm{d}^3\boldsymbol{x}\frac{1}{2\mu_0}B_\theta^2.$$

其中, $L$ 为导线的内感, 积分区域为导线内部;

$$\frac{1}{2}lI^2=\int_0^a 2\pi r\mathrm{d}r\frac{1}{2\mu_0}B_\theta^2.$$

其中, $l$ 为导线单位长度的内感:

$$l=\frac{\mu_0}{8\pi}.$$

## 4.3* 真空中稳恒磁场的变分原理

对于真空中稳恒磁场所满足的微分方程可通过如下泛函的变分求得:

$$I=\int_V \mathrm{d}^3\boldsymbol{x}\left[\frac{1}{2}\boldsymbol{B}\cdot\boldsymbol{H}-\boldsymbol{j}\cdot\boldsymbol{A}\right],\tag{4.3.1}$$

其中, $\boldsymbol{B}=\nabla\times\boldsymbol{A}$, $\boldsymbol{B}=\mu_0\boldsymbol{H}$, 上式可以理解为稳恒磁场的作用量.

上述结论证明如下:

$$\begin{aligned}\mu_0\delta I&=\int_V \mathrm{d}^3\boldsymbol{x}\left[(\nabla\times\delta\boldsymbol{A})\cdot(\nabla\times\boldsymbol{A})-\mu_0\,\boldsymbol{j}\cdot\delta\boldsymbol{A}\right]\\&=\int_V \mathrm{d}^3\boldsymbol{x}\left\{\nabla\cdot\left[\delta\boldsymbol{A}\times(\nabla\times\boldsymbol{A})\right]+\delta\boldsymbol{A}\cdot\left[\nabla\times(\nabla\times\boldsymbol{A})\right]-\mu_0\,\boldsymbol{j}\cdot\delta\boldsymbol{A}\right\}\\&=\int_V \mathrm{d}^3\boldsymbol{x}\delta\boldsymbol{A}\cdot\left[\nabla\times(\nabla\times\boldsymbol{A})-\mu_0\,\boldsymbol{j}\right]+\oint_\Sigma \mathrm{d}\boldsymbol{S}\cdot\left[\delta\boldsymbol{A}\times(\nabla\times\boldsymbol{A})\right].\end{aligned}$$

上式中在解域边界 $\Sigma$ 上的面积分为零可以通过对 $\boldsymbol{A}$ 施加如下的约束得以保证:

$$\boldsymbol{A}(\boldsymbol{x})|_{\boldsymbol{x}\in\Sigma}=\boldsymbol{A}_\Sigma(\boldsymbol{x}).\tag{4.3.2}$$

若解域为整个空间, 则 $\Sigma$ 为无穷大球面. 此种情形下, 在无穷远处的边界条件 $\boldsymbol{A}\to\mathcal{O}(1/r)$ 保证 $\nabla\times\boldsymbol{A}\to\mathcal{O}(1/r^2)$, 因此变分计算中的面积分为零. 由此可得

$$\mu_0\delta I=\int \mathrm{d}^3\boldsymbol{x}\delta\boldsymbol{A}\cdot\left[\nabla\times(\nabla\times\boldsymbol{A})-\mu_0\,\boldsymbol{j}\right].$$

令 $\delta I=0$, 考虑 $\delta \boldsymbol{A}$ 的任意性, 我们立即得到矢势所满足的微分方程:

$$\nabla\times(\nabla\times\boldsymbol{A})=\mu_0\,\boldsymbol{j}. \tag{4.3.3}$$

利用 $\nabla\times\boldsymbol{A}=\boldsymbol{B}$, 我们得到安培方程,

$$\nabla\times\boldsymbol{B}=\mu_0\,\boldsymbol{j}. \tag{4.3.4}$$

结合库仑规范可得矢势的泊松方程

$$\nabla^2\boldsymbol{A}=-\mu_0\,\boldsymbol{j}. \tag{4.3.5}$$

细心的读者可能已经发现, 将 (4.3.1) 写成如下形式

$$I(\boldsymbol{A})=\int_V \mathrm{d}^3\boldsymbol{x}\left[\boldsymbol{j}\cdot\boldsymbol{A}-\frac{1}{2}\boldsymbol{B}\cdot\boldsymbol{H}\right], \tag{4.3.6}$$

上述关于稳恒磁场的变分原理依然成立.

这就是说, 稳恒磁场的作用量取正号还是取负号, 在这里并没有什么实际的影响. 通常所说的“最小”作用量原理只是一个习惯的说法, 实际计算中应该正确地理解为“极值”; 究竟是“最小化”还是“最大化”并不重要。

关于电磁场的变分原理的进一步讨论可以参考附录 D.

## 4.4 磁 标 势

当问题的解域内不存在自由电流时

$$\nabla\times\boldsymbol{H}=\boldsymbol{0}. \tag{4.4.1}$$

如果上式在单连通域内成立, 那么利用解决静电场问题时积累的经验, 我们可以在该单连通域内引入磁标势的概念

$$\boldsymbol{H}=-\nabla\phi_{\mathrm{m}}, \tag{4.4.2}$$

其中, $\phi_{\mathrm{m}}(\boldsymbol{x})$ 为单值函数, 称为磁标势.

需要强调的是, 磁标势的引入要求在三维单连通域内自由电流为零. 所谓三维单连通域是指域内任意简单闭合曲线都可以连续地收缩为一点, 例如, 一个闭合球面所围的区域是单连通域, 而一个闭合环面所围的区域则不是单连通域.

由单连通域的定义知, 对于域内任意简单闭合曲线 $L$, 必能在域内找到由 $L$ 所围的曲面 $S$. 由于曲面 $S$ 在自由电流为零的单连通域内, 在该曲面上自由电流必处处为零. 因此在该曲面上对于方程 (4.4.1) 应用斯托克斯定理, 我们立即得到

$$\oint_L \mathrm{d}\boldsymbol{l}\cdot\boldsymbol{H}=\int_S \mathrm{d}\boldsymbol{S}\cdot\nabla\times\boldsymbol{H}=0. \tag{4.4.3}$$

由此可知方程 (4.4.2) 定义的 $\phi_{\mathrm{m}}(\boldsymbol{x})$ 在自由电流为零的单连通域内为单值函数, 磁标势概念成立.

由 $\nabla \cdot \boldsymbol{B} = 0$ 和 $\boldsymbol{B} = \mu_0 \boldsymbol{H} + \mu_0 \boldsymbol{M}$, 我们得到

$$\nabla \cdot \boldsymbol{H} = -\nabla \cdot \boldsymbol{M} \equiv \frac{\rho_{\mathrm{m}}}{\mu_0}, \tag{4.4.4}$$

其中, $\rho_{\mathrm{m}}$ 称为(假想)磁荷.

由磁标势的定义我们立即得到泊松方程:

$$\nabla^2 \phi_{\mathrm{m}} = -\frac{1}{\mu_0} \rho_{\mathrm{m}}. \tag{4.4.5}$$

因此, 磁标势和磁荷概念的引入使得稳恒磁场的这一类问题化为求解标量泊松方程的问题.

两种介质界面处磁标势的连接条件不难写出. 由 $\nabla \cdot \boldsymbol{B} = 0$, 我们得到

$$\left[-\mu_0 \partial_n \phi_{\mathrm{m}} + \mu_0 \boldsymbol{M} \cdot \boldsymbol{n}\right]_1 = \left[-\mu_0 \partial_n \phi_{\mathrm{m}} + \mu_0 \boldsymbol{M} \cdot \boldsymbol{n}\right]_2, \tag{4.4.6}$$

由 $\nabla \times \boldsymbol{H} = \boldsymbol{0}$, 我们得到

$$\phi_{\mathrm{m}1} = \phi_{\mathrm{m}2}. \tag{4.4.7}$$

磁标势方法在磁体设计中有着广泛的应用.

### 4.4.1 理想铁磁体

永磁体的磁场是由其磁化电流产生的, 其中的自由电流为零. 因此永磁体内外空间各处的磁场都可以用磁标势描述.

理想铁磁体的磁化规律为

$$\boldsymbol{B} = \mu_0 \boldsymbol{H} + \mu_0 \boldsymbol{M}_0, \tag{4.4.8}$$

其中, $\boldsymbol{M}_0$ 为常矢量, 与 $\boldsymbol{H}$ 无关.

电磁铁的两磁极之间可以看作没有自由电流的单连通域. 一般软铁磁材料的磁导率都很大, 当电磁铁的磁极为软铁磁材料制成时, 磁极表面可以近似看作等磁标势面; 适当选取磁极表面的形状可以获得不同位形的磁场.

**例 4.3** 电磁铁的磁极一般由磁导率很大的介质(软铁磁材料)构成. 磁极表面的形状可以根据实际需要设计. 磁极内部的磁场由励磁线圈电流产生. 励磁线圈产生的磁场在磁极表面内部界面附近有如下特征: 法向分量远大于切向分量, 或者两者在量级上相当. 试证明真空中界面附近的磁场几乎与介质表面垂直.

**证** 由边值关系得

$$\begin{cases} \boldsymbol{n} \cdot (\mu_0 \boldsymbol{H}_0 - \mu_1 \boldsymbol{H}_1) = 0, \\ \boldsymbol{n} \times (\boldsymbol{H}_0 - \boldsymbol{H}_1) = \boldsymbol{0}. \end{cases}$$

其中, 角标 0, 1 分别代表真空和介质. 由此可得

$$\frac{H_{0\mathrm{t}}}{H_{0\mathrm{n}}} = \frac{\mu_0}{\mu_1} \cdot \frac{H_{1\mathrm{t}}}{H_{1\mathrm{n}}}.$$

利用磁极的磁导率很大的事实, 我们有

$$\frac{\mu_0}{\mu_1} \to 0.$$

考虑磁极表面内部界面附近磁场的特征满足

$$\frac{H_{1\mathrm{t}}}{H_{1\mathrm{n}}} \ll 1,$$

或者

$$\frac{H_{1\mathrm{t}}}{H_{1\mathrm{n}}} \sim 1.$$

由此我们立即得到 $H_{0\mathrm{t}} = 0$. 命题得证.

**例 4.4** 如图 4.1 所示, 真空中置入一个均匀的磁化铁球, 其半径为 $R$, 磁化强度为 $\boldsymbol{M}_0$. 求全空间的磁感应强度.

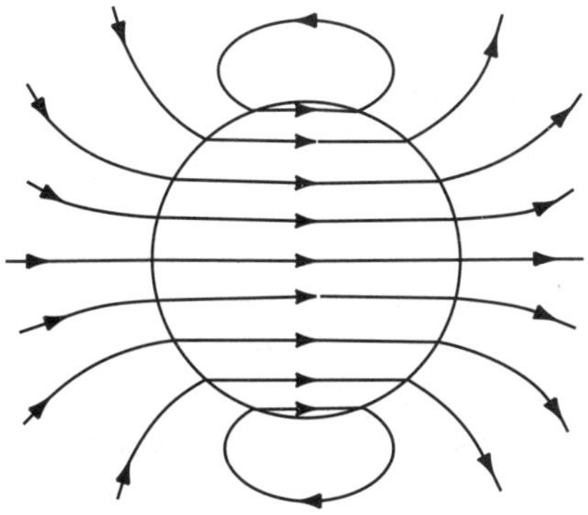

**图 4.1 均匀磁化铁球产生的 *B* 场**

**解** 在球内, 磁化强度均匀; 在球外, 磁化强度为零. 因此在球内球外两个区域都有 $\rho_\mathrm{m} = -\mu_0 \nabla \cdot \boldsymbol{M} = 0$. 在这两个区域, 磁标势都满足拉普拉斯方程

$$\nabla^2 \phi_\mathrm{m}^\mathrm{I} = 0,$$
$$\nabla^2 \phi_\mathrm{m}^\mathrm{O} = 0.$$

考虑问题的对称性, 可选用球坐标, $z$ 轴为介质球的磁化强度方向, 球心为坐标原点.

在铁球表面, 由连接条件得

$$\phi_\mathrm{m}^\mathrm{I}\big|_R = \phi_\mathrm{m}^\mathrm{O}\big|_R, \tag{4.4.9a}$$

$$\left[-\mu_0 \partial_r \phi_\mathrm{m}^\mathrm{I} + \mu_0 M_0 \cos\theta\right]_R = \left[-\mu_0 \partial_r \phi_\mathrm{m}^\mathrm{O}\right]_R. \tag{4.4.9b}$$

在铁球内部和外部,

$$r \to 0, \quad \phi_\mathrm{m}^\mathrm{I} \text{ 有限}, \tag{4.4.10a}$$

$$r \to \infty, \quad \phi_\mathrm{m}^\mathrm{O} \text{ 有限}. \tag{4.4.10b}$$

利用方程 (4.4.10a) 和 (4.4.10b), 可以将拉普拉斯方程的轴对称通解写成

$$\phi_\mathrm{m}^\mathrm{I} = \sum_{n=0}^{\infty} a_n r^n P_n(\cos\theta),$$

$$\phi_\mathrm{m}^\mathrm{O} = \sum_{n=0}^{\infty} b_n \frac{1}{r^{n+1}} P_n(\cos\theta).$$

将连接条件方程 (4.4.9a) 和 (4.4.9b) 代入, 可以求出不为零的系数为

$$a_1 = \frac{1}{3}M_0,$$
$$b_1 = \frac{1}{3}M_0R^3.$$

球外和球内的磁标势分别为

$$\phi_m^{\rm O} = \frac{1}{3}\cdot\frac{R^3}{r^3}\boldsymbol{M}_0\cdot\boldsymbol{r} = \frac{1}{4\pi}\cdot\frac{\boldsymbol{m}\cdot\boldsymbol{r}}{r^3}, \tag{4.4.11a}$$

$$\phi_m^{\rm I} = \frac{1}{3}\boldsymbol{M}_0\cdot\boldsymbol{r}. \tag{4.4.11b}$$

这里 $\boldsymbol{m} = \frac{4}{3}\pi R^3\boldsymbol{M}_0$ 为铁球的磁偶极矩.

均匀磁化铁球的磁荷分布在球面上;表面磁荷在球内产生的磁场为均匀磁场, 在球外产生的磁场为磁偶极子的场.

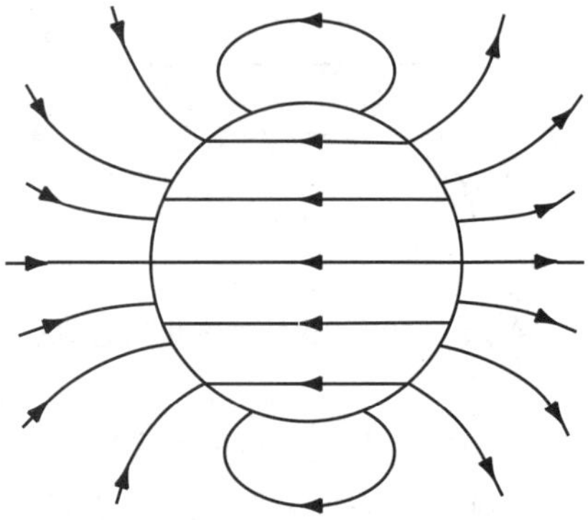

**图 4.2 均匀磁化铁球产生的 $H$ 场**

对于均匀磁化铁球产生的磁场, 我们做一个简单的讨论. 球内磁场强度和磁感应强度分别为

$$\boldsymbol{H}^{\rm I} = -\nabla\phi_m^{\rm I} = -\frac{1}{3}\boldsymbol{M}_0; \tag{4.4.12}$$

$$\boldsymbol{B}^{\rm I} = \mu_0(\boldsymbol{H}^{\rm I} + \boldsymbol{M}_0) = \frac{2}{3}\mu_0\boldsymbol{M}_0. \tag{4.4.13}$$

可以看出, 在球内 $\boldsymbol{B}$ 和 $\boldsymbol{H}$ 两者的方向是相反的.

磁化铁球产生的磁力线 (如图 4.1 所示的 $\boldsymbol{B}$ 线) 是闭合的, 因而在球内和球外是连续的. 磁化铁球的磁场强度力线 (如图 4.2 所示的 $\boldsymbol{H}$ 线) 并不闭合. $\boldsymbol{H}$ 力线在磁化铁球表面的不连续性反映了这样一个重要的事实, 即均匀磁化铁球的磁荷分布在铁球的表面上;这与均匀极化介质球的表面极化电荷产生的 $\boldsymbol{E}$ 力线是类似的.

## 4.4.2 超导体

超导材料在磁体设计, 特别是在强磁场设计中已经得到了广泛应用.

1908 年, 昂内斯 ( H. K. Onnes, 1853—1926, 荷兰 ) 成功地将氦气液化, 首次得到了 4.2 K 的低温区. 1911 年, 昂内斯发现金属汞在温度下降到一个临界温度 ( 4.2 K 附近 ) 时电阻率突然下降为零, 首次揭示了超导态的存在. 除了超导电性, 超导体另外一个重要的电磁性质是完全抗磁性. 将超导体置入外磁场中, 只要样品仍然处于超导态, 则超导体内部磁感应强度 $\boldsymbol{B}=\boldsymbol{0}$. 超导体的完全抗磁性使得它可以理解为一种具有特殊磁化性质的介质,

$$\boldsymbol{B}=\mu_0\boldsymbol{H}+\mu_0\boldsymbol{M}, \tag{4.4.14}$$

其中, 超导体内部的磁化矢量为

$$\boldsymbol{M}=-\boldsymbol{H}. \tag{4.4.15}$$

由于上述贡献, 昂内斯获得了 1913 年的诺贝尔物理奖.

1933 年迈斯纳 ( W. Meissner, 德国 ) 和奥森菲尔德 ( R. Ochsenfeld, 德国 ) 发现超导体内部磁感应强度 $\boldsymbol{B}=\boldsymbol{0}$ 这一现象与超导体所经过的历史无关, 即无论是先降温使样品进入超导态再将超导体置入外磁场中还是先将样品置入外磁场中再降温使其进入超导态, 超导体内部磁感应强度都为零. 超导体的这种完全抗磁性称为迈斯纳效应. 零电阻性和完全抗磁性是判别超导体的两大要素.

由迈斯纳效应可知超导电流存在于超导体表面.

超导体的表面超导电流在数学上可以处理为超导体的“磁化”诱导的表面电流. 由此可知, 对于超导体, 其内外单连通域内的磁场都可以由磁标势描述.

**例 4.5**　一个半径为 $R$ 的超导体球置于匀强外磁场 $\boldsymbol{H}_0$ 中, 求空间磁场与超导面电流.

**解**　根据题设, 可以引入磁标势 $\phi$. 超导体球内外磁标势 $\phi^{\mathrm{I}}$ 和 $\phi^{\mathrm{O}}$ 均满足拉普拉斯方程. 取球坐标系, 极轴 $z$ 沿外场方向. 问题具有显然的对称性, $\phi=\phi(r,\theta)$.

球外磁标势在 $r\to\infty$ 时, 满足 $\phi^{\mathrm{O}}\to -H_0 r\cos\theta$. 球内磁标势在 $r\to 0$ 时, $\phi^{\mathrm{I}}$ 有限. 由此得到轴对称拉普拉斯方程的解

$$\begin{aligned}
\phi^{\mathrm{O}}&=-H_0 r\cos\theta+\frac{b_1}{r^2}\cos\theta,\\
\phi^{\mathrm{I}}&=a_1 r\cos\theta.
\end{aligned}$$

$r=R$ 处的边值关系为

$$\begin{aligned}
\phi^{\mathrm{I}}(R)&=\phi^{\mathrm{O}}(R),\\
\partial_r\phi^{\mathrm{O}}(R)&=0.
\end{aligned}$$

其中, 第二个方程由边值关系 $B_r^{\mathrm{O}}=B_r^{\mathrm{I}}$, 并考虑超导体的完全抗磁性 $\boldsymbol{B}^{\mathrm{I}}=\boldsymbol{0}$ 得到.

由边值关系定出系数 $a_1$ 和 $b_1$ 后得到

$$\begin{aligned}
\phi^{\mathrm{O}}&=-H_0 r\cos\theta-\frac{1}{2}\cdot\frac{R^3}{r^2}H_0\cos\theta,\\
\phi^{\mathrm{I}}&=-\frac{3}{2}H_0 r\cos\theta.
\end{aligned}$$

球内磁化强度为

$$\begin{aligned}
\boldsymbol{M}&=-\boldsymbol{H}^{\mathrm{I}}=\nabla\phi^{\mathrm{I}}=-\frac{3}{2}\boldsymbol{H}_0.\\
\boldsymbol{B}^{\mathrm{I}}&=\mu_0\boldsymbol{H}^{\mathrm{I}}+\mu_0\boldsymbol{M}=\boldsymbol{0}.
\end{aligned}$$

球外磁感应强度为

$$\boldsymbol{B}^{\mathrm{O}} = \mu_0 \boldsymbol{H}^{\mathrm{O}} = -\mu_0 \nabla \phi^{\mathrm{O}} = \mu_0 \boldsymbol{H}_0 - \mu_0 \nabla \phi_{\mathrm{m}},$$

其中, 第二项代表磁偶极矩产生的磁场;

$$\phi_{\mathrm{m}} = \frac{1}{4\pi} \cdot \frac{\boldsymbol{m} \cdot \boldsymbol{r}}{r^3}$$

为磁偶极子产生的磁标势, 其中磁偶极矩 $\boldsymbol{m}$ 为超导球体均匀磁化的结果

$$\boldsymbol{m} = \frac{4}{3} \pi R^3 \boldsymbol{M}.$$

超导体球外的磁感应强度如图 4.3 所示.

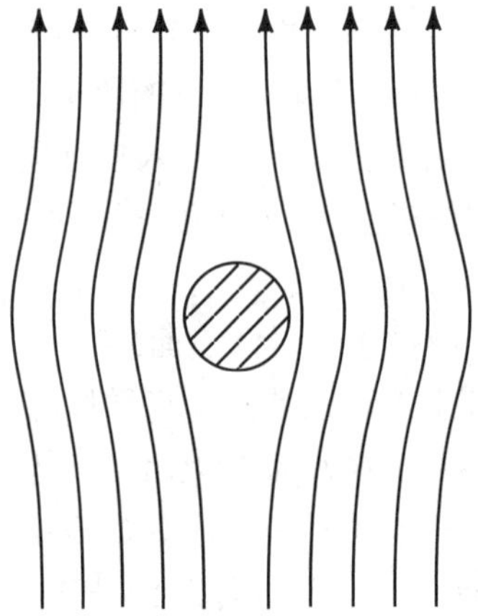

**图 4.3　匀强外磁场中置入超导球体后的情况**

超导球面上的超导电流线密度为

$$\boldsymbol{\alpha}_{\mathrm{s}} = -\boldsymbol{e}_r \times \boldsymbol{M} = \frac{3}{2} \boldsymbol{e}_r \times \boldsymbol{H}_0.$$

## 4.5* 静磁场的唯一性定理与镜像法

对于一般的线性各向同性非铁磁性介质, $\boldsymbol{B} = \mu \boldsymbol{H}$, 静磁场满足的微分方程为

$$\nabla \cdot (\mu \boldsymbol{H}) = 0, \tag{4.5.1}$$

$$\nabla \times \boldsymbol{H} = \boldsymbol{j}_{\mathrm{f}}. \tag{4.5.2}$$

其中, $\mu > 0$ 为介质的磁导率, $\boldsymbol{j}_{\mathrm{f}}$ 为自由电流密度.

对于上述问题, 可以证明如下的定理.

**静磁场的唯一性定理**　在单连通解域 $V$ 的边界 $\Sigma$ 上, 如果给定磁场的法向分量 (内边界条件)

$$\boldsymbol{n} \cdot \boldsymbol{H}|_{\boldsymbol{x} \in \Sigma} = f(\boldsymbol{x}), \tag{4.5.3}$$

或给定磁场的切向分量（外边界条件）

$$\boldsymbol{n} \times \boldsymbol{H}|_{\boldsymbol{x}\in\Sigma} = \boldsymbol{g}(\boldsymbol{x}), \tag{4.5.4}$$

则静磁场的解唯一确定.

静磁场唯一性定理的证明与本书第 1 章中一般矢量场的唯一性定理证明相同. 实际上, 为了得到静磁场的唯一性定理, 我们只需要对第 1 章最后讨论的一般矢量场的唯一性定理做如下代换即可：

$$\alpha \to \mu,\ \boldsymbol{F} \to \boldsymbol{H},\ \rho \to 0,\ \boldsymbol{j} \to \boldsymbol{j}_{\mathrm{f}}.$$

这里仅对边界条件做如下的简要讨论.

在闭合曲面 $\Sigma$ 上给定磁场的法向分量作为边界条件这类问题通常为域外问题, 即该闭合曲面为解域的内边界. 在实际应用中, 如果边界面为超导体构成, 由于超导体内部磁感应强度总是为零, 由磁感应强度的法向连续性知超导体表面上的磁感应强度 $\boldsymbol{B}$ 的法向分量为零. 若解域为一般的线性各向同性非铁磁性介质（$\boldsymbol{B} = \mu\boldsymbol{H}$）, 则解域的超导体内边界上磁场 $\boldsymbol{H}$ 的法向分量为零.

利用静磁场的唯一性定理, 某些简单位形下的静磁场问题也可以像静电场一样采用镜像法求解.

**例 4.6**　无穷大平面上半空间为真空, 下半空间为磁导率为 $\mu$ 的均匀介质. 垂直于分界面置入一载流为 $I$ 的无限长通电直导线. 试计算空间磁场.

**解**　取 $z$ 轴为导线的柱坐标 $(r,\theta,z)$. 由对称性知磁场仅有极向分量. 应用安培环路定律得到上、下半空间磁场分别为

$$B_{\mathrm{u}} = \frac{\mu_0 I}{2\pi r},$$
$$B_{\mathrm{d}} = \frac{\mu I}{2\pi r}.$$

此解在上下半空间均满足磁场的微分方程, 在分解面上满足边值关系. 由唯一性定理知其为唯一正确的解.

**例 4.7**　磁导率分别为 $\mu_1$ 和 $\mu_2$ 的各向同性线性均匀介质充满上下半空间, 分界面为无穷大平面. 下半空间距离分界面 $d$ 处平行于界面有一无限长直线电流 $I$. 试计算空间磁场.

**解**　两介质界面处磁场满足边值关系

$$\boldsymbol{n}\cdot(\mu_2\boldsymbol{H}_2 - \mu_1\boldsymbol{H}_1) = 0,$$
$$\boldsymbol{n}\times(\boldsymbol{H}_2 - \boldsymbol{H}_1) = \boldsymbol{0}.$$

计算下半空间磁场时, 对称地置像电流 $I_2$ 于上半空间, 并假定上半空间介质的磁导率也是 $\mu_2$. 下半空间磁场 $\boldsymbol{H}_2(I,I_2)$ 为均匀介质 $\mu_2$ 中原电流 $I$ 和像电流 $I_2$ 分别产生的磁场的叠加. 每个线电流产生的磁场可简单地应用安培环路定律计算.

计算上半空间磁场时, 将像电流置于原电流处（下半空间）, 使得原电流处的总电流为 $I_1$, 并假定下半空间介质的磁导率也是 $\mu_1$. 使用安培环路定律计算可以简单地计算该磁场 $\boldsymbol{H}_1(I_1)$.

将得到的结果代入边值关系得到

$$I_1 = \frac{2\mu_2}{\mu_1+\mu_2}I,$$
$$I_2 = \frac{\mu_1-\mu_2}{\mu_1+\mu_2}I.$$

由此可以定出空间磁场. 注意在计算半空间磁场时, 我们并没有改变解域内磁场满足的微分方程, 也没有改变边界条件. 根据唯一性定理, 我们得到的解是唯一正确的解.

## 4.6 磁多极矩

考虑空间小区域内有一分布电流, 在远处观测该电流系统产生的磁场. 由亥姆霍兹定理我们可以写出矢势的表达式

$$\boldsymbol{A}(\boldsymbol{x}) = \frac{\mu_0}{4\pi}\int \mathrm{d}^3\boldsymbol{x}'\boldsymbol{j}(\boldsymbol{x}')\frac{1}{|\boldsymbol{x}-\boldsymbol{x}'|}. \tag{4.6.1}$$

如果我们能够确定电流分布的完整信息, 则磁场的计算可化为一个简单的积分问题. 但如果我们并不能精确地给定电流连续分布的细节呢? 在 3.7 节中, 我们已经讨论过, 了解连续分布电荷 ( 标量 ) 的低阶矩, 相当于对于电荷分布有了一个近似认识, 这样我们就能相应地给出这一连续分布电荷系统所产生的静电场的近似解. 在本节中, 我们将讨论如何通过连续分布电流 ( 矢量 ) 的低阶矩, 确定该连续分布电流系统所产生的稳恒磁场的近似解.

### 4.6.1 磁多极展开

由于我们考虑的问题是小区域内的分布电流在远处产生的场, $|\boldsymbol{x}'| \ll |\boldsymbol{x}|$. 在 $\boldsymbol{x}'=0$ 处对上式作泰勒展开得

$$\boldsymbol{A}(\boldsymbol{x}) = \frac{\mu_0}{4\pi}\int \mathrm{d}^3\boldsymbol{x}'\boldsymbol{j}(\boldsymbol{x}')[1-\boldsymbol{x}'\cdot\nabla+\cdots]\frac{1}{|\boldsymbol{x}|}. \tag{4.6.2}$$

在进一步讨论问题之前, 我们先列出下面将要用到的几个数学恒等式:

$$\nabla\boldsymbol{x} = \boldsymbol{\mathcal{I}},$$
$$\boldsymbol{\mathcal{I}}\cdot\boldsymbol{j} = \boldsymbol{j}\cdot\boldsymbol{\mathcal{I}} = \boldsymbol{j},$$
$$\boldsymbol{a}\times(\boldsymbol{b}\times\boldsymbol{c}) = (\boldsymbol{b}\boldsymbol{c})\cdot\boldsymbol{a} - \boldsymbol{a}\cdot(\boldsymbol{b}\boldsymbol{c}),$$
$$\int \mathrm{d}^3\boldsymbol{x}\nabla\cdot\boldsymbol{\mathcal{T}} = \oint \mathrm{d}\boldsymbol{S}\cdot\boldsymbol{\mathcal{T}}.$$

另外, 对于稳恒磁场问题, 我们不应忘记

$$\nabla\cdot\boldsymbol{j} = 0. \tag{4.6.3}$$

现在, 我们来逐阶考虑矢势的泰勒展开式.

0 阶近似:

$$\boldsymbol{A}_0(\boldsymbol{x}) = \frac{\mu_0}{4\pi}\int \mathrm{d}^3\boldsymbol{x}'\,\boldsymbol{j}(\boldsymbol{x}')\frac{1}{|\boldsymbol{x}|} = \boldsymbol{0}. \tag{4.6.4}$$

如果将电流近似切分成一个个的电流环,那么上述积分当然为零.这里给出一个严格的证明:

$$\begin{aligned}\int_V \mathrm{d}^3\boldsymbol{x}\,\boldsymbol{j}(\boldsymbol{x}) &= \int_V \mathrm{d}^3\boldsymbol{x}\,\boldsymbol{j}(\boldsymbol{x})\cdot\nabla\boldsymbol{x}\\ &= \int_V \mathrm{d}^3\boldsymbol{x}\,[\nabla\cdot(\boldsymbol{j}\boldsymbol{x}) - (\nabla\cdot\boldsymbol{j})\,\boldsymbol{x}]\\ &= \int_V \mathrm{d}^3\boldsymbol{x}\,\nabla\cdot(\boldsymbol{j}\boldsymbol{x})\\ &= \oint_\Sigma \mathrm{d}\boldsymbol{S}\cdot(\boldsymbol{j}\boldsymbol{x})\\ &= \boldsymbol{0}.\end{aligned}$$

上式中的面积分为零, 其原因如下:积分域 $V$ 遍布电流密度不为零的区域, 因此在边界 $\Sigma$ 上有 $\boldsymbol{n}\cdot\boldsymbol{j}=0$. 这一等式也可以理解为电流密度的边值关系.

一阶近似:

$$\boldsymbol{A}_\mathrm{m}(\boldsymbol{x}) = -\frac{\mu_0}{4\pi}\underbrace{\int \mathrm{d}^3\boldsymbol{x}'\,\boldsymbol{j}(\boldsymbol{x}')\,\boldsymbol{x}'}\cdot\nabla\frac{1}{|\boldsymbol{x}|} = -\frac{\mu_0}{4\pi}\boldsymbol{m}\times\nabla\frac{1}{|\boldsymbol{x}|}, \tag{4.6.5}$$

其中小区域电流系统的磁偶极矩为

$$\boldsymbol{m} = \frac{1}{2}\int \mathrm{d}^3\boldsymbol{x}'\boldsymbol{x}'\times\boldsymbol{j}(\boldsymbol{x}'). \tag{4.6.6}$$

为了证明上述一阶近似的结果, 我们先计算如下积分. 设 $\boldsymbol{a}$ 为常矢量

$$\int \mathrm{d}^3\boldsymbol{x}\nabla\cdot[\,\boldsymbol{j}(\boldsymbol{x})\boldsymbol{x}\,\boldsymbol{x}\cdot\boldsymbol{a}] = \oint \mathrm{d}\boldsymbol{S}\cdot[\,\boldsymbol{j}(\boldsymbol{x})\boldsymbol{x}\,\boldsymbol{x}\cdot\boldsymbol{a}] = \boldsymbol{0}.$$

上述积分还可以写成

$$\begin{aligned}\int \mathrm{d}^3\boldsymbol{x}\nabla\cdot[\,\boldsymbol{j}(\boldsymbol{x})\boldsymbol{x}\,\boldsymbol{x}\cdot\boldsymbol{a}] &= \int \mathrm{d}^3\boldsymbol{x}\,[\nabla\cdot(\boldsymbol{j}\boldsymbol{x})\,\boldsymbol{x}\cdot\boldsymbol{a} + \nabla(\boldsymbol{x}\cdot\boldsymbol{a})\cdot(\boldsymbol{j}\boldsymbol{x})]\\ &= \int \mathrm{d}^3\boldsymbol{x}\,[\,\boldsymbol{j}\boldsymbol{x}\cdot\boldsymbol{a} + \boldsymbol{a}\cdot\boldsymbol{j}\boldsymbol{x}].\end{aligned}$$

综合上面两式, 可以得到

$$\begin{aligned}\int \mathrm{d}^3\boldsymbol{x}\,\boldsymbol{j}\boldsymbol{x}\cdot\boldsymbol{a} &= \frac{1}{2}\int \mathrm{d}^3\boldsymbol{x}\,(\,\boldsymbol{j}\boldsymbol{x}\cdot\boldsymbol{a} - \boldsymbol{a}\cdot\boldsymbol{j}\boldsymbol{x})\\ &= \frac{1}{2}\int \mathrm{d}^3\boldsymbol{x}\,\boldsymbol{a}\times(\boldsymbol{j}\times\boldsymbol{x})\\ &= \frac{1}{2}\int \mathrm{d}^3\boldsymbol{x}\,(\boldsymbol{x}\times\boldsymbol{j})\times\boldsymbol{a}\\ &= \boldsymbol{m}\times\boldsymbol{a}.\end{aligned}$$

证明完毕.

对于电流环, 其磁矩为

$$\boldsymbol{m} = \frac{1}{2}\int \mathrm{d}^3\boldsymbol{x}\,(\boldsymbol{x}\times\boldsymbol{j}) = -\frac{1}{2}I\oint \mathrm{d}\boldsymbol{l}\times\boldsymbol{x} = I\boldsymbol{S}. \tag{4.6.7}$$

磁偶极矩产生的磁场为

$$\begin{aligned}\boldsymbol{B}_{\mathrm{m}} &= \nabla\times\boldsymbol{A}_{\mathrm{m}}\\ &= -\frac{\mu_0}{4\pi}\nabla\times\left(\boldsymbol{m}\times\nabla\frac{1}{|\boldsymbol{x}|}\right)\\ &= -\frac{\mu_0}{4\pi}\left[\nabla^2\frac{1}{|\boldsymbol{x}|}\boldsymbol{m}-(\boldsymbol{m}\cdot\nabla)\nabla\frac{1}{|\boldsymbol{x}|}\right]\\ &= -\frac{\mu_0}{4\pi}\boldsymbol{m}\cdot\nabla\frac{\boldsymbol{x}}{|\boldsymbol{x}|^3}.\end{aligned} \tag{4.6.8}$$

这里我们利用了 $\boldsymbol{m}$ 为常矢量以及 $|\boldsymbol{x}|\neq 0$ 两个条件.

将上式稍加改写, 可以识别出磁偶极矩在远处产生磁场的磁标势,

$$\begin{aligned}\boldsymbol{B}_{\mathrm{m}} &= -\mu_0\nabla\left(\frac{1}{4\pi}\cdot\frac{\boldsymbol{m}\cdot\boldsymbol{x}}{|\boldsymbol{x}|^3}\right)\\ &\equiv -\mu_0\nabla\phi_{\mathrm{m}}.\end{aligned} \tag{4.6.9}$$

将这一结果与上一章中讨论过的电偶极矩在远处产生电场的结果对比, 我们可以看出电场与磁场存在着对称性. 关于电磁对称性的进一步讨论可以参考附录 B.

**例 4.8** 计算平面闭合载流线圈 $L$ 产生的磁标势.

**解** 设线圈中电流为 $I$. 由于线圈中电流不为零, 我们不能在全空间讨论磁标势. 取闭合线圈 $L$ 所围的一确定曲面 $\boldsymbol{S}$, 其方向与线圈中电流方向之间满足右手规则, 则挖去 $\boldsymbol{S}$ 的域为单连通域;在该域内的任意简单闭合曲线可以连续地收缩为一点. 在该单连通域内电流处处为零, 因此可以计算磁标势.

如图 4.4 所示, 将 $L$ 所围的平面 $\boldsymbol{S}$ 分割为许多微小的面元 $\mathrm{d}\boldsymbol{S}$, 每个面元 $\mathrm{d}\boldsymbol{S}$ 的边界都赋予一个载有电流 $I$ 的微小线圈, 其磁矩为

$$\mathrm{d}\boldsymbol{m} = I\mathrm{d}\boldsymbol{S}.$$

该磁矩在不属于 $\boldsymbol{S}$ 的点 $\boldsymbol{x}$ 处贡献的磁标势为

$$\mathrm{d}\phi_{\mathrm{m}} = \frac{1}{4\pi}\cdot\frac{I\mathrm{d}\boldsymbol{S}\cdot\boldsymbol{r}}{r^3},$$

其中, $\boldsymbol{r}=\boldsymbol{x}-\boldsymbol{x}'$, $\boldsymbol{x}'$ 为该微小线圈所处的位置. 上式显然可以写成

$$\mathrm{d}\phi_{\mathrm{m}} = \pm\frac{1}{4\pi}I\mathrm{d}\Omega,$$

其中, $\mathrm{d}\Omega$ 为面元 $\mathrm{d}S$ 对场点 $\boldsymbol{x}$ 所张的立体角, 面元朝向场点时取正号, 反之取负号.

因此载流线圈在场点 $\boldsymbol{x}$ 产生的磁标势为所有微小线圈的叠加:

$$\phi_{\mathrm{m}}(\boldsymbol{x}) = \pm\frac{1}{4\pi}I\Omega, \tag{4.6.10}$$

其中, $\Omega$ 为所给定的载流线圈对场点 $\boldsymbol{x}$ 所张的立体角;$\boldsymbol{S}$ 朝向场点时取正号, 反之取负号.

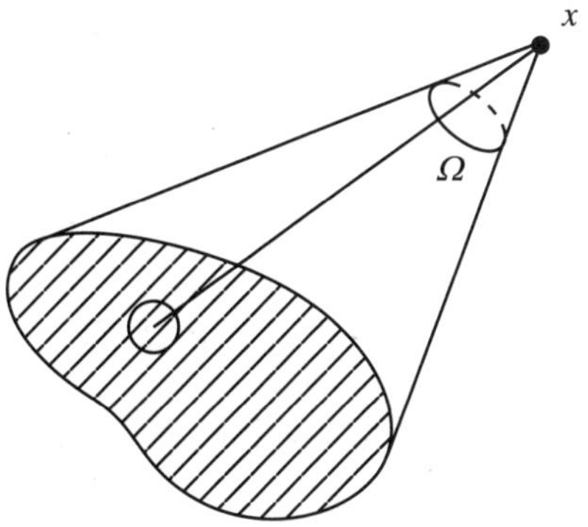


**图 4.4　平面载流线圈对空间 $x$ 点所张的立体角**

### 4.6.2　小区域电流系统在外磁场中的受力

之前我们已经在方程 (4.2.8) 中得到, 小区域电流系统在外磁场中能量的最低阶近似为磁偶极矩在外场中的能量, 即

$$W_{\mathrm{m}} = \boldsymbol{m} \cdot \boldsymbol{B}_{\mathrm{ex}}(\boldsymbol{x}) = I\Psi_{\mathrm{ex}}. \tag{4.6.11}$$

对比电场的情况 $W_{\mathrm{p}} = -\boldsymbol{p} \cdot \boldsymbol{E}_{\mathrm{ex}}$, 两者似乎差一个负号. 如果利用 $\boldsymbol{F} = -\nabla W_{\mathrm{m}}$ 计算磁偶极矩在外磁场中的受力, 则会导致力差一个负号.

磁偶极矩在外磁场中的受力可以简单地利用安培定律计算如下. 考虑一个方形小线圈在非均匀磁场中的受力情况（小线圈的线度远小于外磁场空间不均匀性的尺度）. 结果表明, 磁偶极矩受外磁场作用的力为

$$\boldsymbol{F}_{\mathrm{m}} = -\nabla\left(-\boldsymbol{m} \cdot \boldsymbol{B}_{\mathrm{ex}}\right), \tag{4.6.12}$$

磁偶极矩受外磁场作用的力矩为

$$\boldsymbol{L}_{\mathrm{m}} = \boldsymbol{m} \times \boldsymbol{B}_{\mathrm{ex}}. \tag{4.6.13}$$

这表明, 磁偶极矩在外磁场中的“势能”为

$$U_{\mathrm{mech}}(\boldsymbol{x}) = -\boldsymbol{m} \cdot \boldsymbol{B}_{\mathrm{ex}}(\boldsymbol{x}). \tag{4.6.14}$$

毫无疑问, $W_{\mathrm{m}}$ 不能当作磁偶极矩在外磁场中的力学势能来使用.

仔细分析其中的原因可以发现, 当我们应用虚功原理利用磁相互作用能 $W_{\mathrm{m}}$ 计算小线圈受力时, 要求在虚位移发生的过程中电流环的电流不变（总磁能的变化只有磁相互作用能的变化）; 然而考虑感应电动势的因素, 如果没有外接电源, 那么小线圈中的电流一定会发生改变. 因此假设电流不变时, 需要有外电源做功.

我们不妨考虑外场也是由一个电流环产生, 在虚位移过程中, 根据方程 (4.2.5) 和方程 (4.6.11), 两个电流环的相互作用能的变化量为

$$\delta W_{\mathrm{m}} = \frac{1}{2}\left(I\delta\Psi_{\mathrm{ex}} + I_{\mathrm{ex}}\delta\Psi\right) = I\delta\Psi_{\mathrm{ex}}. \tag{4.6.15}$$

假定两个线圈的电流不变（两个线圈各自的磁能不变），虚位移发生时两线圈上感生电动势做功为

$$\delta W_{\text{induct}} = -I\delta\Psi_{\text{ex}} - I_{\text{ex}}\delta\Psi = -2I\delta\Psi_{\text{ex}} = -2\delta W_{\text{m}}. \tag{4.6.16}$$

为了保持电流不变, 外电源需要输入能量以抵消感生电动势做功的贡献

$$\delta W_{\text{S}} = -\delta W_{\text{induct}} = 2\delta W_{\text{m}}. \tag{4.6.17}$$

外电源做功转化为磁场能（电流不变时只有磁相互作用能）并对小线圈做机械功 $\delta A$. 由能量守恒知

$$\delta W_{\text{S}} = \delta W_{\text{m}} + \delta A. \tag{4.6.18}$$

由 $\delta A + \delta U_{\text{mech}} = 0$, 我们得到

$$U_{\text{mech}}(\boldsymbol{x}) = -W_{\text{m}}. \tag{4.6.19}$$

这一结果与方程 (4.6.14) 相符.

**例 4.9** 带电粒子在磁场中运动时, 考虑磁场随时间变化（比粒子回旋运动）缓慢, 磁场的空间不均匀尺度远大于回旋半径. 根据经典力学的结果, 这种情况下带电粒子绕磁力线做回旋运动的角动量是一个绝热不变量:

$$\boldsymbol{L} = -\boldsymbol{b}\frac{mv_\perp}{qB}mv_\perp,$$

其中, $m$ 为粒子质量, $q$ 为粒子带电量, $\boldsymbol{b}$ 为磁场方向单位矢量; 粒子垂直和平行于磁场方向的速度分别记为 $v_\parallel$ 和 $v_\perp$.

回旋运动的磁偶极矩为

$$\boldsymbol{\mu} = -\boldsymbol{b}\pi\left(\frac{mv_\perp}{qB}\right)^2\frac{q^2B}{2\pi m} = -\boldsymbol{b}\frac{mv_\perp^2}{2B} = \frac{q}{2m}\boldsymbol{L}.$$

由角动量守恒知磁矩守恒.

试讨论带电粒子在缓变的非均匀磁场中的运动.

**解** 粒子能量守恒可以写成

$$\frac{1}{2}mv_\parallel^2 + \mu B = w.$$

此方程可以理解为, 带电粒子在缓变磁场中运动的总能量等于其平行运动动能, $\frac{1}{2}mv_\parallel^2$, 加上其回旋运动磁矩（$\boldsymbol{\mu}$）与外磁场相互作用贡献的势能:

$$-\boldsymbol{\mu}\cdot\boldsymbol{B} = \mu B.$$

由磁矩守恒可知带电粒子在非均匀磁场中运动时受到一个“磁镜”力的作用,

$$\boldsymbol{F}_{\nabla B} = -\mu\nabla B. \tag{4.6.20}$$

带电粒子沿着磁力线从低场区向高场区运动时受到该磁镜力的反弹; 如果 $\mu$ 足够大, 当带电粒子运动到 $\boldsymbol{x}_b$ 点（$\mu B(\boldsymbol{x}_b) = w$）时, 平行速度降为零, 粒子被反弹回低场区.

地球磁场可以近似看作偶极场. 地磁场在南北极上空最强, 在赤道上空最弱. 空间射线产生的高能带电粒子在地球磁场中的运动就是这种磁镜效应的一个例子. 带电粒子在非均匀磁场中运动时的磁镜效应是磁化等离子体物理的一个重要基础, 在磁约束聚变等离子体物理中有着十分重要的应用.

## 4.7　导体中的准静态磁场

导体中传导电流的欧姆定律为

$$\boldsymbol{j}=\sigma\boldsymbol{E}, \tag{4.7.1}$$

其中, $\sigma$ 为电导率常数. 代入安培-麦克斯韦方程, 我们得到

$$\nabla\times\boldsymbol{B}=\mu_0\sigma\boldsymbol{E}+\frac{1}{c^2}\partial_t\boldsymbol{E}. \tag{4.7.2}$$

考虑时间尺度为 $\tau$ 的物理过程, $\partial_t\sim 1/\tau$. 对于时间缓变情形,

$$\frac{\sigma}{\epsilon_0}\tau\gg 1, \tag{4.7.3}$$

我们可以略去位移电流项, 从而得到

$$\nabla\times\boldsymbol{B}=\mu_0\sigma\boldsymbol{E}. \tag{4.7.4}$$

对于时间缓变情形, 由于位移电流远小于导体中的传导电流, 磁场对于缓变的电场表现得似乎是瞬时响应的, 我们称之为准静态场或似稳场.

对上述方程求旋度, 并利用磁感应强度的散度方程

$$\nabla\cdot\boldsymbol{B}=0, \tag{4.7.5}$$

以及法拉第方程

$$\nabla\times\boldsymbol{E}=-\partial_t\boldsymbol{B}, \tag{4.7.6}$$

我们得到导体中磁场的扩散方程

$$\partial_t\boldsymbol{B}-\frac{\eta}{\mu_0}\nabla^2\boldsymbol{B}=\boldsymbol{0}. \tag{4.7.7}$$

扩散方程的性质表明, 对于导体中空间尺度为 $L$ 的初始磁场, 其衰减的特征时间为

$$\tau\sim\mathcal{O}\left(\frac{\sigma}{\epsilon_0}\cdot\frac{L^2}{c^2}\right). \tag{4.7.8}$$

对于半径为 1 cm 的铜球, 其初始磁场的衰减时间为 $\tau\sim 5$ ms; 对于地球核心融化的铁球, 这一时间为 $\tau\sim 10^5$ yr. 有证据表明, 地球的磁极在大约一百万年前发生了一次反转, 在大约五万年前, 地球磁场衰减到零然后反向增加到现在的情形.

对导体中的似稳磁场方程 (4.7.4) 求散度, 我们得到

$$\nabla \cdot \boldsymbol{E} = 0. \tag{4.7.9}$$

这表明对于似稳场来说, 导体内部不存在静电荷; 也就是说, 对于缓变场情形, 导体内部只有感应电场.

**例 4.10** $z > 0$ 的半空间充满电导率为 $\sigma$ 的均匀无限大导体; $z < 0$ 的半空间为真空. 界面附近真空磁场为 $\boldsymbol{B} = \boldsymbol{e}_x B_0 \mathrm{e}^{-\mathrm{i}\omega t}$; 当我们用复数表示变化的场时, 我们约定最终的结果取实部. 求导体内磁场、电场、电流以及欧姆耗散功率.

**解** 根据边值关系, 我们知道导体内部界面 $z = 0$ 处, $\boldsymbol{B}(z=0) = \boldsymbol{e}_x B_0 \mathrm{e}^{-\mathrm{i}\omega t}$. 导体中磁场的扩散方程为

$$\partial_t \boldsymbol{B} - \frac{\eta}{\mu_0}\nabla^2 \boldsymbol{B} = \boldsymbol{0}.$$

这是一个线性齐次方程, 因此导体内部磁场只有 $x$ 方向

$$\boldsymbol{B} = \boldsymbol{e}_x B_x(z)\, \mathrm{e}^{-\mathrm{i}\omega t},$$

$$\mathrm{i}\omega B_x + \frac{\eta}{\mu_0}\partial_z^2 B_x = 0.$$

边界条件为 $z \to \infty$ 时, $B_x \to 0$.

上述方程的解为

$$B_x = B_0 e^{-z/\delta} \mathrm{e}^{\mathrm{i}(z/\delta - \omega t)},$$

其中趋肤深度为

$$\delta = \sqrt{\frac{2}{\mu_0 \sigma \omega}}. \tag{4.7.10}$$

对于室温下的导体铜, 电阻率为 $\eta = 1.68 \times 10^{-8}\ \Omega \cdot \mathrm{m}$, $\delta = 6.52 \times 10^{-2}/\sqrt{\omega/2\pi}\,\mathrm{m}$; 对于海水, 电阻率为 $\eta = 1\ \Omega \cdot \mathrm{m}$, $\delta = 240/\sqrt{\omega/2\pi}\,\mathrm{m}$.

这一结果表明, 变化的磁场只能穿透导体表面一个薄层, 其厚度为趋肤深度.

利用安培方程和欧姆定律, 我们得到导体内部的感应电场为 $y$ 方向,

$$E_y = \frac{1}{\sigma\mu_0}\partial_z B_x = \frac{-1+\mathrm{i}}{\delta\sigma\mu_0} B_0 \mathrm{e}^{-z/\delta} \mathrm{e}^{\mathrm{i}(z/\delta - \omega t)}.$$

比较导体内部感应电场和磁场的大小, 我们得到

$$\frac{E_y}{cB_x} \sim \mathcal{O}\left(\frac{\omega}{c}\delta\right) \ll 1,$$

这是由准静态场条件决定的; 因此导体内部存在的主要是准静态磁场, 感应电场很弱. 相应的涡流为 $y$ 方向,

$$j_y = \sigma E_y.$$

容易理解, 涡流也只存在于趋肤深度之内. 很显然, 涡流的方向使得导体内部的磁场减小, 即涡流产生的磁场在导体内部与外磁场相反, 这正是楞次 (H. Lenz, 1804—1865, 俄国) 定律的要求. 涡流是外磁场在导体中感应产生的. 楞次在 1834 年指出, 感生电动势阻碍产生电

磁感应的磁铁或线圈的运动, 这就是**楞次定律**; 亥姆霍兹随后证明楞次定律实际上是电磁现象的能量守恒定律.

导体中的涡流耗散或电阻加热功率的时间平均为

$$P_{\text{res.}} = \langle j_y E_y \rangle = \frac{1}{2}\omega \frac{B_0^2}{\mu_0} \mathrm{e}^{-2z/\delta}.$$

导体表面附近尺度为趋肤深度薄层内的涡流导致的欧姆加热, 是微波炉的基本工作原理.

通过例 4.10, 我们看到导体表面给定频率的磁场 (振荡的源项) 向导体内穿透 (传播) 时, 随空间距离的增加而衰减, 这正是欧姆耗散的一种表现; 同样的物理机制, 其另一种表现形式为导体内部初始时刻给定的具有一定的空间波长的磁场随时间增加而指数衰减 (见本章习题).

## 4.8* 磁力线的闭合性

磁感应强度的散度为零, 基于这一事实, 通常认为磁力线是闭合的. 在这一节中, 我们对磁力线的闭合性做进一步的讨论.

磁感应强度 $\boldsymbol{B}$ 的力线称为磁力线, 其微分方程在笛卡儿坐标系中为

$$\frac{\mathrm{d}x}{B_x} = \frac{\mathrm{d}y}{B_y} = \frac{\mathrm{d}z}{B_z}, \tag{4.8.1}$$

在一般曲线坐标系 $(x^1, x^2, x^3)$ 中则可以写成

$$\frac{\mathrm{d}x^1}{\boldsymbol{B}\cdot\nabla x^1} = \frac{\mathrm{d}x^2}{\boldsymbol{B}\cdot\nabla x^2} = \frac{\mathrm{d}x^3}{\boldsymbol{B}\cdot\nabla x^3}. \tag{4.8.2}$$

磁感应强度作为一个无散度场,

$$\nabla\cdot\boldsymbol{B} = 0, \tag{4.8.3}$$

其力线具有如下性质:

(1) 磁力线不交叉;

(2) 磁力线一般为闭合曲线;

(3) 磁力线可以为非闭合无限长曲线.

前两点是显然的, 第三点证明如下:

考虑场的无散性, 可以将其写成

$$\boldsymbol{B} = \nabla\varPsi\times\nabla\theta + \nabla\zeta\times\nabla\psi. \tag{4.8.4}$$

根据 $\boldsymbol{B} = \nabla\times\boldsymbol{A}$ 可以知道, 上式给出的磁场所对应的矢势为

$$\boldsymbol{A} = \varPsi\nabla\theta - \psi\nabla\zeta. \tag{4.8.5}$$

对于托卡马克环对称磁约束聚变装置, 如图 4.5 所示, 取 $(\varPsi, \theta, \zeta)$ 为环坐标系; $\varPsi =$ const. 为环面 (类似于一个游泳圈), $\varPsi$ 为环的广义小半径; $\zeta$ 和 $\theta$ 分别为大环和小环方向的

广义角度坐标. 一般地, $\psi=\psi(\Psi,\theta,\zeta)$. 考虑一个大环方向对称的系统, 则有 $\psi=\psi(\Psi,\theta)$. 选取合适的广义坐标 $\theta$, 则有 $\psi=\psi(\Psi)$. 利用安培定律不难求出建立该磁场位形的电流分布.

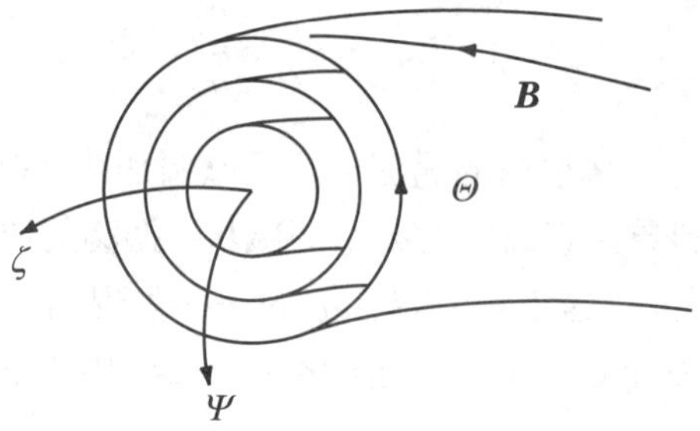


**图 4.5 托卡马克环形磁约束聚变装置平衡磁场位形**

在上述磁场位形中

$$\boldsymbol{B}\cdot\nabla\Psi=0. \tag{4.8.6}$$

这意味着磁力线与闭合的环面 $\Psi=\text{const.}$ 相切. 这样的闭合环面称为磁面.

在给定磁面上的磁力线微分方程为

$$\frac{\mathrm{d}\theta}{\boldsymbol{B}\cdot\nabla\theta}=\frac{\mathrm{d}\zeta}{\boldsymbol{B}\cdot\nabla\zeta}, \tag{4.8.7}$$

由此可得

$$\frac{\mathrm{d}\theta}{\mathrm{d}\zeta}=\frac{\mathrm{d}\psi}{\mathrm{d}\Psi}\equiv\frac{1}{q(\Psi)}. \tag{4.8.8}$$

上式表明, 在给定的磁面上沿着磁力线每绕小环方向一圈, 绕大环方向前进 $q(\Psi)$ 圈; 磁面上的磁力线是螺旋状的. $q(\Psi)$ 为实数. 当其为有理数时, 磁力线在磁面上闭合; 当其为无理数时, 磁力线在磁面上不闭合, 这种情况下无限长磁力线各态历经地覆盖了给定的整个磁面. 这是托卡马克磁约束等离子体平衡磁场位形的基础. 等离子体(完全电离气体)的热力学压强 $p$ 导致的膨胀力与洛伦兹力平衡的条件为

$$-\nabla p+\boldsymbol{j}\times\boldsymbol{B}=\boldsymbol{0}. \tag{4.8.9}$$

上面提到的磁约束指的是 $p=p(\Psi)$, 即等离子体被磁场约束在有限区域内.

以上讨论告诉我们一个重要的事实: 一个矢量场是无散的并不意味着该矢量场的力线一定就是闭合的.

因此, 在稳恒磁场问题中, 电流密度无散度并不能保证电流可以切分为许多小的闭合的电流环; 更不用提随时间变化磁场的情形了.

## 4.9* 磁场的方向——右手规则与左手规则

在这一节中, 我们讨论由右手规则确定的磁场的方向究竟意味着什么.

真空中的稳恒磁场满足

$$\nabla \times \boldsymbol{B} = \mu_0 \boldsymbol{j}, \tag{4.9.1}$$

$$\nabla \cdot \boldsymbol{B} = 0. \tag{4.9.2}$$

洛伦兹力公式为

$$m\frac{\mathrm{d}\boldsymbol{u}}{\mathrm{d}t} = q\boldsymbol{u} \times \boldsymbol{B}, \tag{4.9.3}$$

其中, $m, q$ 和 $\boldsymbol{u}$ 分别为带电粒子的质量、电荷和运动速度.

根据我们的数学约定, 我们采用右手坐标系, 矢量的叉积满足右手规则. 与此相对应, 电流及其所产生磁场的方向之间满足右手规则; 当握起的右手四指方向指向通电螺旋管的电流方向时, 右手大拇指方向为螺旋管电流产生的磁场方向. 然而, 我们怎么观测磁场呢? 我们可以观测磁场对运动带电粒子的作用力; 在洛伦兹力公式中我们再一次使用右手规则计算粒子速度矢量与磁感应强度矢量的叉积. 注意这里的右手规则只是一个约定.

为了看清楚这一点, 我们考虑将上面一段文字中的"右"全部换成"左", 你会发现, 只要将磁感应强度矢量 $\boldsymbol{B}$ 改变符号, 上面的叙述依然成立. 注意在上一段中, 我们两次使用了右手规则; 如果将"右"全部换成"左", 那么我们将需要使用左手规则两次. 这导致了一个重要的事实, 虽然从右手规则换成左手规则, 磁感应强度矢量 $\boldsymbol{B}$ 改变了符号, 因此我们会说磁场的方向反转了, 但当我们观测磁场的效应, 即磁场对于运动电荷的作用时, 我们并没有发现有任何的不同.

上讨述论反映了电磁场规律的某种对称性. 从右手系变到左手系对应于空间反射变换, 因此这种对称性是电磁规律的空间反射对称性. 引力以及核力的规律同样如此.

利用方程 (4.9.2), 可以引入磁矢势 $\boldsymbol{B} = \nabla \times \boldsymbol{A}$. 矢势的微分方程可以写成

$$\nabla^2 \boldsymbol{A} - \nabla (\nabla \cdot \boldsymbol{A}) = -\mu_0 \boldsymbol{j}. \tag{4.9.4}$$

电流密度矢量是一个极矢量 (真正的矢量); 因此 $\boldsymbol{A}$ 矢量是一个极矢量, 而 $\boldsymbol{B}$ 矢量则显然是一个轴矢量.

注意到洛伦兹力公式可以改写成

$$m\frac{\mathrm{d}\boldsymbol{u}}{\mathrm{d}t} = q\boldsymbol{u} \times (\nabla \times \boldsymbol{A}), \tag{4.9.5}$$

其中的矢量都是极矢量. $\boldsymbol{A}$ 矢量的物理效应可以通过上面的公式观测, 其中矢量叉积是以偶数次连叉积形式出现的! 因此无论是采用右手系 (右手规则) 还是采用左手系 (左手规则), 物理定律不变.

电磁规律具有空间反射对称性, 引力以及核力的规律同样如此. 这表明, 任何试图通过电磁 (引力或核力) 物理实验以确定"左"或"右"的尝试都是徒劳的.

上述讨论说明, 磁感应强度矢量的方向, 究竟是向上还是向下, 实际上只是一个约定, 这与我们究竟是使用"右手"还是"左手"有关; 需要注意的是, 左和右本身也只是一个约定. 换句话说, 如果磁场的方向究竟是向上还是向下能够产生可观测的物理效应, 那么我们就能够通过磁场方向与电流方向的关系, 在真正的意义上确定何为左何为右.

在弱相互作用的范畴, 杨振宁（1922— , 中国）和李政道（1926— , 中国）在研究当时令人困惑的相关实验的基础上, 于 1956 年提出了宇称守恒可以不成立的理论. 这一理论随即为吴健雄（1912—1997, 中国）根据杨振宁和李政道的建议所做的实验所证实. 吴健雄掌握了当时最为先进的低温实验技术, 她在实验中发现, 钴-60 在极低温度下、在外磁场中 β 衰变时发射电子的方向与外磁场的方向有关! 这一重大发现意味着可以通过弱相互作用规律确定磁场“真正意义上的方向”! 当时的报纸报道这一惊人的发现时所用的标题是:“吴女士抓住了上帝的手!”

杨振宁和李政道由于此项改变人类思想的、影响深远的杰出贡献, 获得了 1957 年诺贝尔物理学奖. 杨振宁曾经说过, 开创性的理论依赖于开创性的实验, 而开创性的实验依赖于开创性的技术. 弱相互作用宇称不守恒的发现是这一论断的光辉典范.

读者或许进一步要问, 我们是否真的可以确定究竟何为“左”何为“右”呢? 我们应该认识到电荷的符号, 因而电流的方向以及 $\boldsymbol{A}$ 矢量的方向究竟是向上还是向下, 归根结底也只是一个约定.

譬如说, 我们或许想到, 可以定义与电子运动方向相反的方向为电流的方向, 那么通过吴健雄的实验我们已经可以确定磁场的方向, 同时我们也可以观测实验中赖以产生磁场的运动电子的速度;在此基础上, 我们就可以通过磁场方向与产生磁场的运动电子的速度方向之间的关系在真正意义上定义左和右. 当然为了上述方案切实可行, 我们还需要说明电子是我们这个世界中构成物质的最小颗粒, 也就是原子外层的那些微小的带电的颗粒. 然而, 如果在一个反物质构成的世界中, 那里的人们按照同样的方案确定的左和右, 与我们确定的左和右不是相反的吗?

进一步的关于电磁场理论的空间反射对称性和电荷共轭对称性的讨论可以参考附录C.

## 习题与解答

1. 给定匀强磁场 $\boldsymbol{B}$, 试给出与其对应的矢势 $\boldsymbol{A}$ 的两种表达式, 并证明两者之差为无旋场.

答案: $\boldsymbol{B}=B_0\boldsymbol{e}_z$. $\boldsymbol{A}_1=-yB_0\boldsymbol{e}_x$, $\boldsymbol{A}_2=xB_0\boldsymbol{e}_y$. $\nabla\times(\boldsymbol{A}_2-\boldsymbol{A}_1)=\boldsymbol{0}$.

2. 长度为 $L$ 的细导线密绕螺旋管, 单位长度匝数为 $N$, 每匝电流为 $I$. 管内充以相对磁导率为 $\mu_{\mathrm{r}}$ 的线性均匀各向同性介质. 管外轴线 $z$ 上一点 $P$, 对螺旋管近端直径张角为 $2\beta$, 对远端直径张角为 $2\alpha$. 假设螺旋管的长度远大于直径, 因此管内磁场可以近似看作均匀磁场, 试计算 $P$ 点磁感应强度.

答案: 由对称性知, $P$ 点处磁感应强度 $\boldsymbol{B}$ 沿 $z$ 轴方向. 对于 $\boldsymbol{B}$ 的贡献有两项, 一项为自由电流, 另外一项为磁化电流. 由管内磁场均匀假定可知管内磁化强度均匀, 进而可知磁化电流只存在于介质表面; 总电流为自由电流的 $\mu_{\mathrm{r}}$ 倍. 利用毕奥-萨伐尔定律计算总电流产生的磁场, 得到

$$B=\frac{1}{2}\mu_{\mathrm{r}}\mu_0NI(\cos\alpha-\cos\beta).$$

3. 真空中有一匀强磁场, 现将一无限大薄平板垂直于磁场置入, 对以下两种情况分别计算板内磁场:

(1) 平板为线性均匀各向同性介质, 磁导率为 $\mu$;

(2) 平板永久磁化, 磁化强度为一平行于外场的常矢量.

提示: 对于这两个问题, 由对称性知, 磁场都是垂直于平板. 设外场为 $B_0\boldsymbol{e}_z$, 则两个问题都是仅依赖于 $z$ 的一维问题. 该问题中没有自由电流, 因此归结为一维磁标势问题.

4. 无穷大平面左右两侧分别填充磁导率为 $\mu_1$ 和 $\mu_2$ 的均匀介质. 界面上置入无限长载流为 $I$ 的通电直导线. 忽略导线的横截面积, 试计算空间磁场.

答案: 取导线为柱坐标的 $z$ 轴. 采用镜像电流方法, 将细导线分成左右两半. 计算左侧磁场时, 在导线右侧位置放置镜像电流, 使得导线中总电流为 $I_1$, 同时右侧介质磁导率改为 $\mu_1$, 由此可得

$$B_{1,\theta} = \frac{\mu_1 I_1}{2\pi r}.$$

类似地, 右侧磁场为

$$B_{2,\theta} = \frac{\mu_2 I_2}{2\pi r}.$$

考虑界面处磁场的边值关系得 $\mu_1 I_1 = \mu_2 I_2$. 再考虑 $r \to 0$ 时, 安培环路定律的约束得到

$$B_\theta = \frac{\mu_1\mu_2 I}{\pi(\mu_1+\mu_2)r}.$$

5. 在球坐标系 $(r,\theta,\phi)$ 下, 已知 $\boldsymbol{j} = j(r,\theta)r\sin\theta\nabla\phi$. 根据系统的对称性, 矢势可以写成 $\boldsymbol{A} = A(r,\theta)r\sin\theta\nabla\phi$. 试导出矢势满足的标量微分方程.

答案: 由 $\nabla\times(\nabla\times\boldsymbol{A}) = \mu_0\boldsymbol{j}$ 出发, 利用矢量微分公式将方程左边展开, 然后再用 $r\sin\theta\nabla\phi$ 点乘所得到的矢量方程, 最后得到矢势满足的标量微分方程

$$\frac{1}{r^2}\partial_r(r^2\partial_r A) + \frac{1}{r^2\sin\theta}\partial_\theta(\sin\theta\partial_\theta A) - \frac{1}{r^2\sin^2\theta}A = -\mu_0 j.$$

6. 半径为 $R$ 的无限长超导体圆柱垂直置于匀强外磁场 $\boldsymbol{B}_0$ 中. 已知超导体圆柱中的电流为 $I$, 求空间磁场.

答案: 取柱坐标, $z$ 轴为导体圆柱的轴线, $x$ 轴沿外场. 由题设知 $\boldsymbol{A} = A(r,\theta)\nabla z$. 外场贡献的矢势为 $A = B_0 r\sin\theta$. 导体外空间矢势满足拉普拉斯方程, 导体表面边界条件由导体中的总电流以及超导体的完全抗磁性给定:

$$A = \frac{\mu_0 I}{2\pi}\ln\left(\frac{R}{r}\right) - \frac{B_0 R^2}{r}\sin\theta + B_0 r\sin\theta.$$

7. 由毕奥-萨伐尔定律出发, 证明载流为 $I$ 的闭合线圈产生的磁标势为

$$\phi_{\mathrm{m}}(\boldsymbol{x}) = \pm\frac{I}{4\pi}\varOmega,$$

其中, $\varOmega$ 为线圈对场点 $\boldsymbol{x}$ 所张的立体角,

$$\varOmega = \int_\Sigma \mathrm{d}\boldsymbol{S}'\cdot\frac{\boldsymbol{x}-\boldsymbol{x}'}{|\boldsymbol{x}-\boldsymbol{x}'|^3}.$$

这里 $\Sigma$ 是以线圈为边界的任意曲面; 曲面的方向与线圈中电流方向构成右手规则. $\Sigma$ 朝向场点时取正号, 反之取负号.

提示: 利用毕奥-萨伐尔定律写出载流闭合线圈产生的磁感应强度的积分表达式, 再利用斯托克斯定理试着将其表示成标量场的梯度即可.

8. 第 7 题的结果表明, 4.6.1 节例 4.8 给出的载流线圈产生的磁标势是一个严格解. 试对例 4.8 解答的严格性加以讨论.

答案: 例 4.8 解答的基础是电流系统在远处给定的场点 $\boldsymbol{x}$ 产生的矢势的泰勒展开式, 截断到一阶给出磁偶极矩在远处产生的矢势. 一阶泰勒展开略去的高阶矩对矢势的贡献为

$$\mathcal{O}\left(\frac{|\boldsymbol{x}'|}{|\boldsymbol{x}|}\right)^3,$$

其中, $|\boldsymbol{x}'|$ 为例 4.8 中微小线圈的线度. 设给定的大线圈的线度为 $L$, 因此例题中无穷多个微小线圈产生的磁标势叠加后, 略去的项实际上是无穷多个高阶矩项的叠加. 微小线圈的个数为 $\mathcal{O}(L/|\boldsymbol{x}'|)^2$. 因此, 简单的量级分析给出的余项为

$$\mathcal{O}\left(\frac{|\boldsymbol{x}'|L^2}{|\boldsymbol{x}|^3}\right) \sim \mathcal{O}\left(\frac{|\boldsymbol{x}'|}{|\boldsymbol{x}|}\right) \to 0.$$

这正是通常在磁多极展开中略去二阶矩以及更高阶矩的原因.

9. 两个半径为 $R$ 载流为 $I$ 的共轴圆形线圈相距为 $h$, 要求:

(1) 计算轴线上的磁场;

(2) 线圈间距与半径相等时, 中心区域磁场近似为均匀磁场; 这种线圈称为亥姆霍兹线圈, 试证明亥姆霍兹线圈磁场的这一特点.

答案: 取线圈轴线为 $z$ 轴, 原点为系统的中心.

(1) 根据毕奥-萨伐尔定律计算得到

$$B_z(z) = \frac{1}{2}\mu_0 I R^2 \left\{ \frac{1}{\left[\left(\frac{h}{2} - z\right)^2 + R^2\right]^{3/2}} + \frac{1}{\left[\left(\frac{h}{2} + z\right)^2 + R^2\right]^{3/2}} \right\}.$$

(2) 由 $\partial_z^2 B_z(z)|_{z=0} = 0$ 得到 $h = R$.

10. 质量和电荷密度均为常数的球体半径为 $R$, 总质量为 $M$, 总电荷为 $Q$. 球体以角速度 $\omega$ 绕其一直径转动. 试计算球体的磁矩和自转动量矩.

答案: $\boldsymbol{m} = \dfrac{1}{5}QR^2\boldsymbol{\omega}$, $\boldsymbol{L} = \dfrac{2}{5}MR^2\boldsymbol{\omega}$.

11. 理想铁磁体的磁化规律为 $\boldsymbol{B} = \mu_0\boldsymbol{H} + \mu_0\boldsymbol{M}_0$, 其中 $\boldsymbol{M}_0$ 为常矢量, 与 $\boldsymbol{H}$ 无关. 试计算真空中置入一个半径为 $R$ 的理想铁磁体球后空间中的磁场.

答案: 采用磁标势法得到, 球内磁场为

$$\boldsymbol{B}_1 = \mu_0\boldsymbol{H}_1 + \mu_0\boldsymbol{M}_0 = \frac{2}{3}\mu_0\boldsymbol{M}_0,$$

球外磁场为

$$\boldsymbol{B}_2 = \mu_0\boldsymbol{H}_2 = \frac{1}{3}\mu_0\frac{R^3}{r^3}\left(3\frac{\boldsymbol{r}\boldsymbol{r}}{r^2} - \boldsymbol{\mathcal{I}}\right)\cdot\boldsymbol{M}_0.$$

12. 匀强外磁场 $\boldsymbol{H}_0$ 中置入一个半径为 $R$ 的磁导率为 $\mu$ 的球体. 试计算空间磁场.

答案:采用磁标势法得到, 球内磁场为

$$\boldsymbol{B}_1=\frac{3\mu_0\mu}{2\mu_0+\mu}\boldsymbol{H}_0,$$

球外磁场为

$$\boldsymbol{B}_2=\mu_0\boldsymbol{H}_0+\mu_0\frac{\mu-\mu_0}{2\mu_0+\mu}\cdot\frac{R^3}{r^3}\left(3\frac{\boldsymbol{rr}}{r^2}-\boldsymbol{\mathcal{I}}\right)\cdot\boldsymbol{H}_0.$$

13. 半径为 $R$ 的薄球壳, 均匀带电荷 $Q$, 绕自身某一直径以角速度 $\boldsymbol{\omega}$ 转动, 试用磁标势法计算空间磁场.

答案:球内磁场为

$$\boldsymbol{B}_1=\frac{\mu_0 Q}{6\pi R}\boldsymbol{\omega},$$

球外磁场为

$$\boldsymbol{B}_2=\frac{\mu_0}{4\pi}\cdot\frac{1}{r^3}\left(3\frac{\boldsymbol{rr}}{r^2}-\boldsymbol{\mathcal{I}}\right)\cdot\boldsymbol{m},$$

其中, 磁偶极矩为

$$\boldsymbol{m}=\frac{1}{3}QR^2\boldsymbol{\omega}.$$

14. 试用矢势法解答上题.

15. 磁导率很大的材料制成的平板上方距离 $d$ 静止置一载流线圈. 设线圈电流为 $I$, 半径为 $R$, $R\ll d$. 设线圈与平板平行, 要求:

(1) 试计算线圈所在半空间磁场;

(2) 计算线圈受到的力.

答案:采用镜像法.

(1) 磁导率很大的材料表面切向磁场近似为零;镜像电流为同样的电流对称放置.

(2) 将线圈看作一个磁偶极子 $m=\pi R^2 I$, 线圈受到垂直于平板的吸引力 (镜像磁偶极子的作用力)

$$F=\frac{3\mu_0 m^2}{32\pi d^4}.$$

16. 在无限大超导体平板的上方距离 $d$ 处平行放置载流为 $I$ 的无限长通电直导线. 试计算导线受力.

答案:采用镜像法, 超导体表面法向磁场为零;在对称的位置放置方向相反的镜像电流. 因此导线受到如下的排斥力

$$F=\frac{\mu_0 I^2}{4\pi d}.$$

17. 设一半径为 $R$ 的无限长介质圆柱, 其磁导率为 $\mu_2$, 圆柱周围空间充满磁导率为 $\mu_1$ 的无限大介质. 柱外距离轴线 $b$ 处与圆柱平行放置无限长直线自由电流 $I$. 试计算空间磁场.

答案: 采用镜像法计算矢势. 根据问题对称性, 采用圆柱坐标, 取圆柱轴线为 $z$ 轴, 矢势为

$$\boldsymbol{A}=A(r,\theta)\boldsymbol{e}_z.$$

计算柱外空间矢势时, 在柱内与原电流平行放置镜像直线电流, 像电流、原电流、轴线在一个平面上;在柱内距离轴线 $a$ 处的像电流为 $I_1$, 轴线上放置像电流 $-I_1$. 将柱内磁导率换为 $\mu_1$. 解均匀介质内矢势微分方程得到 3 个直线电流贡献的矢势

$$A_1 = A_1(I, I_1).$$

计算柱内空间矢势时, 在柱外原电流处放置镜像电流, 使得原电流处总电流为 $I_2$; 柱外介质换成与柱内相同. 解均匀介质内矢势微分方程得到直线镜像电流贡献的矢势 $A_2 = A_2(I_2)$.

由磁场的边值关系导出矢势在柱面上的边值关系, 由此确定镜像电流的位置

$$ab = R^2,$$

以及镜像电流的大小

$$I_1 = \frac{\mu_2 - \mu_1}{\mu_1 + \mu_2} I,$$
$$I_2 = \frac{2\mu_1}{\mu_1 + \mu_2} I.$$

18. 电阻率为 $\eta$ 的无限大均匀导体内 $t = 0$ 时刻分布着磁场 $\boldsymbol{B} = \boldsymbol{e}_x B_0 \cos kz$. 试计算此后导体内电流密度和欧姆加热功率密度.

答案:在这类问题中, 位移电流不重要. 导体内磁场服从扩散方程, 其解为

$$\boldsymbol{B}(z,t) = \boldsymbol{e}_x B_0 \mathrm{e}^{-\nu t} \cos kz,$$
$$\nu = \frac{\eta}{\mu_0} k^2.$$

19. 对于磁化强度为 $\boldsymbol{M}$ 的任意形状的均匀磁化介质, 证明其在远处产生的磁标势可以写成

$$\phi_{\mathrm{m}} = -\epsilon_0 \boldsymbol{M} \cdot \nabla \phi.$$

这里的 $\phi$ 为大小和形状相同的均匀带电体 (电荷密度为 1) 的电势.

答案:考虑磁化介质中磁偶极子微元贡献的磁标势的叠加,

$$\phi_{\mathrm{m}}(\boldsymbol{x}) = \frac{1}{4\pi} \int_V \mathrm{d}^3 \boldsymbol{x}' \boldsymbol{M} \cdot \frac{\boldsymbol{x} - \boldsymbol{x}'}{|\boldsymbol{x} - \boldsymbol{x}'|^3}.$$

由此可得

$$\phi_{\mathrm{m}}(\boldsymbol{x}) = -\frac{1}{4\pi} \boldsymbol{M} \cdot \nabla \int_V \mathrm{d}^3 \boldsymbol{x}' \frac{1}{|\boldsymbol{x} - \boldsymbol{x}'|} = -\epsilon_0 \boldsymbol{M} \cdot \nabla \phi.$$

20. 半径为 $a$ 磁导率为 $\mu_0$ 的无限长均匀载流 $I$ 的圆柱形导体, 置于匀强外磁场 $\boldsymbol{B}_0$ 中. 外磁场方向与导体圆柱垂直. 试写出磁矢势的微分方程和边界条件.

答案:取柱坐标, $z$ 轴沿导体柱的对称轴. 匀强磁场与圆柱垂直, 其矢势可以写成 $\boldsymbol{A}_\infty = \boldsymbol{e}_z B_0 r \cos\theta$. 显然, 该问题中矢势只有 $z$ 分量 $A(r,\theta)\boldsymbol{e}_z$, 其散度为零.

柱内外矢势的微分方程分别为

$$\nabla^2 A_1 = -\mu_0 J_0,$$
$$\nabla^2 A_2 = 0,$$

其中, $J_0 = I/\pi a^2$.

边界条件如下:

(1) 当 $r \to 0$ 时, $A_1$ 有限;

(2) 当 $r = a$ 时, $A_1 = A_2$;

(3) 当 $r \to \infty$ 时,

$$A_2 \to B_0 r\cos\theta + \frac{\mu_0}{2\pi} I \ln\frac{r}{a},$$

这里第一项为均匀外场的贡献, 第二项为无限长通电直导线的贡献.

# 第 5 章　电磁波的传播

电磁波的传播问题是麦克斯韦理论的一个重要应用. 麦克斯韦方程组的重要结论之一是电磁场可以脱离源项（电荷电流）, 在空间中以振荡的形式相互激励着传播; 电磁波在自由空间中的传播速度为光速. 电磁波在介质交界面上发生反射、折射等典型的光学现象; 电磁波入射到导体表面则近乎全反射, 垂直于导体表面透射入导体的深度远小于入射波的波长. 电磁波在谐振腔中的振荡模式以及电磁波在波导管中的传播也是本章讨论的重要内容.

对于电磁波的传播问题, 其基础是介质中的麦克斯韦方程组,

$$\begin{cases}\nabla\cdot\boldsymbol{D}=\rho_{\mathrm{f}},\\ \nabla\times\boldsymbol{E}=-\partial_t\boldsymbol{B},\\ \nabla\cdot\boldsymbol{B}=0,\\ \nabla\times\boldsymbol{H}=\partial_t\boldsymbol{D}+\boldsymbol{j}_{\mathrm{f}}\end{cases}\tag{5.0.1}$$

以及电磁场的边值关系,

$$\begin{cases}\boldsymbol{n}\cdot(\boldsymbol{D}_2-\boldsymbol{D}_1)=\sigma_{\mathrm{f}},\\ \boldsymbol{n}\times(\boldsymbol{E}_2-\boldsymbol{E}_1)=\boldsymbol{0},\\ \boldsymbol{n}\cdot(\boldsymbol{B}_2-\boldsymbol{B}_1)=0,\\ \boldsymbol{n}\times(\boldsymbol{H}_2-\boldsymbol{H}_1)=\boldsymbol{\alpha}_{\mathrm{f}}.\end{cases}\tag{5.0.2}$$

上述边值关系可以理解为麦克斯韦方程组在不同介质交界面处的积分形式.

在讨论电磁波在介质中的传播时, 不考虑电磁波的激发, 因此, 一般情况下我们假定 $\rho_{\mathrm{f}}=0, \boldsymbol{j}_{\mathrm{f}}=\boldsymbol{0}, \sigma_{\mathrm{f}}=0, \boldsymbol{\alpha}_{\mathrm{f}}=\boldsymbol{0}$.

## 5.1　电磁场的波动方程

我们先考虑真空中电磁波的传播, 相应的齐次麦克斯韦方程组为

$$\begin{cases}\nabla\cdot\boldsymbol{E}=0,\\ \nabla\times\boldsymbol{E}=-\partial_t\boldsymbol{B},\\ \nabla\cdot\boldsymbol{B}=0,\\ \nabla\times\boldsymbol{B}=\mu_0\epsilon_0\partial_t\boldsymbol{E}.\end{cases}\tag{5.1.1}$$

对方程 (5.1.1) 的第二式做旋度运算, 我们得到

$$\nabla\left(\nabla\cdot\boldsymbol{E}\right)-\nabla^2\boldsymbol{E}=-\partial_t\left(\nabla\times\boldsymbol{B}\right).$$

利用方程 (5.1.1) 的第 4 式, 我们将上式化为

$$\nabla(\nabla\cdot\boldsymbol{E})-\nabla^2\boldsymbol{E}=-\frac{1}{c^2}\partial_t^2\boldsymbol{E}.$$

再利用方程 (5.1.1) 的第一式, 我们得到关于电场的达朗贝尔 ( J. d'Alembert, 1717—1783, 法国 ) 方程

$$\left(\nabla^2-\frac{1}{c^2}\partial_t^2\right)\boldsymbol{E}=\boldsymbol{0}. \tag{5.1.2}$$

上式中

$$c=\frac{1}{\sqrt{\epsilon_0\mu_0}} \tag{5.1.3}$$

为真空中电磁波传播的相速度, 其数值与真空中的光速相等.

现在用上式替代麦克斯韦方程组中的安培-麦克斯韦方程, 我们得到

$$\begin{cases}\left(\nabla^2-\dfrac{1}{c^2}\partial_t^2\right)\boldsymbol{E}=\boldsymbol{0},\\ \nabla\cdot\boldsymbol{E}=0;\end{cases} \tag{5.1.4}$$

$$\begin{cases}\partial_t\boldsymbol{B}=-\nabla\times\boldsymbol{E},\\ \nabla\cdot\boldsymbol{B}=0.\end{cases} \tag{5.1.5}$$

我们看到, 原来的电场和磁场耦合在一起的齐次麦克斯韦方程组被解耦成两个方程组; 我们可以先求解关于电场的方程组 (5.1.4), 得到电场后再利用方程组 (5.1.5) 的第一式直接对时间积分求出磁场. 这就给出了求解齐次麦克斯韦方程组的一种方便的方法.

注意到方程组 (5.1.4) 第一式为描述电磁波动的齐次达朗贝尔方程; 由达朗贝尔方程给出的电场解未必都满足电场散度为零的条件, 因此方程组 (5.1.4) 第二式是必要的, 它从达朗贝尔方程给出的所有电场解中挑选出那些真正满足麦克斯韦方程组的解. 方程组 (5.1.5) 的第一式右边在求出电场后已经是已知量; 另外由方程组 (5.1.5) 的第一式可知 $\partial_t(\nabla\cdot\boldsymbol{B})=0$, 因此只要某一时刻 ( 初始 ) $\nabla\cdot\boldsymbol{B}=0$ 成立, 则由方程组 (5.1.5) 的第一式求出的磁场必定时时刻刻满足第二式; 因此第二式可以由磁场的满足无散性的初始条件取代.

上述两个方程组清楚地表明, 麦克斯韦方程组给出了自由空间中电磁场的波动解; 真空中电磁波传播的相速度为光速 $c$.

从方程 (5.1.1) 出发, 可以证明磁感应强度也满足达朗贝尔方程,

$$\left(\nabla^2-\frac{1}{c^2}\partial_t^2\right)\boldsymbol{B}=\boldsymbol{0}. \tag{5.1.6}$$

对于真空中传播的电磁波, 电场和磁场均满足同样的达朗贝尔波动方程; 这再一次反映了麦克斯韦方程组的电磁对称性.

现在我们来考虑给定频率的电磁波在介质中的传播问题, 即单色波问题. 我们考虑 $\mathrm{e}^{-\mathrm{i}\omega t}$ 形式的解; 这里 $\omega$ 为电磁波的圆频率.

实验表明, 介质的本构关系对于给定频率的电磁场仍然能够写成简单的形式, 只是介电系数和磁导率一般依赖于频率; 因此我们有

$$\boldsymbol{D}(\omega)=\epsilon(\omega)\boldsymbol{E}(\omega), \tag{5.1.7}$$

$$\boldsymbol{B}(\omega)=\mu(\omega)\boldsymbol{H}(\omega). \tag{5.1.8}$$

对于单色波情形, 方程组 (5.0.1) 中对时间的偏导数就可以化成 $-\mathrm{i}\omega$; 方程组 (5.0.1) 的齐次形式可以写成

$$\begin{cases}\nabla\cdot\boldsymbol{E}=0,\\ \nabla\times\boldsymbol{E}=\mathrm{i}\omega\boldsymbol{B},\\ \nabla\cdot\boldsymbol{B}=0,\\ \nabla\times\boldsymbol{B}=-\mathrm{i}\omega\dfrac{1}{v_\phi^2}\boldsymbol{E}.\end{cases} \tag{5.1.9}$$

上式中

$$v_\phi(\omega)=\frac{1}{\sqrt{\epsilon(\omega)\mu(\omega)}} \tag{5.1.10}$$

为介质中电磁波传播的相速度.

仿照真空中的情形, 我们立即得到介质中单色电磁波的解耦的方程组

$$\begin{cases}\left[\nabla^2+\dfrac{\omega^2}{v_\phi^2(\omega)}\right]\boldsymbol{E}=\boldsymbol{0},\\ \nabla\cdot\boldsymbol{E}=0;\end{cases} \tag{5.1.11}$$

$$\begin{cases}\boldsymbol{B}=-\mathrm{i}\dfrac{1}{\omega}\nabla\times\boldsymbol{E},\\ \nabla\cdot\boldsymbol{B}=0.\end{cases} \tag{5.1.12}$$

方程组 (5.1.11) 第一式是描述单色波的亥姆霍兹方程. 很显然, 对于单色波来说方程组 (5.1.12) 第二式是冗余的.

上述两个方程组清楚地表明, 麦克斯韦方程组给出了介质中电磁场的波动解; 电磁波传播的相速度为 $v_\phi(\omega)$, 介质中电磁波传播的相速度一般地依赖于频率.

## 5.2 平面电磁波

以真空中的电磁波为例, 我们将电场写成平面波的形式

$$\boldsymbol{E}(\boldsymbol{x},t)=\boldsymbol{E}_0\mathrm{e}^{\mathrm{i}(\boldsymbol{k}\cdot\boldsymbol{x}-\omega t)}. \tag{5.2.1}$$

这相当于考虑无界空间中的传播问题, 或者相当于对原来的波动方程做傅里叶变换. 注意上式中 $\boldsymbol{E}(\boldsymbol{x},t)$ 为实函数, 而 $\boldsymbol{E}_0$ 一般为复数. 采用上式中的习惯计算时, 通常约定对于结果中的物理量我们取实部. 这相当于将上式改写为

$$\boldsymbol{E}(\boldsymbol{x},t)=\frac{1}{2}\boldsymbol{E}_0\mathrm{e}^{\mathrm{i}(\boldsymbol{k}\cdot\boldsymbol{x}-\omega t)}+\frac{1}{2}\boldsymbol{E}_0^*\mathrm{e}^{-\mathrm{i}(\boldsymbol{k}\cdot\boldsymbol{x}-\omega t)}.$$

### 5.2.1　平面电磁波的基本性质

在平面波假定下, $\nabla \to \mathrm{i}\boldsymbol{k}$, $\partial_t \to -\mathrm{i}\omega$. 这时电场的波动 (达朗贝尔) 方程可以写成

$$\left(-k^2+\frac{\omega^2}{c^2}\right)\boldsymbol{E}=\boldsymbol{0}.$$

由此可得

$$-k^2+\frac{\omega^2}{c^2}=0 \implies v_\phi \equiv \frac{\omega}{k}=\pm c. \tag{5.2.2}$$

其中, $v_\phi$ 称为相速度, 即观察者以这个速度运动时观察到的波的相位因子 $\boldsymbol{k}\cdot\boldsymbol{x}-\omega t=\phi$ 是一个常数.

根据 $\nabla\cdot\boldsymbol{E}=0$ 和 $\nabla\cdot\boldsymbol{B}=0$ 可知

$$\boldsymbol{k}\cdot\begin{Bmatrix}\boldsymbol{B}_0\\ \boldsymbol{E}_0\end{Bmatrix}=0. \tag{5.2.3}$$

这意味着电场和磁场的振动方向与波的传播方向垂直, 即平面电磁波是横波.

由法拉第方程知

$$\boldsymbol{k}\times\boldsymbol{E}=\omega\boldsymbol{B}, \tag{5.2.4}$$

因此平面电磁波的 $(\boldsymbol{E},\boldsymbol{B},\boldsymbol{k})$ 满足右手关系, 如图 5.1 所示;同时电场和磁场的振幅关系满足

$$\frac{E}{B}=c. \tag{5.2.5}$$

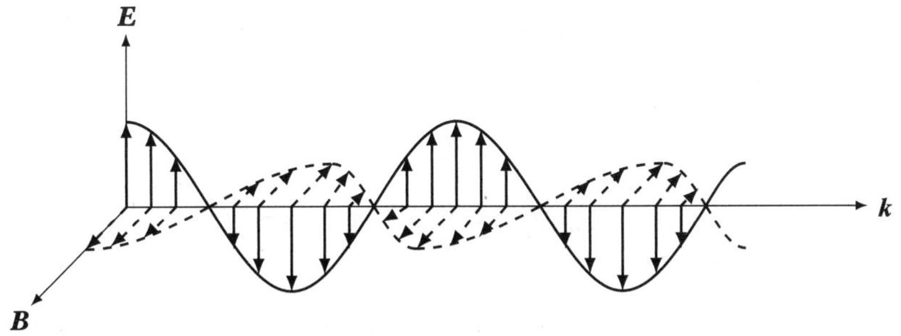


**图 5.1　平面电磁波**

上述讨论很容易推广到均匀介质中的平面电磁波情形, 只需要将真空中电磁波的相速度 $c$ 改为均匀介质中电磁波的相速度 $v_\phi(\omega)$ 即可.

无穷大均匀介质中平面电磁波的相速度为

$$\frac{\omega}{k}=v_\phi(\omega)=\frac{1}{\sqrt{\epsilon_{\mathrm{r}}(\omega)\,\mu_{\mathrm{r}}(\omega)}}c=\frac{c}{n(\omega)}. \tag{5.2.6}$$

上式中 $n(\omega)$ 称为介质的折射率. 由此可得

$$k=\frac{\omega}{c}n(\omega). \tag{5.2.7}$$

波在介质中传播时的波矢与频率的关系称为色散关系. 上述两式即电磁波在介质中的色散关系. 方程 (5.2.6) 清楚地表明, 不同颜色 ($\omega$) 的电磁波在介质中传播时由于其折射率的不同而散开.

### 5.2.2 平面电磁波的能量和能流

在真空中, 电磁波的能量密度为

$$w=\frac{1}{2}\left(\epsilon_0 E^2+\frac{B^2}{\mu_0}\right). \tag{5.2.8}$$

由真空中平面电磁波的振幅关系 $E/B=c$, 我们得到

$$w=\epsilon_0 E^2. \tag{5.2.9}$$

对能量密度做时间平均得到

$$\overline{w}=\epsilon_0\overline{E^2}=\frac{1}{2}\epsilon_0\Re(\boldsymbol{E}_0\cdot\boldsymbol{E}_0^*), \tag{5.2.10}$$

其中的时间平均表示在远大于电磁波周期的时间尺度 $T$ 上的平均, 时间平均算符定义为

$$\overline{f}\equiv\frac{1}{T}\int_0^T \mathrm{d}t f. \tag{5.2.11}$$

一个重要的事实是, 类似地可以定义空间平均为在远大于电磁波波长的空间尺度上的平均;容易证明两种平均是等价的.

对于平面电磁波的能流, 做时间平均之后为

$$\overline{\boldsymbol{S}}=\overline{\boldsymbol{E}\times\boldsymbol{H}}=\frac{1}{2}\Re(\boldsymbol{E}^*\times\boldsymbol{H})=\overline{w}c\frac{\boldsymbol{k}}{k}. \tag{5.2.12}$$

上式可以很清楚地看出能流的物理意义.

## 5.3 电磁波的反射与折射

在这一节中, 我们讨论电磁波在两种均匀无限介质之间的无穷大平面交界面处的反射和折射.

考虑一列平面电磁波从无穷大均匀介质 1 入射到无穷大均匀介质 2（两介质界面为无穷大平面）, 分别用下标 i, r 和 d 标记入射、反射和折射电磁波; 用下标 0 标记振幅. 考虑到介质的分界面为无穷大平面, 且入射波为平面波, 我们知道反射波和折射波也必然是平面波.

假设入射电磁波由一个频率为 $\omega$ 的源产生, 在介质中自动根据色散关系匹配一个波矢, 因此这三列电磁波分别可以写成

$$\begin{cases}\boldsymbol{E}_{\mathrm{i}}=\boldsymbol{E}_{\mathrm{i}0}\mathrm{e}^{\mathrm{i}(\boldsymbol{k}_{\mathrm{i}}\cdot\boldsymbol{x}-\omega t)},\\ \boldsymbol{E}_{\mathrm{r}}=\boldsymbol{E}_{\mathrm{r}0}\mathrm{e}^{\mathrm{i}(\boldsymbol{k}_{\mathrm{r}}\cdot\boldsymbol{x}-\omega t)},\\ \boldsymbol{E}_{\mathrm{d}}=\boldsymbol{E}_{\mathrm{d}0}\mathrm{e}^{\mathrm{i}(\boldsymbol{k}_{\mathrm{d}}\cdot\boldsymbol{x}-\omega t)}.\end{cases} \tag{5.3.1}$$

现在的问题是, 已知入射波需要求出反射和折射波.

根据电磁场的边值关系, 即麦克斯韦方程组在介质边界面的积分形式, 我们得到

$$\boldsymbol{n}\cdot[\boldsymbol{D}_{\mathrm{d}}-(\boldsymbol{D}_{\mathrm{i}}+\boldsymbol{D}_{\mathrm{r}})]=0, \tag{5.3.2a}$$

$$\boldsymbol{n}\times[\boldsymbol{E}_{\mathrm{d}}-(\boldsymbol{E}_{\mathrm{i}}+\boldsymbol{E}_{\mathrm{r}})]=\boldsymbol{0}, \tag{5.3.2b}$$

$$\boldsymbol{n}\cdot[\boldsymbol{B}_{\mathrm{d}}-(\boldsymbol{B}_{\mathrm{i}}+\boldsymbol{B}_{\mathrm{r}})]=0, \tag{5.3.2c}$$

$$\boldsymbol{n}\times[\boldsymbol{H}_{\mathrm{d}}-(\boldsymbol{H}_{\mathrm{i}}+\boldsymbol{H}_{\mathrm{r}})]=\boldsymbol{0}. \tag{5.3.2d}$$

上式中 $\boldsymbol{n}$ 为从介质 1 指向介质 2 的界面法向单位矢量.

### 5.3.1 几何光学的反射定律与折射定律

考虑电磁场的边值关系, 即麦克斯韦方程组在介质边界面的积分形式. 如图 5.2 所示, 令两种无穷大均匀介质的分界面为 $x$-$y$ 平面, 此面上 $z=0$.

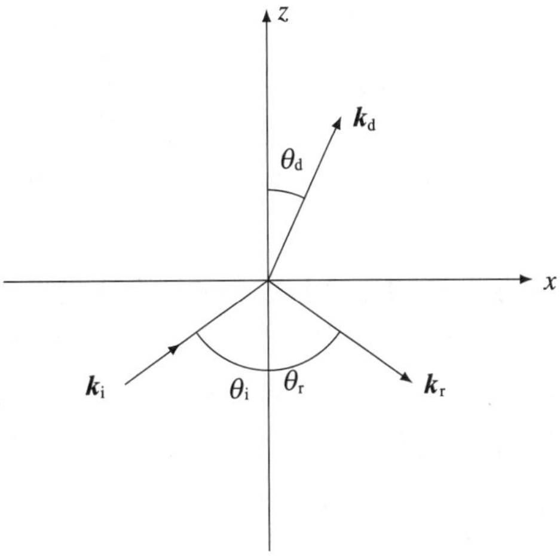


**图 5.2 电磁波的反射与折射**

在界面上利用电场的切向分量连续关系, 即方程 (5.3.2b), 可以得到

$$\boldsymbol{n}\times\left\{\boldsymbol{E}_{\mathrm{d}0}\mathrm{e}^{\mathrm{i}(k_{\mathrm{d}}^{x}x+k_{\mathrm{d}}^{y}y)}-\left[\boldsymbol{E}_{\mathrm{i}0}\mathrm{e}^{\mathrm{i}(k_{\mathrm{i}}^{x}x+k_{\mathrm{i}}^{y}y)}+\boldsymbol{E}_{\mathrm{r}0}\mathrm{e}^{\mathrm{i}(k_{\mathrm{r}}^{x}x+k_{\mathrm{r}}^{y}y)}\right]\right\}=\boldsymbol{0}. \tag{5.3.3}$$

上式对于界面上任意一点都应该成立, 因此必有

$$\mathrm{e}^{\mathrm{i}(k_{\mathrm{d}}^{x}x+k_{\mathrm{d}}^{y}y)}=\mathrm{e}^{\mathrm{i}(k_{\mathrm{i}}^{x}x+k_{\mathrm{i}}^{y}y)}=\mathrm{e}^{\mathrm{i}(k_{\mathrm{r}}^{x}x+k_{\mathrm{r}}^{y}y)}. \tag{5.3.4}$$

上式表明反射波、折射波的相位在界面上任意一点与入射波的相位相等; 这与惠更斯 (C. Huygens, 1629—1695, 荷兰) 原理是一致的.

由此可得

$$\begin{cases}k_{\mathrm{d}}^{x}=k_{\mathrm{i}}^{x}=k_{\mathrm{r}}^{x},\\ k_{\mathrm{d}}^{y}=k_{\mathrm{i}}^{y}=k_{\mathrm{r}}^{y}.\end{cases} \tag{5.3.5}$$

这表明，反射、折射和入射电磁波的波矢都在一个平面内，即反射面、折射面和入射面（入射波波矢与界面法线确定的平面）共面；这是几何光学中反射定律和折射定律的一部分.

现在我们可以重新选择坐标系，使得 $k_{\rm i}^y=0$，那么这时的波矢只有 $k^x$ 和 $k^z$ 两个分量. 根据电磁波在介质中的色散关系方程 (5.2.7)，我们知道在同一种介质里面波矢的大小是一样的，即 $k_{\rm i}=k_{\rm r}=k_1$，$k_{\rm d}=k_2$. 记入射角、反射角和折射角分别为 $\theta_{\rm i}$，$\theta_{\rm r}$，$\theta_{\rm d}$，那么由方程 (5.3.5) 和方程 (5.2.7)，我们得到

$$k_2\sin\theta_{\rm d}=k_1\sin\theta_{\rm i}=k_1\sin\theta_{\rm r}. \tag{5.3.6}$$

由此可以得到，几何光学中反射定律和折射定律给出的反射角和折射角对入射角的依赖关系：

$$\theta_{\rm i}=\theta_{\rm r}, \tag{5.3.7}$$

$$n_1\sin\theta_{\rm i}=n_2\sin\theta_{\rm d}. \tag{5.3.8}$$

上述结果表明，平面电磁波在两无穷大均匀介质界面处的反射与折射遵从几何光学的反射和折射定律. 这说明光的反射和折射现象可以根据电磁波的传播理论解释.

考察这一段论证过程的前提，方程（5.3.4）可以从惠更斯原理得到，其成立的前提并不一定需要方程（5.3.3）. 因此，关于几何光学的反射和折射定律的讨论，只能说明光的表现像波.

由方程 (5.2.7) 可知，由于介质的介电系数和磁导率依赖于频率，不同频率的电磁波在介质中的折射率是不同的. 结合上述折射定律，这就解释了为何不同颜色的光由真空透射到介质（如玻璃）中时的折射角是不同的；这也是方程 (5.2.7) 之所以称为色散关系的原因. 介质的介电系数依赖于频率的物理解释将在本书第 8 章中讨论电磁波在介质中的散射和吸收时结合洛伦兹的经典电子论进一步加以讨论.

### 5.3.2 振幅关系

现在我们要问，对于平面电磁波从无穷大介质 1 入射到无穷大介质 2，给定入射平面电磁波之后，反射和折射电磁波的振幅满足什么条件?

首先我们证明平面电磁波反射折射问题中振幅关系的如下定理.

**定理** 若入射平面电磁波电场垂直于入射面，则反射波和折射波电场也垂直于入射面；对于入射波电场平行于入射面的情况，结论类似.

**证明** 采用反证法，并利用（1）平面电磁波的性质，$(\boldsymbol{E},\boldsymbol{H},\boldsymbol{k})$ 满足右手规则；（2）电磁场边值关系；（3）反射与折射定律，反射面、折射面与入射面共面.

如图 5.3 所示，取笛卡儿坐标系，$(x,y)$ 面为两介质界面，$(x,z)$ 面为入射面；$z$ 轴从介质 1 指向介质 2.（不妨取 $k_{\rm i}^x>0$）.

先考虑入射波电场垂直于入射面情形. 由题设知

$$\boldsymbol{E}_{\rm i}=\boldsymbol{e}_yE_{{\rm i},y},$$

$$\boldsymbol{H}_{\rm i}=\boldsymbol{e}_zH_{{\rm i},z}-\boldsymbol{e}_xH_{{\rm i},x},$$

其中, 标量 $E_y$, $H_{iz}$, $H_{ix}$ 均为正数;以下证明过程中分量的记号均采用这一习惯.

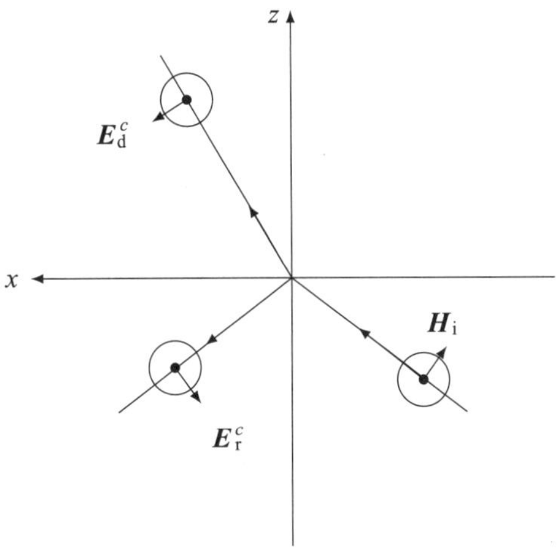


**图 5.3　若入射波电场垂直于入射面,则反射与折射波电场亦必垂直于入射面**

假设反射波与折射波中至少有一个波 (不妨假设为反射波) 的电场存在平行于入射面的分量. 由平面电磁波性质知反射波的磁场必有垂直于入射面的 $y$ 分量, 考虑磁场边值的切向连续性知折射波的磁场也必须有与其相等的 $y$ 分量, 即

$$\boldsymbol{H}_{\rm r}^{\rm c} = \boldsymbol{e}_y H_y^{\rm c} = \boldsymbol{H}_{\rm d}^{\rm c},$$

其中, 上标 c 表示由于假定反射波与折射波中至少有一个波的电场存在平行于入射面的分量而产生的量;以下证明过程中分量的记号均采用这一习惯.

由平面电磁波性质易知, 反射波和折射波两者电场为

$$\boldsymbol{E}_{\rm r}^{\rm c} = -\boldsymbol{e}_x E_{{\rm r},x}^{\rm c} - \boldsymbol{e}_z E_{{\rm r},z}^{\rm c},$$
$$\boldsymbol{E}_{\rm d}^{\rm c} = +\boldsymbol{e}_x E_{{\rm d},x}^{\rm c} - \boldsymbol{e}_z E_{{\rm d},z}^{\rm c}.$$

以上两式右边第一项表明反射和折射波电场的 $x$ 分量 (切向分量) 反号; 注意到题设的入射波电场只有 $y$ 分量, 这与电场边值的切向连续性矛盾. 故假设不成立, 即入射波电场垂直于入射面时, 反射波和折射波的电场都只有垂直于入射面的分量.

对于入射波电场平行于入射面的情况, 证明方法类似.

根据上述定理, 我们现在可以把平面电磁波在介质表面反射折射的振幅关系问题拆分为两种情形: (1) $\boldsymbol{E}_{\rm i0}$ 垂直于入射面情形; (2) $\boldsymbol{E}_{\rm i0}$ 平行于入射面情形. 其余的情况都可以通过上述两种情况叠加得到.

(1) $\boldsymbol{E}_{\rm i0}$ 垂直于入射面情形 (图 5.4)

利用电场和磁场的切向分量连续, 我们得到

$$\begin{cases} \boldsymbol{n} \times (\boldsymbol{E}_2 - \boldsymbol{E}_1) = \boldsymbol{0}, \\ \boldsymbol{n} \times (\boldsymbol{H}_2 - \boldsymbol{H}_1) = \boldsymbol{0}. \end{cases} \tag{5.3.9}$$

由平面电磁波的性质, 我们得到

$$\frac{E}{\mu H} = \frac{1}{\sqrt{\epsilon\mu}} \implies H = \frac{1}{\eta}E. \tag{5.3.10}$$

其中, $\eta=\sqrt{\dfrac{\mu}{\epsilon}}$ 为介质的波阻抗.

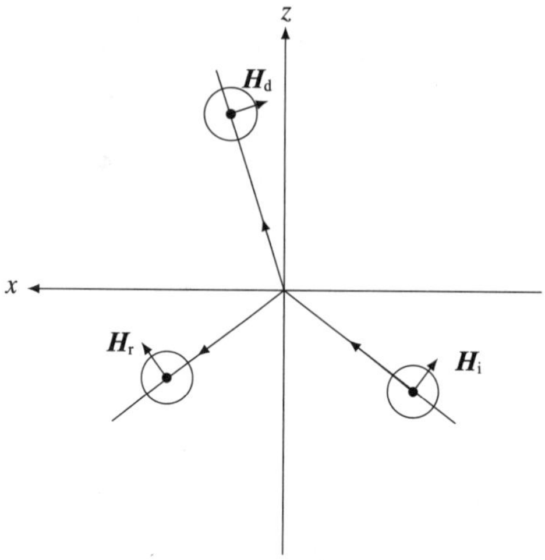


**图 5.4　入射波电场垂直于入射面情形**

将反射与折射的电场代入得到

$$\begin{cases} E_{d0}-E_{i0}-E_{r0}=0, \\ \dfrac{1}{\eta_2}E_{d0}\cos\theta_d-\dfrac{1}{\eta_1}E_{i0}\cos\theta_i+\dfrac{1}{\eta_1}E_{r0}\cos\theta_r=0, \end{cases} \tag{5.3.11}$$

其中, 角度关系由方程 (5.3.7) 和方程 (5.3.8) 给出, 由此可以解出振幅关系

$$\begin{cases} \dfrac{E_{r0}}{E_{i0}}=-\dfrac{\sin(\theta_i-\theta_d)}{\sin(\theta_i+\theta_d)}, \\ \dfrac{E_{d0}}{E_{i0}}=\dfrac{2\cos\theta_i\sin\theta_d}{\sin(\theta_i+\theta_d)}. \end{cases} \tag{5.3.12}$$

上式表明, 在入射波电场 $\boldsymbol{E}_{i0}$ 垂直于入射面的情况下, 当 $\epsilon_2>\epsilon_1$ 时, $\theta_i>\theta_d$, 因此 $E_{r0}$ 与 $E_{i0}$ 的符号相反, 即反射波电场的相位与入射波电场的相位相反. 这就是波动光学中讨论过的反射过程的半波损失.

(2) $\boldsymbol{E}_{i0}$ 平行于入射面情形 (图 5.5)

求解方式与第一种情形相同, 这里省略. 结果如下:

$$\begin{cases} \dfrac{E_{r0}}{E_{i0}}=\dfrac{\tan(\theta_i-\theta_d)}{\tan(\theta_i+\theta_d)}, \\ \dfrac{E_{d0}}{E_{i0}}=\dfrac{2\cos\theta_i\sin\theta_d}{\sin(\theta_i+\theta_d)\cos(\theta_i-\theta_d)}. \end{cases} \tag{5.3.13}$$

上式表明, 在入射波电场 $\boldsymbol{E}_{i0}$ 平行于入射面的情况下, 当 $\theta_i+\theta_d=\pi/2$ 时没有反射波. 这在波动光学中称为布儒斯特 (D. Brewster, 1781—1868, 苏格兰) 定律. 上述无反射条件满足时的入射角称为布儒斯特角.

方程 (5.3.12) 和方程 (5.3.13) 统称为菲涅耳公式.

注意, 振幅关系讨论的前提是电磁场的边值关系. 基于电磁波的传播理论可以证明光的反射和折射的波动光学规律, 这意味着光的表现像电磁波.

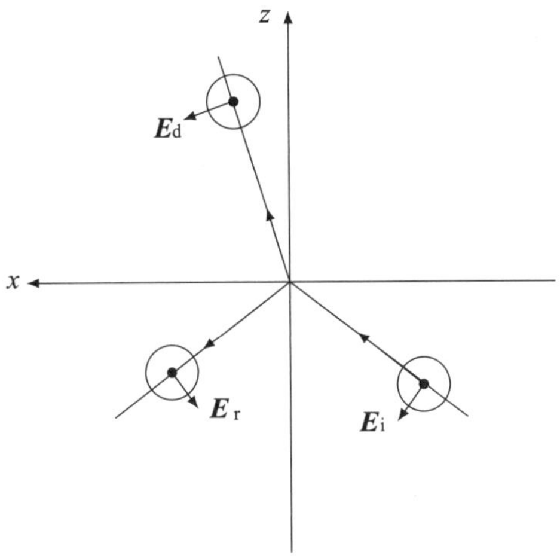


图 5.5　入射波电场平行于入射面情形

### 5.3.3　全反射

光线从光密（折射率较大）介质射入光疏（折射率较小）介质, 当入射角增大到一定程度时, 就会发生全反射.

在同一介质中, 波矢的大小一样, 我们记 $\epsilon_1$ 介质中的波矢为 $k_1$, 记 $\epsilon_2$ 介质中的波矢为 $k_2$, 那么根据折射定律方程 (5.3.6) 和 (5.3.8), 我们可以得到

$$k_{\rm d}^x = k_{\rm d}\sin\theta_{\rm d} = k_2\frac{n_1}{n_2}\sin\theta_{\rm i}.$$

由于 $n_1 > n_2$, 上式中 $k_{\rm d}^x$ 有可能大于 $k_2$, 解出折射波波矢垂直于界面的分量

$$(k_{\rm d}^z)^2 = k_2^2 - (k_{\rm d}^x)^2 = k_2^2\left(1 - \frac{n_1^2}{n_2^2}\sin^2\theta_{\rm i}\right).$$

记右边等于零时的入射角为 $\theta_{\rm ic}$, 那么当 $\theta_{\rm i} > \theta_{\rm ic}$ 时, 进一步解出

$$k_{\rm d}^z = {\rm i}k_2\sqrt{\frac{n_1^2}{n_2^2}\sin^2\theta_{\rm i} - 1} \equiv {\rm i}\kappa. \tag{5.3.14}$$

注意, 这里只取了两个根中的一个, 另一个根因为会导致振幅随着 $z$ 的增大而发散, 违反能量守恒而舍去.

折射波的电场可以写成

$$\boldsymbol{E}_{\rm d} = \boldsymbol{E}_{\rm d0}{\rm e}^{{\rm i}(k_{\rm d}^x x - \omega t)}{\rm e}^{-\kappa z}. \tag{5.3.15}$$

可以看到, 透射波随着 $z$ 的增加（深入第二种介质）而快速衰减, 其衰减的尺度为$d \sim \dfrac{1}{\kappa} \sim \lambda$,

$$\frac{1}{\kappa} = \frac{1}{k_1\sqrt{\sin^2\theta_{\rm i} - n_{21}^2}}. \tag{5.3.16}$$

为了弄清楚全反射的机理, 可以计算入射波电场 $\boldsymbol{E}_{\mathrm{i}0}$ 垂直于入射面情形下发生全反射时的能流:

$$\begin{cases} \langle \boldsymbol{E}_{\mathrm{d}} \times \boldsymbol{H}_{\mathrm{d}} \rangle_x = \dfrac{1}{2}\sqrt{\dfrac{\epsilon_2}{\mu_2}}|E_{\mathrm{d}0}|^2 \mathrm{e}^{-2\kappa z}\dfrac{\sin\theta_{\mathrm{i}}}{\dfrac{n_2}{n_1}}, \\ \langle \boldsymbol{E}_{\mathrm{d}} \times \boldsymbol{H}_{\mathrm{d}} \rangle_z = \boldsymbol{0}. \end{cases}$$

上式表明, 折射波的能流方向与界面相切, 强度随着进入第二介质迅速衰减.

另外, 反射波和入射波的振幅关系可以由上一小节的结果, 按照

$$\begin{aligned} \sin\theta_{\mathrm{d}} &\to \frac{k_{\mathrm{d}}^x}{k_2} = \frac{\sin\theta_{\mathrm{i}}}{n_{21}}, \\ \cos\theta_{\mathrm{d}} &\to \frac{k_{\mathrm{d}}^z}{k_2} = \mathrm{i}\sqrt{\frac{\sin^2\theta_{\mathrm{i}}}{n_{21}^2} - 1}, \end{aligned} \tag{5.3.17}$$

推广到全反射情形.

由此可得入射波电场 $\boldsymbol{E}_{\mathrm{i}0}$ 垂直于入射面情形下发生全反射时的振幅关系

$$\frac{E_{\mathrm{r}0}}{E_{\mathrm{i}0}} = \frac{\cos\theta_{\mathrm{i}} - \mathrm{i}\sqrt{\sin^2\theta_{\mathrm{i}} - n_{21}^2}}{\cos\theta_{\mathrm{i}} + \mathrm{i}\sqrt{\sin^2\theta_{\mathrm{i}} - n_{21}^2}}. \tag{5.3.18}$$

上式表明入射能流和反射能流是相等的.

初看起来反射能流加上折射能流大于入射能流. 需要注意的是, 折射能流是一个在 $x$ 方向且随 $z$ 增加而迅速衰减的能流, 这个能流在 $x$ 方向是均匀的; 因此在任意一点的邻域计算能量平衡时这一项都没有贡献, 结果并不违背能量守恒定律.

## 5.4 有导体存在时电磁波的传播

### 5.4.1 良导体近似

一个导体被称为良导体是相对而言的. 我们先考察导体满足的方程 (高斯定律、欧姆定律和电荷连续性方程),

$$\begin{aligned} &\epsilon_0 \nabla \cdot \boldsymbol{E} = \rho, \\ &\boldsymbol{j} = \sigma \boldsymbol{E}, \\ &\partial_t \rho + \nabla \cdot \boldsymbol{j} = 0. \end{aligned}$$

联立以上三式可以得到导体中电荷随时间变化的微分方程

$$\partial_t \rho = -\frac{\sigma}{\epsilon_0}\rho.$$

上式的解为

$$\rho(t) = \rho_0 \mathrm{e}^{-\frac{\sigma}{\epsilon_0}t} \equiv \rho_0 \mathrm{e}^{-\frac{t}{\tau}}, \tag{5.4.1}$$

其中, $\rho_0$ 为导体内部电荷密度的初始值.

可以看出, 导体中的电荷随时间衰减. 对于铜导体, 其内部电荷衰减的特征时间 $\tau \sim 10^{-17}$ s, 远远短于绝大多数物理过程的特征时间. 在研究导体内的电磁波问题时, 绝大多数情况下电磁波的频率 $\omega$ 都满足条件 $\omega \ll \dfrac{1}{\tau}$, 因此我们可以采用良导体近似

$$\frac{\sigma^2}{\epsilon_0^2\omega^2} \gg 1. \tag{5.4.2}$$

良导体内部不存在净电荷.

## 5.4.2　导体内的电磁波

为了继续讨论导体内的电磁波, 我们回到基本的麦克斯韦方程组, 考察关于磁场的安培-麦克斯韦方程. 对于单色波, $\boldsymbol{E} \sim \mathrm{e}^{-\mathrm{i}\omega t}$, 我们得到

$$\begin{aligned}\nabla \times \boldsymbol{B} &= \mu_0 \boldsymbol{j} + \mu_0\epsilon_0\partial_t \boldsymbol{E} \\ &= \mu_0\sigma\boldsymbol{E} - \mathrm{i}\omega\epsilon_0\mu_0\boldsymbol{E} \\ &= -\mathrm{i}\omega\mu_0\epsilon_0\left(1 + \mathrm{i}\frac{\sigma}{\epsilon_0\omega}\right)\boldsymbol{E}.\end{aligned} \tag{5.4.3}$$

导体中总的电流

$$\boldsymbol{J} = -\mathrm{i}\omega\epsilon_0\left(1 + \mathrm{i}\frac{\sigma}{\epsilon_0\omega}\right)\boldsymbol{E}, \tag{5.4.4}$$

包括了位移电流和传导电流的贡献. 计算电场所做的功 $\langle \boldsymbol{J}\cdot\boldsymbol{E}\rangle$ 可以发现, 位移电流不造成能量耗散.

对于导体, 引入复数相对介电常数

$$\epsilon_{\mathrm{r}} = 1 + \mathrm{i}\frac{\sigma}{\epsilon_0\omega}. \tag{5.4.5}$$

我们可以将导体中的安培-麦克斯韦方程写成

$$\nabla \times \boldsymbol{B} = -\mathrm{i}\omega\frac{1}{c^2}\epsilon_{\mathrm{r}}\boldsymbol{E}. \tag{5.4.6}$$

利用复数相对介电常数的概念, 可以将介质中电磁波传播的讨论推广到有导体存在的情形. 此种情形下, 描述电磁波传播的亥姆霍兹方程为

$$\left(\nabla^2 + k^2\right)\boldsymbol{E} = \boldsymbol{0}, \tag{5.4.7}$$

其中

$$k^2 = \epsilon_{\mathrm{r}}\frac{\omega^2}{c^2}. \tag{5.4.8}$$

上式可以理解为导体中电磁波的色散关系.

注意到这里的介电常数 $\epsilon_{\mathrm{r}}$ 为复数, 频率 $\omega$ 为实数, 因此波矢为复数:

$$\boldsymbol{k} = \boldsymbol{\beta} + \mathrm{i}\boldsymbol{\alpha} \implies k^2 = \beta^2 - \alpha^2 + 2\mathrm{i}\boldsymbol{\beta}\cdot\boldsymbol{\alpha}. \tag{5.4.9}$$

为了数学上简单, 考虑从真空到导体表面垂直入射的电磁波 $\boldsymbol{E}=\boldsymbol{E}_0\mathrm{e}^{\mathrm{i}(\boldsymbol{k}\cdot\boldsymbol{x}-\omega t)}$. 由于垂直入射, 波矢都只有 $z$ 分量, 由此可得

$$k_{\mathrm{d}}^2=\beta_z^2-\alpha_z^2+2\mathrm{i}\beta_z\alpha_z=\frac{\omega^2}{c^2}\epsilon_{\mathrm{r}}.$$

将 $\epsilon_{\mathrm{r}}$ 的定义代入, 对比实部和虚部就可以解出

$$\beta_z=\frac{\sqrt{2}}{2}\cdot\frac{\omega}{c}\left(\sqrt{1+\frac{\sigma^2}{\epsilon_0^2\omega^2}}+1\right)^{1/2}, \tag{5.4.10a}$$

$$\alpha_z=\frac{\sqrt{2}}{2}\cdot\frac{\omega}{c}\left(\sqrt{1+\frac{\sigma^2}{\epsilon_0^2\omega^2}}-1\right)^{1/2}. \tag{5.4.10b}$$

注意, 在上式中, 对于波矢的虚部我们略去了其中的负根, 这是因为它不符合物理的要求.

利用良导体近似, 即 $\dfrac{\sigma^2}{\epsilon_0^2\omega^2}\gg 1$ 成立, 我们立即得到

$$\beta_z\approx\alpha_z=\sqrt{\frac{\omega\mu_0\sigma}{2}}. \tag{5.4.11}$$

透射波电场的表达式为

$$\boldsymbol{E}_{\mathrm{d}}=\boldsymbol{E}_{\mathrm{d}0}\mathrm{e}^{-\alpha_z z}\mathrm{e}^{\mathrm{i}(\beta_z z-\omega t)}. \tag{5.4.12}$$

可以看出, 在 $z$ 方向电磁波随着进入导体内距离的增加而衰减; 在 $\dfrac{1}{\alpha_z}$ 的空间尺度内, 电磁波几乎衰减为零, 这种效应称之为趋肤效应. 定义穿透深度

$$\delta\equiv\frac{1}{\alpha_z}, \tag{5.4.13}$$

可以看出 $\delta\ll\lambda$.

电磁波进入导体内部后衰减的物理原因是导体中有限电导率引起的欧姆耗散, 这正是我们在前面略去波矢虚部负根的原因所在.

利用求得的导体中的电场以及法拉第方程, 我们可以计算导体中的磁场

$$\boldsymbol{H}_d=-\frac{\mathrm{i}}{\omega\mu_0}\nabla\times\boldsymbol{E}_{\mathrm{d}}=\frac{1}{\omega\mu_0}(\beta_z+\mathrm{i}\alpha_z)\boldsymbol{n}\times\boldsymbol{E}_{\mathrm{d}}\approx\sqrt{\frac{\sigma}{\omega\mu_0}}\mathrm{e}^{\mathrm{i}\frac{\pi}{4}}\boldsymbol{n}\times\boldsymbol{E}_{\mathrm{d}}. \tag{5.4.14}$$

上式的最后一步利用了 $\beta_z\approx\alpha_z$, 这时可以看出磁场能量与电场能量之比为

$$\frac{\mu_0H_{\mathrm{d}}^2}{\epsilon_0E_{\mathrm{d}}^2}=\frac{\sigma}{\omega\epsilon_0}\gg 1, \tag{5.4.15}$$

即在导体中电磁波的磁场能量远大于其电场能量.

### 5.4.3 电磁波在导体表面的反射

考虑从真空中入射到导体表面的平面电磁波, 为了数学处理的简单, 我们在这里只考虑垂直入射的情况. 由边值关系得

$$E_{\mathrm{i}}+E_{\mathrm{r}}=E_{\mathrm{d}},$$
$$H_{\mathrm{i}}-H_{\mathrm{r}}=H_{\mathrm{d}}.$$

由法拉第方程得

$$\boldsymbol{H}=\frac{1}{\omega\mu_0}\boldsymbol{k}\times\boldsymbol{E}.$$

联立上述方程, 我们得到如下反射波和入射波的振幅关系

$$\frac{E_{\mathrm{r}}}{E_{\mathrm{i}}}=-\frac{1+\mathrm{i}-\sqrt{\dfrac{2\omega\epsilon_0}{\sigma}}}{1+\mathrm{i}+\sqrt{\dfrac{2\omega\epsilon_0}{\sigma}}}. \tag{5.4.16}$$

上式表明, 对于垂直入射到良导体表面上的平面电磁波, 几乎所有的能量都被反射回来, 只有极少部分能量能够进入导体内部并耗散为焦耳热.

对于非垂直入射情形, 利用前述边值关系, 不难证明透射入导体内的电磁波几乎沿着法线方向传播, 随着进入导体内深度的增加迅速衰减, 穿透深度依然由上一小节的公式给出.

$$\alpha_x=0, \tag{5.4.17}$$

$$\beta_x=k_{\mathrm{i},x}; \tag{5.4.18}$$

$$\alpha_z\approx\beta_z\approx\sqrt{\frac{\omega\mu\sigma}{2}}. \tag{5.4.19}$$

$$\beta_x\ll\beta_z. \tag{5.4.20}$$

综合以上讨论, 电磁波在良导体表面的反射可以近似地看作全反射.

### 5.4.4　平面电磁波对导体表面的辐射压力

真空中电磁场的动量流(麦克斯韦应力张量)为

$$\boldsymbol{\mathcal{T}}=\left(\frac{B^2}{2\mu_0}+\frac{\epsilon_0E^2}{2}\right)\boldsymbol{\mathcal{I}}-\left(\frac{\boldsymbol{BB}}{\mu_0}+\epsilon_0\boldsymbol{EE}\right). \tag{5.4.21}$$

对于平面电磁波来说, $(\boldsymbol{E},\boldsymbol{B},\boldsymbol{k})$ 构成右手关系;由此可以证明

$$\boldsymbol{E}\cdot\boldsymbol{\mathcal{T}}=\boldsymbol{\mathcal{T}}\cdot\boldsymbol{E}=\boldsymbol{0}, \tag{5.4.22}$$

$$\boldsymbol{B}\cdot\boldsymbol{\mathcal{T}}=\boldsymbol{\mathcal{T}}\cdot\boldsymbol{B}=\boldsymbol{0}, \tag{5.4.23}$$

以及

$$\boldsymbol{k}\cdot\boldsymbol{\mathcal{T}}=\boldsymbol{\mathcal{T}}\cdot\boldsymbol{k}=w\boldsymbol{k}, \tag{5.4.24}$$

其中

$$w=\frac{1}{2}\epsilon_0E^2+\frac{1}{2\mu_0}B^2 \tag{5.4.25}$$

为(平面电磁波的)电磁场能量密度.

由此可得平面电磁波的麦克斯韦应力张量为

$$\boldsymbol{\mathcal{T}}=w\frac{\boldsymbol{kk}}{k^2}. \tag{5.4.26}$$

利用上式, 并考虑到良导体表面的电磁波反射可近似看成全反射(反射波的能量密度 $w_{\mathrm{r}}$ 与入射波的能量密度 $w_{\mathrm{i}}$ 相等), 可以计算平面电磁波对导体表面的压力. 取 $\Delta\boldsymbol{S}=\boldsymbol{n}\Delta S$

为导体表面方向指向导体外部的面积微元, 以其为底面构造一个半嵌入导体的薄板. 注意到导体内部场强为零, 计算电磁波单位时间流入此薄板的动量, 由电磁场应力张量的定义得

$$\begin{aligned}\Delta \boldsymbol{F} &= -\oint \mathrm{d}\boldsymbol{S}\cdot\boldsymbol{\mathcal{T}} \\ &= -\Delta S\boldsymbol{n}\cdot\left(w_{\mathrm{i}}\frac{\boldsymbol{k}_{\mathrm{i}}\boldsymbol{k}_{\mathrm{i}}}{k^2}+w_{\mathrm{r}}\frac{\boldsymbol{k}_{\mathrm{r}}\boldsymbol{k}_{\mathrm{r}}}{k^2}\right) \\ &= -w_{\mathrm{i}}\Delta S\boldsymbol{n}\cdot\left(\frac{\boldsymbol{k}_{\mathrm{i}}\boldsymbol{k}_{\mathrm{i}}}{k^2}+\frac{\boldsymbol{k}_{\mathrm{r}}\boldsymbol{k}_{\mathrm{r}}}{k^2}\right).\end{aligned} \tag{5.4.27}$$

令平面电磁波入射到良导体表面的入射角为 $\theta$. 利用反射定律得

$$\begin{aligned}\Delta \boldsymbol{F} &= -w_{\mathrm{i}}\Delta S\left(\frac{-\cos\theta\boldsymbol{k}_{\mathrm{i}}}{k}+\frac{\cos\theta\boldsymbol{k}_{\mathrm{r}}}{k}\right) \\ &= -\Delta S\boldsymbol{n}2w_{\mathrm{i}}\cos^2\theta.\end{aligned} \tag{5.4.28}$$

这说明导体表面单位面积受到的辐射压力为

$$p = 2w_{\mathrm{i}}\cos^2\theta. \tag{5.4.29}$$

压强的时间平均为

$$\overline{p} = \overline{w}\cos^2\theta, \tag{5.4.30}$$

其中, $w = w_{\mathrm{i}} + w_{\mathrm{r}}$ 为导体表面附近的电磁波能量密度.

考虑各向同性入射情形, 对入射角平均得

$$\overline{p} = \frac{1}{3}\overline{w}. \tag{5.4.31}$$

不难证明, 上式在表面完全吸收电磁波情形下仍然成立;因此上式也可用于计算黑体辐射对界面所施加的压强.

### 5.4.5 复数电导率与等离子体中电磁波的传播

在前面讨论电磁波在导体中的传播时, 我们看到了复数介电常数. 这里我们讨论电磁波在等离子体中的传播, 我们将看到复数电导率.

考虑电子在电场中有摩擦的运动, 其运动方程为

$$\frac{\mathrm{d}\boldsymbol{v}}{\mathrm{d}t} = -\frac{e\boldsymbol{E}}{m_{\mathrm{e}}} - \nu\boldsymbol{v}, \tag{5.4.32}$$

其中, $m_{\mathrm{e}}$ 和 $-e$ 分别表示电子的质量和带电量; $\nu$ 表示电子由于与离子有相对宏观速度 $\boldsymbol{v}$ 而受到摩擦力的作用所引起的电子动量的损失率.

如果考虑单色平面波情形 $\boldsymbol{E} = \boldsymbol{E}\mathrm{e}^{-\mathrm{i}\omega t}$, 那么上式变为

$$-\mathrm{i}\omega\boldsymbol{v} = -\frac{e}{m_{\mathrm{e}}}\boldsymbol{E} - \nu\boldsymbol{v} \implies \boldsymbol{v} = \frac{\dfrac{-e}{m_{\mathrm{e}}}}{\nu - \mathrm{i}\omega}\boldsymbol{E}.$$

假定电子的数密度为 $n$, 我们就可以写出电流与电场的关系

$$\boldsymbol{j}=n(-e)\boldsymbol{v}=\frac{ne^2}{\nu m_{\rm e}}\cdot\frac{1}{1-\dfrac{{\rm i}\omega}{\nu}}\boldsymbol{E}.$$

由此我们立即得到复数电导率

$$\sigma\equiv\sigma_0\frac{1}{1-\dfrac{{\rm i}\omega}{\nu}},\tag{5.4.33}$$

其中

$$\sigma_0=\frac{ne^2}{\nu m_{\rm e}}\tag{5.4.34}$$

为稳恒场下的电导率; 稳恒电场下的欧姆定律反映了载流电子受到的电场推动力与离子摩擦力的平衡.

在 $\omega\ll\nu$ 时, $\sigma\approx\sigma_0$; 这就是良导体的情况, 它对应于前面我们讨论过的导体中电磁波的传播问题.

下面我们讨论 $\omega\gg\nu$ 情形, 这对应于等离子体 (稀薄电离气体) 的情况. 在此高频极限下,

$$\sigma\approx\sigma_0\frac{1}{-\dfrac{{\rm i}\omega}{\nu}}={\rm i}\frac{ne^2}{m_{\rm e}\omega}.\tag{5.4.35}$$

将这一虚数电导率代入描述普通导体的复数相对介电系数的方程 (5.4.5) 中, 我们立即得到等离子体的相对介电系数

$$\epsilon_{\rm r}=1-\frac{\omega_{\rm pe}^2}{\omega^2},\tag{5.4.36}$$

其中, 电子朗缪尔 (I. Langmuir, 1881—1957, 美国. 获 1932 年诺贝尔化学奖) 振荡频率 $\omega_{\rm pe}$ 的定义为

$$\omega_{\rm pe}^2\equiv\frac{ne^2}{\epsilon_0 m_{\rm e}}.\tag{5.4.37}$$

通常的导体, 其电导率为实数, 我们可以将其写成介电系数的虚部; 等离子体的电导率是虚数, 我们当然可以将其写成介电系数的实部; 反之亦然! 换句话说, 我们这里形式上计算出的等离子体的虚数电导率, 实际上是在计算等离子体的实数极化率.

将上面得到的等离子体的相对介电系数代入一般介质中电磁波的色散关系, 我们得到等离子体中电磁波的色散关系

$$c^2k^2=\omega^2-\omega_{\rm pe}^2.\tag{5.4.38}$$

可以看出, 朗缪尔频率 $\omega_{\rm pe}$ 只由电子的数密度决定. 考虑电磁波在电离层的反射, 当电磁波从地面射向电离层时, 电离层中电子的数密度刚开始肯定是逐渐增加的, 这时电离层会根据这个色散关系自动匹配一个波矢 $k$, 当电子数密度逐渐增加到一个阈值使得 $\omega_{\rm pe}=\omega$ 时, 电磁波 $k=0$; 超过这个阈值点继续向前则 $\omega_{\rm pe}$ 继续增加, 这将导致波矢变为虚数; 从前述关于全反射的讨论我们知道, 这时波是不能再往前传播的, 电磁波被反射 (截止). 这也是飞船再入大气层时“黑障”效应产生的主要原因.

# 5.5 谐 振 腔

在微波工程应用中, 由于高频电磁波辐射强的原因, 在微波的激励和传输过程中都必须使用导体将其约束起来.

高频电磁波的激励是在一个由良导体封闭起来的空腔中实现的, 这个空腔称为谐振腔. 在这一节, 我们讨论在一个长方体谐振腔里面, 电磁波的本征模式.

考虑一个长方体金属盒, 如图 5.6 所示, 建立合适的直角坐标系, 使得 $l_x \geqslant l_y \geqslant l_z$. 根据本章第一节的讨论, 描述长方体谐振腔中振荡电场的方程为亥姆霍兹方程和高斯定律

$$\left(\nabla^2 + k^2\right) \boldsymbol{E} = 0, \tag{5.5.1a}$$

$$\nabla \cdot \boldsymbol{E} = \boldsymbol{0}. \tag{5.5.1b}$$

上式中 $k^2 = \omega^2/c^2$.

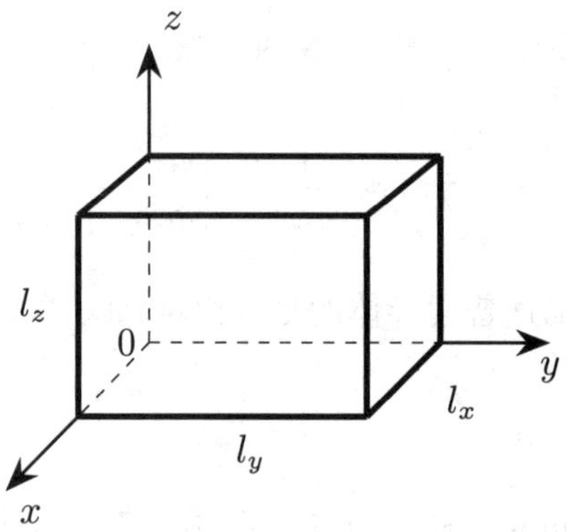


**图 5.6 谐振腔**

良导体内部电场为零, 因此在导体表面应用边值关系得

$$\boldsymbol{n} \times \boldsymbol{E} = \boldsymbol{0}. \tag{5.5.2}$$

磁场可以在求出电场后通过麦克斯韦方程组利用电场求出.

以 $E_x$ 的求解为例, 我们写出亥姆霍兹方程的通解,

$$E_x = (c_1 \cos k_x x + s_1 \sin k_x x)(c_2 \cos k_y y + s_2 \sin k_y y)(c_3 \cos k_z z + s_3 \sin k_z z).$$

对于 $y = 0$ 和 $z = 0$ 的谐振腔内表面, $E_x$ 都是切向分量; 在这两个面上应用方程 (5.5.2), 我们得到

$$c_2 = 0 = c_3.$$

在 $x = 0$ 的平面上, $E_y, E_z$ 都是切向分量, 因此

$$E_y(x = 0) = 0,$$

$$E_z(x = 0) = 0.$$

在谐振腔的这个内壁面上利用电场的散度为零条件, 我们得到

$$[\partial_x E_x]_{x=0} = 0,$$

代入通解得到

$$s_1 = 0.$$

将常数合并为 $E_{x0}$, 我们得到亥姆霍兹方程的解

$$E_x = E_{x0} \cos k_x x \sin k_y y \sin k_z z. \tag{5.5.3}$$

类似地, 我们可以得到另外两个电场分量的亥姆霍兹方程的解

$$E_y = E_{y0} \sin k'_x x \cos k'_y y \sin k'_z z, \tag{5.5.4}$$

$$E_z = E_{z0} \sin k''_x x \sin k''_y y \cos k''_z z. \tag{5.5.5}$$

电场的散度为零要求

$$k_x E_x + k'_y E_y + k''_z E_z = 0. \tag{5.5.6}$$

由此可得 $\boldsymbol{k}' = \boldsymbol{k}'' = \boldsymbol{k}$;另外, 电场三个分量的振幅并不是完全独立的.

考察电场三个分量的解, 我们知道波矢的三个分量中最多只能有一个为零.

利用在 $z = l_z, x = l_x, y = l_y$ 这 3 个面上的边值关系, 可以得到

$$k_x = l\frac{\pi}{l_x}, \quad k_y = m\frac{\pi}{l_y}, \quad k_z = n\frac{\pi}{l_z}, \quad l, m, n = 0, 1, 2, \cdots$$

谐振腔中的波矢满足条件

$$k^2 = k_x^2 + k_y^2 + k_z^2 = \left(\frac{l\pi}{l_x}\right)^2 + \left(\frac{m\pi}{l_y}\right)^2 + \left(\frac{n\pi}{l_z}\right)^2. \tag{5.5.7}$$

由 $k^2 = \omega^2/c^2$, 我们得到谐振腔中电磁振荡的本征频率为

$$\omega_{lmn}^2 = c^2 \left[\left(\frac{l\pi}{l_x}\right)^2 + \left(\frac{m\pi}{l_y}\right)^2 + \left(\frac{n\pi}{l_z}\right)^2\right]. \tag{5.5.8}$$

考虑到只能有一个波矢分量为零 (之前假设了 $l_x \geqslant l_y \geqslant l_z$), 谐振腔中振荡电磁场最小的非零本征频率为

$$\omega_{110}^2 = c^2 \left[\left(\frac{\pi}{l_x}\right)^2 + \left(\frac{\pi}{l_y}\right)^2\right]. \tag{5.5.9}$$

## 5.6 波　导

在微波工程中, 传输高频电磁波时为了防止其辐射损失和危害, 必须将其约束在良导体构成的空芯管道中. 这种由良导体构成的空芯管道引导微波的传输, 因而称为波导. 在这一

节中, 我们讨论如图 5.7 所示的矩形横截面波导中电磁波的传播, 其基础仍然是麦克斯韦方程组.

假定波导中充满均匀介质, 则波导中电磁场满足的方程为齐次麦克斯韦方程组:

$$\begin{cases}\nabla\cdot\boldsymbol{E}=0,\\ \nabla\cdot\boldsymbol{H}=0,\\ \nabla\times\boldsymbol{E}=-\partial_t(\mu\boldsymbol{H}),\\ \nabla\times\boldsymbol{H}=\partial_t(\epsilon\boldsymbol{E}).\end{cases}\tag{5.6.1}$$

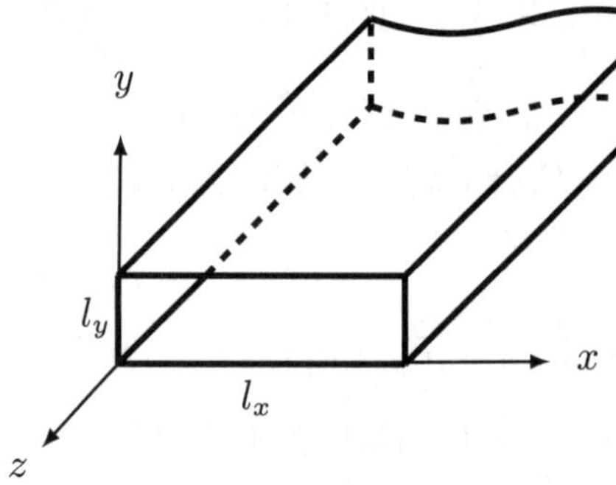


**图 5.7 矩形截面波导**

波导中传播的电磁波的电场和磁场的每个分量都可以写成

$$\psi(x,y,z,t)=\psi(x,y)\mathrm{e}^{\mathrm{i}(k_z z-\omega t)}.\tag{5.6.2}$$

其中, $z$ 为无限长波导的纵向, $(x,y)$ 为波导的横截面.

由麦克斯韦方程组可以得到亥姆霍兹方程

$$\left(\nabla_\perp^2+k_c^2\right)\psi(x,y)=0,\tag{5.6.3}$$

其中

$$\begin{aligned}&\nabla_\perp^2=\partial_x^2+\partial_y^2,\\ &k_c^2=k_0^2-k_z^2,\\ &k_0^2=\omega^2\epsilon\mu.\end{aligned}\tag{5.6.4}$$

在本章的第一节和上一节, 我们已经了解到波动方程或亥姆霍兹方程给出的电场解中必须挑出满足散度为零条件的那些解, 它们才是真正满足麦克斯韦方程组的解. 因此上述亥姆霍兹方程必须与下面方程联立

$$\nabla\cdot\boldsymbol{E}=0.\tag{5.6.5}$$

当然, 这些解必须满足电磁场的边值关系; 由于良导体内部电场为零, 根据边值关系我们知道波导管内壁上电场的切向分量必须为零, 即

$$\boldsymbol{n}\times\boldsymbol{E}=\boldsymbol{0}.\tag{5.6.6}$$

### 5.6.1 波导管中电磁波与电磁场纵向分量的关系

对于矩形波导中电磁波的传输问题, 我们采用另外一种较为方便的求解方法.

将电磁场的分量代入麦克斯韦方程组, 可以证明如下两个重要结论.

**结论 1** $E_z$ 和 $H_z$ 不同时为零情形.

在此情形下, $k_c^2 \neq 0$.

波导中传播的电磁波的每一个分量都可以用 $E_z$ 和 $H_z$ 表示, 即

$$E_x = \frac{\mathrm{i}}{k_c^2}(k_z\partial_x E_z + \omega\mu\partial_y H_z), \tag{5.6.7a}$$

$$E_y = \frac{\mathrm{i}}{k_c^2}(k_z\partial_y E_z - \omega\mu\partial_x H_z), \tag{5.6.7b}$$

$$H_x = \frac{\mathrm{i}}{k_c^2}(-\omega\epsilon\partial_y E_z + k_z\partial_x H_z), \tag{5.6.7c}$$

$$H_y = \frac{\mathrm{i}}{k_c^2}(\omega\epsilon\partial_x E_z + k_z\partial_y H_z). \tag{5.6.7d}$$

由上式可以看出, $E_z$ 和 $H_z$ 看起来像一对基矢; 这一对基矢可以用来对矩形波导中的电磁波做分解. 那么很自然地就可以想到, 矩形波导中的电磁波可以分为横电模 ( TE 模, $E_z = 0$, $H_z \neq 0$; 电场垂直于传播方向 ) 和横磁模 ( TM 模, $H_z = 0$, $H_z \neq 0$; 磁场垂直于传播方向 ) 两种独立的模式; 一般的模式则可以表示为 TE 模和 TM 模的线性叠加.

因此矩形波导中电磁场的求解就可以归结为三步. 第一步, 给出 $E_z$ 和 $H_z$ 所满足的亥姆霍兹方程的通解; 第二步, 利用上述方程 (5.6.7) 计算出 $E_x$ 和 $E_y$; 第三步, 利用电场的切向分量为零的边值关系确定通解中的待定系数和波数.

很容易可以证明上述方法给出的电场自动满足散度为零的条件.

**结论 2** $E_z$ 和 $H_z$ 同时为零情形.

在此情形下, $k_c^2 = 0$.

由法拉第方程的 $z$ 分量可以证明垂直电场,

$$\boldsymbol{E}_\perp = E_x\boldsymbol{e}_x + E_y\boldsymbol{e}_y,$$

是一个无旋场

$$\boldsymbol{E}_\perp = -\nabla_\perp\phi. \tag{5.6.8}$$

由法拉第方程的垂直分量可以证明垂直磁场为

$$\boldsymbol{H}_\perp = \frac{k_z}{\omega\mu}\boldsymbol{e}_z \times \boldsymbol{E}_\perp. \tag{5.6.9}$$

由安培-麦克斯韦方程的垂直分量可以证明垂直磁场为

$$\boldsymbol{H}_\perp = \frac{\omega\epsilon}{k_z}\boldsymbol{e}_z \times \boldsymbol{E}_\perp. \tag{5.6.10}$$

上述两个方程表明 $k_z^2 = k_0^2$, 即 $k_c^2 = 0$.

将方程 (5.6.8) 代入高斯定律得到, 垂直电场满足拉普拉斯方程

$$\nabla_\perp^2\phi = 0. \tag{5.6.11}$$

## 5.6.2 TE 波

横电波（$E_z = 0,\ H_z \neq 0$）情形讨论如下.

磁场的纵向分量满足的亥姆霍兹方程为

$$\left(\nabla_\perp^2 + k_c^2\right) H_z = 0, \tag{5.6.12}$$

其通解为

$$H_z = (C_1 \cos k_x x + S_1 \sin k_x x)(C_2 \cos k_y y + S_2 \sin k_y y),$$

其中, $k_x^2 + k_y^2 = k_c^2$.

将上式给出的 $H_z$ 以及 $E_z = 0$ 代入方程 (5.6.7) 计算出电场后, 考虑波导管壁上的边值关系

$$\boldsymbol{n} \times \boldsymbol{E} = \boldsymbol{0}, \tag{5.6.13}$$

我们得到 $\mathrm{TE_{mn}}$ 模的解为

$$H_z = H_{z0} \cos\left(\frac{m\pi}{l_x} x\right) \cos\left(\frac{n\pi}{l_y} y\right), \tag{5.6.14a}$$

$$\left(\frac{m\pi}{l_x}\right)^2 + \left(\frac{n\pi}{l_y}\right)^2 = \frac{\omega^2}{c^2} - k_z^2. \tag{5.6.14b}$$

对于给定的频率 $\omega$, 只有当 $k_z^2 \geqslant 0$ 时电磁波才能传播, 因此对 $(m,\ n)$ 有一定的要求. 假设 $l_x > l_y$ 那么当 $m = 1, n = 0, k_z^2 = 0$ 时, 波导中传播的电磁波有最小的频率

$$\omega_{10} = c\frac{\pi}{l_x}, \tag{5.6.15}$$

这个频率是矩形波导传播 TE 波的截止频率.

波导管表面电荷和电流可以根据边值关系求出

$$\boldsymbol{n} \cdot \boldsymbol{D} = \sigma_{\mathrm{f}}, \tag{5.6.16}$$

$$\boldsymbol{n} \times \boldsymbol{H} = \boldsymbol{\alpha}_{\mathrm{f}}. \tag{5.6.17}$$

其中, $\boldsymbol{n}$ 为波导管壁的法向单位矢量, 由管壁指向真空.

传播 $\mathrm{TE_{10}}$ 模电磁波时, 波导表面的电流线的分布在宽边和窄边上是不同的, 如果要开一个缝来测量内部的电磁波, 那么最好是在宽边的中线上沿着波导的方向开缝, 因为这样基本不会影响波导表面电流的分布, 从而只会有极少的电磁波从缝隙中泄漏出来.

## 5.6.3 TM 波

横磁波（$H_z = 0,\ E_z \neq 0$）情形讨论如下.

电场的纵向分量满足的亥姆霍兹方程为

$$\left(\nabla_\perp^2 + k_c^2\right) E_z = 0, \tag{5.6.18}$$

其通解为

$$E_z = (C_1 \cos k_x x + S_1 \sin k_x x)(C_2 \cos k_y y + S_2 \sin k_y y),$$

其中, $k_x^2 + k_y^2 = k_c^2$.

将上式给出的 $E_z$ 以及 $H_z = 0$ 代入方程 (5.6.7) 计算出电场后, 考虑波导管壁上的边值关系

$$\boldsymbol{n} \times \boldsymbol{E} = \boldsymbol{0}, \tag{5.6.19}$$

我们得到 $\mathrm{TM_{mn}}$ 模的解为

$$E_z = E_{z0} \sin\left(\frac{m\pi}{l_x}x\right) \sin\left(\frac{n\pi}{l_y}y\right), \tag{5.6.20a}$$

$$\left(\frac{m\pi}{l_x}\right)^2 + \left(\frac{n\pi}{l_y}\right)^2 = \frac{\omega^2}{c^2} - k_z^2. \tag{5.6.20b}$$

由于此本征函数的两个因子都是正弦函数, 因此两个方向的波矢都不能为零（$m \neq 0$, $n \neq 0$）, 否则就没有波存在了, 因此最低的频率为

$$\omega_{11} = c\pi\sqrt{\frac{1}{l_x^2} + \frac{1}{l_y^2}}, \tag{5.6.21}$$

这个频率是矩形波导传播 TM 波的截止频率.

## 5.6.4* TEM 波

TEM 波（$H_z = 0$, $E_z = 0$）情形讨论如下.

此时, 垂直电场满足拉普拉斯方程

$$\nabla_{\perp}^2 \phi = 0, \tag{5.6.22}$$

其边界条件确定如下. 波导的管壁是连通的导体, 如图 5.8 所示, 其表面切向电场为零, 故拉普拉斯方程的边界条件为

$$\phi(x, y) = \text{const.}, \tag{5.6.23}$$

即边界电势不依赖于空间坐标（当然可以依赖于时间）.

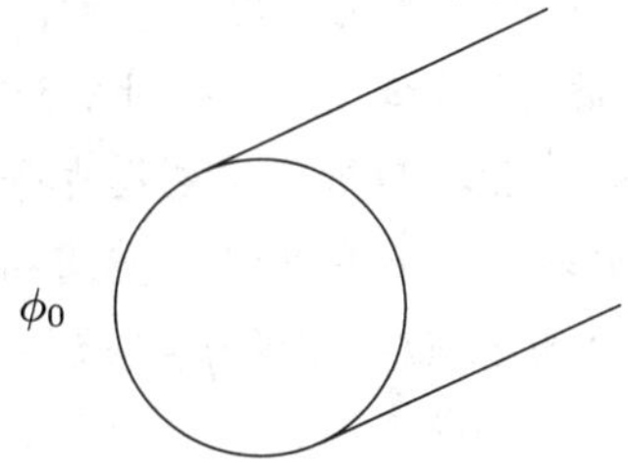


**图 5.8　波导不可传播 TEM 波**

拉普拉斯方程在上述边界条件下的解给出零电场, 故波导管不能传播 TEM 波.

然而可以证明, 如果在波导管中轴穿一根导线; 如图 5.9 所示, 由于中轴上的导线与管壁不连接 (同轴电缆情形), TEM 波可以在这种情形下得到传播.

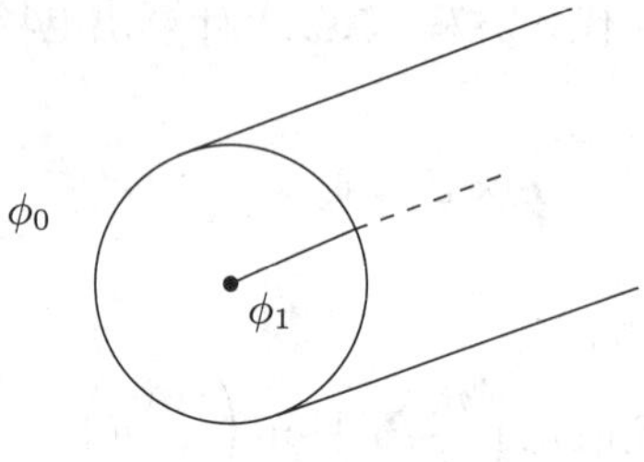


**图 5.9 同轴电缆可以传播 TEM 波**

## 习题与解答

1. 令 $\boldsymbol{E}_{\pm} = E_0(\boldsymbol{e}_x \pm \mathrm{i}\boldsymbol{e}_y)\mathrm{e}^{\mathrm{i}(kz-\omega t)}$. 试分别讨论 $\boldsymbol{E}_+$ 和 $\boldsymbol{E}_-$ 所表示的两列电磁波的偏振特性.

答案: 大拇指方向为波矢方向, 电场旋转的方向为右手四指弯曲方向为右旋, 反之电场旋转方向为左手四指弯曲方向为左旋. $E_+$ 为左旋; $E_-$ 为右旋.

2.* 考虑两列沿 $z$ 轴传播的线偏振平面波, 两列波的偏振方向和振幅都相同, 但频率和波数有微小的差别,

$$\psi_{\pm} = \psi_0 \mathrm{e}^{\mathrm{i}[(k \pm dk)z - (\omega \pm d\omega)t]}.$$

试计算合成波振幅的传播速度 (群速度).

3. 频率为 $\omega$ 的电磁波在各向异性介质中传播. 若 $(\boldsymbol{E}, \boldsymbol{D}, \boldsymbol{H}, \boldsymbol{B})$ 仍按 $\mathrm{e}^{\mathrm{i}(\boldsymbol{k}\cdot\boldsymbol{x}-\omega t)}$ 形式变化, 但由于介质的各向异性 $\boldsymbol{D}$ 与 $\boldsymbol{E}$ 不再相互平行, 试证明:

(1) $\boldsymbol{k}\cdot\boldsymbol{B} = \boldsymbol{k}\cdot\boldsymbol{D} = \boldsymbol{D}\cdot\boldsymbol{B} = \boldsymbol{E}\cdot\boldsymbol{B} = 0$, 但一般 $\boldsymbol{k}\cdot\boldsymbol{E} \neq 0$.

(2) $\boldsymbol{D} = \dfrac{1}{\omega^2\mu}[k^2\boldsymbol{E} - \boldsymbol{k}\boldsymbol{k}\cdot\boldsymbol{E}]$.

(3) 能流 $\boldsymbol{S}$ 与波矢 $\boldsymbol{k}$ 一般不再相互平行.

4. 两种各向同性线性均匀介质的界面为无穷大平面. 一列平面电磁波在介质 1 内入射到分界面, 在界面处发生反射和折射. 试证明: 若入射平面电磁波电场平行于入射面 (入射波矢与界面法线确定的平面), 则反射波和折射波电场也平行于入射面.

5. 一列平面电磁波由真空中垂直入射到充满半空间的无穷大介质平面上. 设入射波电场垂直于入射面, 介质的介电常数为 $\epsilon$, 磁导率为 $\mu_0$. 试导出反射系数和透射系数.

答案: 反射系数为

$$R = \frac{\sqrt{\epsilon_0}E_{\mathrm{r}}^2}{\sqrt{\epsilon_0}E_{\mathrm{i}}^2} = \left(\frac{1-\sqrt{\dfrac{\epsilon}{\epsilon_0}}}{1+\sqrt{\dfrac{\epsilon}{\epsilon_0}}}\right)^2 = \left(\frac{\sqrt{\epsilon}-\sqrt{\epsilon_0}}{\sqrt{\epsilon}+\sqrt{\epsilon_0}}\right)^2,$$

透射系数为

$$T = \frac{\sqrt{\epsilon}E_{\rm d}^2}{\sqrt{\epsilon_0}E_{\rm i}^2} = \frac{4\sqrt{\epsilon\epsilon_0}}{(\sqrt{\epsilon}+\sqrt{\epsilon_0})^2}.$$

6. 空间中垂直放置一无穷大平板, 其厚度为 $d$, 介电系数和磁导率为 $(\epsilon,\mu)$; 平板左侧为无穷大介质 $1(\epsilon_1,\mu_1)$, 右侧为无穷大介质 $2(\epsilon_2,\mu_2)$. 一列平面电磁波从介质 1 垂直于界面入射. 试选取 $d$ 和 $(\epsilon,\mu)$, 使得介质 1 中垂直入射波的平均能流全部传输到介质 2.

答案: 记介质 1 与薄板的界面为界面 1, 介质 2 与薄板的界面为界面 2. 一般情形下, 波在薄板内传播会在两个界面处发生多次反射和透射. 介质 1 中的波, 正向传播的为入射波; 介质 1 中反向传播的波包括入射波在界面 1 的反射波以及由薄板穿过界面 1 多次透射回来的波. 介质 2 中的波为正向传播的波.

当入射波平均能流全部由介质 1 传输到介质 2 时, 介质 1 中只有入射波存在. 因此介质 1 中的电磁场为正向传播的入射波; 介质 2 中电磁场为正向传播的平面电磁波; 待调节薄板中的电磁场为正向传播和反向传播的两列平面波的叠加. 考虑两个界面处的边值关系, 得到

$$\left(1+\frac{\eta}{\eta_1}\right)\left(1-\frac{\eta_2}{\eta}\right){\rm e}^{2{\rm i}kd} + \left(1-\frac{\eta}{\eta_1}\right)\left(1+\frac{\eta_2}{\eta}\right) = 0,$$

其中, $k$ 为薄板中平面波的波数, $k/\omega = \sqrt{\epsilon\mu}$. $\eta = \sqrt{\mu/\epsilon}$ 为薄板介质的波阻抗. $\eta_{1,2}$ 为介质 1 和介质 2 的波阻抗.

上述方程的解为, 当介质 1 和介质 2 的波阻抗相同时, 薄板厚度为其中半波长的整数倍, 这就是雷达天线罩的原理; 当介质 1 和介质 2 的波阻抗不同时, 薄板介质的波阻抗选为两者的几何平均值, 厚度为其中 $\dfrac{1}{4}$ 波长的奇数倍, 这就是一般光学透镜表面镀膜增加透光度的原理.

7. 对于海水, 近似有 $\epsilon_r = 10$, $\mu_r = 1$, $\sigma = 1$ S/m. 对频率为 50 Hz 的电磁波, 证明良导体近似成立, 并计算该电磁波在海水中的穿透深度.

答案: 71 m.

8. 对于垂直入射到导体表面的平面电磁波, 试论证透射入导体内部的电磁波能量全部耗散为焦耳热.

答案: 由导体中透射波的电场

$$\boldsymbol{E} = E_0{\rm e}^{-\alpha_z z}{\rm e}^{{\rm i}(\beta_z - \omega t)}\boldsymbol{e}_x,$$

得到透射波磁场

$$\boldsymbol{H} = -\frac{\rm i}{\omega\mu_0}\nabla\times\boldsymbol{E} \approx \sqrt{\frac{\sigma}{\omega\mu_0}}{\rm e}^{{\rm i}\frac{\pi}{4}}\boldsymbol{n}\times\boldsymbol{E}.$$

由此可得, 垂直于导体表面的透射波能流为

$$\boldsymbol{S}|_{z=0} = \frac{1}{2}\Re(\boldsymbol{E}^*\times\boldsymbol{H}) = \frac{1}{2}\sqrt{\frac{\sigma}{2\omega\mu_0}}E_0^2\boldsymbol{e}_z.$$

根据欧姆定律 $\boldsymbol{j} = \sigma\boldsymbol{E}$ 计算导体中对应于单位入射面积的焦耳热功率

$$\frac{{\rm d}p}{{\rm d}\Sigma} = \int_0^\infty \frac{1}{2}\Re(\boldsymbol{E}^*\cdot\boldsymbol{j}){\rm d}z = \frac{\sigma E_0^2}{4\alpha_z} = \frac{1}{2}\sqrt{\frac{\sigma}{2\omega\mu_0}}E_0^2 = \boldsymbol{e}_z\cdot\boldsymbol{S}|_{z=0}.$$

因此透射入导体内部的电磁波能量全部耗散为焦耳热.

9. 电磁波 $\boldsymbol{E}(x,y)\mathrm{e}^{\mathrm{i}(k_z z-\omega t)}$ 在矩形波导管中沿 $z$ 方向传播. 试证明电磁场的所有分量都可以用 $E_z(x,y)$ 和 $H_z(x,y)$ 表示.

答案:令 $k_c^2=\omega^2/c^2-k_z^2$. 对于传导的电磁波, $k_c^2\neq 0$. 将笛卡儿系中的电磁波分量代入麦克斯韦方程组, 将 $E_z(x,y)$ 和 $H_z(x,y)$ 当作已知量, 解线性代数方程组得

$$
\begin{aligned}
E_x &= \frac{\mathrm{i}}{k_c^2}\left(k_z\partial_x E_z+\omega\mu\partial_y H_z\right),\\
E_y &= \frac{\mathrm{i}}{k_c^2}\left(k_z\partial_y E_z-\omega\mu\partial_x H_z\right),\\
H_x &= \frac{\mathrm{i}}{k_c^2}\left(-\omega\epsilon\partial_y E_z+k_z\partial_x H_z\right),\\
H_y &= \frac{\mathrm{i}}{k_c^2}\left(\omega\epsilon\partial_x E_z+k_z\partial_y H_z\right).
\end{aligned}
$$

10. 无限长矩形波导管横截面边长为 $L_x$ 和 $L_y$. 波导管在 $z=0$ 处为理想导体板封闭. 试计算在 $(-\infty,0)$ 这段波导管内可能存在的波模.

答案:

$$
\begin{aligned}
&E_x = E_x\cos\frac{m\pi}{L_x}x\sin\frac{n\pi}{L_y}y\sin k_z z,\\
&E_y = E_y\sin\frac{m\pi}{L_x}x\cos\frac{n\pi}{L_y}y\sin k_z z,\\
&E_z = E_z\sin\frac{m\pi}{L_x}x\sin\frac{n\pi}{L_y}y\cos k_z z;\\
&\left(\frac{m\pi}{L_x}\right)^2+\left(\frac{n\pi}{L_y}\right)^2+k_z^2=\frac{\omega^2}{c^2},\\
&\frac{m\pi}{L_x}E_x+\frac{n\pi}{L_y}E_y+k_zE_z=0.
\end{aligned}
$$

11. 试证明谐振腔内电场能量的时间平均值等于磁场能量的时间平均值.

12. 给出频率为 $f=6.67\times10^9$ Hz 的微波在横截面为 4 cm $\times$ 3 cm 的矩形波导管中可能传播的波模.

答案:$TE_{10}$ 模、$TE_{01}$ 模、$TE_{11}$ 模、$TM_{11}$ 模.

13. 两种无穷大均匀介质的交界面为无穷大平面. 今有一列平面声波从介质 1 入射到与介质 2 的交界面上, 试证明声波的传播与电磁波一样满足几何光学的反射定律和折射定律.

提示:考察界面上波动的相位.注意声波的相速度在两种均匀介质中分别为不同的常数.

# 第 6 章　连续系统的电磁辐射

在本章中, 我们讨论一个振荡的连续分布电荷系统是如何向空间中辐射电磁波的. 处理电磁辐射问题, 引入矢势与标势是比较方便的; 矢势和标势并非唯一确定的, 对其做规范变换可以得到对应于相同的电磁场的不同的矢势和标势; 进一步引入洛仑茨（L. Lorenz, 丹麦）规范条件, 我们得到矢势和标势满足的微分方程为达朗贝尔方程——有源波动方程. 考虑因果律条件, 达朗贝尔波动方程的解为推迟势解. 在此基础上我们讨论小区域振荡电流（天线）系统辐射解的多极展开, 电偶极辐射、磁偶极辐射以及电四极辐射. 作为达朗贝尔推迟势解的一个重要应用, 我们讨论电磁波衍射问题的标量理论——基尔霍夫（G. R. Kirchhoff, 1824—1887, 德国）公式.

对于电磁波的辐射问题, 其基础是麦克斯韦方程组,

$$\begin{cases}\nabla\cdot\boldsymbol{E}=\dfrac{1}{\epsilon_0}\rho,\\ \nabla\cdot\boldsymbol{B}=0,\\ \nabla\times\boldsymbol{E}=-\partial_t\boldsymbol{B},\\ \nabla\times\boldsymbol{B}=\mu_0\boldsymbol{j}+\dfrac{1}{c^2}\partial_t\boldsymbol{E}.\end{cases}\tag{6.0.1}$$

## 6.1　矢势和标势

由方程 (6.0.1) 第二式, 我们可以引入矢势

$$\boldsymbol{B}=\nabla\times\boldsymbol{A}.$$

代入方程 (6.0.1) 第三式得

$$\nabla\times(\boldsymbol{E}+\partial_t\boldsymbol{A})=\boldsymbol{0}.$$

因此可以引入标势 $\phi$

$$\boldsymbol{E}+\partial_t\boldsymbol{A}=-\nabla\phi.$$

电磁场可以用标势和矢势表示为

$$\begin{cases}\boldsymbol{B}=\nabla\times\boldsymbol{A},\\ \boldsymbol{E}=-\nabla\phi-\partial_t\boldsymbol{A}.\end{cases}\tag{6.1.1}$$

注意, 现在考虑的是随时间变化的电磁场, 电场是一个有旋场, 因而标势不再像在静电场情形下那样可以用来表示势能.

### 6.1.1 电磁场的规范不变性

电磁场可以用矢势和标势 $(\boldsymbol{A},\phi)$ 表示, 但是需要注意的是矢势和标势的选取并非唯一. 如果做这样的变换

$$\begin{cases}\boldsymbol{A}'=\boldsymbol{A}+\nabla\psi\left(\boldsymbol{x},t\right),\\ \phi'=\phi-\partial_t\psi\left(\boldsymbol{x},t\right),\end{cases}\tag{6.1.2}$$

可以保证用新的矢势标势 $(\boldsymbol{A}',\phi')$ 表示的电磁场不变. 每一种选定的 $(\boldsymbol{A},\phi)$ 称为一种规范; 矢势和标势做上述变换时电磁场的不变性称为规范不变性. 在具体的问题中, 电磁场的规范变换带来了极大的方便, 其中有两种规范最为著名:

**1. 库仑规范**

$$\nabla\cdot\boldsymbol{A}=0.\tag{6.1.3}$$

当我们选取库仑规范时,

$$\nabla\cdot\boldsymbol{E}=-\nabla^2\phi=\frac{\rho}{\epsilon_0}.$$

库仑规范使得电场看起来像库仑场.

**2. 洛仑茨规范**

$$\nabla\cdot\boldsymbol{A}+\frac{1}{c^2}\partial_t\phi=0.\tag{6.1.4}$$

洛仑茨在研究电磁辐射问题时提出上述规范条件.

### 6.1.2 低速带电粒子运动的哈密顿力学及其规范不变性

低速带电粒子的运动可由哈密顿 ( W. R. Hamilton, 1805—1865, 爱尔兰 ) 变分原理描述. 运动带电粒子的拉格朗日量由下式给出:

$$\mathcal{L}\mathrm{d}t=\left[\,\boldsymbol{p}+q\boldsymbol{A}\left(\boldsymbol{x},t\right)\right]\cdot\mathrm{d}\boldsymbol{x}-\left[\frac{1}{2m}p^2+q\phi\left(\boldsymbol{x},t\right)\right]\mathrm{d}t,\tag{6.1.5}$$

其中, $m$ 和 $q$ 分别为带电粒子的质量和电荷, $\boldsymbol{p}=m\boldsymbol{v}$ 为粒子动量, $\boldsymbol{v}$ 为粒子运动速度.

可以证明带电粒子在电磁场中的运动方程由如下变分给出:

$$0=\delta\int\mathcal{L}\mathrm{d}t,\tag{6.1.6}$$

其中, 变分过程中的独立变量为 $(\boldsymbol{x},\boldsymbol{p})$. 注意这里使用的是哈密顿力学的非正则变量表述.

变分计算的过程简述如下:

关于 $\boldsymbol{p}$ 的变分得到

$$0=\delta_{\boldsymbol{p}}\int\mathcal{L}\mathrm{d}t=\int\delta\boldsymbol{p}\cdot\left(\mathrm{d}\boldsymbol{x}-\frac{\boldsymbol{p}}{m}\mathrm{d}t\right),$$

由 $\delta\boldsymbol{p}$ 的任意性可得,

$$\frac{\mathrm{d}\boldsymbol{x}}{\mathrm{d}t}=\frac{\boldsymbol{p}}{m}=\boldsymbol{v}.\tag{6.1.7}$$

关于 $x$ 的变分得到

$$\begin{aligned}0 &= \delta_x \int \mathcal{L}\mathrm{d}t \\ &= \int \left[p_x + qA_x(\boldsymbol{x},t)\right]\mathrm{d}\delta x + q\delta x\left(\mathrm{d}x_i\partial_x A_i - \mathrm{d}t\partial_x\phi\right) \\ &= \int q\delta x\left(\mathrm{d}x_i\partial_x A_i - \mathrm{d}t\partial_x\phi\right) - \delta x\left[\mathrm{d}p_x + q\mathrm{d}A_x(\boldsymbol{x},t)\right],\end{aligned}$$

由 $\delta x$ 的任意性可得

$$\begin{aligned}\frac{\mathrm{d}p_x}{\mathrm{d}t} &= -q\frac{\mathrm{d}A_x(\boldsymbol{x},t)}{\mathrm{d}t} - q\partial_x\phi + q\frac{\mathrm{d}x_i}{\mathrm{d}t}\partial_x A_i \\ &= q\left(-\partial_x\phi - \partial_t A_x\right) + q\frac{\mathrm{d}x_i}{\mathrm{d}t}\left(\partial_x A_i - \partial_i A_x\right) \\ &= q\left(\boldsymbol{E} + \boldsymbol{v}\times\boldsymbol{B}\right)_x.\end{aligned}$$

动力学方程的另外两个分量可以类似地得到;综合起来, 洛伦兹力方程为

$$\frac{\mathrm{d}\boldsymbol{p}}{\mathrm{d}t} = q\left(\boldsymbol{E} + \boldsymbol{v}\times\boldsymbol{B}\right). \tag{6.1.8}$$

将规范变换方程 (6.1.2) 代入方程 (6.1.5) 得

$$\begin{aligned}\mathcal{L}'\mathrm{d}t &= \left[\,\boldsymbol{p} + q\boldsymbol{A}'(\boldsymbol{x},t)\right]\cdot\mathrm{d}\boldsymbol{x} - \left[\frac{1}{2m}p^2 + q\phi'(\boldsymbol{x},t)\right]\mathrm{d}t \\ &= \left[\,\boldsymbol{p} + q\boldsymbol{A}(\boldsymbol{x},t)\right]\cdot\mathrm{d}\boldsymbol{x} - \left[\frac{1}{2m}p^2 + q\phi(\boldsymbol{x},t)\right]\mathrm{d}t + \frac{\mathrm{d}\psi}{\mathrm{d}t}\mathrm{d}t.\end{aligned} \tag{6.1.9}$$

注意最后一项是一个全微分项, 其变分恒为零.

这就证明了低速带电粒子运动哈密顿力学的规范不变性.

### 6.1.3　达朗贝尔方程

将用标势和矢势表示的电磁场代入麦克斯韦方程组, 我们得到

$$\left(\nabla^2 - \frac{1}{c^2}\partial_t^2\right)\boldsymbol{A} = \nabla\left(\nabla\cdot\boldsymbol{A} + \frac{1}{c^2}\partial_t\phi\right) - \mu_0\boldsymbol{j}, \tag{6.1.10a}$$

$$\left(\nabla^2 - \frac{1}{c^2}\partial_t^2\right)\phi = -\partial_t\left(\nabla\cdot\boldsymbol{A} + \frac{1}{c^2}\partial_t\phi\right) - \frac{1}{\epsilon_0}\rho. \tag{6.1.10b}$$

其中, 第一个方程是将电磁场的标势和矢势表示代入安培-麦克斯韦方程得到的; 第二个方程是将电磁场的标势和矢势表示代入高斯定律得到的. 注意, 电磁场的标势和矢势表示是由法拉第定律和磁感应强度无散方程得到的. 因此上述两个方程加上方程 (6.1.1) 与麦克斯韦方程组等价.

选取洛仑茨规范

$$\nabla\cdot\boldsymbol{A} + \frac{1}{c^2}\partial_t\phi = 0, \tag{6.1.11}$$

可以得到达朗贝尔方程

$$\begin{aligned}\left(\nabla^2 - \frac{1}{c^2}\partial_t^2\right)\boldsymbol{A} &= -\mu_0\boldsymbol{j}, \\ \left(\nabla^2 - \frac{1}{c^2}\partial_t^2\right)\phi &= -\frac{1}{\epsilon_0}\rho.\end{aligned} \tag{6.1.12}$$

注意, 我们在从麦克斯韦方程组导出达朗贝尔方程的过程中使用了洛仑茨规范, 因此达朗贝尔方程必须与洛仑茨规范联立使用才能得到与麦克斯韦方程组等价的物理解.

### 6.1.4 平面电磁波的势理论

对于电磁波的传播问题, 我们不考虑空间中的电流和电荷, 因此达朗贝尔方程右边的非齐次项为零:

$$\begin{aligned}\left(\nabla^2-\frac{1}{c^2}\partial_t^2\right)\boldsymbol{A}&=\mathbf{0},\\\left(\nabla^2-\frac{1}{c^2}\partial_t^2\right)\phi&=0.\end{aligned}\tag{6.1.13}$$

矢势和标势都满足波动方程.

进一步考虑无界空间的传播问题, 我们得到平面波解

$$\begin{aligned}\boldsymbol{A}&=\boldsymbol{A}_0\mathrm{e}^{\mathrm{i}(\boldsymbol{k}\cdot\boldsymbol{x}-\omega t)},\\\phi&=\phi_0\mathrm{e}^{\mathrm{i}(\boldsymbol{k}\cdot\boldsymbol{x}-\omega t)}.\end{aligned}\tag{6.1.14}$$

赖以得到达朗贝尔方程的洛仑茨规范条件可以表示为

$$\frac{\phi_0}{c}=\frac{c\boldsymbol{k}}{\omega}\cdot\boldsymbol{A}_0.\tag{6.1.15}$$

因此问题的解完全由 $\boldsymbol{A}$ 矢量确定:

$$\begin{aligned}\boldsymbol{B}&=\mathrm{i}\boldsymbol{k}\times\boldsymbol{A},\\\boldsymbol{E}&=-\mathrm{i}\frac{c^2}{\omega}\boldsymbol{k}\times(\boldsymbol{k}\times\boldsymbol{A}).\end{aligned}\tag{6.1.16}$$

这表明平面电磁波只依赖于 $\boldsymbol{A}$ 的横向 ( 相对于 $\boldsymbol{k}$ ) 分量. 这就是说, 即使我们使用了洛仑茨规范, 矢势和标势仍然不是唯一确定的, 还有一定的规范变换自由度; 从方程 (6.1.15) 可以看出, 在满足洛仑茨规范的限制下, 对 $\boldsymbol{A}$ 加上一个平行于 $\boldsymbol{k}$ 的分量, 并相应地对 $\phi$ 做变换, 电磁场仍然不变.

## 6.2 推 迟 势

我们现在来讨论达朗贝尔方程的解. 首先看标势的方程

$$\left(\nabla^2-\frac{1}{c^2}\partial_t^2\right)\phi=-\frac{1}{\epsilon_0}\rho.\tag{6.2.1}$$

根据叠加原理, 我们可以将电荷分成点电荷的叠加; 考虑一个电荷量随时间变化的点电荷, 其产生的标势的达朗贝尔方程可以写成

$$\left(\nabla^2-\frac{1}{c^2}\partial_t^2\right)\phi=-\frac{1}{\epsilon_0}Q(t)\delta^3(\boldsymbol{x}).\tag{6.2.2}$$

在球坐标下, 上式可以写成

$$\frac{1}{r^2}\partial_r(r^2\partial_r\phi)-\frac{1}{c^2}\partial_t^2\phi=-\frac{1}{\epsilon_0}Q(t)\delta^3(\boldsymbol{x}).$$

为了求解这个方程, 做变量代换 $\phi=\dfrac{u}{r}$, 那么上式就化简为

$$\partial_r^2u-\frac{1}{c^2}\partial_t^2u=-\frac{1}{\epsilon_0}rQ(t)\delta^3(\boldsymbol{x}).$$

在 $r\neq 0$ 处, 上式为齐次方程, 有行波解

$$u=f\left(t-\frac{r}{c}\right)+g\left(t+\frac{r}{c}\right),$$

其中, $f$ 和 $g$ 为任意函数.

给定的问题是在原点有一电荷振荡, 电磁波是由原点向远处传播, 那么根据这一物理要求, 应该舍去上式右边的第二项. 现在我们已经找到了原点以外的解, 需要验证一下这个解在原点是否也是满足的. 我们对标势的达朗贝尔方程在原点附近积分

$$\int_{r\to 0}\mathrm{d}^3\boldsymbol{x}(\nabla^2-\frac{1}{c^2}\partial_t^2)\frac{f\left(t-\dfrac{r}{c}\right)}{r}=-\int_{r\to 0}\mathrm{d}^3\boldsymbol{x}\frac{1}{\epsilon_0}Q(t)\delta^3(\boldsymbol{x}).$$

当 $r\to 0$ 时,

$$\frac{f\left(t-\dfrac{r}{c}\right)}{r}\to\frac{f(t)}{r},$$

因此上式左边关于时间导数的那一项积分为零. 因此我们得到

$$f(t)=\frac{1}{4\pi\epsilon_0}Q(t).$$

现在我们可以写出全空间的解

$$\phi(\boldsymbol{x},t)=\frac{1}{4\pi\epsilon_0}\cdot\frac{Q\left(t-\dfrac{r}{c}\right)}{r}. \tag{6.2.3}$$

根据叠加原理我们得到标势的达朗贝尔方程的解

$$\phi(\boldsymbol{x},t)=\frac{1}{4\pi\epsilon_0}\int\mathrm{d}^3\boldsymbol{x}'\rho\left(\boldsymbol{x}',t-\frac{1}{c}|\boldsymbol{x}-\boldsymbol{x}'|\right)\frac{1}{|\boldsymbol{x}-\boldsymbol{x}'|}. \tag{6.2.4}$$

同样道理, 矢势的达朗贝尔方程的解为

$$\boldsymbol{A}(\boldsymbol{x},t)=\frac{\mu_0}{4\pi}\int\mathrm{d}^3\boldsymbol{x}'\boldsymbol{j}\left(\boldsymbol{x}',t-\frac{1}{c}|\boldsymbol{x}-\boldsymbol{x}'|\right)\frac{1}{|\boldsymbol{x}-\boldsymbol{x}'|}. \tag{6.2.5}$$

上述达朗贝尔方程的解称为推迟势解;其物理意义是清晰的, 电磁辐射的传播速度为光速. 引入 $t'=t-\dfrac{1}{c}|\boldsymbol{x}-\boldsymbol{x}'|$, 推迟势可以方便地写成

$$\begin{cases}\phi(\boldsymbol{x},t)=\dfrac{1}{4\pi\epsilon_0}\displaystyle\int\mathrm{d}^3\boldsymbol{x}'\rho\left(\boldsymbol{x}',t'\right)\frac{1}{|\boldsymbol{x}-\boldsymbol{x}'|},\\ \boldsymbol{A}(\boldsymbol{x},t)=\dfrac{\mu_0}{4\pi}\displaystyle\int\mathrm{d}^3\boldsymbol{x}'\boldsymbol{j}\left(\boldsymbol{x}',t'\right)\frac{1}{|\boldsymbol{x}-\boldsymbol{x}'|}.\end{cases} \tag{6.2.6}$$

为了保证上述推迟势解满足麦克斯韦方程组, 我们需要进一步验证其是否满足洛仑茨规范条件.

由矢势的推迟势解得

$$\nabla\cdot\boldsymbol{A}(\boldsymbol{x},t)=\frac{\mu_0}{4\pi}\int\mathrm{d}^3\boldsymbol{x}'\nabla_{\boldsymbol{x}}|_{\boldsymbol{x}',t}\cdot\left[\boldsymbol{j}\left(\boldsymbol{x}',t'\right)\frac{1}{|\boldsymbol{x}-\boldsymbol{x}'|}\right].$$

上式中的被积函数可以写成

$$\begin{aligned}
&\nabla_{\boldsymbol{x}}|_{\boldsymbol{x}',t}\cdot\left[\boldsymbol{j}\left(\boldsymbol{x}',t'\right)\frac{1}{|\boldsymbol{x}-\boldsymbol{x}'|}\right]\\
&=\boldsymbol{j}\left(\boldsymbol{x}',t'\right)\cdot\nabla_{\boldsymbol{x}}|_{\boldsymbol{x}',t}\frac{1}{|\boldsymbol{x}-\boldsymbol{x}'|}+\frac{1}{|\boldsymbol{x}-\boldsymbol{x}'|}\nabla_{\boldsymbol{x}}|_{\boldsymbol{x}',t}\cdot\boldsymbol{j}\left(\boldsymbol{x}',t'\right)\\
&=\boldsymbol{j}\left(\boldsymbol{x}',t'\right)\cdot\nabla_{\boldsymbol{x}}|_{\boldsymbol{x}',t}\frac{1}{|\boldsymbol{x}-\boldsymbol{x}'|}+\frac{1}{|\boldsymbol{x}-\boldsymbol{x}'|}\partial_{t'}|_{\boldsymbol{x}'}\boldsymbol{j}\left(\boldsymbol{x}',t'\right)\cdot\nabla_{\boldsymbol{x}}|_{\boldsymbol{x}',t}t'\\
&=-\boldsymbol{j}\left(\boldsymbol{x}',t'\right)\cdot\nabla_{\boldsymbol{x}'}|_{\boldsymbol{x},t}\frac{1}{|\boldsymbol{x}-\boldsymbol{x}'|}-\frac{1}{|\boldsymbol{x}-\boldsymbol{x}'|}\partial_{t'}|_{\boldsymbol{x}'}\boldsymbol{j}\left(\boldsymbol{x}',t'\right)\cdot\nabla_{\boldsymbol{x}'}|_{\boldsymbol{x},t}t'\\
&=-\nabla_{\boldsymbol{x}'}|_{\boldsymbol{x},t}\cdot\frac{\boldsymbol{j}\left(\boldsymbol{x}',t'\right)}{|\boldsymbol{x}-\boldsymbol{x}'|}\\
&\quad+\left[\nabla_{\boldsymbol{x}'}|_{\boldsymbol{x},t}\cdot\boldsymbol{j}\left(\boldsymbol{x}',t'\right)-\partial_{t'}|_{\boldsymbol{x}'}\boldsymbol{j}\left(\boldsymbol{x}',t'\right)\cdot\nabla_{\boldsymbol{x}'}|_{\boldsymbol{x},t}t'\right]\frac{1}{|\boldsymbol{x}-\boldsymbol{x}'|}.
\end{aligned}$$

上式右边第一项已经写成全微分的形式, 代入积分表达式中后利用高斯定理很容易证明其对积分的贡献为零, 因此我们将其略去,

$$\begin{aligned}
&\nabla_{\boldsymbol{x}}|_{\boldsymbol{x}',t}\cdot\left[\boldsymbol{j}\left(\boldsymbol{x}',t'\right)\frac{1}{|\boldsymbol{x}-\boldsymbol{x}'|}\right]\\
&=\left[\nabla_{\boldsymbol{x}'}|_{\boldsymbol{x},t}\cdot\boldsymbol{j}\left(\boldsymbol{x}',t'\right)-\partial_{t'}|_{\boldsymbol{x}'}\boldsymbol{j}\left(\boldsymbol{x}',t'\right)\cdot\nabla_{\boldsymbol{x}'}|_{\boldsymbol{x},t}t'\right]\frac{1}{|\boldsymbol{x}-\boldsymbol{x}'|}\\
&=\nabla_{\boldsymbol{x}'}|_{\boldsymbol{x},t'}\cdot\boldsymbol{j}\left(\boldsymbol{x}',t'\right)\frac{1}{|\boldsymbol{x}-\boldsymbol{x}'|}.
\end{aligned}$$

由此可得

$$\nabla\cdot\boldsymbol{A}(\boldsymbol{x},t)=\frac{\mu_0}{4\pi}\int\mathrm{d}^3\boldsymbol{x}'\frac{1}{|\boldsymbol{x}-\boldsymbol{x}'|}\nabla_{\boldsymbol{x}'}|_{t'}\cdot\boldsymbol{j}(\boldsymbol{x}',t').$$

由标势的推迟势解得

$$\begin{aligned}
\frac{1}{c^2}\partial_t\phi\left(\boldsymbol{x},t\right)&=\frac{1}{c^2}\partial_t\frac{1}{4\pi\epsilon_0}\int\mathrm{d}^3\boldsymbol{x}'\rho(\boldsymbol{x}',t')\frac{1}{|\boldsymbol{x}-\boldsymbol{x}'|}\\
&=\frac{\mu_0}{4\pi}\int\mathrm{d}^3\boldsymbol{x}'\frac{1}{|\boldsymbol{x}-\boldsymbol{x}'|}\partial_{t'}|_{\boldsymbol{x}'}\rho(\boldsymbol{x}',t').
\end{aligned}$$

根据以上两式, 我们立即得到

$$\nabla\cdot\boldsymbol{A}(\boldsymbol{x},t)+\frac{1}{c^2}\partial_t\phi\left(\boldsymbol{x},t\right)=\frac{\mu_0}{4\pi}\int\mathrm{d}^3\boldsymbol{x}'\frac{\partial_{t'}\rho(\boldsymbol{x}',t')+\nabla_{\boldsymbol{x}'}\cdot\boldsymbol{j}(\boldsymbol{x}',t')}{|\boldsymbol{x}-\boldsymbol{x}'|}. \tag{6.2.7}$$

由此我们得到如下重要结论.

电荷守恒定律

$$\partial_t\rho(\boldsymbol{x},t)+\nabla\cdot\boldsymbol{j}(\boldsymbol{x},t)=0, \tag{6.2.8}$$

与洛仑茨规范条件

$$\nabla \cdot \boldsymbol{A}(\boldsymbol{x},t)+\frac{1}{c^2}\partial_t\phi(\boldsymbol{x},t)=0, \tag{6.2.9}$$

两者是等价的.

只要所给的源项满足电荷守恒方程（麦克斯韦方程组的适定性条件），达朗贝尔方程的推迟势解就一定满足洛仑茨规范条件, 因此也就正确地给出了麦克斯韦方程组的电磁辐射解.

## 6.3　小区域简谐振荡电流的矢势展开式

考虑简谐振荡的电流

$$\boldsymbol{j}(\boldsymbol{x},t)=\boldsymbol{j}(\boldsymbol{x})\mathrm{e}^{-\mathrm{i}\omega t}. \tag{6.3.1}$$

电荷由电荷连续性方程自动匹配, $\rho(\boldsymbol{x},t)=\rho(\boldsymbol{x})\mathrm{e}^{-\mathrm{i}\omega t}$,

$$-\mathrm{i}\omega\rho(\boldsymbol{x})+\nabla\cdot\boldsymbol{j}(\boldsymbol{x})=0.$$

对于该简谐振荡的电荷系统, 矢势的达朗贝尔方程的推迟势解为

$$\begin{aligned}\boldsymbol{A}(\boldsymbol{x},t)&=\frac{\mu_0}{4\pi}\int \mathrm{d}^3\boldsymbol{x}'\boldsymbol{j}(\boldsymbol{x}')\mathrm{e}^{-\mathrm{i}\omega(t-\frac{1}{c}|\boldsymbol{x}-\boldsymbol{x}'|)}\frac{1}{|\boldsymbol{x}-\boldsymbol{x}'|}\\&\equiv\boldsymbol{A}(\boldsymbol{x})\mathrm{e}^{-\mathrm{i}\omega t}.\end{aligned} \tag{6.3.2}$$

引入 $k=\omega/c$, 我们得到

$$\boldsymbol{A}(\boldsymbol{x})=\frac{\mu_0}{4\pi}\int \mathrm{d}^3\boldsymbol{x}'\boldsymbol{j}(\boldsymbol{x}')\frac{\mathrm{e}^{\mathrm{i}kr}}{r}, \tag{6.3.3}$$

其中, $r=|\boldsymbol{x}-\boldsymbol{x}'|$. 这里的空间振荡因子 $\mathrm{e}^{\mathrm{i}kr}$, 如果与恢复的时间振荡因子 $\mathrm{e}^{-\mathrm{i}\omega t}$ 合并, 则有 $\mathrm{e}^{\mathrm{i}(kr-\omega t)}$, 该因子表示向外传播的电磁波. 注意, 这里关键的空间振荡因子 $\mathrm{e}^{\mathrm{i}kr}$ 来源于推迟势中的时间推迟效应.

辐射电磁波的磁场为

$$\boldsymbol{B}=\nabla\times\boldsymbol{A}; \tag{6.3.4}$$

辐射波的电场可以通过将求出的辐射磁场代入麦克斯韦方程组解出

$$\boldsymbol{E}=\mathrm{i}\frac{c}{k}\nabla\times\boldsymbol{B}. \tag{6.3.5}$$

现在我们考虑小区域的振荡电流, 即 $|\boldsymbol{x}'|\sim l\ll\lambda$. $\lambda=2\pi c/\omega$ 为电磁辐射的波长.

对于辐射区 $|\boldsymbol{x}|\equiv R\gg\lambda$. 令 $\boldsymbol{n}=\dfrac{\boldsymbol{x}}{R}$, 则 $r=|\boldsymbol{x}-\boldsymbol{x}'|\approx R-\boldsymbol{x}'\cdot\boldsymbol{n}$; 辐射区矢势的泰勒展开可以写成

$$\begin{aligned}\boldsymbol{A}(\boldsymbol{x})&=\frac{\mu_0}{4\pi}\int \mathrm{d}^3\boldsymbol{x}'\boldsymbol{j}(\boldsymbol{x}')\mathrm{e}^{\mathrm{i}k|\boldsymbol{x}-\boldsymbol{x}'|}\frac{1}{|\boldsymbol{x}-\boldsymbol{x}'|}\\&=\frac{\mu_0}{4\pi}\int \mathrm{d}^3\boldsymbol{x}'\boldsymbol{j}(\boldsymbol{x}')\mathrm{e}^{\mathrm{i}kR}\mathrm{e}^{-\mathrm{i}k\boldsymbol{x}'\cdot\boldsymbol{n}}\frac{1}{R}\cdot\frac{1}{1-\dfrac{\boldsymbol{x}'\cdot\boldsymbol{n}}{R}}\\&=\frac{\mu_0}{4\pi}\cdot\frac{\mathrm{e}^{\mathrm{i}kR}}{R}\int \mathrm{d}^3\boldsymbol{x}'\boldsymbol{j}(\boldsymbol{x}')(1-\mathrm{i}k\boldsymbol{x}'\cdot\boldsymbol{n})\frac{1}{1-\dfrac{\boldsymbol{x}'\cdot\boldsymbol{n}}{R}}.\end{aligned}$$

上式积分核中的因子 $1/(1-\boldsymbol{x}'\cdot\boldsymbol{n}/R)$ 可以删掉;这样做的理由是因为 $|\boldsymbol{x}'|/R \ll |\boldsymbol{x}'/\lambda|$ 在数量级上确实是一个小量,同时更重要的是因为它并不影响辐射电磁波的相位. 由此我们得到

$$\boldsymbol{A}(\boldsymbol{x})=\frac{\mu_0}{4\pi}\cdot\frac{\mathrm{e}^{\mathrm{i}kR}}{R}\int \mathrm{d}^3\boldsymbol{x}'\boldsymbol{j}(\boldsymbol{x}')(1-\mathrm{i}k\boldsymbol{x}'\cdot\boldsymbol{n}). \tag{6.3.6}$$

恢复时间振荡因子,上式可以写成

$$\boldsymbol{A}(\boldsymbol{x})\mathrm{e}^{-\mathrm{i}\omega t}=\frac{\mu_0}{4\pi}\cdot\frac{\mathrm{e}^{\mathrm{i}(kR-\omega t)}}{R}\int \mathrm{d}^3\boldsymbol{x}'\boldsymbol{j}(\boldsymbol{x}')\,(1-\mathrm{i}k\boldsymbol{x}'\cdot\boldsymbol{n})\,. \tag{6.3.7}$$

## 6.4 电偶极辐射

矢势的泰勒展开式中的 0 阶项为

$$\boldsymbol{A}_{\mathrm{p}}(\boldsymbol{x},t)=\frac{\mu_0}{4\pi}\cdot\frac{\mathrm{e}^{\mathrm{i}kR}}{R}\int \mathrm{d}^3\boldsymbol{x}'\boldsymbol{j}(\boldsymbol{x}',t). \tag{6.4.1}$$

上式中的积分计算如下:

$$\int \mathrm{d}^3\boldsymbol{x}\boldsymbol{j}(\boldsymbol{x},t)=\int \mathrm{d}^3\boldsymbol{x}\,\{\nabla\cdot[\,\boldsymbol{j}(\boldsymbol{x},t)\boldsymbol{x}]-(\nabla\cdot\boldsymbol{j})\,\boldsymbol{x}\}\,. \tag{6.4.2}$$

其中, 被积函数的第一项可以利用高斯定理化为面积分, 容易证明该面积分为零. 利用电荷连续性方程, 我们将第二项的积分化为

$$\begin{aligned}\int \mathrm{d}^3\boldsymbol{x}\boldsymbol{j}(\boldsymbol{x},t)&=\int \mathrm{d}^3\boldsymbol{x}\partial_t\rho\,(\boldsymbol{x},t)\,\boldsymbol{x}\\&=\frac{\mathrm{d}}{\mathrm{d}t}\int \mathrm{d}^3\boldsymbol{x}\rho\,(\boldsymbol{x},t)\,\boldsymbol{x}=\frac{\mathrm{d}}{\mathrm{d}t}\boldsymbol{p}\,(t)\,.\end{aligned} \tag{6.4.3}$$

其中, $\boldsymbol{p}\,(t)=\int \mathrm{d}^3\boldsymbol{x}\rho\,(\boldsymbol{x},t)\,\boldsymbol{x}$ 为系统的电偶极矩.

由此我们得到

$$\boldsymbol{A}_{\mathrm{p}}(\boldsymbol{x},t)=\frac{\mu_0}{4\pi}\cdot\frac{\mathrm{e}^{\mathrm{i}kR}}{R}\cdot\frac{\mathrm{d}}{\mathrm{d}t}\boldsymbol{p}\,(t)\,, \tag{6.4.4}$$

这表明辐射问题的首项考虑的是天线系统的电偶极矩振荡的贡献.

对于上述简谐振荡的系统, 显式地写出时间振荡因子, 我们得到

$$\frac{\mathrm{d}}{\mathrm{d}t}\boldsymbol{p}\,(t)=\dot{\boldsymbol{p}}\,(t)=\dot{\boldsymbol{p}}\mathrm{e}^{-\mathrm{i}\omega t}, \tag{6.4.5}$$

$$\boldsymbol{A}_{\mathrm{p}}(\boldsymbol{x})\mathrm{e}^{-\mathrm{i}\omega t}=\frac{\mu_0}{4\pi}\cdot\frac{\mathrm{e}^{\mathrm{i}(kR-\omega t)}}{R}\dot{\boldsymbol{p}}. \tag{6.4.6}$$

辐射的磁场可以通过 $\boldsymbol{B}=\nabla\times\boldsymbol{A}$ 求得. 在求导数的时候, 利用之前关于尺度的讨论, 可以忽略对 $1/R$ 的导数, 即 $\nabla\to\mathrm{i}k\boldsymbol{n}$,

$$\boldsymbol{B}(\boldsymbol{x},t)=\mathrm{i}k\boldsymbol{n}\times\boldsymbol{A}_{\mathrm{p}}. \tag{6.4.7}$$

辐射的电场可以通过 $\nabla\times\boldsymbol{B}=\dfrac{1}{c^2}\partial_t\boldsymbol{E}$ 求得.

电偶极辐射的磁场 $\boldsymbol{B}_{\mathrm{p}}$ 和电场 $\boldsymbol{E}_{\mathrm{p}}$ 由如下方程给出:

$$\begin{aligned} c\boldsymbol{B}_{\mathrm{p}} &= \frac{\mu_0}{4\pi}\cdot\frac{\mathrm{e}^{\mathrm{i}kR}}{R}\ddot{\boldsymbol{p}}\times\boldsymbol{n}, \\ \boldsymbol{E}_{\mathrm{p}} &= \frac{\mu_0}{4\pi}\cdot\frac{\mathrm{e}^{\mathrm{i}kR}}{R}(\ddot{\boldsymbol{p}}\times\boldsymbol{n})\times\boldsymbol{n}. \end{aligned} \tag{6.4.8}$$

需要注意的是,上式表明电偶极辐射场正比于电偶极矩对于时间的二阶导数.这里已经假定振荡电流系统的时间因子为 $\mathrm{e}^{-\mathrm{i}\omega t}$,因此初看起来也可以将电偶极辐射场写成正比于电偶极矩对于时间的一阶导数的形式;然而二阶导数反映了正确的物理.这一点将在后面讨论运动点电荷的辐射时变得清晰明了;我们将要看到运动点电荷的辐射是由其加速度引起的,匀速直线运动的点电荷是没有电磁辐射的.

取球坐标原点位于振荡电流区域内,电偶极矩方向为极轴方向,则有

$$\begin{aligned} c\boldsymbol{B}_{\mathrm{p}} &= \frac{\mu_0}{4\pi}\cdot\frac{\mathrm{e}^{\mathrm{i}kR}}{R}|\ddot{\boldsymbol{p}}|\sin\theta\boldsymbol{e}_{\phi}, \\ \boldsymbol{E}_{\mathrm{p}} &= \frac{\mu_0}{4\pi}\cdot\frac{\mathrm{e}^{\mathrm{i}kR}}{R}|\ddot{\boldsymbol{p}}|\sin\theta\boldsymbol{e}_{\theta}. \end{aligned} \tag{6.4.9}$$

注意电偶极辐射是 TM 波,上式第二式是一个近似表达式,由 $\nabla\cdot\boldsymbol{E}=0$ 可知

$$\boldsymbol{n}\cdot\boldsymbol{E}_{\mathrm{p}} = 0+\mathcal{O}\left(\frac{1}{R}\right). \tag{6.4.10}$$

电偶极辐射的电场如图 6.1 所示.

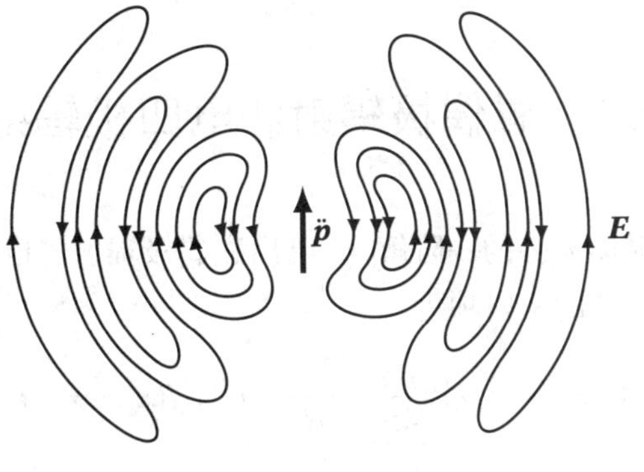


**图 6.1　电偶极辐射的电场**

电偶极辐射能流的时间平均值为

$$\langle\boldsymbol{S}\rangle = \frac{1}{2}\Re(\boldsymbol{E}^*\times\boldsymbol{H}) = \frac{|\ddot{\boldsymbol{p}}|^2}{32\pi^2\epsilon_0c^3R^2}\sin^2\theta\boldsymbol{n}. \tag{6.4.11}$$

将平均能流对球面作积分可得总辐射功率

$$P = \frac{1}{4\pi\epsilon_0}\cdot\frac{|\ddot{\boldsymbol{p}}|^2}{3c^3}. \tag{6.4.12}$$

**例 6.1**　短直线 (长度 $l\ll\lambda$) 天线的辐射阻抗.

**解** 当直线天线的长度远小于波长时, 即 $l \ll \lambda$, 短直线天线的辐射可以近似看作电偶极辐射. 取短直线天线的方向为 $z$ 轴; 由于天线长度远小于波长, 我们可以假定直线天线上的电流分布近似满足线性关系,

$$I(z) = I_0\left(1 - \frac{2|z|}{l}\right), \qquad |z| \leqslant \frac{l}{2}.$$

天线系统的电偶极矩的时间变化率为

$$\dot{\boldsymbol{p}} = \int \boldsymbol{I}(z)\mathrm{d}z = \frac{1}{2}I_0\boldsymbol{l}.$$

由此可得

$$\ddot{\boldsymbol{p}} = -\frac{1}{2}\mathrm{i}\omega I_0\boldsymbol{l} = -\frac{1}{2}\mathrm{i}\frac{2\pi c}{\lambda}I_0\boldsymbol{l}.$$

将上式代入电偶极辐射功率的公式 (6.4.12), 我们得到短天线的辐射功率

$$P_p = \frac{\pi}{12}\sqrt{\frac{\mu_0}{\epsilon_0}}\left(\frac{l}{\lambda}\right)^2 I_0^2. \tag{6.4.13}$$

注意辐射功率正比于 $I_0^2$, 因此辐射功率相当于一个等效电阻上耗散的功率. 天线辐射阻抗的定义为

$$P = \frac{1}{2}R_r I_0^2.$$

注意到 $\sqrt{\mu_0/\epsilon_0} = 376.7\ \Omega$, 我们立即得到短天线的辐射阻抗

$$R_r = 197\left(\frac{l}{\lambda}\right)^2(\Omega). \tag{6.4.14}$$

## 6.5 磁偶极辐射和电四极辐射

这一节我们讨论辐射场矢势的一阶解, 它给出磁偶极辐射和电四极辐射.

辐射场矢势的泰勒展开的一阶项为

$$\boldsymbol{A}_1(\boldsymbol{x},t) = -\mathrm{i}k\frac{\mu_0}{4\pi}\cdot\frac{\mathrm{e}^{\mathrm{i}kR}}{R}\int \mathrm{d}^3\boldsymbol{x}'\boldsymbol{j}(\boldsymbol{x}',t)\boldsymbol{x}'\cdot\boldsymbol{n}. \tag{6.5.1}$$

上式中的积分可以写成

$$\boldsymbol{Z} = \int \mathrm{d}^3\boldsymbol{x}\boldsymbol{j}(\boldsymbol{x},t)\boldsymbol{x}\cdot\boldsymbol{n},$$

其中, $\boldsymbol{n}$ 为常矢量.

为了计算上述积分, 我们首先计算

$$\begin{aligned}\int \mathrm{d}^3\boldsymbol{x}\nabla\cdot(\boldsymbol{j}\boldsymbol{x}\boldsymbol{x}\cdot\boldsymbol{n}) &= \int \mathrm{d}^3\boldsymbol{x}\,[\,\nabla\cdot(\boldsymbol{j}\boldsymbol{x})\,\boldsymbol{x}\cdot\boldsymbol{n} + \nabla\,(\boldsymbol{x}\cdot\boldsymbol{n})\cdot\boldsymbol{j}\boldsymbol{x}\,]\\ &= \int \mathrm{d}^3\boldsymbol{x}\,\{[\,(\nabla\cdot\boldsymbol{j})\boldsymbol{x} + \boldsymbol{j}\cdot(\nabla\boldsymbol{x})\,]\,\boldsymbol{x}\cdot\boldsymbol{n} + \boldsymbol{n}\cdot\boldsymbol{j}\boldsymbol{x}\}\\ &= \int \mathrm{d}^3\boldsymbol{x}\,\{[\,(\nabla\cdot\boldsymbol{j})\boldsymbol{x} + \boldsymbol{j}\,]\boldsymbol{x}\cdot\boldsymbol{n} + \boldsymbol{n}\cdot\boldsymbol{j}\boldsymbol{x}\}\\ &= \int \mathrm{d}^3\boldsymbol{x}\,\{-\partial_t\rho\boldsymbol{x}\boldsymbol{x}\cdot\boldsymbol{n} + \boldsymbol{j}\boldsymbol{x}\cdot\boldsymbol{n} + \boldsymbol{n}\cdot\boldsymbol{j}\boldsymbol{x}\}\,.\end{aligned}$$

其中, 最后一步利用了电荷连续性方程. 利用高斯定理, 可以证明上式左边为零,

$$\int \mathrm{d}^3\boldsymbol{x}\nabla\cdot(\boldsymbol{jxx}\cdot\boldsymbol{n}) = \oint \mathrm{d}\boldsymbol{S}\cdot(\boldsymbol{jxx}\cdot\boldsymbol{n}) = \boldsymbol{0}.$$

由上面两式可得

$$\begin{aligned}\boldsymbol{Z} &= \frac{1}{2}\int \mathrm{d}^3\boldsymbol{x}[\,(\boldsymbol{jx}\cdot\boldsymbol{n}-\boldsymbol{n}\cdot\boldsymbol{jx}\,)+\partial_t\rho\boldsymbol{xx}\cdot\boldsymbol{n}\,]\\ &= \frac{1}{2}\int \mathrm{d}^3\boldsymbol{x}[\,(\boldsymbol{x}\times\boldsymbol{j})\times\boldsymbol{n}+\partial_t\rho\boldsymbol{xx}\cdot\boldsymbol{n}\,]\\ &= \partial_t\left(\frac{1}{2}\int \mathrm{d}^3\boldsymbol{x}\rho\boldsymbol{xx}\right)\cdot\boldsymbol{n}+\left[\frac{1}{2}\int \mathrm{d}^3\boldsymbol{x}(\boldsymbol{x}\times\boldsymbol{j})\right]\times\boldsymbol{n}\\ &= \frac{1}{6}\boldsymbol{n}\cdot\dot{\boldsymbol{\mathcal{D}}}+\boldsymbol{m}\times\boldsymbol{n}.\end{aligned}$$

注意到我们所讨论的是一个简谐振荡的系统,

$$\begin{aligned}\boldsymbol{m} &= \boldsymbol{m}\mathrm{e}^{-\mathrm{i}\omega t},\\ \dot{\boldsymbol{\mathcal{D}}} &= \dot{\boldsymbol{\mathcal{D}}}\mathrm{e}^{-\mathrm{i}\omega t}.\end{aligned}$$

由此我们得到辐射场矢势展开式的一阶项贡献为

$$\boldsymbol{A}_1(\boldsymbol{x})\mathrm{e}^{-\mathrm{i}\omega t} = -\mathrm{i}k\frac{\mu_0}{4\pi}\cdot\frac{\mathrm{e}^{\mathrm{i}kR}}{R}\left(\boldsymbol{m}\times\boldsymbol{n}+\frac{1}{6}\boldsymbol{n}\cdot\dot{\boldsymbol{\mathcal{D}}}\right)\mathrm{e}^{-\mathrm{i}\omega t}. \tag{6.5.2}$$

由上式可以看出, 辐射场矢势的一阶项为天线系统的磁偶极矩振荡和电四极矩振荡的贡献.

### 6.5.1　磁偶极辐射

磁偶极辐射的矢势为

$$\boldsymbol{A}_{\mathrm{m}}(\boldsymbol{x}) = -\mathrm{i}k\frac{\mu_0}{4\pi}\cdot\frac{\mathrm{e}^{\mathrm{i}kR}}{R}(\boldsymbol{m}\times\boldsymbol{n}). \tag{6.5.3}$$

磁偶极辐射的磁场由 $\boldsymbol{B}_{\mathrm{m}} = \mathrm{i}k\boldsymbol{n}\times\boldsymbol{A}_{\mathrm{m}}$ 求出, 电场由 $\boldsymbol{E}_{\mathrm{m}} = c\boldsymbol{B}_{\mathrm{m}}\times\boldsymbol{n}$ 得到, 结果为

$$\begin{aligned}c\boldsymbol{B}_{\mathrm{m}} &= \frac{\mu_0}{4\pi c}\cdot\frac{\mathrm{e}^{\mathrm{i}kR}}{R}(\ddot{\boldsymbol{m}}\times\boldsymbol{n})\times\boldsymbol{n},\\ \boldsymbol{E}_{\mathrm{m}} &= -\frac{\mu_0}{4\pi c}\cdot\frac{\mathrm{e}^{\mathrm{i}kR}}{R}\ddot{\boldsymbol{m}}\times\boldsymbol{n}.\end{aligned} \tag{6.5.4}$$

取球坐标的原点为天线区域的中心, 极轴为振荡磁偶极矩方向, 则磁偶极辐射能流的时间平均值为

$$\langle\boldsymbol{S}_{\mathrm{m}}\rangle = \frac{\mu_0}{32\pi^2c^3R^2}\omega^4|\boldsymbol{m}|^2\sin^2\theta\boldsymbol{n}. \tag{6.5.5}$$

磁偶极辐射的总功率为

$$P_{\mathrm{m}} = \frac{\mu_0}{12\pi c^3}\omega^4|\boldsymbol{m}|^2. \tag{6.5.6}$$

磁偶极辐射的磁场如图 6.2 所示.

将磁偶极辐射与电偶极辐射对比, 我们可以看到磁偶极辐射的磁场与电偶极辐射的电场相同;这反映了麦克斯韦方程组具有电磁对称性. 关于经典电动力学电磁对称性的讨论可以参考附录 B.

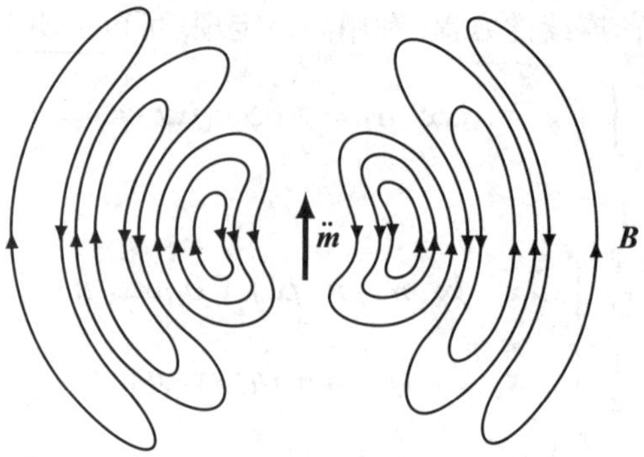


图 6.2 磁偶极辐射的磁场

**例 6.2** 计算小圆环 (半径 $a \ll \lambda$) 天线的辐射功率.

**解** 对于圆环形天线, 系统中只有电流振荡; 系统中电荷密度总为零, 因此系统的电偶极矩为零, 电四极矩也为零. 小圆环天线的辐射为磁偶极辐射.

假定圆环天线中振荡电流的幅度为 $I_0$, 则磁偶极矩的振荡幅度为 $|\boldsymbol{m}| = \pi a^2 I_0$, 代入方程 (6.5.6), 我们立即得到小圆环天线的辐射功率

$$P = \frac{\pi}{12}\sqrt{\frac{\mu_0}{\epsilon_0}}\left(\frac{2\pi a}{\lambda}\right)^4 I_0^2. \tag{6.5.7}$$

## 6.5.2 电四极辐射

电四极辐射的矢势为

$$\boldsymbol{A}_{\mathrm{D}}(\boldsymbol{x}) = -\mathrm{i}k\frac{\mu_0}{4\pi}\cdot\frac{\mathrm{e}^{\mathrm{i}kR}}{R}\left(\frac{1}{6}\boldsymbol{n}\cdot\dot{\boldsymbol{\mathcal{D}}}\right). \tag{6.5.8}$$

为了记号简洁, 令 $\boldsymbol{d} = \boldsymbol{\mathcal{D}}\cdot\boldsymbol{n}$. 电四极辐射的磁场 $\boldsymbol{B}_{\mathrm{D}}$ 和电场 $\boldsymbol{E}_{\mathrm{D}}$ 的计算过程与前面的讨论类似, 结果如下:

$$\begin{aligned} c\boldsymbol{B}_{\mathrm{D}} &= \frac{\mu_0}{24\pi c}\cdot\frac{\mathrm{e}^{\mathrm{i}kR}}{R}\dddot{\boldsymbol{d}}\times\boldsymbol{n}, \\ \boldsymbol{E}_{\mathrm{D}} &= \frac{\mu_0}{24\pi c}\cdot\frac{\mathrm{e}^{\mathrm{i}kR}}{R}(\dddot{\boldsymbol{d}}\times\boldsymbol{n})\times\boldsymbol{n}. \end{aligned} \tag{6.5.9}$$

可以证明, 如果我们像在讨论静电场的多极展开时那样采用电四极矩新的定义, 辐射区电磁场的计算结果并不会受到什么影响.

电四极辐射能流的时间平均值为

$$\langle\boldsymbol{S}_{\mathrm{D}}\rangle = \frac{c}{2\mu_0}B^2\boldsymbol{n} = \frac{\mu_0}{4\pi}\cdot\frac{1}{288\pi c^3R^2}|\dddot{\boldsymbol{d}}\times\boldsymbol{n}|^2\boldsymbol{n}. \tag{6.5.10}$$

**例 6.3** 直线相连的两个相位相差 $\pi$ 振荡的电偶极子构成一个电四极辐射的短直天线系统, 试求该系统的辐射功率.

**解** 该天线系统的电偶极矩为零, 磁偶极矩也为零, 因此我们只需要计算电四极辐射.

令其中一个电偶极矩为 $q\boldsymbol{l}$, 取 $\boldsymbol{l}$ 方向为 $z$ 轴 (球坐标的极轴方向), 则该系统的电四极矩为

$$\boldsymbol{\mathcal{D}} = 6ql^2\boldsymbol{e}_z\boldsymbol{e}_z.$$

由此可得

$$\boldsymbol{d} = 6ql^2\cos\theta\boldsymbol{e}_z,$$
$$\boldsymbol{d}\times\boldsymbol{n} = 6ql^2\cos\theta\sin\theta\boldsymbol{e}_\phi.$$

该系统电四极矩辐射的角分布因子为

$$|\dddot{\boldsymbol{d}}\times\boldsymbol{n}|^2 = 36q^2l^4\omega^6\cos^2\theta\sin^2\theta.$$

该系统的辐射能流角分布如图 6.3 所示.

**图 6.3 电四极辐射短直天线系统的辐射能流角分布**

将上式代入电四极辐射的能流公式, 再对立体角积分, 我们得到该电四极辐射系统的辐射总功率为

$$P_{\mathrm{D}} = \frac{\pi}{240}\sqrt{\frac{\mu_0}{\epsilon_0}}\left(\frac{2l}{\lambda}\right)^4 I_0^2, \tag{6.5.11}$$

其中, $I_0 = q\omega/2\pi$.

比较电偶极子、磁偶极子和电四极子天线的辐射总功率, 可知电偶极子辐射能力最强 $[P_{\mathrm{p}}\sim(l/\lambda)^2]$, 磁偶极子 $[P_{\mathrm{m}}\sim(2\pi a/\lambda)^4]$ 和电四极子 $[P_{\mathrm{D}}\sim(2l/\lambda)^4]$ 辐射能力较弱, 但后两者辐射能力相当.

## 6.6 电磁波的衍射

菲涅尔于 1818 年基于惠更斯原理成功地解释了光的衍射和干涉现象, 包括戏剧性地预言了泊松亮斑（见本章习题与解答）. 基尔霍夫于 1882 年基于麦克斯韦的电磁波理论, 给出了以他的名字命名的积分公式, 建立了电磁波衍射的标量理论, 成功地解释了小孔衍射现象. 这进一步完善了光的“波动说”.

### 6.6.1 基尔霍夫公式

电磁场在笛卡儿系中的任意分量 $\psi$ 都满足亥姆霍兹方程

$$\nabla^2\psi+k^2\psi=0. \tag{6.6.1}$$

标量衍射理论忽略电磁场各分量之间的相互影响, 孤立地把 $\psi$ 看作一个标量场, 用边界上的 $\psi$ 和 $\partial_n\psi$ 的值表示域内 $\psi$.

我们采用格林函数方法解决上述问题. 与上述亥姆霍兹方程对应的格林函数 $G\left(\boldsymbol{x},\boldsymbol{x}'\right)$ 满足的微分方程为

$$\left(\nabla^2+k^2\right)G\left(\boldsymbol{x},\boldsymbol{x}'\right)=-4\pi\delta^3\left(\boldsymbol{x}-\boldsymbol{x}'\right). \tag{6.6.2}$$

根据达朗贝尔方程推迟势解的经验可知, 由上述方程定义的出射波的格林函数为

$$G\left(\boldsymbol{x},\boldsymbol{x}'\right)=\frac{1}{r}\mathrm{e}^{\mathrm{i}kr}, \tag{6.6.3}$$

其中, $r=|\boldsymbol{x}-\boldsymbol{x}'|$.

上述格林函数的求法简述如下. 令

$$\phi\left(\boldsymbol{x},t\right)=\mathrm{e}^{-\mathrm{i}\omega t}G\left(\boldsymbol{x},\boldsymbol{x}'\right),$$

其中, $\omega=ck$. 方程 (6.6.2) 可以化为

$$\left(\nabla^2-\frac{1}{c^2}\partial_t^2\right)\phi\left(\boldsymbol{x},t\right)=-4\pi\delta^3\left(\boldsymbol{x}-\boldsymbol{x}'\right)\mathrm{e}^{-\mathrm{i}\omega t}.$$

上述达朗贝尔方程的推迟势解为

$$\begin{aligned}\phi\left(\boldsymbol{x},t\right)&=\mathrm{e}^{-\mathrm{i}\omega t}G\left(\boldsymbol{x},\boldsymbol{x}'\right)\\&=\frac{1}{r}\mathrm{e}^{\mathrm{i}kr}\mathrm{e}^{-\mathrm{i}\omega t}.\end{aligned}$$

由此可得方程 (6.6.3).

由格林公式得

$$\int_V\mathrm{d}^3\boldsymbol{x}'\left[\psi\left(\boldsymbol{x}'\right)\nabla_{\boldsymbol{x}'}^2G\left(\boldsymbol{x}',\boldsymbol{x}\right)-G\nabla_{\boldsymbol{x}'}^2\psi\right]=\oint_\Sigma\mathrm{d}\boldsymbol{S}'\cdot\left[\psi\left(\boldsymbol{x}'\right)\nabla_{\boldsymbol{x}'}G-G\nabla_{\boldsymbol{x}'}\psi\right].$$

设 $\boldsymbol{n}$ 为边界面 $\Sigma$ 上指向解域 $V$ 内的法向单位矢量, $\mathrm{d}\boldsymbol{S}'=-\boldsymbol{n}\mathrm{d}S'$. 将方程 (6.6.1) 和 (6.6.3) 代入得

$$\psi\left(\boldsymbol{x}\right)=-\frac{1}{4\pi}\oint_\Sigma\mathrm{d}S'\frac{1}{r}\mathrm{e}^{\mathrm{i}kr}\boldsymbol{n}\cdot\left[\nabla_{\boldsymbol{x}'}\psi\left(\boldsymbol{x}'\right)+\left(\mathrm{i}k-\frac{1}{r}\right)\frac{\boldsymbol{r}}{r}\psi\right]. \tag{6.6.4}$$

该积分公式由基尔霍夫于 1882 年提出, 我们称其为基尔霍夫积分公式.

应该指出基尔霍夫公式并非边值问题的解, 它只是把域内 $\psi$ 的值表示为边界上 $\psi$ 和 $\partial_n\psi$ 的积分表达式. 注意作为边值问题通常并不能同时规定边界面上 $\psi$ 和 $\partial_n\psi$ 的值;关于这一点, 我们在讨论静电学问题的格林函数方法时已经做过较为详细的评述. 因此只有在处理衍射一类问题时, 当我们事前可以合理估计边界面上 $\psi$ 和 $\partial_n\psi$ 的值, 才可以利用基尔霍夫公式求域内场.

### 6.6.2 小孔衍射

如图 6.4 所示, 考虑一列平面波从左边入射到开有小孔（$S_0$）的无穷大平板屏幕（$S_1$）上, 计算屏幕右边远离小孔处的出射波场强. 这里远处的意思是距离远大于入射波长.

假定小孔（$S_0$）上的 $\psi$ 和 $\partial_n\psi$ 值由入射光确定, 屏幕右侧 $S_1$ 上的 $\psi$ 和 $\partial_n\psi$ 均为零. 此种情形下, 屏幕右半空间的场强可由基尔霍夫公式求出.

取小孔中心为球坐标原点. 在 $S_1$ 右侧作一无穷大半球面 $S_2$. $S_2$ 与 $S_1$ 以及 $S_0$ 共同构成一个封闭曲面.

令 $R = |\boldsymbol{x}|$, $R' = |\boldsymbol{x}'|$. 由于右半空间的波是小孔出射波, 必有

$$\psi(\boldsymbol{x}')_{S_2} = f(\theta', \phi')\frac{1}{R'}\mathrm{e}^{\mathrm{i}kR'},$$

因此在 $S_2$ 上

$$\boldsymbol{n}\cdot\nabla_{\boldsymbol{x}'}\psi(\boldsymbol{x}') = -\partial_{R'}\psi(\boldsymbol{x}') = -\left(\mathrm{i}k - \frac{1}{R'}\right)\psi.$$

对于右半空间任意给定一点 $\boldsymbol{x}$, 当 $R' \to \infty$ 时, $\boldsymbol{r}/r \to \boldsymbol{n}$, $1/r \to 1/R'$. 由此可以确定

$$\boldsymbol{n}\cdot\left[\nabla_{\boldsymbol{x}'}\psi(\boldsymbol{x}') + \left(\mathrm{i}k - \frac{1}{r}\right)\frac{\boldsymbol{r}}{r}\psi\right]_{S_2} = 0 + \mathcal{O}\left(\frac{1}{R'}\right)^2. \tag{6.6.5}$$

根据上述讨论, 我们可以忽略基尔霍夫积分公式中在 $S_1$ 和 $S_2$ 上的面积分.

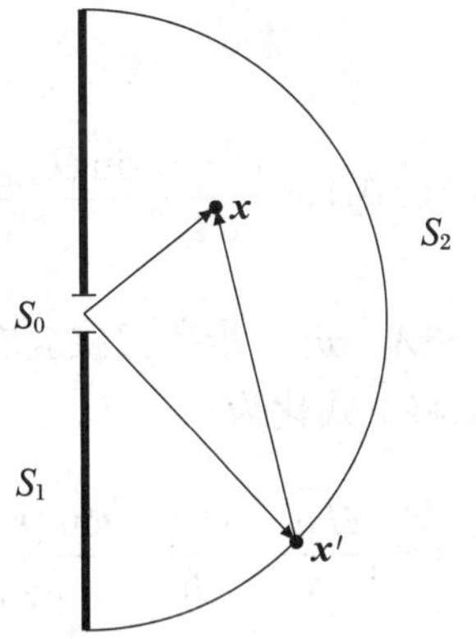


**图 6.4　小孔衍射**

$$\psi(\boldsymbol{x}) = -\frac{1}{4\pi}\int_{S_0}\mathrm{d}S'\frac{1}{r}\mathrm{e}^{\mathrm{i}kr}\boldsymbol{n}\cdot\left[\nabla_{\boldsymbol{x}'}\psi(\boldsymbol{x}') + \left(\mathrm{i}k - \frac{1}{r}\right)\frac{\boldsymbol{r}}{r}\psi\right]. \tag{6.6.6}$$

令入射波为平面波

$$\psi_{\mathrm{i}}(\boldsymbol{x}') = \psi_0\mathrm{e}^{\mathrm{i}\boldsymbol{k}_1\cdot\boldsymbol{x}'}, \tag{6.6.7}$$

在屏右远处观察向 $\boldsymbol{k}_2$ 方向传播的衍射波；实际观察时用凸透镜将衍射波聚焦, 这就是夫琅禾费（J. Fraunhofer, 1787—1826, 德国）衍射. 对于夫琅禾费衍射情形, $R \gg R' > \lambda$, 如下

近似条件成立:

$$r \approx R - \frac{\boldsymbol{k}_2}{k} \cdot \boldsymbol{x}',$$
$$r \gg \lambda,$$
$$k\frac{\boldsymbol{r}}{r} \approx \boldsymbol{k}_2.$$

由此我们得到夫琅禾费衍射的基尔霍夫积分公式

$$\psi(\boldsymbol{x}) = -\mathrm{i}\psi_0 \frac{\mathrm{e}^{\mathrm{i}kR}}{4\pi R} \int_{S_0} \mathrm{d}S' \mathrm{e}^{\mathrm{i}(\boldsymbol{k}_1 - \boldsymbol{k}_2)\cdot \boldsymbol{x}'} (\boldsymbol{k}_1 + \boldsymbol{k}_2) \cdot \boldsymbol{n}. \tag{6.6.8}$$

**例 6.4** 考虑波长为 $\lambda$ 的平面波垂直入射开有长方形狭缝的屏幕, 设狭缝边长为 $2a$ 和 $2b$, 假定 $b \gg a > \lambda$. 计算夫琅禾费衍射条纹.

**解** 采用小孔衍射的基尔霍夫理论. 取笛卡儿坐标系, 原点置于狭缝中心, $x, y$ 轴分别为狭缝的短边和长边,

$$\boldsymbol{k}_1 \cdot \boldsymbol{n} = k, \boldsymbol{k}_2 \cdot \boldsymbol{n} = k\cos\theta_2.$$

$$\begin{aligned}\psi(\boldsymbol{x}) &= -\mathrm{i}\psi_0 \frac{\mathrm{e}^{\mathrm{i}kR}}{4\pi R} \int_{S_0} \mathrm{d}S' \mathrm{e}^{\mathrm{i}(\boldsymbol{k}_1 - \boldsymbol{k}_2)\cdot \boldsymbol{x}'} (\boldsymbol{k}_1 + \boldsymbol{k}_2) \cdot \boldsymbol{n} \\ &= -\mathrm{i}k(1+\cos\theta_2)\psi_0 \frac{\mathrm{e}^{\mathrm{i}kR}}{4\pi R} \int_{S_0} \mathrm{d}S' \mathrm{e}^{-\mathrm{i}\boldsymbol{k}_2\cdot \boldsymbol{x}'}.\end{aligned}$$

计算上述积分得

$$\psi(\boldsymbol{x}) = k(1+\cos\theta_2)\psi_0 \frac{\mathrm{e}^{\mathrm{i}kR}}{\pi R} \cdot \frac{\sin(k_{2,x}a)\sin(k_{2,y}b)}{k_{2,x}k_{2,y}}.$$

对于狭缝衍射情形, $b \gg a > \lambda$. 进一步考虑狭缝右侧远处的衍射条纹, 令 $\theta_2 \approx 0$, $k_{2,y} = 0$. 利用上述条件, 我们可以将上式化为

$$\psi(\boldsymbol{x}) = \psi_0 \frac{2kab}{\pi} \cdot \frac{\mathrm{e}^{\mathrm{i}kR}}{R} \cdot \frac{\sin(k_{2,x}a)}{k_{2,x}a}.$$

设 $\boldsymbol{k}_2$ 与 $x$ 轴夹角为 $\pi/2 - \alpha$, 由于 $\alpha \ll 1$, $k_{2,x} = k\sin\alpha = k\alpha$. 因此可得

$$\psi(\boldsymbol{x}) = \psi_0 \frac{2kab}{\pi} \cdot \frac{\mathrm{e}^{\mathrm{i}kR}}{R} \cdot \frac{\sin(ka\alpha)}{ka\alpha}.$$

考虑光强 $I$ 与场强 $\psi$ 的平方成正比, 我们得到衍射条纹

$$I(\alpha) = I_0 \frac{\sin^2(ka\alpha)}{(ka\alpha)^2}. \tag{6.6.9}$$

第二条亮纹出现在 $ka\alpha \approx 1.43\pi$ 处, 且亮度远低于第一条亮纹 ( $\alpha = 0$ 处 ). 上述结果与已有的光学实验结果相符, 衍射条纹如图 6.5 所示.

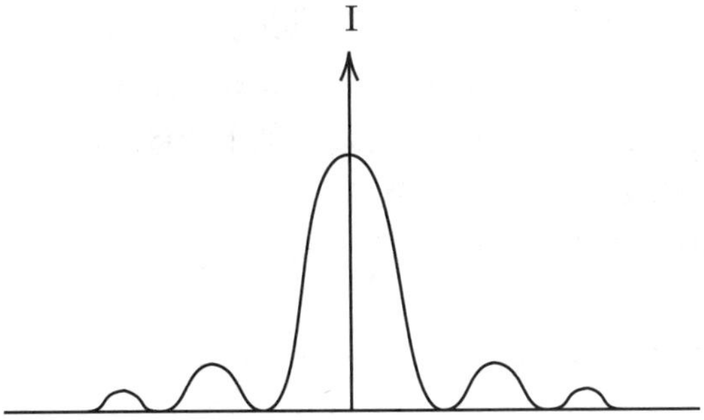


图 6.5　夫琅禾费衍射条纹

## 6.7　关于电动力学的场理论表述与势理论表述的小结

电动力学的基本规律可以分别用 (电磁) 场理论或势理论表述.

**1. 电动力学的场理论表述**

(1) 麦克斯韦方程组

$$\begin{cases}\nabla\cdot\boldsymbol{E}=\dfrac{1}{\epsilon_0}\rho,\\ \nabla\times\boldsymbol{E}=-\partial_t\boldsymbol{B},\\ \nabla\cdot\boldsymbol{B}=0,\\ \nabla\times\boldsymbol{B}=\mu_0\boldsymbol{j}+\dfrac{1}{c^2}\partial_t\boldsymbol{E}.\end{cases}\tag{6.7.1}$$

(2) 电荷守恒方程

$$\partial_t\rho+\nabla\cdot\boldsymbol{j}=0,\tag{6.7.2}$$

尽管电荷守恒方程可以由麦克斯韦方程组导出, 应用麦克斯韦方程组解决实际问题时, 作为源项的电流和电荷不可任意给定. 电荷守恒方程可以看作麦克斯韦方程组的适定性条件.

(3) 洛伦兹力公式

$$\frac{\mathrm{d}\boldsymbol{p}}{\mathrm{d}t}=q\left(\boldsymbol{E}+\boldsymbol{u}\times\boldsymbol{B}\right).\tag{6.7.3}$$

**2. 电动力学的势理论表述**

(1) 电荷守恒方程

$$\partial_t\rho+\nabla\cdot\boldsymbol{j}=0.\tag{6.7.4}$$

(2) 达朗贝尔方程

$$\begin{aligned}&\left(\nabla^2-\frac{1}{c^2}\partial_t^2\right)\boldsymbol{A}=-\mu_0\boldsymbol{j},\\ &\left(\nabla^2-\frac{1}{c^2}\partial_t^2\right)\phi=-\frac{1}{\epsilon_0}\rho.\end{aligned}\tag{6.7.5}$$

注意洛仑茨规范

$$\nabla\cdot\boldsymbol{A}+\frac{1}{c^2}\partial_t\phi=0$$

可以由达朗贝尔方程和电荷守恒方程导出, 并非独立方程.

场与势的关系, $\boldsymbol{B} = \nabla \times \boldsymbol{A}$ 和 $\boldsymbol{E} = -\nabla\phi - \partial_t \boldsymbol{A}$, 只是便于解释结果的辅助方程, 也并非独立方程;原因是带电粒子的运动方程也可以由如下的势理论(哈密顿力学)确定.

(3)低速带电粒子运动的哈密顿力学

带电粒子运动的作用量为

$$\mathcal{L}\mathrm{d}t = [\boldsymbol{p} + q\boldsymbol{A}(\boldsymbol{x}, t)] \cdot \mathrm{d}\boldsymbol{x} - \left[\frac{1}{2m}p^2 + q\phi(\boldsymbol{x}, t)\right]\mathrm{d}t, \tag{6.7.6}$$

其中, $m$ 和 $q$ 分别为带电粒子的质量和电荷, $\boldsymbol{p} = m\boldsymbol{u}$ 为粒子动量, $\boldsymbol{u}$ 为粒子的运动速度.

电动力学基本规律的两种表述是等价的.

## 习题与解答

1. 根据亥姆霍兹定理, 任意矢量场 $\boldsymbol{F}$ 可以分解为 $\boldsymbol{F} = \boldsymbol{F}_{\mathrm{T}} + \boldsymbol{F}_{\mathrm{L}}$; 其中 $\boldsymbol{F}_{\mathrm{L}}$ 的旋度为零, 称为纵场; $\boldsymbol{F}_{\mathrm{T}}$ 的散度为零, 称为横场. 分别对电场、磁场以及电流密度等矢量做上述亥姆霍兹分解, 试由麦克斯韦方程组和电荷守恒方程出发证明横场和纵场分别满足下面的方程:

$$\nabla \times \boldsymbol{E}_{\mathrm{T}} = -\partial_t \boldsymbol{B}_{\mathrm{T}}, \quad \nabla \times \boldsymbol{B}_{\mathrm{T}} = \mu_0 \boldsymbol{j}_T + \frac{1}{c^2}\partial_t \boldsymbol{E}_{\mathrm{T}};$$
$$\nabla \cdot \boldsymbol{E}_{\mathrm{L}} = \frac{1}{\epsilon_0}\rho, \quad \partial_t \boldsymbol{E}_{\mathrm{L}} = -\frac{1}{\epsilon_0}\boldsymbol{j}_{\mathrm{L}}, \quad \boldsymbol{B}_{\mathrm{L}} = \boldsymbol{0}.$$

2. 将自由空间中的矢势 $\boldsymbol{A}(\boldsymbol{x}, t)$ 做傅里叶级数展开写成

$$\boldsymbol{A}(\boldsymbol{x}, t) = \sum_{\boldsymbol{k}} \left[\boldsymbol{a}_{\boldsymbol{k}}(t)\mathrm{e}^{\mathrm{i}\boldsymbol{k}\cdot\boldsymbol{x}} + \boldsymbol{a}_{\boldsymbol{k}}^*(t)\mathrm{e}^{-\mathrm{i}\boldsymbol{k}\cdot\boldsymbol{x}}\right],$$

其中, $\boldsymbol{a}_{\boldsymbol{k}}^*$ 为 $\boldsymbol{a}_{\boldsymbol{k}}$ 的复共轭. 试证明在洛仑茨规范或库仑规范下, 下列方程均成立:

$$\left(\frac{\mathrm{d}^2}{\mathrm{d}t^2} + c^2k^2\right)\boldsymbol{a}_{\boldsymbol{k}}(t) = 0.$$

3. 两个相同的带电粒子发生碰撞, 试证明没有电偶极和磁偶极辐射.

提示:在质心系下的经典力学计算结果表明系统电偶极矩和磁偶极矩都恒为零.

4. 半径为 $R$ 的球形均匀永磁体, 磁化强度为 $\boldsymbol{M}_0$. 球体以恒定角速度 $\omega \ll c/R$, 绕垂直于 $\boldsymbol{M}_0$ 的直径旋转. 试计算辐射场和能流.

提示: 取旋转轴为 $z$ 轴, 其方向与磁化矢量旋转方向满足右手规则, 球心为原点, 球体的磁偶极矩为

$$\boldsymbol{m}(t) = \frac{4}{3}\pi R^3 M_0 (\boldsymbol{e}_x + \mathrm{i}\boldsymbol{e}_y)\mathrm{e}^{-\mathrm{i}\omega t},$$

转动球体可分解为沿 $x$ 和 $y$ 轴两个相位相差 $\pi/2$ 的简谐振荡磁偶极子. 根据振荡磁偶极子辐射的矢势

$$A_{\mathrm{m}} = \frac{\mu_0}{4\pi} \cdot \frac{\mathrm{e}^{\mathrm{i}kr}}{r}(\mathrm{i}k\boldsymbol{e}_r \times \boldsymbol{m}),$$

可直接计算辐射场和能流

$$\boldsymbol{B} = \mathrm{i}k\boldsymbol{e}_r \times \boldsymbol{A},$$
$$\mathrm{i}k\boldsymbol{e}_r \times \boldsymbol{B} = -\mathrm{i}\frac{\omega}{c^2}\boldsymbol{E}.$$

5. 电荷为 $e$ 的粒子做半径为 $a$, 角频率为 $\omega$ 的非相对论性圆周运动. 计算辐射场和能流.

提示: 取旋转轴为 $z$ 轴, 其方向与粒子圆周运动方向满足右手规则; 粒子运动平面为 $(x, y)$ 面, 系统的电偶极矩为

$$\boldsymbol{p}(t) = ea\,(\boldsymbol{e}_x + \mathrm{i}\boldsymbol{e}_y)\,\mathrm{e}^{-\mathrm{i}\omega t},$$

根据振荡电偶极子辐射的矢势

$$A_p = \frac{\mu_0}{4\pi} \cdot \frac{\mathrm{e}^{\mathrm{i}kr}}{r}\dot{\boldsymbol{p}},$$

可直接计算辐射场和能流.

6. 以角频率 $\omega$ 做简谐振荡 $\mathrm{e}^{-\mathrm{i}\omega t}$, 振幅为 $p_0$ 的电偶极子, 距离无穷大理想导体平板 $a/2$ 处平行放置. 设 $c/\omega \gg a$, 试计算远离电偶极子处的辐射场.

提示: 由于波长远大于电偶极子到导体平板的距离, 镜像电荷可按似稳场处理; 远处辐射场为所给电偶极子与镜像电偶极子同相位振荡产生. 原偶极子和镜像偶极子构成的振荡电荷系统的尺度远小于波长, 因此多极展开条件满足; 该系统的电偶极矩为零. 因此辐射为电四极矩和磁偶极矩振荡产生. 辐射场可通过计算电四极矩和磁偶极矩得到. 比较方便的方法是直接计算推迟势矢势的一阶项

$$\boldsymbol{A}_1(\boldsymbol{x}) = \frac{\mu_0}{4\pi} \cdot \frac{\mathrm{e}^{\mathrm{i}kr}}{r} \int \mathrm{d}^3\boldsymbol{x}'\boldsymbol{j}(\boldsymbol{x}')(-\mathrm{i}k\boldsymbol{n} \cdot \boldsymbol{x}').$$

上式积分区域包括原电偶极子和镜像电偶极子. 取镜像电偶极子位置为(球)坐标原点, $z$ 轴垂直于平板指向给定电偶极子, 则上述积分可以简单计算

$$\boldsymbol{A}_1(\boldsymbol{x}) = \frac{\mu_0}{4\pi} \cdot \frac{\mathrm{e}^{\mathrm{i}kr}}{r}(-\mathrm{i}k\boldsymbol{n} \cdot \boldsymbol{e}_z a) \int \mathrm{d}^3\boldsymbol{x}'\boldsymbol{j}(\boldsymbol{x}').$$

上式积分区域只包括原电偶极子. 因此

$$\boldsymbol{A}_1(\boldsymbol{x}) = \frac{\mu_0}{4\pi} \cdot \frac{\mathrm{e}^{\mathrm{i}kr}}{r}(-\mathrm{i}k\boldsymbol{n} \cdot \boldsymbol{e}_z a)\dot{\boldsymbol{p}}.$$

取原电偶极子方向为 $x$ 轴方向, 则有

$$\boldsymbol{A}_1(\boldsymbol{x}) = \frac{\mu_0}{4\pi} \cdot \frac{\mathrm{e}^{\mathrm{i}kr}}{r}(-\omega ka\cos\theta)p_0\boldsymbol{e}_x.$$

利用该结果可直接计算辐射场.

7. 真空中位于 $\boldsymbol{x}_\mathrm{s}$ 处的点光源发出的球面波的场强可表示为 $\psi(\boldsymbol{x}) = \psi_0\dfrac{a}{r}\mathrm{e}^{\mathrm{i}kr}$, 其中 $\boldsymbol{r} = \boldsymbol{x} - \boldsymbol{x}_\mathrm{s}$.

(1) 试证明球面波绕过障碍物或穿过小孔后在场点 $\boldsymbol{x}_\mathrm{f}$ 处的场强 $\psi(\boldsymbol{x}_\mathrm{f})$ 由如下的菲涅尔衍射积分公式给出:

$$\psi(\boldsymbol{x}_\mathrm{f}) = -\mathrm{i}\psi_0\frac{ka}{4\pi}\int_{\varSigma} \frac{\mathrm{e}^{\mathrm{i}k(r_\mathrm{f}+r_\mathrm{s})}}{r_\mathrm{f}r_\mathrm{s}}(\boldsymbol{e}_\mathrm{f} + \boldsymbol{e}_\mathrm{s}) \cdot \mathrm{d}\boldsymbol{\varSigma},$$

其中，$\boldsymbol{\Sigma}$ 为透光小孔所张的曲面，方向指向场点一侧；$\boldsymbol{r}_{\mathrm{s}}=\boldsymbol{x}-\boldsymbol{x}_{\mathrm{s}}$, $\boldsymbol{r}_{\mathrm{f}}=\boldsymbol{x}_{\mathrm{f}}-\boldsymbol{x}$, 其中 $\boldsymbol{x}$ 为 $\boldsymbol{\Sigma}$ 上的点，单位矢量 $\boldsymbol{e}_{\mathrm{f}}=\boldsymbol{r}_{\mathrm{f}}/r_{\mathrm{f}}$, $\boldsymbol{e}_{\mathrm{s}}=\boldsymbol{r}_{\mathrm{s}}/r_{\mathrm{s}}$;

（2）半径为 $a$ 的圆盘光屏前方正中距离 $R_0$ 处置一点光源，设波长 $\lambda \ll a$. 试计算光屏后方与点光源对称处的光强.

答案:（1）利用基尔霍夫积分公式.

（2）$\boldsymbol{x}_{\mathrm{s}}$ 处的点光源在 $\boldsymbol{x}$ 点的场强为

$$\psi(\boldsymbol{x})=\psi_0\frac{a}{|\boldsymbol{x}-\boldsymbol{x}_{\mathrm{s}}|}\mathrm{e}^{\mathrm{i}k|\boldsymbol{x}-\boldsymbol{x}_{\mathrm{s}}|}.$$

利用菲涅尔积分公式得光屏后方与点光源对称处的场强为

$$\psi=-\mathrm{i}\psi_0\frac{ka}{4\pi}\int_{R_0}^{\infty}2\pi\rho\mathrm{d}\rho\frac{1}{r^2}\mathrm{e}^{2\mathrm{i}kr}2\frac{R_0}{r},$$

其中，$r$ 为光屏所在平面上一点到点光源的距离，$\rho$ 为光屏所在平面上一点到光屏中心的距离. 考虑 $r^2=R_0^2+\rho^2$, 上述积分化为

$$\psi=-\mathrm{i}\psi_0 kaR_0\int_{\sqrt{R_0^2+a^2}}^{\infty}\mathrm{d}r\frac{1}{r^2}\mathrm{e}^{2\mathrm{i}kr}.$$

利用分步积分法，并考虑条件 $ka\gg 1$, 不难得到

$$\begin{aligned}
\psi&=-\mathrm{i}\psi_0 kaR_0\left[-\frac{1}{2\mathrm{i}k}\cdot\frac{\mathrm{e}^{2\mathrm{i}k\sqrt{R_0^2+a^2}}}{R_0^2+a^2}+\frac{1}{2k^2}\cdot\frac{\mathrm{e}^{2\mathrm{i}k\sqrt{R_0^2+a^2}}}{(R_0^2+a^2)^{3/2}}-\frac{3}{2k^3}\int_{\sqrt{R_0^2+a^2}}^{\infty}\mathrm{d}r\frac{1}{r^4}\mathrm{e}^{2\mathrm{i}kr}\right]\\
&=-\mathrm{i}\psi_0 kaR_0\left[-\frac{1}{2\mathrm{i}k}\cdot\frac{\mathrm{e}^{2\mathrm{i}k\sqrt{R_0^2+a^2}}}{R_0^2+a^2}+\frac{1}{2k^2}\cdot\frac{\mathrm{e}^{2\mathrm{i}k\sqrt{R_0^2+a^2}}}{(R_0^2+a^2)^{3/2}}+\cdots\right]\\
&=\frac{1}{2}\psi_0\frac{aR_0}{R_0^2+a^2}\mathrm{e}^{2\mathrm{i}k\sqrt{R_0^2+a^2}}\left(1-\mathrm{i}\frac{1}{k\sqrt{R_0^2+a^2}}+\cdots\right)\\
&=\frac{1}{2}\psi_0\frac{aR_0}{R_0^2+a^2}\mathrm{e}^{2\mathrm{i}k\sqrt{R_0^2+a^2}},
\end{aligned}$$

由此可得，光屏后方与点光源对称处的光强为

$$\begin{aligned}
|\psi|^2&=\frac{1}{4}\cdot\frac{R_0^2a^2}{(R_0^2+a^2)^2}\psi_0^2\\
&=\left(\frac{a}{2R_0}\right)^2\psi_0^2\left(\frac{R_0^2}{R_0^2+a^2}\right)^2,
\end{aligned}$$

其中，最后一个因子为光屏后方对称点处光强与无光屏情形相比的减弱因子；当 $R_0\gg a$ 时，该因子约等于 1. 这就是泊松光斑的理论计算过程.

8. 长度为 $R$ 的绝缘细杆一端带有点电荷 $Q$, 另一端固定在与其垂直的转轴上，今以一恒定的外力矩 $L$ 驱动带电细杆转动. 假定制作系统材料的相对介电系数和相对磁导率均为 1. 设外力矩不足以驱动系统做相对论性旋转，忽略系统的机械摩擦，试计算该系统转动的最大角频率.

提示:考虑匀速圆周运动电荷的电磁辐射和能量守恒.

9. 线偏振平面电磁波 $\boldsymbol{E}=\boldsymbol{E}_0\mathrm{e}^{\mathrm{i}(\boldsymbol{k}\cdot\boldsymbol{x}-\omega t)}$ 照射到半径为 $R$ 的绝缘介质球上, 介质的相对介电系数为 $\epsilon_\mathrm{r}$. 设入射波的波长远大于介质球的半径, 试计算介质球的辐射场和能流.

提示: 介质球在入射波电场作用下产生振荡的极化, 由于波长远大于介质球半径, 极化强度可以看作匀强外电场下的极化

$$\boldsymbol{P}_0=(\epsilon-\epsilon_0)\frac{3\epsilon_0}{\epsilon+2\epsilon_0}\boldsymbol{E}_0.$$

由此可得振荡电偶极矩

$$\boldsymbol{p}=\frac{4}{3}\pi R^3\boldsymbol{P}\mathrm{e}^{-\mathrm{i}\omega t}.$$

介质球的辐射即为该振荡电偶极矩的辐射.

10. 两个相同的带电粒子在同一直线上做角频率为 $\omega$ 的简谐振荡. 设两个粒子的振荡幅度均为 $l$, 振荡相位相同, 两粒子平衡位置相距为 $d$, 试计算远处辐射场.

答案: 取粒子运动方向为 $z$ 轴, 球坐标原点可取为下方振荡粒子的平衡位置. 该系统为两个相距为 $d$ 的同相位共线电偶极子. 每个电偶极子为 $\boldsymbol{p}=\boldsymbol{e}_z p_0\mathrm{e}^{-\mathrm{i}\omega t}$, $p_0=el$. 分别计算两个电偶极子辐射的场, 然后叠加得

$$\begin{aligned}\boldsymbol{B}&=\frac{1}{4\pi\epsilon_0 c^3}\cdot\frac{\mathrm{e}^{\mathrm{i}kr}}{r}\ddot{p}\left(1+\mathrm{e}^{-\mathrm{i}kd\cos\theta}\right)\sin\theta\boldsymbol{e}_\phi.\\ \boldsymbol{E}&=c\boldsymbol{B}\times\boldsymbol{e}_r.\end{aligned}$$

11. 达朗贝尔方程可以写成

$$\left(\nabla^2-\frac{1}{c^2}\partial_t^2\right)\psi=-4\pi f(\boldsymbol{x},t).$$

(1) 试证明对于脉冲式点源、线源和面源, 即

$$\begin{aligned}f(\boldsymbol{x},t)&=\delta^3(\boldsymbol{x})\delta(t),\\ f(\boldsymbol{x},t)&=\delta(x)\delta(y)\delta(t),\\ f(\boldsymbol{x},t)&=\delta(x)\delta(t).\end{aligned}$$

相应的三维、二维和一维问题的推迟解分别为

$$\begin{aligned}\psi&=\frac{1}{r}\delta\left(t-\frac{r}{c}\right),\\ \psi&=\frac{2c}{\sqrt{c^2t^2-r^2}}H\left(t-\frac{r}{c}\right),\\ \psi&=2\pi cH\left(t-\frac{|x|}{c}\right),\end{aligned}$$

其中, $H$ 为阶跃函数; 三维、二维和一维问题的解分别用球坐标、极坐标和笛卡儿坐标表示.

(2) 三维问题解只限于波前处不为零, 而二维和一维问题的解在激励源和波前之间都不为零. 试讨论这种现象的物理内涵.

提示: (1) 直接应用三维达朗贝尔方程推迟解的一般表达式;

(2) 考虑叠加原理.

12. 考虑平面电磁波垂直入射到一个半径为 $a$ 的无穷长导体圆柱上, 入射平面电磁波的电场与导体柱轴平行. 试计算散射电磁波.

答案: 入射波电场与导体柱轴平行, 故导体表面的感应电流是轴向的, 因此散射波的电场也是轴向的; 该问题是一个电磁波的标量散射问题.

取柱坐标 $(r,\theta,z)$, $z$ 轴为导体柱轴, $\theta=0$ 为入射波矢方向. 电场的唯一分量 $E_z=\psi$ 满足波动方程,

$$\left(\nabla^2-\frac{1}{c^2}\partial_t^2\right)\psi=0.$$

对于单色波问题, $\psi=\psi\mathrm{e}^{-\mathrm{i}\omega t}$, 令 $k^2=\omega^2/c^2$, 则上述方程化为亥姆霍兹方程:

$$\left(\nabla^2+k^2\right)\psi=0.$$

电场在导体表面切向分量为零, 因此我们得到边界条件:

$$\psi(r=a)=\psi_{\mathrm{I}}(r=a)+\psi_{\mathrm{S}}(r=a)=0.$$

入射平面波 $\psi_{\mathrm{I}}=E_0\mathrm{e}^{\mathrm{i}kr\cos\theta}$ 满足波动方程, 故散射电磁波 $\psi_{\mathrm{S}}$ 也满足波动方程. 因此散射波的微分方程和边界条件为

$$\begin{aligned}&\left(\nabla^2+k^2\right)\psi_{\mathrm{S}}=0,\\&\psi_{\mathrm{S}}(r=a)=-E_0\mathrm{e}^{\mathrm{i}ka\cos\theta}.\end{aligned}$$

分离变量法给出的柱坐标下亥姆霍兹方程的通解为

$$\begin{aligned}\psi_{\mathrm{S}}=&\sum_{n=0}^{+\infty}\left(A_n\cos n\theta+B_n\sin n\theta\right)H_n^{(1)}(kr)\\&+\sum_{n=0}^{+\infty}\left(C_n\cos n\theta+D_n\sin n\theta\right)H_n^{(2)}(kr),\end{aligned}$$

其中, $H_n^{(1)}=J_n+\mathrm{i}N_n$, $H_n^{(2)}=J_n-\mathrm{i}N_n$. $J_n$ 和 $N_n$ 分别为第一类和第二类贝塞尔函数. 考虑时间因子 $\mathrm{e}^{-\mathrm{i}\omega t}$, 则 $H_n^{(1)}$ 为向柱体远处传播的波, 而 $H_n^{(2)}$ 为逆向传播的波 (应该删去); 因此 $C_n=0=D_n$. 注意第一类贝塞尔函数 $J_n(kr)$ 在极轴 ( $r=0$ ) 上有限, 而第二类贝塞尔函数 $N_n(kr)$ 在极轴上发散. 因此对于柱内问题需删去第二类贝塞尔函数解, 而对于柱外问题则需要保留第二类贝塞尔函数解.

利用贝塞尔展开式

$$\mathrm{e}^{\mathrm{i}kr\cos\theta}=\sum_{n=-\infty}^{+\infty}J_n(kr)\mathrm{i}^n\mathrm{e}^{\mathrm{i}n\theta},$$

将边界条件写成

$$\begin{aligned}\psi_{\mathrm{S}}(r=a)=-E_0\mathrm{e}^{\mathrm{i}ka\cos\theta}&=-E_0J_0(ka)-2E_0\sum_{n=1}^{+\infty}J_n(ka)\mathrm{i}^n\cos n\theta\\&=\sum_{n=0}^{+\infty}\left(A_n\cos n\theta+B_n\sin n\theta\right)H_n^{(1)}(ka).\end{aligned}$$

根据傅里叶级数的正交性确定系数后, 我们得到散射电磁波为

$$\psi_{\mathrm{S}} = -E_0 \frac{J_0(ka)}{H_0^{(1)}(ka)} H_0^{(1)}(kr) - 2E_0 \sum_{n=1}^{+\infty} \mathrm{i}^n \frac{J_n(ka)}{H_n^{(1)}(ka)} H_n^{(1)}(kr) \cos n\theta.$$

13. 上一题的结果能给出泊松光斑吗? 上一题是一个电磁波的标量散射问题, 它可以利用基尔霍夫的标量衍射理论处理吗?

提示: 利用上一题的结果, 将入射平面波利用贝塞尔展开式展开后加上散射波, 我们得到导体柱外总的电磁波为

$$\psi = E_0 \left[ \sum_{n=0}^{+\infty} s_n \mathrm{i}^n \frac{H_n^{(1)}(ka) J_n(kr) - J_n(ka) H_n^{(1)}(kr)}{H_n^{(1)}(ka)} \cos n\theta \right] \mathrm{e}^{-\mathrm{i}\omega t}.$$

这里 $s_0 = 1$, $s_{n\geqslant 1} = 2$.

令 $ka \sim 1$, 可以计算导体柱后 (几何光学阴影区内) 的光强与入射光强之比.

基尔霍夫标量衍射理论的要点是利用格林公式将解域内的场表示为边界上的场及其法向导数; 其实际应用的前提是在解域的边界上场及其法向导数的数值必须事先确定.

# 第 7 章　运动粒子的电磁辐射

在本章中, 我们讨论运动带电粒子的电磁辐射. 从连续分布系统电磁辐射的推迟势出发, 导出运动带电粒子的推迟势, 即李纳 ( A.-M. Lienard,1869—1958, 法国 )-维谢尔 ( E. T. Wiechert,1861—1928, 德国 ) 势. 在此基础上我们先讨论低速带电粒子由于加速运动引起的电偶极辐射, 再讨论一般的高速运动带电粒子的辐射. 匀速直线运动带电粒子本身由于没有加速度不会辐射电磁波; 介质中的匀速直线运动带电粒子通过依次扰动其所经过位置附近介质中的束缚电荷, 在粒子运动速度超过介质中的光速时会激发切伦科夫辐射. 本章最后介绍由匀速直线运动带电粒子的李纳-维谢尔势引出的洛伦兹变换.

本章的基础是随时间变化的连续分布电荷系统电磁辐射的推迟势,

$$\begin{cases} \phi(\boldsymbol{x},t) = \dfrac{1}{4\pi\epsilon_0}\displaystyle\int \mathrm{d}^3\boldsymbol{x}'\rho\left(\boldsymbol{x}', t-\dfrac{1}{c}|\boldsymbol{x}-\boldsymbol{x}'|\right)\dfrac{1}{|\boldsymbol{x}-\boldsymbol{x}'|}, \\ \boldsymbol{A}(\boldsymbol{x},t) = \dfrac{\mu_0}{4\pi}\displaystyle\int \mathrm{d}^3\boldsymbol{x}'\boldsymbol{j}\left(\boldsymbol{x}', t-\dfrac{1}{c}|\boldsymbol{x}-\boldsymbol{x}'|\right)\dfrac{1}{|\boldsymbol{x}-\boldsymbol{x}'|}. \end{cases} \tag{7.0.1}$$

## 7.1　运动带电粒子的推迟势——李纳-维谢尔势

运动带电粒子电磁辐射的推迟势可以由连续分布的时变电荷系统的推迟势求出.

如图 7.1 所示, 考虑一个均匀带电的刚性细圆柱体. 设电荷密度为 $\rho$, 圆柱体横截面积为 $S$, 长为 $L$, 电荷总量为 $q$. 假设圆柱体沿着长度方向以速度 $\boldsymbol{v}_e$ 平动; 在远离圆柱体的地方观测其产生的电磁场.

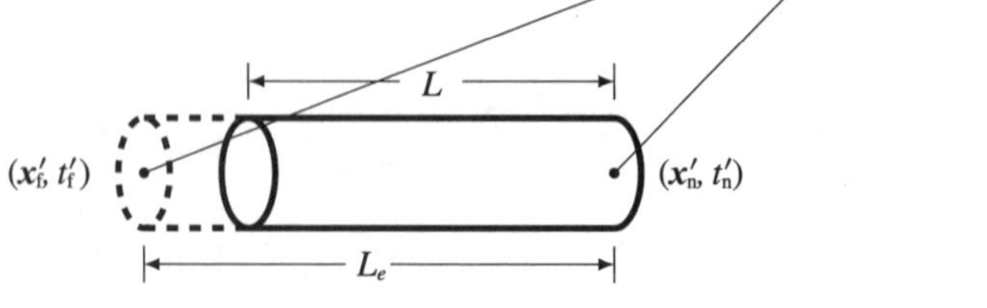


图 7.1　平动均匀带电细棒辐射的推迟势

我们首先计算标势的推迟势解,

$$\begin{aligned}\phi(\boldsymbol{x},t) &= \frac{1}{4\pi\epsilon_0}\int \mathrm{d}^3\boldsymbol{x}'\rho\left(\boldsymbol{x}',t-\frac{1}{c}|\boldsymbol{x}-\boldsymbol{x}'|\right)\frac{1}{|\boldsymbol{x}-\boldsymbol{x}'|}\\ &= \frac{1}{4\pi\epsilon_0}\frac{q}{L}\int_{L_\mathrm{e}}\mathrm{d}l\frac{1}{|\boldsymbol{x}-\boldsymbol{x}'|}.\end{aligned} \tag{7.1.1}$$

需要注意的是, 推迟势中的体积分遍布整个空间; 然而考虑到带电细棒的电荷密度为常数, 在计入推迟因子的效应后, $\rho\left(\boldsymbol{x}',t-\dfrac{1}{c}|\boldsymbol{x}-\boldsymbol{x}'|\right)$ 的数值只要不为零就取常数 $\rho=q/LS$; 这就是第一个积分可以化为第二个积分的原因. 那么上述第一式中电荷密度包含的推迟因子究竟是怎么计入的呢? 答案是第二式积分中沿着 $l$ 方向的积分区间的长度是 $L_\mathrm{e}$ 而不是 $L$.

考虑细棒沿着 $L$ 方向运动, 推迟因子要求细棒离观测点远端和近端的辐射时刻应该分别超前为 $t'_\mathrm{f}=t-\dfrac{1}{c}|\boldsymbol{x}-\boldsymbol{x}'_\mathrm{f}|$ 和 $t'_\mathrm{n}=t-\dfrac{1}{c}|\boldsymbol{x}-\boldsymbol{x}'_\mathrm{n}|$. 时间差为

$$\Delta t = t'_\mathrm{n}-t'_\mathrm{f}=\frac{1}{c}\boldsymbol{L}_\mathrm{e}\cdot\frac{(\boldsymbol{x}-\boldsymbol{x}_\mathrm{e})}{|\boldsymbol{x}-\boldsymbol{x}_\mathrm{e}|}, \tag{7.1.2}$$

其中, $\boldsymbol{x}_\mathrm{e}$ 为 $\boldsymbol{L}_\mathrm{e}$ 的中点; $\boldsymbol{L}_\mathrm{e}=\boldsymbol{x}'_\mathrm{n}(t'_\mathrm{n})-\boldsymbol{x}'_\mathrm{f}(t'_\mathrm{f})$.

$\boldsymbol{L}_\mathrm{e}$ 与 $\boldsymbol{L}$ 的差为 $\Delta t$ 时间内细棒运动的位移, 因此

$$\boldsymbol{L}_\mathrm{e}=\boldsymbol{L}+\boldsymbol{v}_\mathrm{e}\Delta t. \tag{7.1.3}$$

联立以上两个方程得

$$\boldsymbol{L}_\mathrm{e}=\boldsymbol{L}\frac{1}{1-\dfrac{\boldsymbol{v}_\mathrm{e}}{c}\cdot\dfrac{(\boldsymbol{x}-\boldsymbol{x}_\mathrm{e})}{|\boldsymbol{x}-\boldsymbol{x}_\mathrm{e}|}}, \tag{7.1.4}$$

代入上面计算的推迟势标势, 并将积分核 $1/|\boldsymbol{x}-\boldsymbol{x}'|$ 近似为 $1/|\boldsymbol{x}-\boldsymbol{x}_\mathrm{e}|$; 对推迟势矢势我们做类似的计算; 结果我们得到

$$\begin{cases}\phi(\boldsymbol{x},t)=\dfrac{1}{4\pi\epsilon_0}\cdot\dfrac{q}{|\boldsymbol{x}-\boldsymbol{x}_\mathrm{e}|-\dfrac{\boldsymbol{v}_\mathrm{e}}{c}\cdot(\boldsymbol{x}-\boldsymbol{x}_\mathrm{e})},\\ \boldsymbol{A}(\boldsymbol{x},t)=\dfrac{\mu_0}{4\pi}\cdot\dfrac{q\boldsymbol{v}_\mathrm{e}}{|\boldsymbol{x}-\boldsymbol{x}_\mathrm{e}|-\dfrac{\boldsymbol{v}_\mathrm{e}}{c}\cdot(\boldsymbol{x}-\boldsymbol{x}_\mathrm{e})}.\end{cases} \tag{7.1.5}$$

注意到上述结果与荷电体的形状无关, 因此令荷电体的体积趋于零, 则上述结果不变, 可应用于求解运动点电荷产生的电磁场问题 (图 7.2). 现在我们可以理解为何在前述推迟势积分核的分母中用 $\boldsymbol{x}_\mathrm{e}$ 代替 $\boldsymbol{x}'$ 可以得到准确的结果了.

上述关于运动点电荷的推迟势称为李纳-维谢尔势; 由李纳于 1898 年和维谢尔于 1900 年分别独立发现. 需要注意的是, 李纳-维谢尔势中带电粒子的位置和速度均需按推迟势的要求取粒子辐射时刻的数值, 即

$$c(t-t')=|\boldsymbol{x}-\boldsymbol{x}_\mathrm{e}(t')|, \tag{7.1.6}$$

$$\boldsymbol{v}_\mathrm{e}=\boldsymbol{v}_\mathrm{e}(t')=\dot{\boldsymbol{x}}_\mathrm{e}(t'). \tag{7.1.7}$$

应该强调的是, 上述讨论对于高速运动粒子情形也是适用的.

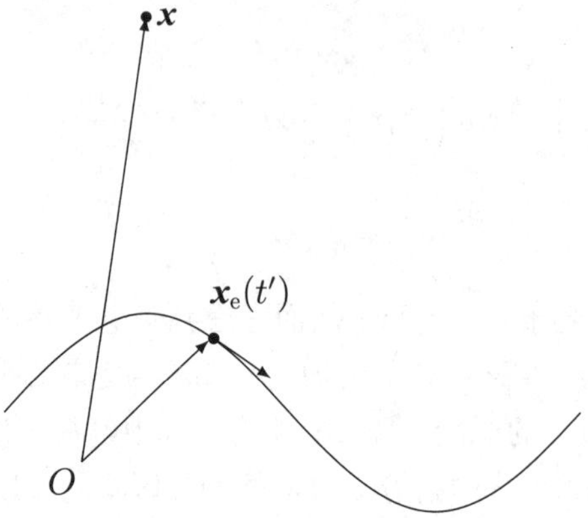


**图 7.2　运动带电粒子辐射的李纳-维谢尔（推迟）势**

从李纳-维谢尔势出发可以求出运动带电粒子的辐射：

$$\boldsymbol{B}(\boldsymbol{x},t) = \nabla \times \boldsymbol{A}(\boldsymbol{x},t), \tag{7.1.8}$$

$$\boldsymbol{E}(\boldsymbol{x},t) = -\nabla\phi(\boldsymbol{x},t) - \partial_t \boldsymbol{A}(\boldsymbol{x},t). \tag{7.1.9}$$

注意李纳-维谢尔势中含有的推迟因子由方程 (7.1.6) 通过隐函数形式给出.

令 $\boldsymbol{r} = \boldsymbol{x} - \boldsymbol{x}_{\rm e}(t')$, $\boldsymbol{n} = \boldsymbol{r}/r$, $t' = t - r/c$. 由方程 (7.1.6) 可得

$$\partial_t t'(\boldsymbol{x},t) = \frac{1}{1 - \dfrac{\boldsymbol{v}_{\rm e}\cdot\boldsymbol{n}}{c}}, \tag{7.1.10}$$

$$\nabla t'(\boldsymbol{x},t) = -\frac{\boldsymbol{n}}{c}\cdot\frac{1}{1 - \dfrac{\boldsymbol{v}_{\rm e}\cdot\boldsymbol{n}}{c}}. \tag{7.1.11}$$

利用以上两式结合李纳-维谢尔势可以求出任意运动带电粒子的辐射场；对于相对论性高速运动粒子, 计算过程的代数较为繁杂, 为数学简单起见, 下一节我们先讨论低速运动带电粒子的辐射.

## 7.2　低速运动带电粒子的辐射

在这一节中, 我们由李纳-维谢尔势出发讨论低速运动带电粒子的电磁辐射. 尽管低速运动粒子辐射问题的计算相对简单, 但是我们在这里将要得到的一个重要结论却适用于任意运动粒子的辐射；即带电粒子之所以辐射电磁波是由于其具有加速度而不是由于其具有速度. 这一结论从参照系变换的角度是不难理解的；一个匀速直线运动的带电粒子, 在其静止的惯性系中只产生静电场.

现在我们考虑一个电荷为 $Ze$ 的低速运动带电粒子, $|\boldsymbol{v}_{\rm e}|/c \ll 1$. 这里 $Z$ 为带电粒子的电荷数, 对于电子, $Z = -1$. 我们利用李纳-维谢尔势计算低速运动带电粒子的电磁辐射时, 可以采用低速近似,

$$\partial_t t'(\boldsymbol{x},t) = 1, \tag{7.2.1}$$

$$\nabla t'(\boldsymbol{x},t)=-\frac{\boldsymbol{n}}{c}. \tag{7.2.2}$$

由此可得低速运动带电粒子产生的磁场

$$\begin{aligned}\boldsymbol{B}(\boldsymbol{x},t)&=\nabla\times\boldsymbol{A}(\boldsymbol{x},t')_{t'=\text{const.}}+\nabla t'\times\partial_{t'}\boldsymbol{A}(\boldsymbol{x},t')\\&=\frac{Ze\boldsymbol{v}_{\mathrm{e}}\times\boldsymbol{r}}{4\pi\epsilon_0c^2r^3}+\frac{Ze\dot{\boldsymbol{v}}_{\mathrm{e}}\times\boldsymbol{r}}{4\pi\epsilon_0c^3r^2},\end{aligned} \tag{7.2.3}$$

其中, 第一项 ( $\sim 1/r^2$ ) 类似于毕奥-萨伐尔场, 第二项 ( $\sim 1/r$ ) 为辐射磁场.

类似地, 可以计算低速运动带电粒子产生的电场

$$\begin{aligned}\boldsymbol{E}(\boldsymbol{x},t)&=-\nabla\phi(\boldsymbol{x},t)-\partial_t\boldsymbol{A}(\boldsymbol{x},t)\\&=-\nabla\phi(\boldsymbol{x},t)-\frac{Ze\dot{\boldsymbol{v}}_{\mathrm{e}}}{4\pi\epsilon_0c^2r}\\&=\frac{Ze\boldsymbol{r}}{4\pi\epsilon_0r^3}+\frac{Ze}{4\pi\epsilon_0c^2r^3}\boldsymbol{r}\times(\boldsymbol{r}\times\dot{\boldsymbol{v}}_{\mathrm{e}}),\end{aligned} \tag{7.2.4}$$

其中, 第一项 ( $\sim 1/r^2$ ) 类似于库仑场, 第二项 ( $\sim 1/r$ ) 为辐射电场.

在上述利用李纳-维谢尔势计算辐射场的过程中, 注意 $r=\boldsymbol{x}-\boldsymbol{x}_{\mathrm{e}}(t')$, $t'=t-r/c$, 因此无论是对于 $\boldsymbol{x}$ 还是对于 $t$ 求导, 都会导致对于 $r$ 求导, 但是对于 $r$ 求导的结果只会给出满足 $1/r^2$ 关系的场, 我们知道这不是辐射场; 只有那些通过对 $\boldsymbol{v}_{\mathrm{e}}(t')$ 关于 $t'$ 求导的项才贡献满足 $1/r$ 关系的辐射场. 由此我们得到低速运动粒子辐射的如下重要结论.

**运动带电粒子辐射的电磁场强度与粒子加速度成正比.**

### 7.2.1 低速带电粒子加速运动时的电偶极辐射

应该注意, 低速运动带电粒子加速运动时的辐射场正比于粒子运动的加速度; 现在可以明白为什么前面讨论小区域振荡电流的最低阶辐射时我们说电偶极辐射场正比于电偶极矩对于时间的二阶导数了.

需要强调的是, 低速运动带电粒子辐射场的表达式中的粒子加速度含有时间推迟因子, 加速度应该在粒子辐射时刻取值 $[\dot{\boldsymbol{v}}_{\mathrm{e}}(t')]$,

$$\boldsymbol{E}=\frac{Ze}{4\pi\epsilon_0c^2r^3}\boldsymbol{r}\times[\boldsymbol{r}\times\dot{\boldsymbol{v}}_{\mathrm{e}}(t')]. \tag{7.2.5}$$

考虑到 $Ze\dot{\boldsymbol{v}}_{\mathrm{e}}(t')=\ddot{\boldsymbol{p}}_{\mathrm{e}}(t')=\ddot{\boldsymbol{p}}_{\mathrm{e}}(t-r/c)$, 假定粒子做简谐振荡 $\boldsymbol{x}_{\mathrm{e}}=\boldsymbol{x}_0\mathrm{e}^{-\mathrm{i}\omega t}$, 令 $\omega/c=k$, 则有 $\ddot{\boldsymbol{p}}_{\mathrm{e}}(t)=\ddot{\boldsymbol{p}}_{\mathrm{e}}(0)\mathrm{e}^{-\mathrm{i}\omega t}$, 其中 $\ddot{\boldsymbol{p}}_{\mathrm{e}}(0)=-\omega^2Ze\boldsymbol{x}_0$. 对于振荡的电偶极子情形, 带有时间因子的辐射电场为

$$\begin{aligned}\boldsymbol{E}&=\frac{1}{4\pi\epsilon_0c^2r^3}\boldsymbol{r}\times[\boldsymbol{r}\times\ddot{\boldsymbol{p}}_{\mathrm{e}}(t')]\\&=\frac{1}{4\pi\epsilon_0c^2r^3}\boldsymbol{r}\times[\boldsymbol{r}\times\ddot{\boldsymbol{p}}_{\mathrm{e}}(0)]\,\mathrm{e}^{\mathrm{i}(kr-\omega t)}.\end{aligned}$$

由此可以看出, 低速带电粒子加速运动时的辐射为电偶极辐射.

将这一结果与前面的连续分布振荡电流 ( 天线 ) 系统的电偶极辐射比较, 我们现在就能够理解为什么我们在那里将天线系统的电偶极辐射场表述为正比于 $\ddot{\boldsymbol{p}}$ 而不是 $\dot{\boldsymbol{p}}$.

低速带电粒子加速运动时电偶极辐射能流的角分布为

$$\boldsymbol{S}=\frac{Z^2e^2|\dot{\boldsymbol{v}}_\mathrm{e}|^2}{16\pi^2\epsilon_0c^3r^2}\sin^2\theta\boldsymbol{n}, \tag{7.2.6}$$

其中, $\theta$ 为 $\boldsymbol{r}$ 和粒子加速度 $\dot{\boldsymbol{v}}_\mathrm{e}$ 的夹角.

低速带电粒子加速运动辐射的总功率为

$$P=\frac{Z^2e^2|\dot{\boldsymbol{v}}_\mathrm{e}|^2}{6\pi\epsilon_0c^3}. \tag{7.2.7}$$

加速运动带电粒子电磁辐射的总功率正比于辐射粒子的电荷平方与加速度平方的乘积.

利用经典电子半径的表达式

$$r_\mathrm{e}=\frac{e^2}{4\pi\epsilon_0m_\mathrm{e}c^2}, \tag{7.2.8}$$

我们可以将上述方程化简为如下的便于记忆的形式:

**低速粒子辐射电场**

$$\boldsymbol{E}=Z\frac{m_\mathrm{e}}{e}\cdot\frac{r_\mathrm{e}}{r}\boldsymbol{n}\times(\boldsymbol{n}\times\ddot{\boldsymbol{x}}_\mathrm{e}). \tag{7.2.9}$$

**低速粒子辐射能流**

$$\boldsymbol{S}=Z^2\frac{r_\mathrm{e}}{c}m_\mathrm{e}|\ddot{\boldsymbol{x}}_\mathrm{e}|^2\frac{1}{4\pi r^2}\sin^2\theta\boldsymbol{n}. \tag{7.2.10}$$

**低速粒子辐射功率**

$$P=\frac{2}{3}Z^2\cdot\frac{r_\mathrm{e}}{c}m_\mathrm{e}|\ddot{\boldsymbol{x}}_\mathrm{e}|^2. \tag{7.2.11}$$

### 7.2.2 塞曼效应

我们已经看到, 经典电动力学预言点电荷做简谐振荡时辐射电磁波; 其频率与简谐振荡的频率相同.

1895 年洛伦兹提出了他的经典电子论, 认为中性原子中一定存在微小的带有负电荷的颗粒 (电子), 电子在原子中余下的正电荷的作用下做简谐振荡, 其频率为 $\omega_0$. 这一简谐振荡的频率决定了原子辐射光的频率. 1896 年, 洛伦兹基于这一经典电子论, 对他的学生塞曼 (P. Zeeman, 1865—1943, 荷兰) 发现的原子光谱在外磁场中的分裂现象给出了理论解释.

电子的质量和电荷分别为 $m_\mathrm{e}$ 和 $-e$. 考虑电子在弹性束缚力 $\boldsymbol{f}=-m_\mathrm{e}\omega_0^2\boldsymbol{r}$ 作用下做本征角频率为 $\omega_0$ 的简谐振荡; 该简谐振子所辐射的单色光产生了原子光谱中的单线谱. 将该系统置于匀强外磁场 $\boldsymbol{B}$ 中. 假设电子在外磁场中的回旋频率远小于其本征频率, 即 $\omega_c=eB/m_\mathrm{e}\ll\omega_0$. 取外磁场方向为 $z$ 轴方向. 不难证明电子的运动方程的解为

$$\boldsymbol{r}=r_z\boldsymbol{e}_z\mathrm{e}^{-\mathrm{i}\omega_0t}+r_+(\boldsymbol{e}_x-\mathrm{i}\boldsymbol{e}_y)\mathrm{e}^{-\mathrm{i}(\omega_0+\frac{1}{2}\omega_c)t}+r_-(\boldsymbol{e}_x+\mathrm{i}\boldsymbol{e}_y)\mathrm{e}^{-\mathrm{i}(\omega_0-\frac{1}{2}\omega_c)t}. \tag{7.2.12}$$

这一结果表明外磁场的引入使得电子的运动比原来的简谐振动模式 ($\omega_0$) 增加了两个新的简谐振动模式 ($\omega_0\pm\omega_c/2$); 考虑到辐射波的频率为振子的频率, 不难理解外加磁场使得原子的辐射从本来的单线谱分裂成三线谱. 这就从理论上解释了原子光谱在外磁场中的三分裂现象. 洛伦兹和塞曼由于此项贡献获得了 1902 年诺贝尔物理奖.

洛伦兹的经典电子论由于其解释原子光谱磁致分裂现象的成功, 立即得到了广泛接受. 洛伦兹的经典电子论在解释塞曼效应的同时也测定了电子的荷质比 ($\omega_c = Be/m_{\rm e}$). 1897 年, 汤姆孙 ( J. J. Thomson, 1856—1940, 英国 ) 在研究阴极射线时, 受到洛伦兹经典电子论的启发, 利用磁场偏转阴极射线测定的电子荷质比证实了洛伦兹和塞曼的结果; 汤姆孙由于这一发现电子的工作获得了 1906 年的诺贝尔物理奖.

塞曼效应的洛伦兹经典电子论解释是麦克斯韦电磁波理论的成功, 也是对于光的波动学说的又一次有力的支持.

## 7.3* 任意运动带电粒子的辐射

在这一节中, 我们讨论计算过程相对复杂一点的任意运动带电粒子的电磁辐射.

注意到辐射场正比于 $1/r$, 并回顾第 7.2节利用李纳-维谢尔势计算低速运动带电粒子辐射的过程, 我们知道只有那些通过对 $\boldsymbol{v}_{\rm e}(t')$ 关于 $t'$ 求导的项才贡献辐射场; 这一性质显然适用于任意运动粒子情形. 利用这一重要性质可以简化辐射场的计算. 令

$$s = r - \frac{\boldsymbol{v}_{\rm e}}{c} \cdot \boldsymbol{r}.$$

利用方程 (7.1.10) 和方程 (7.1.11), 我们得到

$$\begin{aligned}
\nabla\phi &\to \nabla t' \partial_{t'}\phi = -\frac{Ze}{4\pi\epsilon_0 c^2 s}\dot{\boldsymbol{v}}_{\rm e} \cdot \frac{\boldsymbol{r}\boldsymbol{r}}{s^2}, \\
\partial_t \boldsymbol{A} &\to \partial_t t' \partial_{t'}\boldsymbol{A} = \frac{Zer}{4\pi\epsilon_0 c^2 s^2}\left(\dot{\boldsymbol{v}}_{\rm e} + \dot{\boldsymbol{v}}_{\rm e} \cdot \frac{\boldsymbol{r}\boldsymbol{v}_{\rm e}}{sc}\right).
\end{aligned}$$

由此我们得到任意运动带电粒子的辐射场

$$\begin{aligned}
\boldsymbol{E} &= -\nabla\phi - \partial_t \boldsymbol{A} \\
&= Z\frac{m_e}{e} \cdot \frac{r_{\rm e}}{r} \cdot \frac{\boldsymbol{n} \times \left[\left(\boldsymbol{n} - \dfrac{\boldsymbol{v}_{\rm e}}{c}\right) \times \dot{\boldsymbol{v}}_{\rm e}\right]}{\left(1 - \dfrac{\boldsymbol{v}_{\rm e}}{c} \cdot \boldsymbol{n}\right)^3},
\end{aligned} \tag{7.3.1}$$

$$c\boldsymbol{B} = \boldsymbol{n} \times \boldsymbol{E}. \tag{7.3.2}$$

其中, $\boldsymbol{n} = \boldsymbol{r}/r$ 为辐射方向.

任意运动带电粒子辐射的电磁场和辐射方向 $(\boldsymbol{E}, \boldsymbol{B}, \boldsymbol{n})$ 遵守右手规则.

根据上述讨论, 我们得到任意运动粒子辐射的如下重要结论.

**运动带电粒子辐射的电磁场强度与粒子加速度成正比.**

辐射能流为

$$\boldsymbol{S} = Z^2\frac{r_{\rm e}}{c}m_{\rm e}\frac{1}{4\pi r^2}\left|\frac{\boldsymbol{n} \times \left[\left(\boldsymbol{n} - \dfrac{\boldsymbol{v}_{\rm e}}{c}\right) \times \dot{\boldsymbol{v}}_{\rm e}\right]}{\left(1 - \dfrac{\boldsymbol{v}_{\rm e}}{c} \cdot \boldsymbol{n}\right)^3}\right|^2 \boldsymbol{n}. \tag{7.3.3}$$

需要注意的是, 辐射能流一般在 $(\boldsymbol{x}, t)$ 观察, 而上式中 $\boldsymbol{v}_{\rm e}(t')$ 由于推迟势中时间推迟因子的原因在超前时刻 $t'$ 取值, $c(t - t') = |\boldsymbol{x} - \boldsymbol{x}_{\rm e}(t')|$. 对于低速运动的带电粒子, 应用上式计算

辐射能流和辐射总功率时, 可以直接令 $v/c \to 0$ 并忽略这种推迟效应. 对于高速运动的带电粒子, 应用上式计算辐射能流和辐射总功率时, 这种推迟效应需要计入.

为了避免推迟因子造成的计算繁杂, 计算粒子辐射时刻 $t'$ 的辐射功率比计算空间给定观测点 $\boldsymbol{x}$ 在观测时刻 $t$ 的辐射功率要方便得多. 令 $P(t)\mathrm{d}t = P(t')\mathrm{d}t'$, 得到

$$P(t') = \int \mathrm{d}\Omega r^2 \boldsymbol{n} \cdot \boldsymbol{S} \frac{1}{\partial_t t'}. \tag{7.3.4}$$

将方程 (7.3.3) 和方程 (7.1.10) 代入得

$$P(t') = Z^2 \frac{r_\mathrm{e}}{c} m_\mathrm{e} \frac{1}{4\pi} \int \mathrm{d}\Omega \frac{\left|\boldsymbol{n} \times \left[\left(\boldsymbol{n} - \frac{\boldsymbol{v}_\mathrm{e}}{c}\right) \times \dot{\boldsymbol{v}}_\mathrm{e}\right]\right|^2}{\left(1 - \frac{\boldsymbol{v}_\mathrm{e}}{c} \cdot \boldsymbol{n}\right)^5}. \tag{7.3.5}$$

由此得到辐射功率的角分布

$$\frac{\mathrm{d}}{\mathrm{d}\Omega} P(t') = Z^2 \frac{r_\mathrm{e}}{c} m_\mathrm{e} \frac{1}{4\pi} \cdot \frac{\left|\boldsymbol{n} \times \left[\left(\boldsymbol{n} - \frac{\boldsymbol{v}_\mathrm{e}}{c}\right) \times \dot{\boldsymbol{v}}_\mathrm{e}\right]\right|^2}{\left(1 - \frac{\boldsymbol{v}_\mathrm{e}}{c} \cdot \boldsymbol{n}\right)^5}. \tag{7.3.6}$$

由上式可知, 对于高速运动粒子, 当 $\frac{v_\mathrm{e}}{c} \to 1$ 时, 辐射能量强烈地集中于粒子运动方向.

取球坐标系, 令粒子辐射时刻 $t'$ 的速度 $\boldsymbol{v}_\mathrm{e}(t')$ 方向为 $z$ 轴, 辐射方向 $\boldsymbol{n}$ 与 $\boldsymbol{v}_\mathrm{e}(t')$ 的夹角为 $\theta$. 令

$$\beta = \frac{v_\mathrm{e}}{c}, \tag{7.3.7}$$

$$\gamma = \frac{1}{\sqrt{1-\beta^2}}. \tag{7.3.8}$$

为了数学上处理简单, 我们在下面分两种不同情形加以讨论.

**1. $\dot{\boldsymbol{v}}_\mathrm{e} \parallel \boldsymbol{v}_\mathrm{e}$ 情形**

图 7.3 给出了粒子加速度与速度平行情形下的辐射能流角分布.

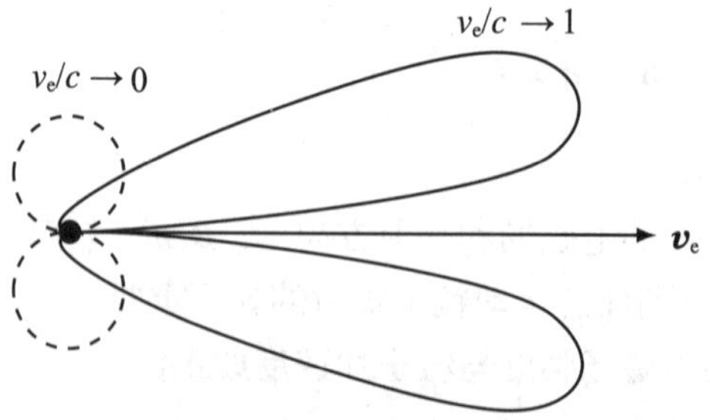


**图 7.3　加速度平行于运动方向时带电粒子的辐射**

辐射角分布为

$$\frac{\mathrm{d}}{\mathrm{d}\Omega}P(t') = Z^2\frac{r_{\mathrm{e}}}{c}m_{\mathrm{e}}|\dot{\boldsymbol{v}}_{\mathrm{e}}|^2\frac{1}{4\pi}\cdot\frac{\sin^2\theta}{(1-\beta\cos\theta)^5}. \tag{7.3.9}$$

辐射总功率为

$$P(t') = \frac{2}{3}Z^2\frac{r_{\mathrm{e}}}{c}m_{\mathrm{e}}|\ddot{\boldsymbol{x}}_{\mathrm{e}}|^2\gamma^6. \tag{7.3.10}$$

**2. $\dot{\boldsymbol{v}}_{\mathrm{e}} \perp \boldsymbol{v}_{\mathrm{e}}$ 情形**

如图 7.4 所示, 取粒子辐射时刻位置为坐标原点, $\dot{\boldsymbol{v}}_{\mathrm{e}}$ 方向为 $x$ 轴, $\boldsymbol{v}_{\mathrm{e}}$ 方向为 $z$ 轴. 由图 7.4 可知,

$$\boldsymbol{n}\cdot\boldsymbol{v}_{\mathrm{e}} = v_{\mathrm{e}}\cos\theta, \quad \boldsymbol{n}\cdot\dot{\boldsymbol{v}}_{\mathrm{e}} = |\dot{\boldsymbol{v}}_{\mathrm{e}}|\sin\theta\cos\phi, \quad \boldsymbol{v}_{\mathrm{e}}\cdot\dot{\boldsymbol{v}}_{\mathrm{e}} = 0.$$

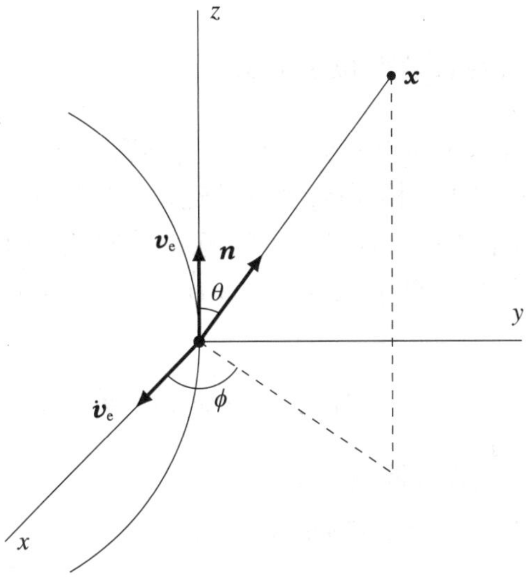


**图 7.4　粒子速度与加速度垂直情形**

由此可得, 辐射角分布为

$$\frac{\mathrm{d}}{\mathrm{d}\Omega}P(t') = Z^2\frac{r_{\mathrm{e}}}{c}m_{\mathrm{e}}|\dot{\boldsymbol{v}}_{\mathrm{e}}|^2\frac{1}{4\pi}\cdot\frac{(1-\beta\cos\theta)^2-(1-\beta^2)\sin^2\theta\cos^2\phi}{(1-\beta\cos\theta)^5}. \tag{7.3.11}$$

图 7.5 给出了粒子加速度与速度垂直情形下的辐射能流角分布.

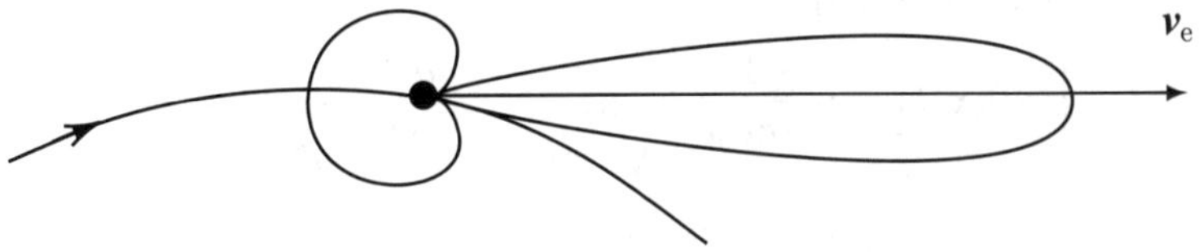


**图 7.5　加速度垂直于运动方向时高速带电粒子的辐射**

辐射总功率为

$$P(t') = \frac{2}{3}Z^2\frac{r_{\mathrm{e}}}{c}m_{\mathrm{e}}|\ddot{\boldsymbol{x}}_{\mathrm{e}}|^2\gamma^4. \tag{7.3.12}$$

对比上述两种情形下的高速粒子辐射与低速粒子辐射的功率, 在加速度相同时, 高速情形只是多了一个大于 1 的增强因子. 这个辐射功率增强因子, 在加速度平行于速度时为 $\gamma^6$, 而在加速度垂直于速度时为 $\gamma^4$.

# 7.4 匀速直线运动带电粒子的电磁场

在这一节中我们将讨论匀速直线运动带电粒子的电磁场. 根据上一节的讨论, 我们知道运动带电粒子的辐射是由于其加速度造成的; 因此匀速直线运动带电粒子并不辐射电磁波. 这一点从惯性系变换的角度是很容易理解的; 因为在粒子静止的惯性系中, 只有库仑场.

## 7.4.1 真空中匀速直线运动带电粒子的势

考虑真空中匀速直线运动的带电粒子 (电荷为 $q$ 速度为 $\boldsymbol{v}$). 取粒子运动速度方向为 $x$ 轴, 令 $t=0$ 时刻粒子的位置为坐标原点, 则粒子运动方程为 $x_{\mathrm{e}}=vt,\ y_{\mathrm{e}}=0,\ z_{\mathrm{e}}=0$. 现在通过计算李纳-维谢尔势来考察 $t$ 时刻 $\boldsymbol{x}$ 点的场. $t$ 时刻粒子的位置为 $(vt,0,0)$. 推迟势的应用要求我们计算 $t'$ 时刻粒子的位置 $\boldsymbol{x}_{\mathrm{e}}(t')=(vt',0,0)$. 令 $\boldsymbol{r}=\boldsymbol{x}-\boldsymbol{x}_{\mathrm{e}}(t')$, 由推迟因子我们得

$$r^2=c^2(t'-t)^2=(x-vt')^2+y^2+z^2. \tag{7.4.1}$$

由此可解出 $t'(\boldsymbol{x},t)$, 再代入上式可得 $r(\boldsymbol{x},t)$.

注意到 $\boldsymbol{v}$ 为常矢量, 由李纳-维谢尔势, 我们得到

$$\phi(\boldsymbol{x},t)=\frac{q}{4\pi\epsilon_0}\cdot\frac{1}{r-\boldsymbol{r}\cdot\dfrac{\boldsymbol{v}}{c}}. \tag{7.4.2}$$

将 $\boldsymbol{r}\cdot\boldsymbol{v}/c=(x-vt')v/c$ 代入上式后再代入 $r(\boldsymbol{x},t)$ 和 $t'(\boldsymbol{x},t)$, 同时用类似的方法计算矢势, 我们得到

$$\begin{cases}A_x(\boldsymbol{x},t)=\gamma\beta\dfrac{1}{4\pi\epsilon_0 c}\cdot\dfrac{q}{\sqrt{[\gamma(x-vt)]^2+y^2+z^2}},\\ A_y(\boldsymbol{x},t)=0,\\ A_z(\boldsymbol{x},t)=0,\\ \dfrac{1}{c}\phi(\boldsymbol{x},t)=\gamma\dfrac{1}{4\pi\epsilon_0 c}\cdot\dfrac{q}{\sqrt{[\gamma(x-vt)]^2+y^2+z^2}}.\end{cases} \tag{7.4.3}$$

上式中

$$\gamma=\frac{1}{\sqrt{1-\beta^2}}, \tag{7.4.4}$$

$$\beta=\frac{v}{c}. \tag{7.4.5}$$

### 7.4.2 真空中匀速直线运动带电粒子的电磁场

利用上一小节计算的真空中匀速直线运动带电粒子的矢势和标势, 我们可以计算其产生的电磁场.

设粒子 $t$ 时刻处于原点, 我们在同一时刻观察其产生的场,

$$\boldsymbol{E} = \frac{\gamma}{\left[1+\gamma^2\left(\dfrac{\boldsymbol{v}}{c}\cdot\boldsymbol{n}\right)^2\right]^{3/2}}\cdot\frac{q\boldsymbol{x}}{4\pi\epsilon_0|\boldsymbol{x}|^3}, \tag{7.4.6}$$

$$\boldsymbol{B} = \frac{\boldsymbol{v}}{c^2}\times\boldsymbol{E}, \tag{7.4.7}$$

其中, $\boldsymbol{n}=\boldsymbol{x}/|\boldsymbol{x}|$.

匀速直线运动的带电粒子产生的电磁场和它的运动速度 $(\boldsymbol{E},\boldsymbol{B},\boldsymbol{v})$ 之间满足右手关系, 这一点与平面电磁波类似. 但是应该强调的是, 真空中匀速直线运动的带电粒子不会辐射电磁波;这从其产生的电磁场对 $r$ 的依赖关系就可以看出.

对于高速运动带电粒子, $v\sim c,\gamma\gg 1$. 在与 $\boldsymbol{v}$ 平行方向上观察的电场,

$$\boldsymbol{E}_{\parallel} = \frac{1}{\gamma^2}\boldsymbol{E}_{0,\parallel}, \tag{7.4.8}$$

在与 $\boldsymbol{v}$ 垂直方向上观察的电场,

$$\boldsymbol{E}_{\perp} = \gamma\boldsymbol{E}_{0,\perp}, \tag{7.4.9}$$

其中

$$\boldsymbol{E}_0 = \frac{q\boldsymbol{x}}{4\pi\epsilon_0|\boldsymbol{x}|^3} \tag{7.4.10}$$

为粒子静止时产生的静电场.

高速情形下, 匀速直线运动的带电粒子在真空中的电场集中在与粒子速度垂直的平面内, 因此它产生的电磁场相当于一个与其速度垂直平面内的电磁脉冲.

### 7.4.3 切伦科夫辐射

在上一小节中, 我们已经看到, 真空中匀速直线运动的带电粒子不能辐射电磁波. 在这一小节中我们讨论介质中的情形. 在介质中, 匀速直线运动带电粒子本身所产生的场当然与真空中的情形类似;但是在介质中, 匀速直线运动带电粒子对于其所经过位置附近介质中的束缚电荷会有扰动. 当匀速直线运动带电粒子的速度超过介质中的光速时, 这些依次被扰动的束缚电荷所辐射的电磁波会叠加形成有趣的现象.

1934 年, 切伦科夫（P. A. Cherenkov, 1904—1990, 苏联）在研究 $\gamma$ 射线穿过流体时, 发现高速带电粒子在透明介质中穿行时会发出淡蓝色的微弱可见光, 其波前为锥面. 1937 年, 弗兰克（I. M. Frank, 1908—1990, 苏联）和塔姆（I. Tamm, 1895—1971, 苏联）对切伦科夫辐射作出了理论解释. 1958 年, 切伦科夫、弗兰克和塔姆由于此项贡献, 共同获得诺贝尔物理奖.

考虑一无穷大均匀介质, 折射率为 $n$. 设带电粒子在此介质中以速度 $v>c/n$ 作匀速直线运动. 当粒子运动时, 其附近的介质微元中的束缚电荷受到扰动, 因而激发次波.

如图 7.6 所示, 取粒子运动方向为 $z$ 轴. 设 $t_0$ 时刻粒子坐标为 $z_0=0$, $t_i=t_0-i\Delta t$ 时刻(整数 $i>0$)粒子的位置在 $z_i=-iv\Delta t$.

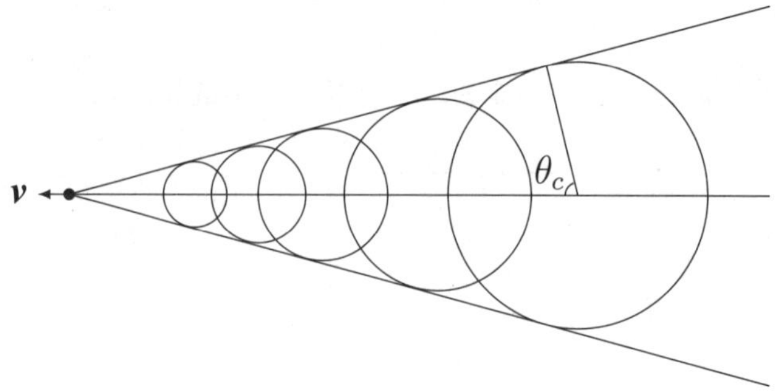


图 7.6 切伦科夫辐射

$t_i$ 时刻粒子在 $z_i$ 处激发的次波在 $t_0$ 时刻传播到以 $z_i$ 为球心, 半径为

$$R_i=i\Delta t\frac{c}{n} \tag{7.4.11}$$

的球面上.

定义一个以粒子轨迹为对称轴的锥面, 其顶点为 $z_0$, 锥面的垂线与粒子运动方向的夹角为 $\theta_c$. 令

$$\cos\theta_c=\frac{c}{nv}. \tag{7.4.12}$$

上述次波在 $t_0$ 时刻到达的球面与该锥面相切.

根据上述讨论可知, 在粒子前期运动轨迹上激发的次波在以粒子为顶点的锥面上相互叠加形成一个波阵面, 因而形成的电磁波沿锥面的法线方向向外传播. 不难理解, 切伦科夫辐射产生的必要条件是带电粒子运动速度大于介质中电磁波的传播速度.

切伦科夫辐射的波阵面是一个锥面, 其根本原因在于匀速直线运动带电粒子在介质中运动时在粒子附近激发了(电磁)波, 而粒子的运动速度超过了介质中(电磁)波的相速度. 这种现象并不依赖于粒子在介质中激发波的细节; 只要物体在介质中运动的速度超过介质中波的相速度, 就可能激发这种波阵面为锥面的辐射; 例如, 超声速运动的物体在空气中形成的马赫锥; 在平静的水面上玩"打水漂"游戏时也能看到类似的现象.

## 7.5* 真空中匀速直线运动带电粒子的势与洛伦兹变换

在这一节中, 我们将以参照系变换的观点进一步讨论匀速直线运动带电粒子的李纳-维谢尔势. 在实验室系下, 匀速直线运动带电粒子的李纳-维谢尔势包含标势和矢势, 而在粒子静止的参照系下, 粒子的势显然只有简单的库仑势. 这两种表述在物理上应该没有什么本质上的不同. 我们将看到, 将这两种势联系起来的时空坐标的代数变换(参照系变换)为洛伦兹变换.

在前面的第 7.4.1小节, 我们已经看到真空中匀速直线运动带电粒子的李纳-维谢尔势可以写成

$$\begin{cases}A_x(\boldsymbol{x},t)=\gamma\beta\dfrac{1}{4\pi\epsilon_0 c}\cdot\dfrac{q}{\sqrt{[\gamma(x-vt)]^2+y^2+z^2}},\\A_y(\boldsymbol{x},t)=0,\\A_z(\boldsymbol{x},t)=0,\\\dfrac{1}{c}\phi(\boldsymbol{x},t)=\gamma\dfrac{1}{4\pi\epsilon_0 c}\cdot\dfrac{q}{\sqrt{[\gamma(x-vt)]^2+y^2+z^2}}.\end{cases}\tag{7.5.1}$$

其中, $x$ 轴的方向为粒子运动方向, 粒子速度为 $v$. 粒子在 $t=0$ 时刻位于 $(x,y,z)=(0,0,0)$:

$$\gamma=\frac{1}{\sqrt{1-\beta^2}},\quad \beta=\frac{v}{c}.$$

上述结果是在实验室参照系 $\Sigma(x,y,z,t)$ 中得到的. 考虑粒子在其中静止的惯性参考系, 我们不妨假定粒子静止系 $\Sigma'(x',y',z',t')$ 的原点与实验室参考系重合, 即 $t'=0$ 时刻粒子处于笛卡儿系的坐标原点. 在粒子静止的惯性参考系中, 矢势显然为零, 标势为简单的库仑势, 由此我们立即得到

$$\begin{cases}A'_x=0,\\A'_y=0,\\A'_z=0,\\\dfrac{1}{c}\phi'=\dfrac{1}{4\pi\epsilon_0 c}\cdot\dfrac{q}{\sqrt{x'^2+y'^2+z'^2}}.\end{cases}\tag{7.5.2}$$

我们可以引入四维势 $(A^1,A^2,A^3,A^4)=(A_x,A_y,A_z,\dfrac{\phi}{c})$, 将方程 (7.5.1) 和方程 (7.5.2) 写成更简洁的形式; 相应地, 我们也可以引入四维坐标 $(x^1,x^2,x^3,x^4)=(x,y,z,ct)$. 由于方程 (7.5.1) 和方程 (7.5.2) 是对于同一物理现象的不同数学描述, 因此这两个方程之间必存在一种内在的变换关系.

不难证明, 两个惯性参考系中的四维势可以由下述变换关系联系起来:

$$\begin{cases}A'^1=\gamma A^1-\gamma\beta A^4,\\A'^2=A^2,\\A'^3=A^3,\\A'^4=\gamma A^4-\gamma\beta A^1.\end{cases}\tag{7.5.3}$$

注意 $\beta c$ 为 $\Sigma'$ 系相对于 $\Sigma$ 系的运动速度.

要使得上述关系成立, 只需要两个惯性参考系的四维坐标之间的变换关系由下式给出:

$$\begin{cases}x'^1=\gamma x^1-\gamma\beta x^4,\\x'^2=x^2,\\x'^3=x^3,\\x'^4=\gamma x^4-\gamma\beta x^1.\end{cases}\tag{7.5.4}$$

四维坐标的变换关系与四维势的变换关系完全一样.

该变换由洛伦兹于 1904 年在研究李纳-维谢尔势的基础上得到. 洛伦兹这一工作的目的是为了解释他此前所提出的“洛伦兹收缩”效应, 即迈克尔逊-莫雷干涉实验的结果没有观测到干涉条纹的移动是因为在相对于“以太”运动的方向上的长度有一个 $1/\gamma$ 的收缩因子. 根据庞加莱的建议, 这一变换被广泛称为洛伦兹变换. 在本书最后一章狭义相对论部分的 9.1 节, 我们将详细讨论迈克尔逊-莫雷的干涉实验和“洛伦兹收缩”.

注意洛伦兹变换的上述发现过程, 除了解释“洛伦兹收缩”效应这一动机外, 只用到了麦克斯韦方程组!

# 习题与解答

1. 根据经典电动力学的理论, 氢原子中的电子绕质子做圆周运动会辐射能量, 其轨道半径将逐渐缩小, 最终将落到质子上. 设电子初始时处于第一波尔轨道, 半径 $a_0 = 5.29 \times 10^{-11}$ m, 圆周运动的速度提供的离心力与质子的库仑引力平衡. 考虑经典电磁辐射效应, 试计算电子落到质子上的时间.

答案:根据经典电动力学中圆周运动带电粒子的辐射功率, 利用能量守恒方程得到 $\tau = 1.56 \times 10^{-11}$ s.

2. 高速运动粒子的能量为 $\mathcal{E} = (1 - v^2/c^2)^{-1/2} m_0 c^2$, 其中 $v$ 为粒子速度, $m_0$ 为粒子静止质量;高速运动粒子的动能为 $\mathcal{E} - m_0 c^2$. 电子的静止能量 $m_0 c^2 = 0.511$ MeV. 室温下一个大气压的氢气的折射率为 $n = 1 + 1.35 \times 10^{-4}$. 试计算电子穿过这样的氢气能够发出切伦科夫辐射的最小动能.

答案:31 MeV.

3. 电子的质量和电荷分别为 $m_\mathrm{e}$ 和 $-e$. 考虑电子在弹性束缚力 $\boldsymbol{f} = -m_\mathrm{e}\omega_0^2 \boldsymbol{r}$ 作用下做角频率为 $\omega_0$ 的简谐振荡, 将该系统置于匀强外磁场 $\boldsymbol{B}$ 中, 假设电子在外磁场中的回旋频率远小于其本征频率, 即 $\omega_c = eB/m_\mathrm{e} \ll \omega_0$, 且辐射阻尼效应和相对论效应均可忽略, 要求:

(1) 试给出电子运动方程的解.

(2) 试证明基于洛伦兹的经典电子论(经典电动力学)解释塞曼效应的如下结果:

平行于外磁场 $\boldsymbol{B}$ 方向观测的辐射为 2 支:频率 $\omega = \omega_0 + \dfrac{1}{2}\omega_c$ 的右旋圆偏振波, 频率 $\omega = \omega_0 - \dfrac{1}{2}\omega_c$ 的左旋圆偏振波.

垂直于外磁场方向观测的辐射为 3 支:频率为 $\omega = \omega_0$ 电场振动平行于外磁场的线偏振波, 频率分别为 $\omega = \omega_0 \pm \dfrac{1}{2}\omega_c$ 电场振动垂直于外磁场的线偏振波.

答案:(1) 取外磁场方向为 $z$ 轴方向. 寻求 $\mathrm{e}^{-\mathrm{i}\omega t}$ 形式的解, 得到

$$\boldsymbol{r} = r_z \boldsymbol{e}_z \mathrm{e}^{-\mathrm{i}\omega_0 t} + r_+(\boldsymbol{e}_x - \mathrm{i}\boldsymbol{e}_y)\mathrm{e}^{-\mathrm{i}(\omega_0 + \frac{1}{2}\omega_c)t} + r_-(\boldsymbol{e}_x + \mathrm{i}\boldsymbol{e}_y)\mathrm{e}^{-\mathrm{i}(\omega_0 - \frac{1}{2}\omega_c)t}.$$

(2) 由运动方程的解得到粒子运动的加速度矢量, 代入低速运动粒子辐射的电场表达式, 分别取辐射传播方向为 $\boldsymbol{e}_z$ 和 $\boldsymbol{e}_x$ 即可判断不同方向辐射的频率和偏振特性.

4. 试证明第 7.5节洛伦兹变换的结论.

5. 电子被电荷为 $Ze$ 的重核库仑场散射. 设电子初始速度为 $v_0 \ll c$, 瞄准距离为 $b$. 略去辐射对电子轨道的影响, 试计算散射过程中电子辐射的能量.

答案:辐射功率用经典电子半径 ( $r_{\mathrm{e}}$ ) 可以表示为

$$P = \frac{2}{3} \cdot \frac{r_{\mathrm{e}}}{c} m_{\mathrm{e}} |\dot{\boldsymbol{v}}|^2,$$

$$r_{\mathrm{e}} = \frac{e^2}{4\pi\epsilon_0 m_{\mathrm{e}} c^2}.$$

略去辐射阻尼效应, 电子运动方程为

$$\dot{\boldsymbol{v}} = -\frac{1}{4\pi\epsilon_0 m_{\mathrm{e}}} \cdot \frac{Ze^2}{r^3}\boldsymbol{r} = r_{\mathrm{e}}\frac{Zc^2}{r^3}\boldsymbol{r}.$$

辐射总能量为

$$W = \int_{-\infty}^{+\infty} \mathrm{d}t P(t) = \frac{2}{3} r_{\mathrm{e}}^3 c^3 Z^2 m_{\mathrm{e}} \int_{-\infty}^{+\infty} \mathrm{d}t \frac{1}{r^4}.$$

由角动量守恒得 $\mathrm{d}t = \mathrm{d}\theta r^2/bv_0$. $\theta$ 为由重核指向电子的矢径与电子初速度的夹角. 令 $\phi = (\pi - \alpha)/2$, 其中 $\alpha$ 为散射角, 则

$$W = \int_{-\infty}^{+\infty} \mathrm{d}t P(t) = \frac{2}{3} r_{\mathrm{e}}^3 c^3 \frac{Z^2 m_{\mathrm{e}}}{bv_0} \int_{-(\pi-\phi)}^{\pi-\phi} \mathrm{d}\theta \frac{1}{r^2}.$$

散射中心电荷、电子初速度以及瞄准距离已知, 则可确定电子散射轨迹的双曲线极坐标方程, 当然也包括散射角. 将电子轨迹的极坐标方程和散射角代入上式, 即可得到最终结果.

6. 试讨论本章最后一节中, 由匀速直线运动粒子辐射的李纳-维谢尔势得到洛伦兹变换的过程中用到了哪些隐含的假定.

答案:( 1 ) 麦克斯韦方程组与惯性系选取无关; ( 2 ) 电荷与惯性系选取无关; ( 3 ) $\epsilon_0$, $\mu_0$, 因而真空中的光速 $c$ 与惯性系的选取无关.

# 第 8 章　电磁波的散射与吸收

在本章中, 我们讨论带电粒子对于入射电磁波的散射和吸收. 麦克斯韦的电磁波理论成功地解释了光的反射、折射以及衍射等现象, 有力地支持了光的“波动说”. 然而光的“粒子说”代表牛顿所发现的色散现象直到 1895 年洛伦兹创立了他的经典电子论后才得以从电磁波理论上加以解决. 带电粒子受到电磁波的作用, 其运动状态发生改变, 当带电粒子加速运动时会辐射电磁波, 同时由于其辐射能量会受到一个阻尼作用. 作为本章的开始, 我们将介绍洛伦兹关于电子的电磁质量的概念以及电子的经典半径; 与此同时我们将讨论辐射阻尼效应. 在讨论自由电子对电磁波的汤姆孙散射以及束缚电子对电磁波的散射和吸收后, 我们将以此为基础讨论介质中的经典束缚电子通过散射和吸收电磁波从而导致介质中电磁波的色散和吸收. 对于电磁波的色散和吸收, 我们将进一步讨论基于因果律条件的克拉默斯-科勒尼希关系. 作为经典电动力学的一个重要应用, 我们在本章的最后将讨论黑体辐射问题中的瑞利定律, 并以此说明经典电动力学的局限性.

本章的基础是低速带电粒子的电磁辐射.

## 8.1　电子的电磁质量、经典半径与辐射阻尼

### 8.1.1　电子的电磁质量与经典半径

在上一章中, 我们得到了匀速直线运动带电粒子的电磁场. 对于电荷为 $-e$ 的电子, 我们有

$$\boldsymbol{E}=\frac{\gamma}{\left[1+\gamma^2\left(\dfrac{\boldsymbol{v}}{c}\cdot\boldsymbol{n}\right)^2\right]^{3/2}}\cdot\frac{-e\boldsymbol{x}}{4\pi\epsilon_0|\boldsymbol{x}|^3}, \tag{8.1.1}$$

$$\boldsymbol{B}=\frac{\boldsymbol{v}}{c^2}\times\boldsymbol{E}, \tag{8.1.2}$$

其中,

$$\begin{aligned}\boldsymbol{n}&=\frac{\boldsymbol{x}}{|\boldsymbol{x}|},\\ \gamma&=\left(1-\beta^2\right)^{-1/2},\end{aligned} \tag{8.1.3}$$

这里 $\beta=v/c$, $v$ 为电子运动速度. 注意上式给出的是电子经过坐标原点时空间中的场.

由电磁场的动量密度 $\epsilon_0 \boldsymbol{E}\times\boldsymbol{B}$, 我们可以计算匀速直线运动电子所携带的电磁场的动量:

$$\boldsymbol{p}=\int \mathrm{d}^3\boldsymbol{x}\epsilon_0\boldsymbol{E}\times\boldsymbol{B}. \tag{8.1.4}$$

取电子所在位置为坐标原点, 运动方向为 $z$ 轴, 建立球坐标. 根据对称性可知上述积分可化为

$$\boldsymbol{p}=\boldsymbol{v}\frac{\epsilon_0}{c^2}\int 2\pi r^2\sin\theta\mathrm{d}\theta\mathrm{d}r\left(1-\cos^2\theta\right)E^2.$$

将方程 (8.1.1) 代入上式得

$$\begin{aligned}\boldsymbol{p}&=\boldsymbol{v}\frac{\epsilon_0}{c^2}\int 2\pi r^2\sin\theta\mathrm{d}\theta\mathrm{d}r\left(1-\cos^2\theta\right)\frac{\gamma^2}{\left(1+\gamma^2\beta^2\cos^2\theta\right)^3}E_0^2\\&=\boldsymbol{v}\gamma\frac{1}{c^2}\int 4\pi r^2\mathrm{d}r\frac{1}{2}\epsilon_0E_0^2\int\mathrm{d}\theta\sin^3\theta\frac{\gamma}{\left(1+\gamma^2\beta^2\cos^2\theta\right)^3},\end{aligned}$$

其中, $E_0(r)=-e/4\pi\epsilon_0r^2$ 为一个视为点电荷的静止电子的静电场.

第一个积分表示的是一个静止电子的静电场能量, 如果采用点电荷近似, 该积分发散; 我们假定电子为一个半径为 $a$ 的球体, 电子的电荷均匀分布在球面上. 由此我们计算出一个静止电子的静电场能量,

$$W_{\text{elec}}=\int 4\pi r^2\mathrm{d}r\frac{1}{2}\epsilon_0E_0^2=\frac{1}{2}\cdot\frac{e^2}{4\pi\epsilon_0a}. \tag{8.1.5}$$

第二个积分为

$$\int_0^\pi\mathrm{d}\theta\sin^3\theta\frac{\gamma}{\left(1+\gamma^2\beta^2\cos^2\theta\right)^3}=\frac{4}{3}.$$

综合上面的结果, 我们得到匀速直线运动电子所携带的电磁场的动量

$$\boldsymbol{p}=\gamma\frac{2}{3}\cdot\frac{e^2}{4\pi\epsilon_0c^2a}\boldsymbol{v}. \tag{8.1.6}$$

上式表明, 即使电子“在充电之前”没有质量, 当它做匀速直线运动时, 它也携带了正比于其速度的由其自身产生的电磁场贡献的动量; 比例系数具有质量的量纲,

$$m_{\text{elec}}=\gamma\frac{2}{3}\cdot\frac{e^2}{4\pi\epsilon_0c^2a}, \tag{8.1.7}$$

可以称为电子的电磁质量; 相应地, 电子“在充电之前”携带的质量可以称为机械质量.

注意到当电子的速度远小于光速时, $\gamma\to 1$,

$$m_{\text{elec}}=\frac{4}{3}\cdot\frac{W_{\text{elec}}}{c^2}. \tag{8.1.8}$$

假定我们观测到的电子在低速运动时的质量 $m_\text{e}$ 与其电磁质量 $m_{\text{elec}}$ 相当, 我们不妨取 $m_{\text{elec}}=\frac{2}{3}m_\text{e}$, 这样我们就可以根据上式估计电子的经典半径 $a$; 对于这样估计的电子经典半径我们将给它一个专有的符号 $r_\text{e}$, 结果是

$$r_\text{e}=\frac{e^2}{4\pi\epsilon_0m_\text{e}c^2}. \tag{8.1.9}$$

注意, 在上面估计电子经典半径的过程中, 我们假定 $m_{\text{elec}}=\dfrac{2}{3}m_{\text{e}}$, 其中量级为 1 的数值因子 $\left(\dfrac{2}{3}\right)$ 的取法具有一定的任意性; 考虑到我们在计算一个静止电子的静电场能量时对电子的内部结构做了一些假定, 这一任意性就不难理解. 因此上式给出的电子的经典半径应该理解为一个标称半径, 其数值为 $r_{\text{e}}\approx 2.82\times 10^{-15}$ m.

需要指出的是, 方程 (8.1.8) 是洛伦兹在爱因斯坦提出狭义相对论之前得到的. 按照洛伦兹原来的想法, 电子的质量可能全部来自于其电磁贡献.

一个有趣的事实是, 洛伦兹根据方程 (8.1.7) 已经认识到电子在运动时的质量 (惯性) $m$ 要大于其静止时的质量 $m_{\text{e}}$:

$$m=\frac{1}{\sqrt{1-\left(\dfrac{v}{c}\right)^2}}m_{\text{e}}. \tag{8.1.10}$$

当然这种在电子运动时对于其质量的修正, 只有在其运动速度 $v$ 与光速可比时, 在数值上才是重要的. 或许这正是爱因斯坦后来在狭义相对论中修正运动粒子的惯性质量从而提出运动质量的概念的思想起源吧.

### 8.1.2 经典电子的辐射阻尼

考虑带电粒子辐射电磁波时对其自身的反作用, 则质量为 $m$ 电荷为 $Ze$ 的带电粒子的运动方程可写为

$$m\dot{\boldsymbol{v}}=\boldsymbol{F}_{\text{ext}}+\boldsymbol{F}_{\text{s}}, \tag{8.1.11}$$

其中, $\boldsymbol{v}$ 为粒子速度, $\boldsymbol{F}_{\text{ext}}$ 为外力, $\boldsymbol{F}_{\text{s}}$ 为粒子辐射电磁波对其自身的阻尼作用.

带电粒子加速运动时的电磁辐射功率为

$$\begin{aligned}P_{\text{rad}}&=\frac{Z^2e^2}{6\pi\epsilon_0c^3}|\dot{\boldsymbol{v}}|^2\\&=\frac{2}{3}Z^2\frac{r_{\text{e}}}{c}m_{\text{e}}|\dot{\boldsymbol{v}}|^2.\end{aligned} \tag{8.1.12}$$

根据能量守恒的要求, 粒子受到的辐射阻尼力应该满足如下方程

$$\boldsymbol{F}_{\text{s}}\cdot\boldsymbol{v}=-\frac{2}{3}Z^2\frac{r_{\text{e}}}{c}m_{\text{e}}|\dot{\boldsymbol{v}}|^2. \tag{8.1.13}$$

考虑做准周期运动的带电粒子, 在远大于其运动准周期的时间尺度 $T$ 上对上式求时间平均得到

$$\begin{aligned}\frac{1}{T}\int_{t_0}^{t_0+T}\mathrm{d}t\boldsymbol{F}_s\cdot\boldsymbol{v}&=-\frac{1}{T}\int_{t_0}^{t_0+T}\mathrm{d}t\frac{2}{3}Z^2\frac{r_{\text{e}}}{c}m_{\text{e}}|\dot{\boldsymbol{v}}|^2\\&=\frac{1}{T}\int_{t_0}^{t_0+T}\mathrm{d}t\frac{2}{3}Z^2\frac{r_{\text{e}}}{c}m_{\text{e}}\ddot{\boldsymbol{v}}\cdot\boldsymbol{v}.\end{aligned} \tag{8.1.14}$$

由此可知, 准周期运动的带电粒子辐射电磁波时反作用于其自身的电磁力可以时间平均地等效写为

$$\boldsymbol{F}_{\text{s}}=\frac{2}{3}Z^2\frac{r_{\text{e}}}{c}m_{\text{e}}\ddot{\boldsymbol{v}}. \tag{8.1.15}$$

这个力称为带电粒子的辐射阻尼力.

电子的辐射阻尼力为

$$\boldsymbol{F}_{\mathrm{s}}=\frac{2}{3}\cdot\frac{r_{\mathrm{e}}}{c}m_{\mathrm{e}}\ddot{\boldsymbol{v}}. \tag{8.1.16}$$

需要指出的是, 运动电子的辐射阻尼力是电子作用于其自身上的力;上式对于准周期运动在时间平均意义上是正确的, 而对于粒子运动的每一瞬时它可能并非一个准确的表达式.

对于电子的这种自作用有如下有趣的解释和讨论.

将电子看成一个半径为 $a$ 的球体, 其中的电荷 $-e$ 为球对称分布. 当电子静止时, 其中每两个电荷微元之间的相互作用的电磁力彼此抵消;因此静止电子并没有显示自作用力. 可是当电子运动时, 在 $t$ 时刻, 其中一个给定的电荷微元作用于另外一个电荷微元的方式是由该给定的施力电荷微元在 $t$ 时刻传播到受力电荷微元处的推迟势确定的. 电子运动时, 其中各电荷微元之间的这种推迟相互作用就不具备电子静止时的对称性了. 当然, 要计算这种不对称性的结果是非常繁重的任务;对于电子做直线运动, 例如沿 $x$ 轴向前运动, 这一相对简单一点的情形, 计算结果表明电子所受到的作用于其自身的电磁力为

$$F_{\mathrm{s}}=\alpha\frac{r_{\mathrm{e}}}{a}m_{\mathrm{e}}\ddot{x}+\frac{2}{3}\cdot\frac{r_{\mathrm{e}}}{c}m_{\mathrm{e}}\dddot{x}+\gamma\left(\frac{r_{\mathrm{e}}}{c}\right)^{2}\frac{a}{r_{\mathrm{e}}}m_{\mathrm{e}}\ddddot{x}+\cdots, \tag{8.1.17}$$

其中, $\alpha$ 和 $\gamma$ 是量级为 1 的数值因子, 其具体的数值取决于我们假定的电荷分布模型;当我们令电荷均匀分布在球面上时, $\alpha=\dfrac{2}{3}$. 因此当我们取球体半径为经典电子半径时, 上式第一项中加速度前面的系数恰好是我们前面讨论过的电子的电磁质量. 略去上面关于电子半径 $a$ 的幂级数表达式中的高阶项, 我们得到

$$F_{\mathrm{s}}=m_{\mathrm{elec}}\ddot{x}+\frac{2}{3}\cdot\frac{r_{\mathrm{e}}}{c}m_{\mathrm{e}}\dddot{x}, \tag{8.1.18}$$

其中, 第一项为与电子电磁质量相联系的惯性项, 第二项为辐射阻尼项. 我们看到辐射阻尼项与我们前面对于准周期运动平均得到的表达式是一致的.

注意方程 (8.1.17) 在 $a\to 0$ 时, 其中的第一项是发散的, 代表辐射阻尼力的第二项不变, 而其余的高阶项都消失. 历史上, 狄拉克、费曼等人都在经典电动力学范畴内讨论过如何在方程 (8.1.17) 中只保留正确的第二项所代表的辐射阻尼效应, 而消去其余所有的项, 特别是其中的第一项, 从而拯救(改善)经典电子论. 他们主要的思路是, 在上述计算过程中只考虑了推迟势作用, 需要额外考虑超前势的作用对其改进;当然, 这需要做一些“巧妙的安排”. 狄拉克的思路是假定正确的作用为推迟势作用的一半减去超前势作用的一半;费曼的思路是给定的辐射电子通过推迟势摇动世界上其他所有的电荷, 而摇动了的其他所有的电荷通过超前势超前作用于那个给定的辐射电子. 他们的这些努力虽然在数学上确实达到了目的, 但是事实证明都不是很成功.

## 8.2 经典谐振子电磁辐射谱线的自然宽度

在这一节中, 我们讨论经典谐振子辐射谱线的自然宽度问题. 为了后面的讨论方便, 我们先介绍频谱分析的数学基础.

### 8.2.1* 频谱分析的数学基础

考虑定义在时间域上的物理量 $f(t)$.

假定实函数 $f(t)$ 是一个周期为 $T$ 的函数; 或者当 $f(t)$ 是一个在有限时间域 $[-T/2, +T/2]$ 内有定义的函数时, 我们可以对其做周期性延拓从而将其看作周期函数. 我们可以将 $f(t)$ 表示为傅里叶级数的形式:

$$f(t)=\sum_{n=-\infty}^{+\infty}\Delta\omega \mathrm{e}^{-\mathrm{i}\omega_n t}\tilde{f}(\omega_n), \tag{8.2.1}$$

其中, $\omega_n=n\Delta\omega$, $\Delta\omega=2\pi/T$. 傅里叶系数为

$$\tilde{f}(\omega_n)=\frac{1}{2\pi}\int_{-T/2}^{+T/2}\mathrm{d}t\mathrm{e}^{\mathrm{i}\omega_n t}f(t). \tag{8.2.2}$$

由于 $f(t)$ 为实函数, $\tilde{f}(-\omega_n)=\tilde{f}^*(\omega_n)$; 负频分量与相应的正频分量互为复共轭.

当 $T\to\infty$ 时, $\Delta\omega\to 0$, 我们将 $f(t)$ 表示为傅里叶积分的形式:

$$f(t)=\int_{-\infty}^{+\infty}\mathrm{d}\omega \mathrm{e}^{-\mathrm{i}\omega t}\tilde{f}(\omega), \tag{8.2.3}$$

$$\tilde{f}(\omega)=\frac{1}{2\pi}\int_{-\infty}^{+\infty}\mathrm{d}t\mathrm{e}^{\mathrm{i}\omega t}f(t). \tag{8.2.4}$$

当然, 这样做的条件是上式中的积分存在. $\tilde{f}(\omega)$ 称为傅里叶变换的像函数, $f(t)$ 称为原函数.

由于 $f(t)$ 为实函数,

$$\tilde{f}(-\omega)=\tilde{f}^*(\omega).$$

其中, $\tilde{f}(\omega_n)$ 称为分立频谱, $\tilde{f}(\omega)$ 称为连续频谱. 注意 $\Delta\omega\tilde{f}(\omega_n)$, $\mathrm{d}\omega\tilde{f}(\omega)$ 和 $f(t)$ 的量纲都一样.

从定义出发, 不难证明如下结果:

$$\int_{-T/2}^{+T/2}\mathrm{d}tf^2(t)=2\pi\sum_{n=-\infty}^{+\infty}\Delta\omega|\tilde{f}(\omega_n)|^2. \tag{8.2.5}$$

$$\int_{-\infty}^{+\infty}\mathrm{d}tf^2(t)=2\pi\int_{-\infty}^{+\infty}\mathrm{d}\omega|\tilde{f}(\omega)|^2. \tag{8.2.6}$$

这就是帕塞瓦尔定理, 它由帕塞瓦尔 ( M. A. Parseval, 法国 ) 于 1799 年得到.

考虑到辐射功率正比于电场的平方, 将上述 $f(t)$ 理解为 $\boldsymbol{E}(t)$, 则对于上述帕塞瓦尔定理有如下理解.

对于分立谱情形, 方程 ( 8.2.5 ) 表明 $\Delta\omega|\tilde{\boldsymbol{E}}(\omega_n)|^2$ 可以理解为每个分立的频率分量贡献的 $T$ 时间内的辐射能量. 对于连续谱情形, 方程 ( 8.2.6 ) 表明 $|\tilde{\boldsymbol{E}}(\omega)|^2$ 可以理解为单位频率间隔的辐射能量. 因此 $|\tilde{\boldsymbol{E}}(\omega_n)|^2$ 可以理解为平均功率 ( 或 $T$ 时间内辐射能量 ) 的分立谱, 而 $|\tilde{\boldsymbol{E}}(\omega)|^2$ 应该理解为辐射能量的连续谱.

实际应用中, 由于我们接收到的信号总是定义在有限时间域内的, 在没有必要的情况下, 我们有时也并不严格区分功率谱和能量谱的名称.

### 8.2.2　经典谐振子的寿命及其辐射谱线的自然宽度

现在我们考虑电子一维经典振子辐射电磁波的情况. 电子的运动方程为

$$m_{\mathrm{e}}\ddot{x}_{\mathrm{e}}+\kappa x_{\mathrm{e}}=F_{\mathrm{s}}, \tag{8.2.7}$$

其中, $m_{\mathrm{e}}$ 为电子质量. 令 $\kappa/m_{\mathrm{e}}=\omega_0^2$, $\omega_0$ 为谐振子的固有频率.

将辐射阻尼力的表达式代入得

$$\ddot{x}_{\mathrm{e}}+\omega_0^2x_{\mathrm{e}}=\frac{F_{\mathrm{s}}}{m_{\mathrm{e}}}=\frac{2}{3}\cdot\frac{r_{\mathrm{e}}}{c}\dddot{x}_{\mathrm{e}}.$$

考虑弱阻尼情形, 可以近似地以无阻尼的谐振运动估计阻尼力, 即

$$\frac{F_{\mathrm{s}}}{m_{\mathrm{e}}}\approx-\frac{2}{3}\cdot\frac{r_{\mathrm{e}}}{c}\omega_0^2\dot{x}_{\mathrm{e}}.$$

引入辐射阻尼率

$$\gamma=\frac{2}{3}\cdot\frac{r_{\mathrm{e}}}{c}\omega_0^2. \tag{8.2.8}$$

由此我们得到经典电子的一维辐射阻尼谐振子模型

$$\ddot{x}_{\mathrm{e}}+\omega_0^2x_{\mathrm{e}}+\gamma\dot{x}_{\mathrm{e}}=0. \tag{8.2.9}$$

令 $x_{\mathrm{e}}=x_0\mathrm{e}^{-\mathrm{i}\omega t}$, 我们得到 $\omega^2+\mathrm{i}\gamma\omega-\omega_0^2=0$. 对于弱阻尼情形, $\gamma\ll\omega_0$, 我们有

$$\omega=\omega_0-\mathrm{i}\frac{\gamma}{2}. \tag{8.2.10}$$

阻尼谐振子运动方程的解为

$$x_{\mathrm{e}}=x_0\mathrm{e}^{-\frac{1}{2}\gamma t}\mathrm{e}^{-\mathrm{i}\omega_0 t}. \tag{8.2.11}$$

定义振子的寿命 $\tau$ 为振子能量衰减到其初始值的 $1/e$ 的时间. 注意到振子的能量正比于其振幅的平方, 我们得到

$$\tau=\frac{1}{\gamma}. \tag{8.2.12}$$

阻尼振子电磁辐射的电场可以写成

$$E(t)=\begin{cases}E_0\mathrm{e}^{-\frac{1}{2}\gamma t}\mathrm{e}^{-\mathrm{i}\omega_0 t}, & t>0,\\ 0, & t<0.\end{cases} \tag{8.2.13}$$

对其做傅里叶变换得到

$$\begin{aligned}\tilde{E}(\omega)&=\frac{1}{2\pi}\int_{-\infty}^{\infty}\mathrm{d}t\mathrm{e}^{\mathrm{i}\omega t}E(t)\\&=-\mathrm{i}\frac{1}{2\pi}E_0\frac{1}{\omega-\omega_0+\mathrm{i}\dfrac{\gamma}{2}}.\end{aligned} \tag{8.2.14}$$

单位频率间隔的辐射能量 $W(\omega)$ 的定义为 $\mathrm{d}A=\mathrm{d}\omega W(\omega)$, 其中 $A$ 为辐射总能量. 由辐射电场的傅里叶变换的像函数可以得到 $W(\omega)\propto|\tilde{E}|^2$,

$$W(\omega)=A\frac{\dfrac{\gamma}{2\pi}}{(\omega-\omega_0)^2+\left(\dfrac{\gamma}{2}\right)^2}. \tag{8.2.15}$$

由上式可知, 当 $\omega-\omega_0=\pm\gamma/2$ 时, $W(\omega)$ 降为其极大值的一半, 因此 $W(\omega)$ 的半高宽为 $\Delta\omega=\gamma=1/\tau$.

由 $\lambda=2\pi c/\omega$ 得到

$$\frac{\Delta\lambda}{\lambda_0}=\frac{\Delta\omega}{\omega_0}. \tag{8.2.16}$$

这就是辐射阻尼导致的经典谐振子辐射谱线的自然宽度. 因此测量如图 8.1 所示的辐射谱线的自然宽度可以知道振子的寿命.

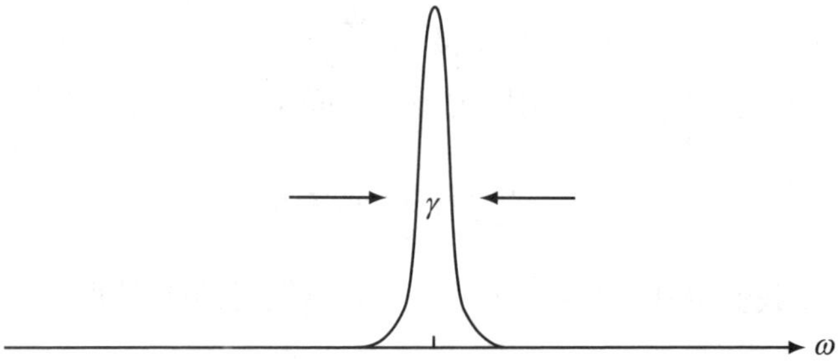


**图 8.1　辐射谱线半宽与振子寿命**

上述讨论虽然可以定性地解释原子光谱的谱线展宽, 或者说振子寿命有限的概念基本正确, 但严格来说那已经是量子力学的范畴了. 在微观的原子尺度, 经典电动力学对电子的很多描述已经不再适用了; 特别是原子核外的电子一般情形下并没有像经典电动力学所理解的那样由于受到原子核内正电荷的作用加速运动而辐射电磁波. 量子力学的理解是原子核外的电子处于某个定态, 其能量具有一个确定的值 (能级), 只有当电子受到激发处于一个不稳定的态时, 它才会跃迁到一个能量较低的定态同时将两个能级之间的能量差以电磁波的形式辐射出来.

## 8.3　经典电子对电磁波的散射和吸收

电磁波入射到电子上导致电子振动, 振动的电子进而辐射电磁波, 这种现象称为电磁波在电子上的散射. 在这一节中我们将先讨论自由电子对电磁波的散射, 然后在此基础上再讨论束缚电子对电磁波的散射和吸收.

### 8.3.1　自由电子对电磁波的散射——汤姆孙散射

考虑入射电磁波 $\boldsymbol{E}_0\mathrm{e}^{-\mathrm{i}\omega t}$ 照射到自由电子上的情形. 自由电子的运动方程为

$$m_\mathrm{e}\ddot{\boldsymbol{x}}_\mathrm{e}-\frac{2}{3}\cdot\frac{r_\mathrm{e}}{c}m_\mathrm{e}\dddot{\boldsymbol{x}}_\mathrm{e}=-e\boldsymbol{E}_0\mathrm{e}^{-\mathrm{i}\omega t}.$$

考虑受迫振动解 $\boldsymbol{x}_\mathrm{e}\sim\mathrm{e}^{-\mathrm{i}\omega t}$, $\dddot{\boldsymbol{x}}_\mathrm{e}=-\omega^2\dot{\boldsymbol{x}}_\mathrm{e}$; 令

$$\gamma=\frac{2}{3}\cdot\frac{r_\mathrm{e}}{c}\omega^2. \tag{8.3.1}$$

上式代表电子以角频率 $\omega$ 振动时的辐射阻尼率. 代入运动方程, 我们得到

$$\ddot{\boldsymbol{x}}_\mathrm{e}+\gamma\dot{\boldsymbol{x}}_\mathrm{e}=-\frac{e}{m_\mathrm{e}}\boldsymbol{E}_0\mathrm{e}^{-\mathrm{i}\omega t}. \tag{8.3.2}$$

由此得到受迫振动的解

$$\boldsymbol{x}_\mathrm{e}=\frac{1}{\omega^2+\mathrm{i}\gamma\omega}\cdot\frac{e}{m_\mathrm{e}}\boldsymbol{E}_0\mathrm{e}^{-\mathrm{i}\omega t}. \tag{8.3.3}$$

电子的辐射阻尼率与其振动角频率的比值为

$$\frac{\gamma}{\omega}=\frac{2}{3}\cdot\frac{r_\mathrm{e}}{c}\omega.$$

上式右边的数值即使对于伽马射线这样的高频极限也在 0.38 以下. 对于通常讨论的电磁波, 我们有

$$\frac{\gamma}{\omega}\ll 1, \tag{8.3.4}$$

这也可以理解为, 一般电磁波的波长远大于经典电子半径.

利用这一事实, 我们得到自由电子在电磁波照射下受迫振动的近似解,

$$\boldsymbol{x}_\mathrm{e}=\frac{1}{\omega^2}\cdot\frac{e}{m_\mathrm{e}}\boldsymbol{E}_0\mathrm{e}^{-\mathrm{i}\omega t}. \tag{8.3.5}$$

受迫振动电子辐射电磁波的电场为

$$\boldsymbol{E}=-\frac{m_\mathrm{e}}{e}\cdot\frac{r_\mathrm{e}}{r}\boldsymbol{n}\times(\boldsymbol{n}\times\ddot{\boldsymbol{x}}_\mathrm{e}), \tag{8.3.6}$$

其中, $\boldsymbol{r}$ 为由受迫振动电子指向观测点的矢量, $\boldsymbol{n}=\boldsymbol{r}/r$.

辐射的磁场为

$$c\boldsymbol{B}=\boldsymbol{n}\times\boldsymbol{E}. \tag{8.3.7}$$

散射波辐射能流 $\boldsymbol{S}=\boldsymbol{E}\times\boldsymbol{H}$ 的方向为 $\boldsymbol{n}$, 其强度的时间平均值为

$$\overline{S}=\frac{1}{2}\epsilon_0E_0^2c\frac{r_\mathrm{e}^2}{r^2}\sin^2\alpha,$$

其中, $\alpha$ 为 $\boldsymbol{n}$ 与入射波电场 $\boldsymbol{E}_0$ 之间的夹角.

入射波平均能流为

$$I_0=\overline{S}_0=\frac{1}{2}\epsilon_0E_0^2c.$$

散射波能流可以写成

$$\overline{S}=I_0\frac{r_{\mathrm{e}}^2}{r^2}\sin^2\alpha, \tag{8.3.8}$$

散射波的总功率为

$$P=\oint\mathrm{d}\Omega r^2\overline{S}=\frac{8\pi}{3}r_{\mathrm{e}}^2I_0, \tag{8.3.9}$$

这就是著名的汤姆孙散射公式：

$$\sigma=\frac{8\pi}{3}r_{\mathrm{e}}^2 \tag{8.3.10}$$

表示自由电子对电磁波的散射截面，称为汤姆孙散射截面.

对于一般的非偏振入射波，取入射波的波矢为 $z$ 轴，建立球坐标系 $(r,\theta,\phi)$；易知 $\cos\alpha=\sin\theta\cos\phi$. 将方程 (8.3.8) 对方位角 $\phi$ 平均，我们得到非偏振入射波平均散射能流的角分布

$$\overline{S}=\frac{1+\cos^2\theta}{2}\cdot\frac{r_{\mathrm{e}}^2}{r^2}I_0. \tag{8.3.11}$$

单位立体角的散射功率与入射波强度 $I_0$ 的比值称为微分散射截面，记为 $\dfrac{\mathrm{d}\sigma}{\mathrm{d}\Omega}$. 汤姆孙散射的微分截面为

$$\frac{\mathrm{d}\sigma}{\mathrm{d}\Omega}=\frac{1+\cos^2\theta}{2}r_{\mathrm{e}}^2. \tag{8.3.12}$$

当入射光子能量远小于电子静止能量（$m_{\mathrm{e}}c^2$）时，如图 8.2 所示的汤姆孙散射的微分截面与实验结果符合；当入射光子能量增大（频率增高）时，向后散射（$\theta=\pi$）的能流减弱，实验结果偏离上式的预言. 当入射光子能量较大时，经典电动力学不再适用，需要考虑量子效应的修正.

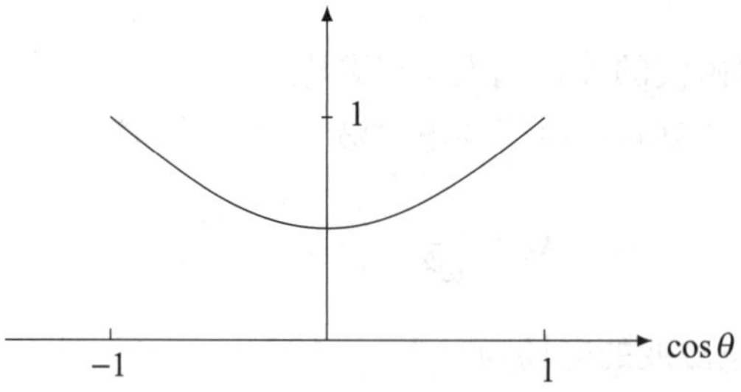


**图 8.2　汤姆孙散射微分截面**

## 8.3.2　束缚电子对电磁波的散射和吸收

在讨论自由电子散射电磁波的基础上，我们进一步考虑束缚电子对电磁波的散射和吸收. 在入射电磁波 $\boldsymbol{E}_0\mathrm{e}^{-\mathrm{i}\omega t}$ 的照射下，束缚电子的运动方程为

$$\ddot{\boldsymbol{x}}_{\mathrm{e}}+\omega_0^2\boldsymbol{x}_{\mathrm{e}}+\gamma\dot{\boldsymbol{x}}_{\mathrm{e}}=-\frac{e}{m_{\mathrm{e}}}\boldsymbol{E}_0\mathrm{e}^{-\mathrm{i}\omega t}, \tag{8.3.13}$$

其中，$\omega_0$ 为束缚电子的固有振荡频率；

$$\gamma=\frac{2}{3}\cdot\frac{r_{\mathrm{e}}}{c}\omega^2, \tag{8.3.14}$$

为辐射阻尼率.

入射电磁波照射下束缚电子运动方程的解为

$$\boldsymbol{x}_{\mathrm{e}}=-\frac{1}{\omega_0^2-\omega^2-\mathrm{i}\gamma\omega}\cdot\frac{e}{m_{\mathrm{e}}}\boldsymbol{E}_0\mathrm{e}^{-\mathrm{i}\omega t}. \tag{8.3.15}$$

由运动方程的解可以求出辐射电磁场和能流, 过程与分析自由电子散射情形类似. 结果表明散射波的平均辐射能流为

$$\overline{S}=\frac{1}{2}\epsilon_0E_0^2c\frac{r_{\mathrm{e}}^2}{r^2}\cdot\frac{\omega^4}{\left(\omega_0^2-\omega^2\right)^2+\gamma^2\omega^2}\sin^2\alpha, \tag{8.3.16}$$

其中, $\alpha$ 为辐射方向 $\boldsymbol{n}$ 与入射波电场 $\boldsymbol{E}_0$ 之间的夹角.

积分上式, 我们得到角频率为 $\omega$ 的单色波在束缚电子上的散射总功率

$$P(\omega)=\frac{8\pi}{3}r_{\mathrm{e}}^2\frac{\omega^4}{\left(\omega_0^2-\omega^2\right)^2+\gamma^2\omega^2}I_0(\omega), \tag{8.3.17}$$

其中, $I_0(\omega)$ 为入射波的平均能流.

由此我们得到束缚电子的散射截面

$$\sigma=\frac{8\pi}{3}r_{\mathrm{e}}^2\frac{\omega^4}{\left(\omega_0^2-\omega^2\right)^2+\gamma^2\omega^2}. \tag{8.3.18}$$

当 $\omega\ll\omega_0$ 时, 进一步利用 $\gamma/\omega\ll1$, 我们得到

$$\sigma=\frac{8\pi}{3}r_{\mathrm{e}}^2\frac{\omega^4}{\omega_0^4}. \tag{8.3.19}$$

这就是著名的瑞利散射截面;入射电磁波频率远小于束缚振子本征频率时, 散射截面正比于入射波频率的四次方.

当 $\omega\gg\omega_0$ 时, 进一步利用 $\gamma/\omega\ll1$, 我们得到

$$\sigma=\frac{8\pi}{3}r_{\mathrm{e}}^2, \tag{8.3.20}$$

入射电磁波频率远大于束缚振子本征频率时, 散射截面与汤姆孙散射截面相同;此时束缚电子显然可以近似为自由电子.

当 $\omega=\omega_0$ 时,

$$\sigma=\frac{8\pi}{3}r_{\mathrm{e}}^2\frac{\omega^2}{\gamma^2}, \tag{8.3.21}$$

当入射电磁波频率接近束缚振子的本征频率时, 散射截面急剧增加, 远大于汤姆孙散射截面;这就是熟知的共振现象.

令入射波单位频率间隔的能流为 $\mathcal{I}_0(\omega)$, 利用方程(8.3.17), 我们得到束缚电子受激辐射的总功率为

$$\begin{aligned}P&=\frac{8\pi}{3}r_{\mathrm{e}}^2\int_0^\infty\mathrm{d}\omega\mathcal{I}_0(\omega)\frac{\omega^4}{\left(\omega_0^2-\omega^2\right)^2+\gamma^2\omega^2}\\&\approx\frac{2\pi}{3}r_{\mathrm{e}}^2\mathcal{I}_0(\omega_0)\omega_0^2\int_0^\infty\mathrm{d}\omega\frac{1}{\left(\omega-\omega_0\right)^2+\dfrac{\gamma^2}{4}}\\&\approx\frac{4\pi^2}{3}r_{\mathrm{e}}^2\mathcal{I}_0(\omega_0)\frac{\omega_0^2}{\gamma}.\end{aligned} \tag{8.3.22}$$

我们注意到, 在上式的积分计算过程中, 由于 $\gamma/\omega \ll 1$, 被积函数对积分的主要贡献来自 $\omega = \omega_0$ 附近; 特别是在计算最后一步的积分时我们利用上述事实, 取近似将积分下限 0 改为 $-\infty$.

由于平衡时, 束缚电子吸收的功率与辐射的功率相等. 故上述束缚电子辐射总功率的结果近似为共振吸收功率.

共振吸收是一种有趣的普遍存在的物理现象. 如果在粒子运动方程中略去辐射阻尼效应, 那么当驱动项 (这里指的是入射电磁波的电场) 的频率接近粒子运动的本征频率时, 粒子运动方程的解发散. 这种当驱动项与粒子共振时数学上的发散在实际的物理系统中是不存在的; 经验告诉我们, 每当出现这类数学上的发散时, 一定是在我们基本的数学模型方程中忽略了重要的物理效应. 消除发散的物理效应可以有多种, 常见的是阻尼效应. 上述讨论中考虑了带电粒子运动中的辐射阻尼效应; 实际上阻尼效应也可以由多种物理过程产生, 例如电子在离子或其他中性粒子上的散射 (摩擦) 造成的对电子运动的阻尼, 这种阻尼使得电子通过共振吸收从入射电磁波获得的能量耗散成离子或其他中性粒子的热能.

我们已经看到这种阻尼效应使得带电粒子谐振子的辐射谱线展宽, 因此阻尼效应又称为 "共振展宽" 效应. 包括阻尼造成的 "共振展宽" 效应在内的, 消除共振现象在数学上发散的物理过程, 可以统称为 "解共振" 过程. 实际上, 即使不考虑阻尼造成的 "共振展宽" 效应, 系统自己也会 "解共振". 一个有趣的例子是单摆的受迫振动, 通常描述该过程的数学模型方程是一个带有自由项的谐振子方程; 在这个方程中没有阻尼项, 因此其数学解会出现共振发散, 这意味着摆的幅度越来越大. 然而我们知道当单摆的幅度比较大时, 谐振子模型是不适用的; 当振幅较大时, 我们发现原来的线性方程已经不适用了, 非线性效应开始变得重要了, 此时系统的振动频率已经发生了改变, 不再是原来的小振幅谐振子频率了, 当然也就与驱动项的频率发生了偏差; 这表明即使没有阻尼耗散效应, 系统自己也会通过非线性 "解共振" 过程消除共振发散.

## 8.4 电磁波在介质中的色散和吸收

电磁波在介质中传播时会出现色散和吸收现象. 在这一小节中, 我们先在上一节束缚电子散射电磁波的基础上, 考虑介质中的束缚电子稀薄气体对电磁波的作用, 讨论介质对电磁波色散和吸收的机制; 然后我们再讨论一般的因果律条件如何确定介质介电系数中代表色散效应的实部与代表耗散效应的虚部之间的关系, 即著名的克拉默斯-科勒尼希 (Kramers-Kronig) 关系.

对于一般的时变电磁场, 介质中的束缚电荷仍然由极化强度 $\boldsymbol{P}$ 描述, 电位移矢量为

$$\boldsymbol{D} = \epsilon_0 \boldsymbol{E} + \boldsymbol{P}. \tag{8.4.1}$$

介质中的安培-麦克斯韦方程为

$$\nabla \times \boldsymbol{H} = \boldsymbol{j}_{\mathrm{f}} + \epsilon_0 \partial_t \boldsymbol{E} + \partial_t \boldsymbol{P}, \tag{8.4.2}$$

其中, 介质的极化电流为 $\partial_t \boldsymbol{P}$.

介质中的磁化电流体现在

$$\boldsymbol{B} = \mu_0 \boldsymbol{H} + \mu_0 \boldsymbol{M}. \tag{8.4.3}$$

电磁波对介质中带电粒子的作用主要通过电场产生；磁场的作用力与电场的作用力之比为 $v/c$, $v$ 为介质内部带电粒子运动速度. 讨论色散现象时, 考虑到 $v \ll c$, 我们略去介质的磁化效应, $\mu = \mu_0$, 仅考虑介质的极化效应.

### 8.4.1 介质对电磁波色散和吸收的束缚电子模型

考虑非铁磁介质中电磁波的传播问题. 介质中的离子可以看作静止的正电荷背景, 电子可以看作稀薄气体；介质对电磁波的作用可以看作电子稀薄气体的作用. 设介质中电子密度为 $n$, 束缚电子固有振荡频率为 $\omega_0$. 令介质中电磁波的电场为 $\boldsymbol{E}\mathrm{e}^{-\mathrm{i}\omega t}$.

介质的电极化强度为 $\boldsymbol{P} = -ne\boldsymbol{x}_\mathrm{e}$. 其中 $\boldsymbol{x}_\mathrm{e}$ 为电子在外场作用下偏离平衡位置的位移. 根据上一小节关于束缚电子散射电磁波的讨论, 我们可以立即写下束缚电子受迫振动的解, 从而得到极化强度

$$\boldsymbol{P} = \omega_{\mathrm{pe}}^2 \frac{1}{\omega_0^2 - \omega^2 - \mathrm{i}\gamma\omega} \epsilon_0 \boldsymbol{E}, \tag{8.4.4}$$

其中

$$\omega_{\mathrm{pe}}^2 = \frac{ne^2}{\epsilon_0 m_\mathrm{e}} \tag{8.4.5}$$

为电子朗缪尔振荡频率, $\gamma$ 为电子运动的阻尼率. 注意这里的电子运动阻尼率 $\gamma$ 可以理解为辐射阻尼效应, 也可以包括电子与背景粒子碰撞阻尼效应.

介质的电位移矢量为

$$\begin{aligned} \boldsymbol{D}(\omega) &= \epsilon(\omega)\boldsymbol{E}(\omega) \\ &= \epsilon_0 \boldsymbol{E}(\omega) + \boldsymbol{P}(\omega). \end{aligned} \tag{8.4.6}$$

由此我们得到相对介电系数,

$$\epsilon_\mathrm{r}(\omega) \equiv \frac{\epsilon(\omega)}{\epsilon_0} = \Re(\epsilon_\mathrm{r}) + \mathrm{i}\Im(\epsilon_\mathrm{r}). \tag{8.4.7}$$

介电系数的实部为

$$\Re(\epsilon_\mathrm{r}) = 1 + \omega_{\mathrm{pe}}^2 \frac{\omega_0^2 - \omega^2}{(\omega_0^2 - \omega^2)^2 + \gamma^2\omega^2}, \tag{8.4.8}$$

介电系数的实部对频率的依赖关系反映了介质的色散.

介电系数的虚部为

$$\Im(\epsilon_\mathrm{r}) = \omega_{\mathrm{pe}}^2 \frac{\gamma\omega}{(\omega_0^2 - \omega^2)^2 + \gamma^2\omega^2}, \tag{8.4.9}$$

介电系数的虚部则反映了介质对电磁波的吸收.

需要指出的是, 上述介电系数的表达式对于大多数物质都是适用的. 介电系数对于频率的依赖关系大致如图 8.3 所示.

注意介电系数实部的平方根为介质的折射率. 方程 (8.4.8) 表明, 折射率 (介电系数) 的实部在电磁波的频率远离共振频率时, 随波的频率增加而增加, 这对应于正常色散；而当波的频率非常接近共振频率时, 折射率随波的频率增加而减小, 这对应于反常色散.

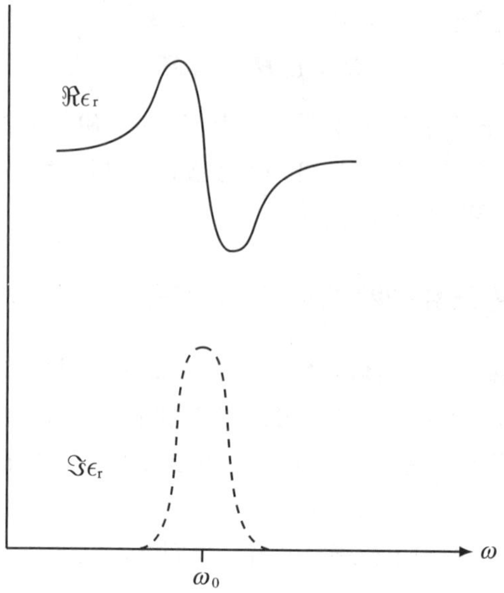


**图 8.3 介电系数的实部（实线）与虚部（虚线）**

根据我们讨论过的电磁波在介质中的传播, 我们知道对于定频率 $\omega$ 激发的波 $e^{i(kx-\omega t)}$, 其色散关系一般为

$$c^2k^2 = \omega^2\left(\Re\epsilon_r + i\Im\epsilon_r\right). \tag{8.4.10}$$

由上式可以清楚地看出介电系数实部对频率的依赖是如何导致色散的. 激励源确定频率, 介质自己确定波长, 这是波动传播问题的要点. 对于不同频率（颜色）的波, 其在介质中的传播速度是不同的. 对于介质中传播的电磁波来说, 这是由介质中的束缚电子对电磁波散射的集体效应造成的.

在上式中暂时略去介电系数的虚部, 并将方程 (8.4.8) 代入, 我们得到介质的折射率

$$n = \left[1 + \omega_{pe}^2 \frac{\omega_0^2 - \omega^2}{\left(\omega_0^2 - \omega^2\right)^2 + \gamma^2\omega^2}\right]^{1/2}. \tag{8.4.11}$$

对于可见光在空气或玻璃等透明物质中传播的情形, $\omega \ll \omega_0$（参见本章习题）, $\omega_0 > \omega_{pe}$. 由此可得

$$n = \left[1 + \omega_{pe}^2 \frac{1}{\omega_0^2 - \omega^2}\right]^{1/2} = 1 + \frac{1}{2}\cdot\frac{\omega_{pe}^2}{\omega_0^2}\left(1 + \frac{\omega^2}{\omega_0^2}\right). \tag{8.4.12}$$

上式清楚地表明频率较高的光（蓝光）的折射率比频率较低的光（红光）的折射率要大一些, 这就是"正常"情况下白光穿过三棱镜后由于"蓝光比红光偏折得厉害一些"从而造成"不同颜色的光分散开来"形成光谱这一"色散"现象的物理基础. 这是经典电动力学对于光的波动学说的又一个有力的支持.

介电常数虚部的引入使得波数不再是实数, 其虚部在数学上可取 $(+,-)$ 两个符号, 然而根据因果律的要求, 波数 $k$ 的虚部只能取对应于衰减波的符号, 这就是介电系数虚部导

致耗散的数学解释；这样解释的物理意义是明显的，介电系数的虚部是由束缚电子对于入射电磁波的共振吸收引起的.

介电系数是一个复数，其虚部代表介质的耗散效应，这一点看起来有些奇特. 为此我们指出一个有趣的事实. 在方程 (8.4.10) 中略去阻尼项，并令 $\omega_0 = 0$，得到的色散关系即等离子体中电磁波的色散关系. 同样的色散关系我们在前面讨论介质中电磁波的传播时得到过；在那里的讨论过程中，我们受到描述导体中电磁波传播问题时将电导率等效为一个虚数介电系数（耗散项）的启发，通过讨论等离子体中的欧姆定律引入了一个虚数（无耗散）电导率. 现在我们能够理解了，介电系数的实部或电导率的虚部都不会导致耗散效应，它代表的是介质的色散；介电系数的虚部或电导率的实部代表的是介质的耗散，这正如有限电导率代表了欧姆耗散效应.

上述例子清楚地表明介质电动力学问题的复杂性；介质的介电系数在一般情形下是难以准确知道的. 面临这种复杂的具体情形时，我们通常回到真空中的电动力学基本方程考虑问题，试图了解所有那些影响我们所面临问题的电荷和电流. 等离子体物理中经常面临的问题就是这类问题，我们需要了解等离子体（完全电离气体连续介质）对于电磁场自洽响应的具体物理机制，那些具体的机制有时，或者说时常，是非线性的.

### 8.4.2* 因果律与克拉默斯-科勒尼希色散关系

在时变电场的作用下，介质的电位移矢量一般地可以写成

$$\boldsymbol{D}(\boldsymbol{x},t) = \epsilon_0\boldsymbol{E}(\boldsymbol{x},t) + \boldsymbol{P}(\boldsymbol{x},t), \tag{8.4.13}$$

$$\boldsymbol{P}(\boldsymbol{x},t) \equiv \epsilon_0\int_{-\infty}^{\infty} \mathrm{d}\tau\chi(\tau)\boldsymbol{E}(\boldsymbol{x},t-\tau), \tag{8.4.14}$$

$$\chi(\tau)\begin{cases} \neq 0, & \tau \geqslant 0, \\ = 0, & \tau < 0. \end{cases} \tag{8.4.15}$$

注意 $\chi(\tau)$ 代表 $\tau$ 时间之前的电场对介质的极化，它应该由而且只由介质的性质确定，与其他因素无关. 一般地 $\chi(\tau)$ 是一个有界实函数. 上式体现了因果律的要求，即当前介质的极化依赖于电场的过去，与电场的未来无关.

考虑傅里叶变换

$$\boldsymbol{E}(\boldsymbol{x},t) = \int_{-\infty}^{\infty} \mathrm{d}\omega \mathrm{e}^{-\mathrm{i}\omega t}\boldsymbol{E}(\boldsymbol{x},\omega), \tag{8.4.16}$$

$$\boldsymbol{D}(\boldsymbol{x},t) = \int_{-\infty}^{\infty} \mathrm{d}\omega \mathrm{e}^{-\mathrm{i}\omega t}\boldsymbol{D}(\boldsymbol{x},\omega), \tag{8.4.17}$$

$$\boldsymbol{P}(\boldsymbol{x},t) = \int_{-\infty}^{\infty} \mathrm{d}\omega \mathrm{e}^{-\mathrm{i}\omega t}\boldsymbol{P}(\boldsymbol{x},\omega), \tag{8.4.18}$$

$$\chi(t) = \int_{-\infty}^{\infty} \mathrm{d}\omega \mathrm{e}^{-\mathrm{i}\omega t}\chi(\omega). \tag{8.4.19}$$

代入方程 (8.4.14) 得

$$\boldsymbol{P}(\boldsymbol{x},\omega) = \epsilon_0\chi(\omega)\boldsymbol{E}(\boldsymbol{x},\omega), \tag{8.4.20}$$

由此可得本构关系

$$\boldsymbol{D}(\boldsymbol{x},\omega) = \epsilon(\omega)\boldsymbol{E}(\boldsymbol{x},\omega) \equiv \epsilon_{\mathrm{r}}(\omega)\epsilon_0\boldsymbol{E}(\boldsymbol{x},\omega), \tag{8.4.21}$$

其中，相对介电系数为

$$\epsilon_{\mathrm{r}}(\omega) \equiv 1+\chi(\omega), \tag{8.4.22}$$

$$\chi(\omega)=\frac{1}{2\pi}\int_{-\infty}^{\infty}\mathrm{d}\tau \mathrm{e}^{\mathrm{i}\omega\tau}\chi(\tau). \tag{8.4.23}$$

应该指出的是, 极化矢量与电场在时间轴上的非局域关系 (方程 (8.4.14)), 与它们在频率轴上的局域关系 (方程（8.4.20）), 是相互对应的.

在本书第 5 章中讨论电磁波在导体中传播问题时, 我们已经看到, 一般而言, 介电系数是一个复数；当我们在那里讨论绝缘介质表面上电磁波的全反射以及导电介质中电磁波的传播时, 由于我们的问题是给定（实数）频率的波在介质中的传播问题, 介质的介电系数（对于绝缘介质是实数, 而对于导电介质则是复数）或波在介质中的色散关系则要求波数 $\boldsymbol{k}$ 可以是一个复数. 到目前为止, 我们已经能够接受介质的介电系数以及在其中传播的波的波数一般而言是复数.

数学物理方法上, 波动问题可以分为常见的两类:第一类问题是给定频率激励源的波动传播问题；在这类问题中给定一个实数频率, 介质根据其自身的色散关系选择波长, 如果有耗散, 则波在传播过程中随着传播距离的增加而衰减（波数为复数）. 第二类问题是有界空间（给定波长）初始扰动的时间演化问题；在这类问题中给定一个实数波数, 介质根据自身的色散关系选定频率, 如果有耗散, 则场的振荡随着时间的增加而衰减（频率为复数）. 本书第 5 章中讨论的电磁波在介质中的折射问题以及电磁波在导体中的传播问题都属于第一类问题；拨动一下吉他的弦, 观察弦的振动及其随时间衰减的问题则属于第二类问题.

根据上述对于波动问题第二类问题的讨论, 我们应该能够接受, 一般来说, 波的频率也是一个复数. 引入复数频率

$$\omega=\omega_{\mathrm{r}}+\mathrm{i}\gamma, \tag{8.4.24}$$

其中，实数 $\omega_{\mathrm{r}}$ 和 $\gamma$ 分别为复频率的实部和虚部.

在本书第 5 章中讨论电磁波在绝缘介质表面的全反射以及在导电介质中的传播时, 我们引入了复数波数, 其虚部符号的选取原则是要求波在空间中向前传播时只能取衰减波解,

$$E(z,t)\sim \mathrm{e}^{\mathrm{i}[(k_R+\mathrm{i}k_{\mathrm{I}})z-\omega t]}, \quad z>0, \tag{8.4.25}$$

其中, $k_{\mathrm{R}}$ 和 $k_{\mathrm{I}}$ 分别为波数的实部和虚部, $k_{\mathrm{I}} \geqslant 0$. 这样选取波数虚部的符号是不难理解的, 因为另外一个符号导致波幅随传播距离增加而发散.

那么, 当我们引入复数频率时, 我们要如何处理频率虚部的符号呢?

现在我们来考察方程 (8.4.23) 和 (8.4.15). 为了确保方程 (8.4.23) 中积分在代入 (8.4.15) 后的收敛性, 复频率的虚部必须是一个正实数,

$$\gamma>0. \tag{8.4.26}$$

这样我们就将频率拓展到了复-$\omega$ 平面的上半平面；相应地, 我们可以将傅里叶变换修正为拉普拉斯变换.

当我们这样引入复频率时, 方程 (8.4.16) 表明电场的表达式中有一个 $e^{\gamma t}$ 的时间因子, 其中 $\gamma > 0$; 这就使得

$$\lim_{t\to-\infty} \boldsymbol{E}(\boldsymbol{x},t) = \boldsymbol{0}. \tag{8.4.27}$$

将上式与方程 (8.4.14) 结合起来, 我们可以看到, 过于遥远的过去的电场不可能影响介质当前的极化. 这表明极化的历史问题应该正确处理为初值问题.

由上述讨论不难看出, $\chi(\omega)$ 为复-$\omega$ 上半平面内的解析函数;现在我们有了复-$\omega$ 上半平面内解析的介电系数.

在进一步讨论克拉默斯-科勒尼希关系之前, 我们简要介绍复介电系数的一个重要性质. 考虑到 $\chi(\tau)$ 为实数, 根据方程 (8.4.22) 和方程 (8.4.23), 我们有

$$\epsilon_{\mathrm{r}}^*(\omega) = \epsilon_{\mathrm{r}}(-\omega^*). \tag{8.4.28}$$

令 $\epsilon_{\mathrm{r}} = \Re\epsilon_{\mathrm{r}} + \mathrm{i}\Im\epsilon_{\mathrm{r}}$, 我们得到

$$\Re\epsilon_{\mathrm{r}}(\omega) = \Re\epsilon_{\mathrm{r}}(-\omega^*), \tag{8.4.29}$$

$$\Im\epsilon_{\mathrm{r}}(\omega) = -\Im\epsilon_{\mathrm{r}}(-\omega^*). \tag{8.4.30}$$

为了讨论复介电系数的实部和虚部在实-$\omega$ 轴上的关系, 我们利用关于复平面上解析函数的柯西 (A. L. Cauchy, 1789—1857, 法国) 定理得到

$$\chi(\omega) = \frac{1}{2\pi\mathrm{i}}\oint \mathrm{d}\omega' \frac{1}{\omega'-\omega}\chi(\omega'). \tag{8.4.31}$$

上式中积分围道为上半平面内包围点 $\omega$ 的闭合曲线. 令积分围道由上半平面上无限逼近实轴的直线, 如图 8.4(a) 所示, 和以原点为圆心的无穷大半圆构成. 考虑到 $\chi(\tau)$ 的有界性, 由方程 (8.4.23) 和方程 (8.4.15) 我们得到

$$\lim_{\gamma\to+\infty}\chi(\omega) \sim \mathrm{e}^{-\gamma\tau} \to 0.$$

这就使得无穷大半圆上的积分为零. 由此我们得到

$$\chi(\omega) = \frac{1}{2\pi\mathrm{i}}\int_{-\infty}^{\infty} \mathrm{d}\omega' \frac{1}{\omega'-\omega}\chi(\omega'),$$

其中的积分沿实轴计算. 上式可进一步写成

$$\chi(\omega) = \frac{1}{2\pi\mathrm{i}}\int_{-\infty}^{\infty} \mathrm{d}\omega' \frac{1}{\omega'-\omega_{\mathrm{r}}-\mathrm{i}\gamma}\chi(\omega'). \tag{8.4.32}$$

克拉默斯-科勒尼希关系讨论的是实-$\omega$ 轴上 ($\gamma = 0$) 介质的介电系数实部和虚部之间的关系. 很显然, 当 $\gamma = 0$ 时, 上式被积函数的 $1/(\omega'-\omega_{\mathrm{r}}-\mathrm{i}\gamma)$ 因子存在一个奇点. 现在我们就来讨论当 $\omega$ 接近实轴时, 也就是当 $\gamma \to 0^+$ 时, 上式中的积分究竟如何计算. 注意上式被积函数中的 $\chi(\omega)$ 为在复-$\omega$ 上半平面内定义的解析函数. 如果我们将 $\chi(\omega)$ 解析延拓到复-$\omega$ 的下半平面, 那么方程 (8.4.31) 中积分围道的实轴段显然应该下移以确保 $\omega$ 处于积分围道所包围的域内, 这是柯西定理的要求. 实际上, 为了计算方便, 方程 (8.4.31) 中积分围道的实轴段, 也就是方程 (8.4.32) 中的积分路径只要修正为下述如图 8.4(b) 所示的积分

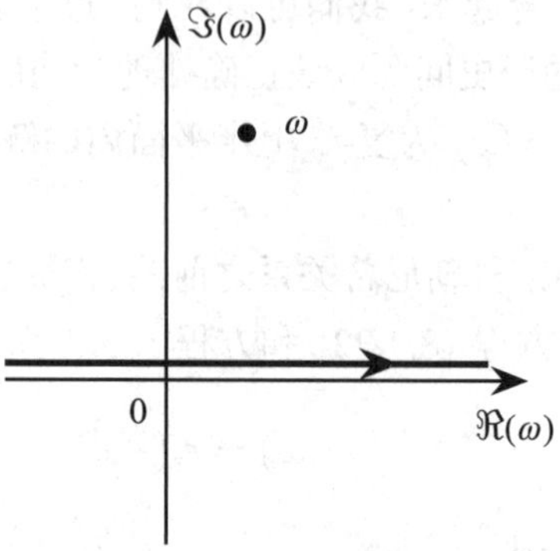


(a) 原始的介电系数定义在复-$\omega$平面的上半平面

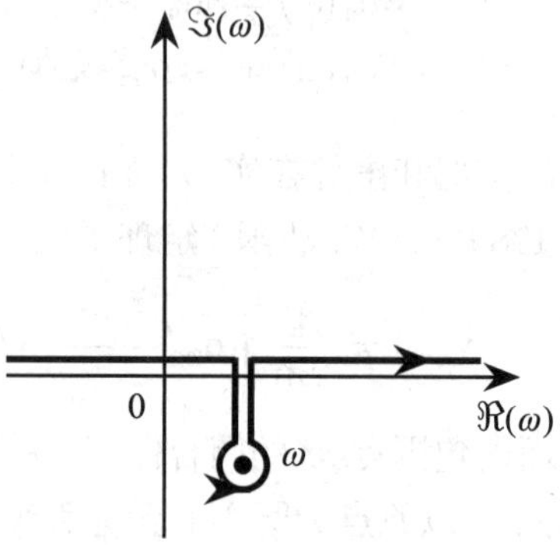


(b) 将介电系数解析延拓到复-$\omega$平面的下半平面

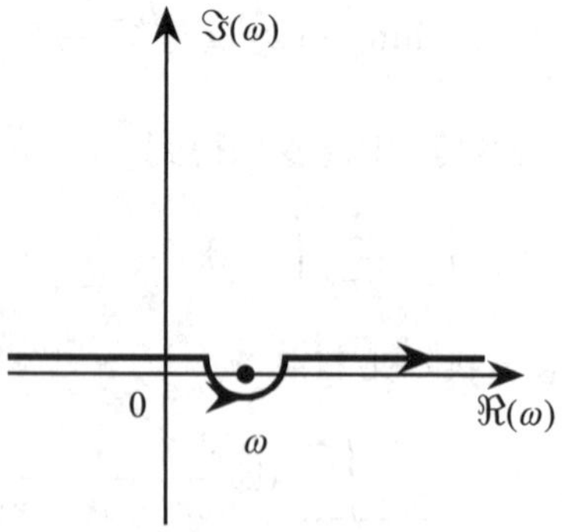


(c) 实-$\omega$轴上的定义

**图 8.4　复-$\omega$ 平面上的积分围道**

路径即可. 将实轴上关于 $\omega_{\mathrm{r}}$ 对称的很小的一段 $(\omega_{\mathrm{r}}-\delta,\ \omega_{\mathrm{r}}+\delta)$ 去掉, 用一对竖直的平行线段与以 $\omega$ 为中心的上端开有宽度为 $2\delta$ 开口的圆连接起来. 在该正向的圆上的路径积分显然可以用残数定理计算, 而实轴上的积分则为主值积分.

根据上述讨论, 当 $\omega\to 0+$ 时, 方程（8.4.32）中积分路径沿实轴经过 $\omega_{\mathrm{r}}$ 点时必须从其下方绕过一个半圆, 如图 8.4(c) 所示. 这一积分路径的上述处理可以形式上写成恒等式

$$\frac{1}{\omega'-\omega_{\mathrm{r}}-\mathrm{i}\gamma}=P\frac{1}{\omega'-\omega_{\mathrm{r}}}+\mathrm{i}\pi\delta(\omega'-\omega_{\mathrm{r}}),\quad \gamma\to 0^{+},\tag{8.4.33}$$

其中, $P$ 表示当该函数出现在被积表达式中时应该理解为主值积分.

现在我们将方程（8.4.32）中的积分化成主值积分

$$\chi(\omega)=\frac{1}{\pi\mathrm{i}}P\int_{-\infty}^{\infty}\mathrm{d}\omega'\frac{\chi(\omega')}{\omega'-\omega_{\mathrm{r}}}.$$

注意, 我们在得到上式过程中利用了 $\gamma\to 0^{+}$ 的条件; 因此上式规定了实-$\omega$ 轴上介质极化系数的实部与虚部之间的关系.

由此我们得到著名的**克拉默斯-科勒尼希色散关系**

$$\epsilon_{\mathrm{r}}(\omega)=1+\frac{1}{\pi\mathrm{i}}P\int_{-\infty}^{\infty}\mathrm{d}\omega'\frac{\epsilon_{\mathrm{r}}(\omega')-1}{\omega'-\omega}.\tag{8.4.34}$$

该关系式分别由克拉默斯（H. A. Kramers, 1894—1952, 荷兰）于 1927 年和科勒尼希（R. Kronig, 德国）于 1926 年独立得到.

将上式分为实部和虚部即为

$$\Re\epsilon_{\mathrm{r}}(\omega)=1+\frac{1}{\pi}P\int_{-\infty}^{\infty}\mathrm{d}\omega'\frac{\Im\epsilon_{\mathrm{r}}(\omega')}{\omega'-\omega},\tag{8.4.35}$$

$$\Im\epsilon_{\mathrm{r}}(\omega)=-\frac{1}{\pi}P\int_{-\infty}^{\infty}\mathrm{d}\omega'\frac{\Re\epsilon_{\mathrm{r}}(\omega')-1}{\omega'-\omega}.\tag{8.4.36}$$

克拉默斯-科勒尼希关系指出了实-$\omega$ 轴上介质的介电系数实部和虚部之间的关系.

在进一步讨论之前, 我们对克拉默斯-科勒尼希关系方程 (8.4.35) 和方程 (8.4.36), 做一点简要的评述. 上述讨论基于一个重要的前提, 即 $\chi(\omega)$ 为解析函数, 当 $\omega\to 0$ 时, $\chi$ 有限. 这对于介质是正确的; 然而对于导体, 我们需要做进一步的讨论. 在讨论电磁波在导体中传播时, 我们已经知道, 对于导体,

$$\Im\chi(\omega)=\frac{\sigma}{\epsilon_0}\cdot\frac{1}{\omega},\tag{8.4.37}$$

其中, $\sigma$ 为导体的电导率. 因此导体介电系数的虚部在实-$\omega$ 轴上有一个简单极点. 由此可知克拉默斯-科勒尼希关系, 方程 (8.4.35) 和方程 (8.4.36), 并不能简单地直接应用于导体情形. 然而注意到对于导体, $\epsilon_{\mathrm{r}}-\mathrm{i}\sigma/\epsilon_0\omega$ 为解析函数, 我们只需要在已有方程 (8.4.35) 和方程 (8.4.36) 中做如下简单的替换即可,

$$\Im\epsilon_{\mathrm{r}}(\omega)\to\Im\epsilon_{\mathrm{r}}(\omega)-\frac{\sigma}{\epsilon_0}\cdot\frac{1}{\omega}.\tag{8.4.38}$$

由于克拉默斯-科勒尼希关系可以基于普遍的因果律导出而不依赖于具体的介质性质或模型, 克拉默斯-科勒尼希关系有着广泛的应用. 其中一个重要的应用就是可以利用介质共振吸收的经验关系式（介电系数的虚部）导出介质的色散（介电系数的实部）.

现在我们考虑介质在频率 $\omega=\omega_0$ 附近有一个共振吸收线（峰），其介电系数的虚部可以写成

$$\Im\epsilon_{\rm r}(\omega)=\alpha\frac{\pi}{2\omega_0}\delta(\omega-\omega_0)+\cdots, \tag{8.4.39}$$

其中, $\alpha$ 为常数, 第一项代表介质的共振吸收, 余项代表介电系数随频率的缓慢变化部分. 将上式代入方程 (8.4.35), 我们得到

$$\Re\epsilon_{\rm r}(\omega)\approx 1+\alpha\frac{1}{\omega_0^2-\omega^2}+\cdots, \tag{8.4.40}$$

这就是介电系数的实部, 它代表了介质在共振吸收频率 $\omega_0$ 附近的色散行为.

上一小节基于束缚电子模型给出了介质的色散关系, 其中介电系数的虚部和实部方程 (8.4.9) 和方程 (8.4.8), 在共振吸收频率 $\omega_0$ 附近, 在弱共振吸收条件 $\gamma/\omega_0\ll 1$ 下, 可以近似写成

$$\begin{aligned}\Im(\epsilon_{\rm r})&=\omega_{\rm pe}^2\frac{\gamma\omega}{(\omega_0^2-\omega^2)^2+\gamma^2\omega^2}\\&\approx\omega_{\rm pe}^2\pi\delta\left(\omega^2-\omega_0^2\right)\\&\approx\omega_{\rm pe}^2\pi\delta\left[2\omega_0\left(\omega-\omega_0\right)\right]\\&=\omega_{\rm pe}^2\frac{\pi}{2\omega_0}\delta\left(\omega-\omega_0\right),\end{aligned} \tag{8.4.41}$$

$$\begin{aligned}\Re(\epsilon_{\rm r})&=1+\omega_{\rm pe}^2\frac{\omega_0^2-\omega^2}{(\omega_0^2-\omega^2)^2+\gamma^2\omega^2}\\&\approx 1+\omega_{\rm pe}^2\frac{1}{\omega_0^2-\omega^2}.\end{aligned} \tag{8.4.42}$$

不难看出, 基于束缚电子模型给出的介质在共振吸收频率附近的介电系数方程 (8.4.41) 和方程 ( 8.4.42), 满足克拉默斯-科勒尼希关系方程 (8.4.39)、(8.4.40).

**例 8.1** 由上一小节基于束缚电子模型给出的介质的介电常数的虚部, 根据克拉默斯-科勒尼希关系导出相应的介电系数的实部.

**解** 由克拉默斯-科勒尼希关系可以得到

$$\Re\epsilon_{\rm r}(\omega)=1+I(\omega), \tag{8.4.43}$$

$$I(\omega)=\frac{1}{\pi}P\int_{-\infty}^{\infty}{\rm d}\omega'\frac{\Im\epsilon_{\rm r}(\omega')}{\omega'-\omega}. \tag{8.4.44}$$

将方程 (8.4.9) 代入上式得

$$I(\omega)=\frac{1}{\pi}P\int_{-\infty}^{\infty}{\rm d}\omega'\frac{1}{\omega'-\omega}\cdot\frac{\gamma\omega_{\rm pe}^2\omega'}{(\omega_0^2-\omega'^2)^2+\gamma^2\omega'^2}.$$

将上式中的被积函数做如下分解

$$\frac{1}{\omega'-\omega}\cdot\frac{\gamma\omega_{\rm pe}^2\omega'}{(\omega_0^2-\omega'^2)^2+\gamma^2\omega'^2}=\frac{a_0+a_1\omega'+a_2\omega'^2+a_3\omega'^3}{(\omega_0^2-\omega'^2)^2+\gamma^2\omega'^2}+\frac{a_4}{\omega'-\omega},$$

确定待定系数后得到

$$a_0=\frac{\gamma\omega_{\rm pe}^2\omega_0^4}{(\omega_0^2-\omega^2)^2+\gamma^2\omega^2},$$

$$a_2=\frac{\gamma\omega_{\rm pe}^2\omega^2}{(\omega_0^2-\omega^2)^2+\gamma^2\omega^2}.$$

注意 $a_1, a_3$ 和 $a_4$ 对积分主值的贡献为零. 由此可得

$$I(\omega)=\frac{1}{\pi}P\int_{-\infty}^{\infty}{\rm d}\omega'\frac{a_0+a_2\omega'^2}{(\omega_0^2-\omega'^2)^2+\gamma^2\omega'^2}.$$

注意上式中的积分绝对收敛, 因此积分主值符号不再需要.

$$I(\omega)=\frac{1}{\pi}\int_{-\infty}^{\infty}{\rm d}\omega'\frac{a_0+a_2\omega'^2}{(\omega_0^2-\omega'^2)^2+\gamma^2\omega'^2}.$$

上述积分可以化为复平面内的围道积分

$$I(\omega)=\frac{1}{\pi}\oint{\rm d}\omega'\frac{a_0+a_2\omega'^2}{(\omega_0^2-\omega'^2)^2+\gamma^2\omega'^2},$$

其中, 积分围道为实轴和上半平面内以原点为圆心的无穷大半圆;注意在该无穷大半圆上的积分为零.

下面利用残数定理计算上述积分. 令上述积分中被积函数的分母为零, 得到 $\omega'$ 的 4 个根

$$\omega_{1,2}=\pm\sqrt{\omega_0^2-\frac{1}{4}\gamma^2}+{\rm i}\frac{\gamma}{2},$$
$$\omega_{3,4}=\pm\sqrt{\omega_0^2-\frac{1}{4}\gamma^2}-{\rm i}\frac{\gamma}{2}.$$

将被积函数分解为

$$\frac{a_0+a_2\omega'^2}{(\omega_0^2-\omega'^2)^2+\gamma^2\omega'^2}=\sum_{i=1}^{4}\frac{b_i}{\omega'-\omega_i},$$

确定上式中的待定系数后, 注意到上半平面内的极点为 $\omega_{1,2}$, 得到残数和

$$b_1+b_2=-{\rm i}\frac{1}{2}\omega_{\rm pe}^2\frac{\omega_0^2-\omega^2}{(\omega_0^2-\omega^2)^2+\gamma^2\omega^2}.$$

由此可得积分值

$$I(\omega)=2{\rm i}(b_1+b_2)=\omega_{\rm pe}^2\frac{\omega_0^2-\omega^2}{(\omega_0^2-\omega^2)^2+\gamma^2\omega^2}.$$

代入方程 (8.4.43) 得

$$\Re\epsilon_{\rm r}(\omega)=1+\omega_{\rm pe}^2\frac{\omega_0^2-\omega^2}{(\omega_0^2-\omega^2)^2+\gamma^2\omega^2}.\tag{8.4.45}$$

结果与上一小节给出的介电系数的实部一致.

克拉默斯-科勒尼希关系中对于因果律的讨论尤其有用. 其中结合因果律引入了复数频率, 这一数学上的处理技巧有着深厚的物理内涵; 应该指出的是, 这在本质上是将波动问题处理成初值问题, 即我们只能提出这样的物理问题: 给定初始扰动, 问后续的演化过程. 对于这样的问题, 耗散体现在初始扰动随时间的衰减.

前面在第 5 章中, 我们讨论过冷等离子体（不考虑电子热运动）中电磁波的传播；如果考虑电子与离子的摩擦, 则电磁波在等离子体中传播时是有耗散的, 相应的色散关系的修正是不难的, 简单地说只是介电系数中出现了一个代表焦耳效应的虚部. 在那里我们已经看到了电子朗缪尔频率, 其表征的物理是电子与离子分离引起的电子集体振荡（回复力为静电作用力）；如果考虑电子的热运动, 朗缪尔振荡能够在等离子体中以电子热速度的量级传播. 1946 年, 朗道（L. D. Landau, 1908—1968, 苏联. 1962 年获得诺贝尔物理奖）基于因果律的考虑, 将热等离子体中的朗缪尔波处理为一个初值问题, 从而在理论上发现了无碰撞（耗散）阻尼, 其物理机制是电子与朗缪尔波发生共振吸收了静电波的能量从而导致了静电波的衰减. 朗道阻尼的发现是二十世纪等离子体物理最伟大的成就. 值得一提的是, 朗道的理论工作预言的是初始扰动随时间的衰减（波数为实数, 频率为复数）, 而验证朗道阻尼理论的实验工作则是测量朗缪尔波在等离子体中传播时随着传播距离的衰减（频率为实数, 波数为复数）. 朗道阻尼的理论和实验是两类波动问题的经典范例.

## 8.5 黑体辐射

物质材料中原子的外层电子可以看作束缚电子. 经典电子谐振子受到激发, 例如受入射光的照射, 则辐射电磁波；经典电子谐振子辐射电磁波的同时, 由于辐射阻尼效应其振幅随时间衰减；这是本章前面讨论的内容.

现在我们来考察密闭炉膛中的辐射平衡问题. 设想我们可以在密闭的炉膛壁上开一个很小的观测孔. 当炉膛很热时, 我们从观测孔中看到炉膛内有光；当炉膛冷却后我们再去观测, 我们发现炉膛内是黑的；因此我们称炉膛内的辐射为黑体辐射. 黑体辐射可以看作黑体腔壁材料原子外层电子或经典电子谐振子的电磁辐射. 当系统处于热平衡时, 振子与周围原子达到热平衡；与此同时振子辐射电磁波的功率与其吸收电磁波的功率相等. 下面我们就来考察黑体腔内热平衡时, 电磁辐射的频率（或波长）分布. 我们将看到, 在黑体辐射的长波段, 经典电动力学结合统计力学给出的理论结果与实验观测符合很好；但在黑体辐射的短波段, 经典理论导致了高频发散, 即著名的“紫外灾难”, 只有在引入“能量子”的概念后这一困难才得以解决.

### 8.5.1 黑体辐射的经典理论——瑞利定律

根据前述经典电动力学的结果, 设入射电磁波在 $\mathrm{d}\omega$ 频率范围内辐射能流为 $\mathcal{I}_0(\omega)\mathrm{d}\omega$, 则本征频率为 $\omega_0$ 的束缚振子吸收电磁波的功率为

$$P_{\mathrm{abs}}=\frac{4\pi^2}{3}r_{\mathrm{e}}^2\mathcal{I}_0(\omega_0)\frac{\omega_0^2}{\gamma}, \tag{8.5.1}$$

其中, $\gamma$ 为辐射阻尼率.

另一方面, 考虑辐射阻尼效应, 一个阻尼率为 $\gamma$ 的束缚振子的辐射功率 $P_{\mathrm{rad}}$ 与其能量 $\mathcal{E}$ 之间的关系为

$$P_{\mathrm{rad}}=\gamma\mathcal{E}, \tag{8.5.2}$$

其中, 振子的阻尼率即辐射阻尼率

$$\gamma = \frac{2}{3} \cdot \frac{r_{\mathrm{e}}}{c} \omega_0^2. \tag{8.5.3}$$

根据经典统计力学, 热平衡时一个三维谐振子的平均能量为

$$\langle \mathcal{E} \rangle = 3k_{\mathrm{B}}T, \tag{8.5.4}$$

这里的 $k_{\mathrm{B}}$ 为玻尔兹曼（L. E. Boltzman, 1844—1906, 奥地利）常数, $T$ 为黑体腔壁的热力学温度. 注意, 我们这里应用了经典统计的能量均分定理.

考虑平衡时振子吸收电磁波的功率等于其辐射电磁波的功率, 我们得到

$$\frac{4\pi^2}{3} r_{\mathrm{e}}^2 \mathcal{I}_0(\omega_0) \frac{\omega_0^2}{\gamma} = 3\gamma k_{\mathrm{B}} T. \tag{8.5.5}$$

将上式稍加整理, 我们得到

$$\mathcal{I}_0(\omega) = \frac{9\gamma^2 k_{\mathrm{B}} T}{4\pi^2 r_{\mathrm{e}}^2 \omega^2}. \tag{8.5.6}$$

代入辐射阻尼率, 我们得到

$$\mathcal{I}_0(\omega) = \frac{\omega^2}{\pi^2 c^2} k_{\mathrm{B}} T. \tag{8.5.7}$$

上式为黑体辐射频率分布的**瑞利定律**, 它是由瑞利（Lord Rayleigh, 1842—1919, 英国）在 1900 年得到的；瑞利由于其研究气体密度并发现氩元素等贡献获 1904 年诺贝尔物理奖.

黑体辐射经典理论的预言在低频端与实验观测符合；但在高频端经典理论给出了不符合实际的高频发散, 这就是所谓的紫外灾难, 也是开尔文（Lord Kelvin, 1824—1900, 英国）在 1900 年所指的“经典物理学大厦上空的两朵小乌云”之一.

金斯（J. H. Jeans, 1877—1946, 英国）在研究另一个与黑体辐射密切相关的固体的热容问题时, 认识到高频振动的“冻结”（注意振子的能量正比于频率与幅度乘积的平方）；他在 1905 年也得到了瑞利的辐射公式.

1893 年维恩（W. Wien, 1864—1928, 英国）总结实验数据得到著名的维恩位移定律, 辐射的峰值波长与温度之间的反比关系. 1896 年, 维恩假定辐射按能量的分布服从经典的麦克斯韦分布, 给出了在高频端与黑体辐射的实验观测符合很好的维恩公式, 但在低频端, 维恩公式与实验数据偏差很大, 远不如瑞利公式或称瑞利-金斯公式符合得好. 维恩由于在热辐射领域的贡献获 1911 年诺贝尔物理奖.

图 8.5 展示了黑体辐射频谱的实验数据以及瑞利-金斯公式和维恩公式给出的结果.

经典理论为什么会出现高频发散等问题? 究竟在什么地方出了问题呢?

### 8.5.2* 黑体辐射的量子理论——普朗克公式

普朗克 (M. Planck, 1858—1947, 德国) 研究黑体辐射频谱时, 首先根据实验观测的数据发现了黑体辐射在高频端随频率增加而指数衰减的规律, 即方程 (8.5.7) 右边代替 $k_{\mathrm{B}}T$ 那一项的正确表达式. 为了推导出正确的黑体辐射公式, 普朗克认识到经典理论中假定振子

能量连续在根本上就是错误的，为此普朗克在 1900 年提出了著名的“能量子”假定，即频率为 $\omega$ 的谐振子的能量只能取如下的分立（量子化的）数值.

$$\mathcal{E}_n = n\hbar\omega, \tag{8.5.8}$$

其中，$2\pi\hbar = 6.63\times10^{-34}\ \mathrm{J\cdot s}$ 为普朗克常数，$n = 0, 1, 2, \cdots$.

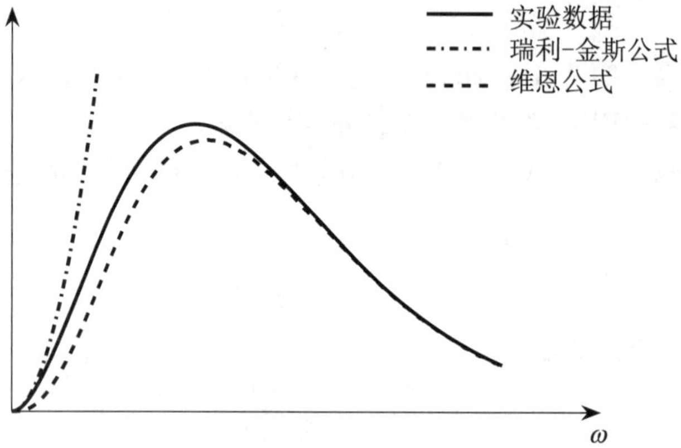


**图 8.5　黑体辐射频谱**

假定电子占据能级的概率为

$$p(\mathcal{E}) \propto \mathrm{e}^{-\frac{\mathcal{E}}{k_{\mathrm{B}}T}}, \tag{8.5.9}$$

则每个能级振子的数目可以表示为

$$N_n = N_0\mathrm{e}^{\frac{-n\hbar\omega}{k_{\mathrm{B}}T}} = N_0x^n, \tag{8.5.10}$$

其中，$x = \mathrm{e}^{\frac{-\hbar\omega}{k_{\mathrm{B}}T}}$. 我们今天已经知道，这里的假定，实际上就是经典玻尔兹曼分布的量子版本；注意振子是定域的或者说是可分辨的；普朗克当年经过一番努力对这一假定给出了证明.

振子的平均能量，在上述普朗克的能量子假定下，为

$$\langle\mathcal{E}\rangle = \frac{\sum\limits_{n=0}^{\infty} N_0x^n n\hbar\omega}{\sum\limits_{n=0}^{\infty} N_0x^n}. \tag{8.5.11}$$

上式可以写成

$$\langle\mathcal{E}\rangle = \hbar\omega\frac{x+2x^2+3x^3+\ldots}{1+x+x^2+\ldots}. \tag{8.5.12}$$

注意到上式分子中的级数显然可以用分母中的级数表示，不难得到级数求和的结果，

$$\langle\mathcal{E}\rangle = \frac{\hbar\omega}{\mathrm{e}^{\frac{\hbar\omega}{k_{\mathrm{B}}T}}-1}. \tag{8.5.13}$$

注意到上式的经典极限为，在 $\hbar\omega\to0$ 时，$\langle\mathcal{E}\rangle\to k_{\mathrm{B}}T$.

利用上述结果, 用方程 (8.5.13) 的右边替换上一小节中经典理论给出的方程 (8.5.7) 中代表振子平均能量的那个因子 $k_{\mathrm{B}}T$, 普朗克得到了如下的黑体辐射公式:

$$\mathcal{I}_0(\omega) = \frac{\omega^2}{\pi^2 c^2} \cdot \frac{\hbar\omega}{\mathrm{e}^{\frac{\hbar\omega}{k_{\mathrm{B}}T}} - 1}. \tag{8.5.14}$$

这就是著名的**普朗克公式**, 也称为**普朗克辐射定律**. 普朗克公式在低频端与瑞利-金斯公式符合, 在高频端与维恩公式符合, 因此普朗克公式从低频到高频都符合黑体辐射的实验观测.

1900 年普朗克的革命性的"能量子"概念, 解决了困扰人们多年的黑体辐射问题, 奠定了量子力学重要的思想基础;普朗克因此获得了 1918 年的诺贝尔物理学奖.

普朗克黑体辐射的量子理论中利用了玻尔兹曼分布这一统计概念; 我们应该提及与此相关的一个重要历史事实. 在 1905 年之前, 玻尔兹曼已经完成了他在分子运动论（气体动理论）方面的开创性的工作, 但分子运动论在那个时代受到了很多著名科学家的激烈批判, 甚至分子是否存在也还是未定的. 1905 年, 爱因斯坦发表了他关于布朗运动的研究, 从理论上证明了液体中的悬浮颗粒在液体分子的无规碰撞作用下的扩散以及悬浮颗粒在外力（重力）$F$ 作用下的漂移（迁移）, 给出了飘移速度 $U$ 与扩散系数 $D$ 之间的关系:

$$U = F\frac{D}{k_{\mathrm{B}}T}, \tag{8.5.15}$$

其中, $T$ 为液体的热力学温度, 它是悬浮颗粒与液体达到热平衡时的无规运动的度量. 这就是著名的爱因斯坦关系; 这一关系又称为斯托克斯-爱因斯坦关系, 因为它与由斯托克斯给出的黏性流体中外力牵引下的小球运动速度正比于外力和黏滞的关系式一致.

由于 $R = N_{\mathrm{A}}k_{\mathrm{B}}$, 其中 $R$ 为当时已知的理想气体常数, $N_{\mathrm{A}}$ 为当时未经测定的阿伏伽德罗（A. Avogadro, 1776—1856, 意大利）常数, 爱因斯坦关系给出了阿伏伽德罗常数的实验测定方法, 也就是说给出了分子大小的实验测定方法. 1908 年佩兰（J. B. Perrin, 1870—1942, 法国）根据爱因斯坦的建议测定了阿伏伽德罗常数, 给出了分子的大小, 从而首次证实了分子的存在, 并确立了分子运动论;1926 年的诺贝尔物理奖因此颁发给了佩兰. 不过这已经是玻尔兹曼于 1906 年黯然离世后多年的事情了. 玻尔兹曼在他的著作中写下"我深知与主流意见不同的风险 ……"

普朗克的辐射公式及其革命性的"能量子"概念, 拨开了"经典物理学大厦上空的两朵小乌云"之一. 关于另外一朵小乌云的讨论, 会在本书下一章关于狭义相对论的内容中进行.

## 习题与解答

1. 设电子在均匀外磁场 $\boldsymbol{B}_0$ 中运动, 初始速度为 $v_0 \ll c$, 方向与外磁场垂直. 试求计入辐射阻尼效应的电子运动轨道.

答案: 电子作二维运动. 取 $z$ 轴反平行于外磁场方向, 初始速度方向为 $y$ 轴, 初始位置为 $(x, y) = (\rho_0, 0)$, 其中 $\rho_0 = v_0/\omega_c$ 为初始速度对应的回旋半径, $\omega_c = eB/m_{\mathrm{e}}$ 为回旋频率

的绝对值, $m_e$ 为电子质量. 电子运动轨迹为

$$(x,y)=\rho_0 e^{-\gamma t}(\cos\omega_c t,\sin\omega_c t).$$
$$\gamma=\frac{2}{3}\cdot\frac{r_e}{c}\omega_c^2.$$

2. 等离子体可以看作宏观电中性的电离气体. 假定其中自由电子的密度为 $n$. 考虑自由电子受到电磁波照射发生振动时的辐射阻尼效应可以忽略, 但需计入电子与其他粒子碰撞导致的动量损失, 假设该动量损失率为 $\gamma$ (远小于入射电磁波的频率). 试计算等离子体对于角频率为 $\omega$ 的电磁波的介电系数, 并对等离子体中电磁波的色散关系加以简要的讨论.

答案: 解电子在电磁波振荡电场 $\boldsymbol{E}=\boldsymbol{E}_0\mathrm{e}^{-\mathrm{i}\omega t}$ 作用下的受迫振动方程得到电子的位矢 $\boldsymbol{x}$; 介质极化强度矢量为 $\boldsymbol{P}=-ne\boldsymbol{x}$, 由此可得介质的相对介电系数

$$\epsilon_r=1-\frac{\omega_{pe}^2}{\omega^2+\mathrm{i}\gamma\omega}=1-\frac{\omega_{pe}^2}{\omega^2+\gamma^2}+\mathrm{i}\frac{\gamma\omega_{pe}^2}{\omega^3+\omega\gamma^2},$$
$$\omega_{pe}^2=\frac{ne^2}{\epsilon_0 m_e},$$

$m_e$ 为电子质量.

介质的色散关系为

$$c^2\frac{k^2}{\omega^2}=\epsilon_r,$$

其中, 介电系数的实部代表色散, 虚部代表耗散.

3. 第 2 题给出的等离子体的介电系数的虚部中含有等离子体作为导体的贡献, 试将这一部分分离出来.

答案: 相对介电系数的虚部为

$$\Im\epsilon_r=\frac{\gamma\omega_{pe}^2}{\omega^3+\omega\gamma^2}=-\frac{\omega}{\gamma}\cdot\frac{\omega_{pe}^2}{\omega^2+\gamma^2}+\frac{\omega_{pe}^2}{\gamma}\cdot\frac{1}{\omega},$$

其中, 第二项可写成 $\sigma/\epsilon_0\omega$, 因此为等离子体作为导体的贡献, 相应的电导率可以写成

$$\sigma=\frac{\epsilon_0\omega_{pe}^2}{\gamma}=\frac{ne^2}{\gamma m_e}.$$

4. 试导出适用于导体情形的克拉默斯-科勒尼希关系.

5. 试证明由第 2 题给出的等离子体的介电系数的虚部通过克拉默斯-科勒尼希关系可以求出介电系数的实部.

提示: 参考例 8.1 解答的前半部分.

6. 地球上空高层大气对入射太阳光的作用可以看成原子中的外层束缚电子对入射电磁波的响应. 原子中的外层电子可以近似看作经典谐振子, 已知这种经典谐振子的本征频率远大于可见光的频率. 试基于上述简单模型, 解释为什么晴朗的天空是蓝色的.

答案: 入射光频率远小于束缚电子本征频率, 当 $\omega\ll\omega_0$ 时, 束缚电子散射截面为瑞利散射截面

$$\sigma=\frac{8}{3}\pi r_e^2\frac{\omega^4}{\omega_0^4}.$$

可见光中的蓝光在高空大气中的散射截面远大于红光的散射截面.

7. 半径为 $a$ 的均匀介质球, 介电系数为 $\epsilon$, 受到波长远大于 $a$ 的线偏振平面电磁波的照射, 试计算散射截面.

答案: 由于波长远大于介质球半径, 球内可做似稳场处理, 应用静电学结果得到球内极化强度为

$$\boldsymbol{P}_0 = (\epsilon - \epsilon_0)\frac{3\epsilon_0}{\epsilon + 2\epsilon_0}\boldsymbol{E}_0.$$

计算振荡偶极子的平均辐射能流得到

$$\overline{\boldsymbol{S}} = \frac{1}{2}\epsilon_0 E_0^2 c\left(\frac{\epsilon - \epsilon_0}{\epsilon + 2\epsilon_0}\right)^2\frac{a^6\omega^4}{c^4}\cdot\frac{1}{r^2}\sin^2\theta\boldsymbol{e}_{\rm r}.$$

注意到 $I_0 = \dfrac{1}{2}E_0^2 c$ 为入射波平均能流, 得到微分散射截面

$$\frac{\mathrm{d}\sigma}{\mathrm{d}\Omega} = \left(\frac{\epsilon - \epsilon_0}{\epsilon + 2\epsilon_0}a\right)^2\left(\frac{\omega a}{c}\right)^4\sin^2\theta.$$

散射截面为

$$\sigma = \frac{8\pi}{3}a^2\left(\frac{\omega a}{c}\right)^4\left(\frac{\epsilon - \epsilon_0}{\epsilon + 2\epsilon_0}\right)^2.$$

8. 将原子看作一个半径为 $a$ 的介质球, 由带电 $-Q$ 半径为 $a$ 的球形电子云及其中心带电 $Q$ 的原子核构成, 要求:

(1) 试给出该介质球的等效介电常数, 从而利用第 7 题的结果给出原子对平面电磁波的散射截面.

(2) 第 6 题所用的原子模型可以简单地理解为假定原子核外电子绕核做半径为 $a$ 的圆周运动, 因此核外电子为本征频率为圆周运动频率的经典振子, 计算该本征频率; 在此基础上论证本题所给原子模型与第 6 题所给原子模型对于原子散射电磁波的结果一致.

答案: (1) 假设原子核偏离电子云球心距离 $\Delta r$, 因此原子核受到球对称电子云在该点电场的作用, 令该作用力为外电场所平衡, 可得外电场诱导的原子电偶极矩; 由此可得等效介电系数为 $\epsilon = 4\epsilon_0$. 代入第 7 题的结果得到

$$\sigma = \frac{8\pi}{3}r_{\rm e}^2\left(\frac{\omega}{\omega_0}\right)^4,$$

其中, $r_{\rm e}$ 为电子经典半径,

$$\omega_0^2 = 2\frac{r_{\rm e}}{a}\left(\frac{c}{a}\right)^2.$$

因此该模型给出瑞利散射截面.

(2) 对于核内质子数为 $n$ 的原子,

$$\omega_0^2 = n\frac{r_{\rm e}}{a}\left(\frac{c}{a}\right)^2.$$

这里的束缚电子本征频率与上一小题中给出的电子特征频率 $\omega_0$ 符合很好.

束缚电子本征频率为 $\omega_0 \sim 10^{16}\ \mathrm{s}^{-1}$, 可见光的频段为 $\omega \sim 10^{15}\ \mathrm{s}^{-1}$; 因此对于原子散射可见光情形, $\omega^2 \ll \omega_0^2$ 近似成立, 束缚电子对于低频波的散射截面为瑞利散射截面 (这也是第 6 题的解释).

两种原子模型对于原子散射可见光的结果一致.

9. 设介质中单位体积的电子数为 $n$. 假定电子可以看作 $L$ 种阻尼振子,第 $l$ 种振子的实频为 $\omega_l$, 相应的阻尼率为 $\gamma_l$. 设单位体积内有 $f_l n$ 个电子为第 $l$ 种振子,

$$\sum_{l=1}^{L} f_l = 1.$$

试求介质对于角频率为 $\omega$ 的电磁波的介电系数.

答案:介质的相对介电系数为

$$\epsilon_{\mathrm{r}}(\omega) = 1 + \chi(\omega).$$

将每一种振子对极化系数的贡献线性叠加起来,得到

$$\chi(\omega) = \sum_{l=1}^{L} f_l \omega_{\mathrm{pe}}^2 \frac{\omega_l^2 - \omega^2 + \mathrm{i}\gamma_l \omega}{(\omega_l^2 - \omega^2)^2 + \gamma_l^2 \omega^2},$$
$$\omega_{\mathrm{pe}}^2 = \frac{ne^2}{\epsilon_0 m_{\mathrm{e}}}.$$

10. 对于线偏振电磁波在自由电子上的散射, 分别求出外场对电子做功的平均功率和平均散射功率, 证明两者相等(假定电子速度 $v \ll c$).

答案:设入射电磁波电场为 $\boldsymbol{E} = \boldsymbol{E}_0 \mathrm{e}^{-\mathrm{i}\omega t}$. 自由电子受迫振动的解为

$$\boldsymbol{x} = \frac{1}{\omega^2 + \mathrm{i}\gamma\omega} \cdot \frac{e}{m_{\mathrm{e}}} \boldsymbol{E}_0 \mathrm{e}^{-\mathrm{i}\omega t}.$$

其中, $\gamma$ 为电子的辐射阻尼率. 利用偶极辐射公式得平均散射功率为

$$P_{\mathrm{s}} = \sigma_{\mathrm{T}} I_0 \frac{1}{1 + \dfrac{\gamma^2}{\omega^2}},$$

其中, $I_0$ 为入射波平均能流, $\sigma_{\mathrm{T}}$ 为汤姆孙散射截面.

外场对电子做功的平均功率(电子的平均吸收功率)为

$$P_{\mathrm{a}} = \frac{1}{2} \Re\left(-e\boldsymbol{E}^*,\ \dot{\boldsymbol{x}}\right) = \sigma_{\mathrm{T}} I_0 \frac{1}{1 + \dfrac{\gamma^2}{\omega^2}}.$$

# 第 9 章　狭义相对论

在本章中, 我们介绍狭义相对论. 在爱因斯坦的狭义相对论之前, 洛伦兹为了解释在迈克尔孙-莫雷的实验中没有测出地球相对于“以太”运动速度这一事实, 提出了以他的名字命名的洛伦兹收缩以及与此相联系的时间空间坐标变换关系——洛伦兹变换. 在此基础上, 爱因斯坦提出“相对性原理”和“光速不变原理”, 由此导出了时空间隔不变性和洛伦兹变换关系;这就导致了时空观的革命性改变. 爱因斯坦的狭义相对论不仅使得麦克斯韦方程组是洛伦兹协变的, 而且使得带电粒子的力学规律——洛伦兹力方程, 也是协变的, 同时揭示出了革命性的运动质量概念以及与此相联系的著名的质能关系. 在普朗克的能量子概念基础上, 爱因斯坦在研究光电效应时发现, 光的能量传输和吸收都是量子化的, 其最小单位为普朗克常数与频率的乘积;基于狭义相对论的四维波矢与四维动量理论, 爱因斯坦进一步提出了光量子的概念, 即光的能量和动量都是量子化的, 光子的能量和动量分别等于普朗克常数与频率和波矢的乘积. 这一发现直接导致了波粒二象性概念的确立, 从而为薛定谔建立现代量子论的波动力学奠定了关键的思想上的基础.

## 9.1　狭义相对论的历史背景与基本原理

### 9.1.1　经典力学与伽利略不变性

在伽利略 ( Galileo Galilei, 1564—1642, 意大利 ) 开创的惯性系观念的基础之上, 利用胡克 ( R. Hooke, 1635—1703, 英国 ) 总结的弹性定律等静力学研究成果, 牛顿进一步提出了经典力学的第二定律

$$\frac{\mathrm{d}}{\mathrm{d}t}\boldsymbol{p} = \boldsymbol{F}. \tag{9.1.1}$$

作用在物体上的力 $\boldsymbol{F}$ 在实验操作上可以通过胡克定律测量;物体的动量定义为

$$\boldsymbol{p} = m\boldsymbol{v}, \tag{9.1.2}$$

其中, 物体的惯性质量 $m$ 为一个与运动状态无关的常数, 它反映了物体所含物质的多少, 而物体的速度则由运动学测量得到,

$$\boldsymbol{v} = \frac{\mathrm{d}}{\mathrm{d}t}\boldsymbol{x}, \tag{9.1.3}$$

其中, $(\boldsymbol{x}, t)$ 依赖于所选取的惯性参照系 $\Sigma$.

在开普勒（J. Kepler, 1572—1630, 德国）基于前人积累的行星运动观测数据总结出的行星运动三定律的基础上, 牛顿发现了万有引力的平方反比定律.

牛顿力学所取得的极大成功在经典力学的范畴内为相对性原理奠定了坚实的基础.

**相对性原理:力学规律在所有惯性系内不变.**

显而易见, 经典力学的相对性原理可以等价地表述为:**不可能在一个惯性参照系内通过力学实验测定该惯性系的速度.**

引入伽利略变换:惯性系 $\Sigma'(x',y',z',t')$ 相对于惯性系 $\Sigma(x,y,z,t)$ 的运动速度为 $v\boldsymbol{e}_x$, 则两惯性系之间的变换为

$$\begin{cases} x'=x-vt, \\ y'=y, \\ z'=z, \\ t'=t. \end{cases} \tag{9.1.4}$$

经典力学的相对性原理可以进一步表述为:牛顿第二定律在伽利略变换下不变.

### 9.1.2 经典电动力学与伽利略不变性的矛盾

在经典力学取得极大成功后, 人们对电磁现象开展了多年的大量的探索和研究. 麦克斯韦在总结静电场的库仑定律、稳恒磁场的安培定律和毕奥-萨伐尔定律以及法拉第划时代的电磁感应定律和场的思想的基础上, 提出了麦克斯韦位移电流假说（1861 年）, 预言了电磁波的存在（1864 年）并随即为赫兹的实验证实. 麦克斯韦等人的工作奠定了电磁场理论的基础.

**1. 麦克斯韦方程组**

$$\begin{cases} \nabla\cdot\boldsymbol{E}=\dfrac{1}{\epsilon_0}\rho, \\ \nabla\times\boldsymbol{E}=-\partial_t\boldsymbol{B}, \\ \nabla\cdot\boldsymbol{B}=0, \\ \nabla\times\boldsymbol{B}=\mu_0\boldsymbol{j}+\dfrac{1}{c^2}\partial_t\boldsymbol{E}. \end{cases} \tag{9.1.5}$$

**2. 洛伦兹力公式**

$$\frac{\mathrm{d}}{\mathrm{d}t}\boldsymbol{p}=q\left(\boldsymbol{E}+\boldsymbol{u}\times\boldsymbol{B}\right). \tag{9.1.6}$$

注意洛伦兹力公式（1895 年）可以预言惯性系中带电粒子的运动; 洛伦兹力公式也给出了电场和磁场的实验操作性定义.

**3. 电荷守恒方程**

$$\partial_t\rho+\nabla\cdot\boldsymbol{j}=0. \tag{9.1.7}$$

电荷守恒方程是电磁学基本方程, 该方程给出了麦克斯韦方程组的源项所需要满足的适定性条件.

电动力学的发展革命性地推动了人类社会的发展. 安培定律、毕奥-萨伐尔定律催生了电动机的发明;法拉第电磁感应定律催生了发电机和交流电动机的发明和应用;麦克斯韦位移电流和电磁波理论催生了无线电报的发明和应用.

19 世纪末, 电磁学在辉煌成功的同时也给物理学的基础带来前所未有的冲击.

麦克斯韦方程组预言的自由空间中电磁波的传播速度为光速, 是一个常数; 这一事实给已经广泛接受了伽利略不变性的物理学家们提出了一个极为重要的问题: 根据惯性系相对性原理, 如果麦克斯韦的理论也像经典力学一样满足伽利略不变性, 那么在哪个惯性系下观测, 光的传播速度才是麦克斯韦方程组预言的这一常数 $c$ 呢?

在伽利略不变性的框架下, 光速为 $c$ 的惯性系是一个"特殊的"参照系; 这个"特殊的"参照系可以假定为"以太"静止的参照系; 所谓"以太"即假想的可以传播电磁波的媒质, 这正如声波需要在空气这种媒质中传播一样. 在一个与"以太"参照系相对运动的参照系（比如固定在地球上的参照系）上观测光的传播速度应该是 $c$ 与该参照系相对于"以太"运动速度按照经典速度合成法则的简单叠加. 如图 9.1 所示, 设观察者相对"以太"运动速度为 $\boldsymbol{v}$, 光在"以太"中传播速度为 $c\boldsymbol{n}$, 观察者看到的沿 $\theta$ 方向传播的光速为 $\boldsymbol{u}$. 由经典速度合成法则, 我们立即得到

$$u = \sqrt{c^2 - v^2 \sin^2\theta} - v\cos\theta.$$

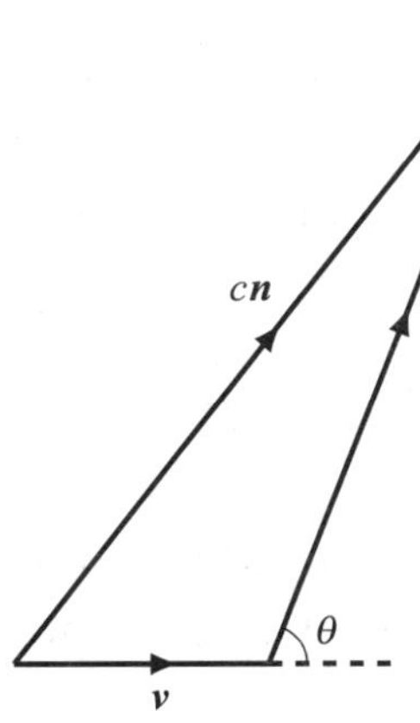


**图 9.1　"以太"中光速和地球上观察到的光速的经典合成**

如果这种经典理解是正确的, 原则上就应该能够测量出地球相对于"以太"参照系运动的速度. 地球相对于"以太"运动速度的合理估计值是地球绕太阳公转的速度（约为 30 km/s）; 尽管这一速度相对于光速来说是一个很小的量, 19 世纪末的技术发展已经为这样的高精度测量提供了可能. 迈克尔孙（A. A. Michelson, 1852—1931, 美国）和莫雷（E. W. Morley, 1838—1923, 美国）合作, 通过精巧的设计, 利用光的干涉效应于 1887 年完成了这一测量.

迈克尔孙-莫雷的实验装置如图 9.2 所示. 由光源 S 发出的光经半反射镜 M 分为两束. 一束透过 M 后被反射镜 $M_1$ 反射, 再被 M 反射至目镜 R; 另一束被 M 反射后到达反射镜 $M_2$, 被其反射再穿过 M 至目镜 R. 设装置相互垂直的两臂长度相等 $L_{MM_1} = L_{MM_2} = L$, 其中一臂与地球运动速度方向平行. 根据经典速度合成法则, 立即可以计算两束光的光程差:

$$c\Delta t \approx \beta^2 L. \tag{9.1.8}$$

这里 $\beta = v/c$.

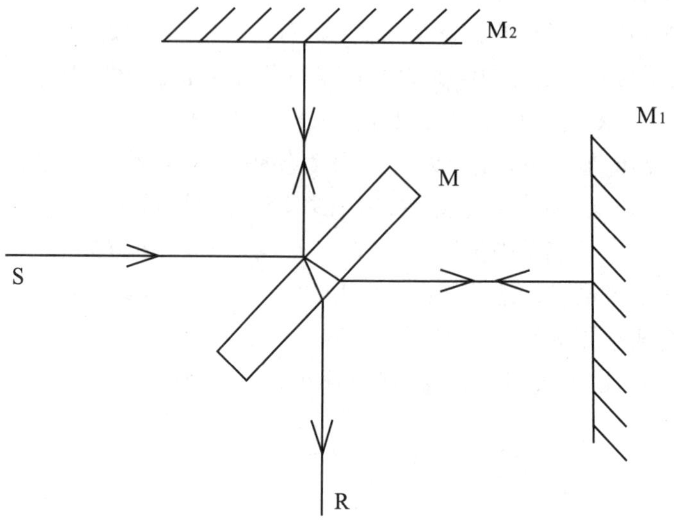


**图 9.2 迈克尔孙-莫雷实验**

设光的波长为 $\lambda \approx 5 \times 10^{-7}$ m, $\beta^2 \approx 10^{-8}$, $L = 10$ m. 旋转装置, 使得两束光的位置互换, 观察到的干涉条纹移动的数目应该为

$$\frac{2c\Delta t}{\lambda} = 2\beta^2 \frac{L}{\lambda} \approx 0.4. \tag{9.1.9}$$

按照迈克尔孙-莫雷的精心设计, 如果上述关于"以太"参照系的设想是正确的, 地球公转运动的效应足以产生干涉条纹的明显移动. 然而实验数据表明, 干涉条纹移动数目的上限为 0.01.

并不存在根据经典速度合成法则所预期的这种干涉条纹的明显移动!

这就是 1900 年开尔文所指的"物理学大厦上空的两朵小乌云"之一. 迈克尔孙由于其在精密光学仪器和光学测量领域的贡献获得 1907 年的诺贝尔物理奖.

### 9.1.3 走出困境的曙光:洛伦兹收缩与洛伦兹变换

迈克尔孙-莫雷的实验已经为物理学界广泛接受, 其重要意义也已经被广泛认知. (理论) 物理学家们解决这一对于物理学具有基础性重大意义的难题的出路在于: ① 要么麦克斯韦方程组是错误的; ② 要么麦克斯韦方程组并不满足相对性原理; ③ 要么麦克斯韦方程组并不满足伽利略不变性.

鉴于麦克斯韦方程组的巨大成功, 第一种方案显然是难以接受的. 选择第二种方案要求放弃相对性原理, 这违反了基本的物理哲学, 因而也是难以接受的. 第三种方案是麦克斯韦方程组仍然满足相对性原理, 但必须放弃伽利略协变性. 由此看来第三种方案相对较为容易接受.

在爱因斯坦 1905 年发表狭义相对论之前, 最具代表性的是洛伦兹的工作.

为了解释迈克尔孙-莫雷的实验, 洛伦兹于 1895 年在伽利略时空观的框架内提出, 假定在相对于“以太”运动方向上的长度有一个恰当的收缩而在垂直方向上的长度不变, 则迈克尔孙-莫雷的实验结果可以理解. 1904 年, 洛伦兹在李纳-魏谢尔关于运动带电粒子辐射问题的工作基础上, 提出两个惯性参照系之间时空坐标的变换关系. 设两惯性系 $\Sigma'$ : $(x'^1,x'^2,x'^3,x'^4)=(x',y',z',ct')$ 和 $\Sigma$ : $(x^1,x^2,x^3,x^4)=(x,y,z,ct)$ 的原点重合, $\Sigma'$ 系相对于 $\Sigma$ 系沿着 $x$ 轴 ( $x'$ 轴 ) 运动, 速度为 $v$, 令 $\beta=v/c$, $\gamma=(1-\beta^2)^{-1/2}$, 则有

$$\begin{cases} x'^1=\gamma\left(x^1-\beta x^4\right), \\ x'^2=x^2, \\ x'^3=x^3, \\ x'^4=\gamma\left(x^4-\beta x^1\right). \end{cases} \tag{9.1.10}$$

这一变换后来被庞加莱 ( J. H. Poincare, 1854—1912, 法国 ) 建议称为洛伦兹变换. 洛伦兹在他 1904 年的奠基性论文中, 基于新的变换证明了他 1895 年提出的动尺收缩效应公式, 同时证明了麦克斯韦方程组在洛伦兹变换下是协变的, 尽管洛伦兹原来的工作在数学上略有瑕疵.

洛伦兹的工作从数学上解决了麦克斯韦方程组的协变性问题, 当然也解释了迈克尔孙-莫雷的实验, 为狭义相对论的建立奠定了重要的基础; 然而即使仅从数学上看, 也还需要再解决洛伦兹力以及与其相联系的经典力学的协变性问题, 才可以说电动力学的协变性问题得到了完整的解决.

### 9.1.4 爱因斯坦狭义相对论的基本原理

爱因斯坦于 1905 年发表了“论动体的电动力学”, 他从运动荷电体的受力 ( 洛伦兹力、安培定律、动生电动势 ) 问题入手, 在物理的哲学原理高度上系统地解决了上述问题. 爱因斯坦狭义相对论的诸多预言已经一再为物理学的实验观测所证实, 这使得狭义相对论已经成为物理学的重要支柱之一. 爱因斯坦狭义相对论的出发点是下面两个基本原理.

**相对性原理　物理规律在所有惯性系内不变.** 相对性原理也可以表述为所有的惯性系等价.

**光速不变原理　自由空间中的光速不依赖于光源的运动状态.** 光速不变原理也可以表述为任何惯性系内自由空间中的光速沿任何方向恒为 $c$.

第一个原理与庞加莱之前的设想相同, 将牛顿提出的经典力学规律的相对性原理推广到所有物理学规律; 将电磁规律和经典力学规律统一起来, 导致电磁学规律和经典力学规律满足统一的协变性 ( 洛伦兹协变性 ); 这比洛伦兹的观点, 电磁学是洛伦兹协变的而经典力学是伽利略协变的, 要简洁得多. 第二个原理将光速测量的诸多实验事实上升为物理学原理, 断言自由空间的光速不变; 这使得迈克尔孙-莫雷的实验结果可以理解为该原理的直接推论, 比洛伦兹的相关解释要简单得多.

然而我们在谈论物理学理论中的这类简单性和优美性的同时, 千万不能忽略其背后隐含的复杂性和深刻性. 狭义相对论从爱因斯坦提出的两个基本原理出发: 系统地给出了洛伦兹变换; 建立了洛伦兹变换下协变的力学理论, 并由此揭示了运动惯性质量增加以及质量能

量统一等经典力学中不曾有过的革命性的力学规律;严格考察了空间和时间的基本概念, 从而揭示了“同时的相对性”等一系列将时空联系在一起的崭新的时空观. 爱因斯坦根据狭义相对论的四维波矢与四维动量理论, 在普朗克的能量子概念基础上进一步提出了光量子的概念, 即光的能量和动量都是量子化的, 光子的能量和动量分别等于普朗克常数与频率和波矢的乘积. 这一发现直接导致了波粒二象性概念的确立, 从而为薛定谔建立现代量子论的波动力学奠定了关键的思想上的基础.

在爱因斯坦的狭义相对论发表之前, 虽然建立在“以太”假说基础上的洛伦兹收缩看起来可以解释迈克尔孙-莫雷的实验, 但是当时对菲佐在 1851 年期间所做的水流实验等结果的解释要复杂得多. 菲佐的水流实验发现, 流水中的光在顺流方向的传播速度比在逆流方向传播的速度要快. 当时的解释是, 运动介质对于承载光波传播但几乎没有其他任何效应的“以太”有一个“拖曳”作用, 而且为了解释用不同的流动介质做的“菲佐实验”, 需要假定这种对于“以太”的“拖曳”效应不仅依赖介质的种类而且依赖介质的速度. 这种复杂的依赖关系听起来就让人想起“地心说”后期在解释越来越多的不同行星运动观测数据时所做的那些越来越多的假定. 这就促使爱因斯坦相信, 要解决迈克尔孙-莫雷等人光学实验所提出的重大问题的途径断然不能依赖于洛伦兹所采用的“以太”这一概念, 而应该是通过在“相对性原理”之外再提出一条简单的“光速不变性原理”加以系统性地解决.

狭义相对论的全部结论, 都可以由爱因斯坦的两个基本原理演绎出来, 然而需要强调的是原理的正确性终究是要靠实验事实检验.

狭义相对论发表后, 大量的实验事实一再证实了爱因斯坦的两个基本原理的正确性. 横向多普勒效应、高速粒子寿命的测定等观测结果证实了狭义相对论预言的“动钟变慢”效应. 高能物理中的各种粒子实验, 包括碰撞、产生、衰变、反应等, 证实了狭义相对论的能量守恒和动量守恒定律. 原子能的利用证实了爱因斯坦的质能关系式. 20 世纪 60 年代利用高速粒子作光源的实验则直接证实了光速不变原理; 在以 0.9975 $c$ 运动的 $\pi^0$ 介子衰变为两个光子的实验中, 观测到的沿着粒子运动方向发射的光子的速度与用静止光源测得的完全一致.

## 9.2 洛伦兹变换与时空间隔不变性

在这一节中, 我们将讨论爱因斯坦的光速不变原理如何导致时空间隔的概念, 进而导出洛伦兹变换, 并证明洛伦兹变换下的时空间隔不变性.

### 9.2.1 时空间隔

考察两个惯性系, $\Sigma'$ 系相对于 $\Sigma$ 系沿着 $x$ 轴($x'$ 轴)运动, 速度为 $v$. 为数学上方便, 令两个参考系的原点重合, 同时两个参考系中的空间坐标都选用笛卡儿坐标系:

(1) $\Sigma'$ 系, 其空间和时间坐标记为 $(\boldsymbol{x}', ct') = (x', y', z', ct')$;

(2) $\Sigma$ 系, 其空间和时间坐标记为 $(\boldsymbol{x}, ct) = (x, y, z, ct)$.

考察两个物理事件在两个惯性参考系中的空间时间坐标.

$\Sigma'$ 系中的事件 1 和事件 2: $(0,0,0,0)$ 和 $(x', y', z', ct')$;

$\Sigma$ 系中的事件 1 和事件 2：$(0,0,0,0)$ 和 $(x,y,z,ct)$.

先考虑一种特殊情形, 这两个事件是以自由空间的光相联系的. 例如事件 1 为在空间 $O$ 点发射一个光脉冲, 事件 2 为空间 $P$ 点接收到从 $O$ 点发射的光脉冲, 设光源固定在 $\Sigma'$ 系上. 由光速不变性知, 无论是在 $\Sigma'$（光源静止）系中观察还是在 $\Sigma$（光源运动）系中观察, 光波的波前都是以各自坐标原点为球心的球面,

$$x^2+y^2+z^2-c^2t^2=0, \tag{9.2.1a}$$

$$x'^2+y'^2+z'^2-c^2t'^2=0. \tag{9.2.1b}$$

以上两式建议我们引入如下重要概念.

两事件的时空间隔的平方

$$\Delta s^2=|\Delta \boldsymbol{x}|^2-c^2(\Delta t)^2. \tag{9.2.2}$$

上面的讨论告诉我们, 若两事件由光波联系, 则两事件间的时空间隔在任意惯性系中都为零, 因而在惯性系变换时是一个不变量. 若两事件之间没有光联系呢? 这种情况下两事件之间的间隔不为零, 那么间隔还是一个不变量吗?

注意到两个惯性系中的空间坐标都已经选用了笛卡儿坐标, 考察同一个物体的匀速直线运动在两个惯性系中的表述则可以证明如下重要的引理.

**引理 1** 两个惯性系之间的坐标变换一定是线性的.

由引理 1 可知, $\Delta s'^2$ 为关于 $(x,y,z,ct)$ 的二次型,

$$\Delta s'^2=F_2(x,y,z,ct). \tag{9.2.3}$$

我们已经知道, 当两事件由光波联系时, $F_2=\Delta s'^2=0=\Delta s^2$; 注意到 $\Delta s^2$ 也是关于 $(x,y,z,ct)$ 的二次型, 我们立即得到

$$\Delta s'^2=F_2(x,y,z,ct)=A(\boldsymbol{v})\,\Delta s^2. \tag{9.2.4}$$

由此我们可以证明如下的引理.

**引理 2** 时空间隔在惯性系变换时最多只差一个仅依赖于新参照系相对于旧参照系运动速度绝对值的因子, 即

$$\Delta s'^2=\lambda(v)\,\Delta s^2. \tag{9.2.5}$$

**证明** $\boldsymbol{v}$ 为 $\Sigma'$ 相对于 $\Sigma$ 系的速度. 在前述所选的特殊的空间坐标系下,

$$\Delta s'^2=A(v\boldsymbol{e}_x)\,\Delta s^2.$$

考虑进一步将 $\Sigma$ 系和 $\Sigma'$ 系上的空间坐标系做一个同样的绕其原点的转动变换, 由于三维空间笛卡儿坐标系的转动不改变空间间隔, 这种空间坐标的转动不改变时空间隔. 选择合适的转动可得

$$\Delta s'^2=A(v\boldsymbol{e}_x)\,\Delta s^2=A(-v\boldsymbol{e}_x)\,\Delta s^2=A(v\boldsymbol{e}_y)\,\Delta s^2=\cdots$$

由此可知

$$\Delta s'^2 = \lambda(v)\,\Delta s^2.$$

引理 2 证明完毕.

在进一步讨论之前, 我们应用光速不变性原理来研究一个重要的例子.

**例 9.1** 一个光源与一个平面镜相对静止, 光源在其静止的惯性参照系 $\Sigma'$ 中垂直距离镜面为 $z'_0$. 令光源发射一个光脉冲信号为事件 1, 光信号经平面镜反射后在光源处被接收为事件 2;发射光与接收光由同一个装置完成. 在另外一个惯性参照系 $\Sigma$ 中观测, 光源以速度 $v$ 运动, 运动方向与平面镜平行;规定运动方向坐标为 $x$, 分别写出在这两个参照系下的时空间隔.

**解** 如图 9.3 所示.

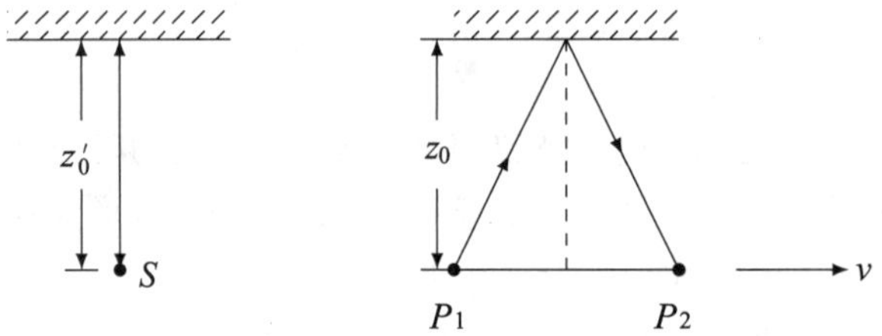


**图 9.3 光速不变性对于垂直于惯性系运动方向坐标变换的要求**

在 $\Sigma'$ 系中, $\Delta x' = \Delta y' = \Delta z' = 0, \Delta t' = \dfrac{2z'_0}{c}$, 因此

$$\Delta s'^2 = -4z'^2_0.$$

在 $\Sigma$ 系中, $\Delta z = \Delta y = 0$, $\Delta x = v\Delta t$;由几何关系知 $\left(\dfrac{1}{2}c\Delta t\right)^2 = z_0^2 + \left(\dfrac{1}{2}v\Delta t\right)^2$, 因此

$$\Delta s^2 = \Delta x^2 - (c\Delta t)^2 = -4z_0^2.$$

根据前述引理 2 进一步分析上述结果可以得到 $z'^2_0 = \lambda(v)z_0^2$. 由此可知,

$$\lambda(v) = \phi^2(v),$$
$$z'_0 = \phi(v)z_0.$$

这就证明了如下两个引理.

**引理 3** 两个惯性系之间变换时, 垂直于两个惯性系相对运动速度方向的坐标只差一个依赖于速度的未定函数 $\phi(v)$, 即

$$\begin{cases} y' = \phi(v)y, \\ z' = \phi(v)z. \end{cases} \tag{9.2.6}$$

**引理 4** 时空间隔在惯性系变换时最多只差一个仅依赖于新参照系相对于旧参照系运动速度绝对值的因子, 且符号不变, 即

$$\Delta s'^2 = \phi^2(v)\,\Delta s^2. \tag{9.2.7}$$

### 9.2.2 狭义相对论的洛伦兹时空坐标变换

设 $\Sigma$ 系中有一事件 $(x,y,z,ct)$, 在相对于该系以速度 $v=\beta c$ 沿 $x$ 方向运动的 $\Sigma'$ 系中观察该事件为 $(x',y',z',ct')$;两惯性系中空间坐标为相互平行的笛卡儿坐标系.

由上一小节的引理 3 我们知道, 两惯性系之间变换时, 垂直于相对运动方向的坐标变换为

$$\begin{cases}y'=\phi(v)y,\\ z'=\phi(v)z.\end{cases}\tag{9.2.8}$$

进一步由上一小节的引理 1 我们知道惯性系之间的变换为线性变换, 因此我们只需要考虑下述变换,

$$\begin{cases}x'=\phi(v)\left[a_{11}(\beta)x+a_{14}(\beta)ct\right],\\ ct'=\phi(v)\left[a_{41}(\beta)x+a_{44}(\beta)ct\right].\end{cases}\tag{9.2.9}$$

在坐标系的选择上, 为了使数学简单, 我们选择在不考虑 $\phi(v)$ 的因素时, $x$ 与 $x'$, $ct$ 与 $ct'$ 的方向一致, 即 $a_{11}>0$, $a_{44}>0$.

利用上一小节的引理 4 和方程(9.2.8), 我们得到

$$x'^2-(ct')^2=\phi^2(v)\left[x^2-(ct)^2\right].$$

将方程 (9.2.9) 代入上式, 然后对比系数得

$$\begin{cases}a_{11}^2-a_{41}^2=1,\\ a_{44}^2-a_{14}^2=1,\\ a_{11}a_{14}-a_{41}a_{44}=0.\end{cases}\tag{9.2.10}$$

由方程(9.2.10)中的前两式可得

$$\begin{cases}a_{11}=\sqrt{1+a_{41}^2},\\ a_{44}=\sqrt{1+a_{14}^2}.\end{cases}\tag{9.2.11}$$

代入方程(9.2.10)中的第三式可得

$$\begin{cases}a_{14}=a_{41},\\ a_{11}=a_{44}.\end{cases}\tag{9.2.12}$$

进一步考虑 $\Sigma'$ 系空间坐标的原点在两个参考系中的表述;在 $\Sigma$ 系上看其坐标为

$$x=\beta ct,$$

而在 $\Sigma'$ 系上其坐标为

$$x'=0.$$

将以上两式代入方程(9.2.9), 得到

$$0=a_{11}\beta ct+a_{14}ct.$$

由此可得

$$a_{14} = -a_{11}\beta. \tag{9.2.13}$$

联立方程 (9.2.11), 方程 (9.2.12), 方程 (9.2.13) 可以定出所有的系数;由此我们得到

$$\begin{cases} x' = \phi(v)\left[\gamma\left(x - \beta ct\right)\right], \\ y' = \phi(v)y, \\ z' = \phi(v)z, \\ ct' = \phi(v)\left[\gamma\left(ct - \beta x\right)\right]. \end{cases} \tag{9.2.14}$$

现在我们考察 $\Sigma''$ 系, 它相对于 $\Sigma'$ 系以速度 $v$ 沿 $-x'$ 方向运动. 根据方程(9.2.14), 我们立即得到由 $\Sigma'$ 系到 $\Sigma''$ 系的变换,

$$\begin{cases} x'' = \phi(v)\left[\gamma\left(x' + \beta ct'\right)\right], \\ y'' = \phi(v)y', \\ z'' = \phi(v)z', \\ ct'' = \phi(v)\left[\gamma\left(ct' + \beta x'\right)\right]. \end{cases} \tag{9.2.15}$$

将方程(9.2.14)代入上式, 我们得到

$$\begin{cases} x'' = \phi^2(v)x, \\ y'' = \phi^2(v)y, \\ z'' = \phi^2(v)z, \\ ct'' = \phi^2(v)ct. \end{cases} \tag{9.2.16}$$

上式表明, 从 $\Sigma$ 系到 $\Sigma''$ 系的变换与时间无关;这显然说明了如下重要事实, $\Sigma''$ 系相对于 $\Sigma$ 系静止! 这必定是一个恒等变换. 由此可知

$$\phi^2(v) = 1. \tag{9.2.17}$$

将这一结果和上一小节的引理 4 联立, 我们立即证明了如下定理.

**定理** 惯性系之间的变换满足时空间隔不变性,

$$\Delta s'^2 = \Delta s^2. \tag{9.2.18}$$

进一步考虑变换的连续性, 即直接从 $\Sigma$ 系变换到 $\Sigma'$ 系与先从 $\Sigma$ 系变换到适当选取的 $\Sigma_m$ 系再从 $\Sigma_m$ 变换到 $\Sigma'$ 系的复合变换的结果应该相同, 我们立即得到

$$\phi(v) = 1. \tag{9.2.19}$$

将上式代入方程(9.2.14), 我们得到洛伦兹变换

$$\begin{cases} x' = \gamma\left(x - \beta ct\right), \\ y' = y, \\ z' = z, \\ ct' = \gamma\left(ct - \beta x\right). \end{cases} \tag{9.2.20}$$

从上述方程解出 $(x, y, z, ct)$, 我们得到反变换, 即从 $\Sigma'$ 系到 $\Sigma$ 系的洛伦兹变换,

$$\begin{cases} x = \gamma\left(x' + \beta ct'\right), \\ y = y', \\ z = z', \\ ct = \gamma\left(ct' + \beta x'\right). \end{cases} \tag{9.2.21}$$

这一结果表明, 如果 $\Sigma'$ 系相对于 $\Sigma$ 系的运动速度为 $\boldsymbol{v}$, 则 $\Sigma$ 系相对于 $\Sigma'$ 系的运动速度为 $-\boldsymbol{v}$. 这一结论在经典的伽利略时空观中是正确的, 在狭义相对论时空观中也是正确的. 注意这一结论也可以从我们前述已经证明了的 $\Sigma''$ 系相对于 $\Sigma$ 系静止的结论中得出.

上述特殊的洛伦兹变换, 即将惯性系 $\Sigma$ 变换到沿着其 $x$ 轴运动的惯性系 $\Sigma'$ 的洛伦兹变换, 显而易见地可以推广到一般情形, 即两惯性系 $\Sigma$ 和 $\Sigma'$ 的坐标轴保持平行, 但是 $\Sigma$ 系中观察 $\Sigma'$ 的运动速度为 $\boldsymbol{v}$,

$$\begin{cases} \boldsymbol{x}' = \gamma\left(\dfrac{\boldsymbol{\beta\beta}}{\beta^2}\cdot\boldsymbol{x} - \boldsymbol{\beta}ct\right) + \left(\boldsymbol{\mathcal{I}} - \dfrac{\boldsymbol{\beta\beta}}{\beta^2}\right)\cdot\boldsymbol{x}, \\ ct' = \gamma\left(ct - \boldsymbol{\beta}\cdot\boldsymbol{x}\right). \end{cases} \tag{9.2.22}$$

上式中 $\boldsymbol{\beta} = \boldsymbol{v}/c$. 注意第一式右边第一项为平行于 $\boldsymbol{v}$ 的分量, 第二项为垂直于 $\boldsymbol{v}$ 的分量.

上述洛伦兹变换称为齐次洛伦兹变换, 即两参照系的时空原点重合. 需要强调指出的是洛伦兹变换为参照系变换; 对于每一个参照系, 我们可以在其中进一步做时间平移变换、空间坐标平移或转动变换.

**例 9.2** 给出洛伦兹变换的低速极限, 要求在 $\beta = v/c$ 的一阶近似下满足时空间隔不变性.

**解** 方程 (9.2.20) 在 $\beta = v/c$ 的一阶近似下可以写成

$$\begin{cases} x' = x - \beta ct, \\ y' = y, \\ z' = z, \\ ct' = ct - \beta x. \end{cases} \tag{9.2.23}$$

容易证明上述低速近似的变换在 $\beta = v/c$ 的一阶近似下保持时空间隔不变.

显而易见地, 上述低速近似的洛伦兹变换是对称的. 进一步在时间变换式中略去 $\beta$ 的一阶项, 我们得到伽利略变换; 在这种意义上, 我们说洛伦兹变换的低速极限与伽利略变换一致.

## 9.3 狭义相对论的时空观

爱因斯坦狭义相对论的光速不变性原理与经典的伽利略时空观是不相容的.

为了进一步了解这一点, 我们先讨论运动学中的速度在惯性参照系变换时如何变换.

经典的运动学在惯性系 $\Sigma$ 和 $\Sigma'$ 中对于速度的定义分别为

$$\boldsymbol{u} = \frac{\mathrm{d}\boldsymbol{x}}{\mathrm{d}t}, \tag{9.3.1}$$

$$\boldsymbol{u}' = \frac{\mathrm{d}\boldsymbol{x}'}{\mathrm{d}t'}. \tag{9.3.2}$$

为了数学上简便, 我们对两个惯性系的设定仍然取前述简单情形.

经典的伽利略变换给出的速度变换公式为

$$\begin{cases} u'_x = u_x - v, \\ u'_y = u_y, \\ u'_z = u_z. \end{cases} \tag{9.3.3}$$

光速不变性原理指出光速不满足伽利略的速度变换公式.

显而易见的问题是, 既然惯性系变换的坐标变换为满足光速不变性原理的洛伦兹变换, 那么物体的速度如何变换呢? 在爱因斯坦的狭义相对论之前, 庞加莱与洛伦兹已经给出了一个猜测, 即任何物体的速度不可能超过光速.

在进一步讨论前, 必须严格审查速度的经典运动学定义以及与其相联系的空间与时间的基本概念.

由速度的经典运动学定义可知, 在给定的参考系中, 运动物体的速度为该参考系下测量得到的该物体的空间位移 (间隔) 与时间 (间隔) 的比值. 因此定义速度 (乃至于建立惯性系) 的基础是空间距离和时间间隔在给定参考系下如何测量.

空间距离和时间的概念是从人类实践活动积累的大量经验中提炼出来的, 其运动学的测量在于给出其实验操作性定义. 假定空间和时间都是均匀的, 则参考系的建立需要在空间任意一点的邻域标定距离并同步测量时间. 空间坐标的建立可以通过制作大量的全同的尺子并将这些尺子静止地置于空间各处完成; 时间坐标的建立则要复杂一点, 首先需要制作大量全同的时钟并将这些时钟静止地置于空间各处. 这些时钟在运送过程中可能由于某些原因造成不同的走时误差, 但是没有关系, 我们可以通过在空间中的一个固定点向周围发送光信号的方法, 将空间各处放置的时钟校准. 现在当运动物体到达尺子的某一刻度时, 我们可以读出该刻度的读数以及该刻度所在处放置的时钟的读数; 记录下许许多多组空间位置和时刻的读数, 我们就完成了一个运动物体在给定参考系下的运动学测量.

一个有趣的事实是, 即使在经典力学的范畴, 当我们仔细考察时间概念的建立以及时间的实验操作性定义时, 我们也能够理解, 当我们谈论时间时, 我们从来就不曾与空间脱离.

现在设想另外一个参考系, 比如一艘高速飞行的宇宙飞船. 我们假定前面所说的参考系就是我们的太阳系. 我们设想飞船上的人们采用与我们同样的方法建立了他们自己的参照系, 并且在他们的参照系下做了一系列力学实验和电磁学实验, 并总结了他们的力学电磁学规律. 当他们来到地球后我们可以将他们的力学电磁学规律与我们的相比较. 我们一定会发现两者总结的物理规律相同, 这就是"相对性原理".

进一步设想飞船匀速飞行经过地球附近时, 我们通过光信号将我们的零时刻与他们的零时刻校准. 然后他们和我们分别观察并记录指定的一个天体上的力学和电磁学现象. 待他们返回后, 将两个参照系的时间单位和长度单位校准后, 我们就可以直接比较两个惯性系上对同一个物理量的观测数据记录 $f'(x',y',z',t')$ 和 $f(x,y,z,t)$, 例如直接比较两者观测记录的同一个天体的运动速度 $\boldsymbol{u}'(t')$ 和 $\boldsymbol{u}(t)$. 两个参照系之间物理量的变换说的就是这种东西.

### 9.3.1　狭义相对论的速度变换公式

现在我们来推导在两个惯性系中分别观测同一个运动物体得到的速度之间的变换关系. 对前述洛伦兹坐标变换关系式作微分

$$\begin{cases} \mathrm{d}x' = \gamma(\mathrm{d}x - v\mathrm{d}t), \\ \mathrm{d}y' = \mathrm{d}y, \\ \mathrm{d}z' = \mathrm{d}z, \\ c\mathrm{d}t' = \gamma(c\mathrm{d}t - \beta\mathrm{d}x). \end{cases} \tag{9.3.4}$$

由此得到速度变换公式

$$\begin{cases} u'_x = \dfrac{u_x - v}{1 - \dfrac{vu_x}{c^2}}, \\ u'_y = \dfrac{\dfrac{u_y}{\gamma}}{1 - \dfrac{vu_x}{c^2}}, \\ u'_z = \dfrac{\dfrac{u_z}{\gamma}}{1 - \dfrac{vu_x}{c^2}}. \end{cases} \tag{9.3.5}$$

上面第一式称为狭义相对论的平行速度加法公式.

**例 9.3**　匀速运动介质中的光速. 设介质静止参考系为 $\Sigma'$, 实验室系为 $\Sigma$, 介质在 $\Sigma$ 系中沿着 $x$ 轴以速度 $v$ 运动. 试求实验室系中沿介质运动方向和逆介质运动方向上介质中的光速.

**解**　在介质静止参考系 $\Sigma'$ 中观察, 光速各向同性为 $c/n$, 其中 $n$ 为介质的折射率. 在实验室参考系 $\Sigma$ 中观察的介质中光速由狭义相对论速度变换公式得到.

沿介质运动方向介质中的光速为

$$u_+ = \frac{\dfrac{c}{n} + v}{1 + \dfrac{v}{cn}} \approx \frac{c}{n} + \left(1 - \frac{1}{n^2}\right)v;$$

逆介质运动方向介质中的光速为

$$u_- = \frac{-\dfrac{c}{n} + v}{1 - \dfrac{v}{cn}} \approx -\frac{c}{n} + \left(1 - \frac{1}{n^2}\right)v.$$

上述两式与菲佐的水流实验结果相符.

**例 9.4**　物体的速度在一个惯性系下低于光速, 则在任一惯性系下低于光速.

**证**　考察同一运动物体在两个惯性系下的观测, 由时空间隔不变性得

$$|\Delta\boldsymbol{x}|^2 - c^2(\Delta t)^2 = |\Delta\boldsymbol{x}'|^2 - c^2(\Delta t')^2.$$

因此由速度定义得

$$\left(u^2 - c^2\right)(\Delta t)^2 = \left(u'^2 - c^2\right)(\Delta t')^2.$$

其中, $\boldsymbol{u}$ 和 $\boldsymbol{u}'$ 分别为在两个惯性系下观测到的同一运动物体的速度.

命题得证.

利用上述结论, 再暂时借用一个我们在后面关于相对论动力学的讨论中得到的结果, 运动物体的惯性质量随其运动速度的增加而增加, 并随着其速度趋于光速而趋于无穷, 我们很容易得到如下推论.

鉴于我们已知物体的速度都低于光速, 将来无论何时, 无论在哪个惯性系中观察, 这些物体的速度都不可能超过光速.

因此我们将不讨论物体的超光速运动情形.

## 9.3.2 时空间隔的分类

考察两个物理事件 $P_1$ 和 $P_2$. 在惯性系 $\Sigma$ 中记为 $P_1$ : $(\boldsymbol{x}_1, ct_1)$ 和 $P_2$ : $(\boldsymbol{x}_2, ct_2)$, 在惯性系 $\Sigma'$ 中记为 $P_1$ : $(\boldsymbol{x}_1', ct_1')$ 和 $P_2$ : $(\boldsymbol{x}_2', ct_2')$.

在继续讨论之前, 我们在惯性系 $\Sigma$ 中考察互为因果的两个事件, 例如事件 $P_1$ 是因, 而事件 $P_2$ 是果. 因果律要求 $\Delta t = t_2 - t_1 > 0$. 根据相对性原理, 因果律不随惯性系变换而改变;因此在任何惯性系 $\Sigma'$ 中观察 $\Delta t' > 0$ 也成立. 由此我们得到以下引理.

**引理** 互为因果的两个事件发生的先后顺序在惯性系变换下不变.

由洛伦兹变换公式可得两个事件空间间隔和时间间隔的变换关系为

$$\begin{cases} \Delta \boldsymbol{x}' = \gamma \left( \dfrac{\boldsymbol{\beta}\boldsymbol{\beta}}{\beta^2} \cdot \Delta \boldsymbol{x} - \boldsymbol{\beta} c \Delta t \right) + \left( \boldsymbol{\mathcal{I}} - \dfrac{\boldsymbol{\beta}\boldsymbol{\beta}}{\beta^2} \right) \cdot \Delta \boldsymbol{x}, \\ c\Delta t' = \gamma \left( c\Delta t - \boldsymbol{\beta} \cdot \Delta \boldsymbol{x} \right). \end{cases} \tag{9.3.6}$$

两个事件之间的时空间隔是惯性系变换下的不变量, 即

$$\Delta s^2 \equiv |\Delta \boldsymbol{x}|^2 - c^2(\Delta t)^2 = |\Delta \boldsymbol{x}'|^2 - c^2(\Delta t')^2 \equiv \Delta s'^2. \tag{9.3.7}$$

由相对性原理和光速不变原理(第二个原理尤其重要)推断的, 在惯性系变换(洛伦兹变换)下, 两个事件之间的时空间隔是一个不变量, 因而其符号也是一个不变量. 这一结论在狭义相对论中揭示了类空间隔、类时间隔、光锥和世界线等关于时空的重要概念.

**1. 类空间隔**

$$\Delta s^2 \equiv |\Delta \boldsymbol{x}|^2 - c^2(\Delta t)^2 > 0. \tag{9.3.8}$$

两个事件之间的时空间隔类空, 即 $|\Delta \boldsymbol{x}|^2 > c^2(\Delta t)^2$. 由时空间隔不变性容易知道类空间隔的两个事件在任意惯性系中观察都有 $|\Delta \boldsymbol{x}| > 0$. 由此可知:

**定理 1** 类空间隔两个事件的异地性是绝对的(不随惯性系变换改变).

考虑 $\Sigma$ 系中 $\Delta t = 0$ 的两个事件, 由方程 (9.3.6) 第二式得

$$c\Delta t' = -\gamma \boldsymbol{\beta} \cdot \Delta \boldsymbol{x}. \tag{9.3.9}$$

这就保证对于类空间隔的两个事件, 我们既可以找到 $\Delta t' > 0$ 的惯性系 $\Sigma'$ 也可以找到 $\Delta t' < 0$ 的惯性系 $\Sigma'$. 由此我们证明了如下定理.

**定理 2** 类空间隔两个事件的同时性是相对的, 发生的先后次序也是相对的.

进一步利用前述引理可以证明如下推论.

**推论 1**　类空间隔的两个事件之间不可能有因果关系.

**2. 类时间隔**

$$\Delta s^2 \equiv |\Delta \boldsymbol{x}|^2 - c^2(\Delta t)^2 < 0. \tag{9.3.10}$$

两个事件之间的时空间隔类时, 即 $|\Delta \boldsymbol{x}|^2 < c^2(\Delta t)^2$. 由时空间隔不变性容易知道类时间隔的两个事件在任意惯性系中观察都有 $|c\Delta t| > 0$.

考察 $\Sigma$ 系中 $\Delta \boldsymbol{x} = \boldsymbol{0}$ 的两个事件, 类时间隔的条件要求 $\Delta t \neq 0$. 由方程 (9.3.6) 第一式可知, 当 $\boldsymbol{\beta} \neq \boldsymbol{0}$ 时,

$$\Delta \boldsymbol{x}' = -\gamma \boldsymbol{\beta} c \Delta t \neq \boldsymbol{0}, \tag{9.3.11}$$

因此我们总能找到一个 $\Delta \boldsymbol{x}' \neq \boldsymbol{0}$ 的惯性系 $\Sigma'$; 反之亦然. 这就证明了如下定理.

**定理 3**　类时间隔的两个事件的同地性是相对的; 在一个惯性系中异地发生的两个具有类时间隔的事件, 必能找到一个惯性系, 在其中这两个事件同地发生.

考察类时间隔的两个事件, 由定理 3 知, 我们总能找到一个惯性系 $\Sigma$, 在其中 $\Delta \boldsymbol{x} = 0$, $c\Delta t \neq 0$. 由方程 (9.3.6) 第二式可知, 对于任意惯性系 $\Sigma'$,

$$c\Delta t' = \gamma c \Delta t. \tag{9.3.12}$$

因此, 对于类时间隔的两个事件, 如果在惯性系 $\Sigma$ 中 $\Delta t > 0$ 则在惯性系 $\Sigma'$ 中必有 $\Delta t' > 0$ 成立, 反之亦然. 这就证明了如下定理.

**定理 4**　类时间隔的两个事件发生的先后顺序是绝对的.

利用引理和推论 1 可以证明如下推论.

**推论 2**　建立因果关系的相互作用的最大传播速度不超过光速.

**证明**　由引理和推论 1 可知, 具有因果关系的两个事件之间的间隔必为类时间隔. 由方程 (9.3.10) 可知在任一惯性系 $\Sigma$ 中观察具有因果关系的两个事件, 必有

$$\frac{|\Delta \boldsymbol{x}|}{\Delta t} < c. \tag{9.3.13}$$

推论 2 得证.

**3. 类光间隔**

$$\Delta s^2 \equiv |\Delta \boldsymbol{x}|^2 - c^2(\Delta t)^2 = 0. \tag{9.3.14}$$

两个事件的时空间隔类光, 即 $|\Delta \boldsymbol{x}|^2 = c^2(\Delta t)^2$, 两个事件由光联系.

### 9.3.3　光锥与世界线

上一小节讨论的时空间隔的划分（类空间隔、类时间隔、类光间隔）不依赖于惯性系的选择. 因此我们可以在一个给定的惯性系中讨论时空的这种结构. 比如就取我们所在的参照系（我们生活的地球可以作为一个很好的近似惯性系）$\Sigma : (x, y, z, ct)$. 为了方便起见, 我们可以取一个事件为 $P_0 : (0, 0, 0, 0)$, 另一个事件为 $P : (x, y, z, ct)$. 利用上述关于时空间隔分类的结论来考虑这两个事件之间的间隔, 我们就可以展开下面的讨论.

类光间隔定义了一个光锥

$$(ct)^2 = x^2 + y^2 + z^2. \tag{9.3.15}$$

这是一个 $(x, y, z, ct)$ 空间中的一个超锥面. 为了几何上描述方便, 我们将四维 $(x, y, z, ct)$ 简化为三维 $(x, y, ct)$, 当然这样简化并不改变将要讨论的物理概念. 在这种简化的情形下, 光锥定义了一个三维空间 $(x, y, ct)$ 中的一个锥面

$$c^2t^2 = x^2 + y^2. \tag{9.3.16}$$

取 $ct$ 轴垂直于 $(x, y)$ 轴, 则光锥就是我们熟知的锥面, 不妨取 $ct$ 轴竖直向上. 光锥如图 9.4 所示.

$ct = 0$ 称为现在, $ct < 0$ 称为过去, $ct > 0$ 称为未来.

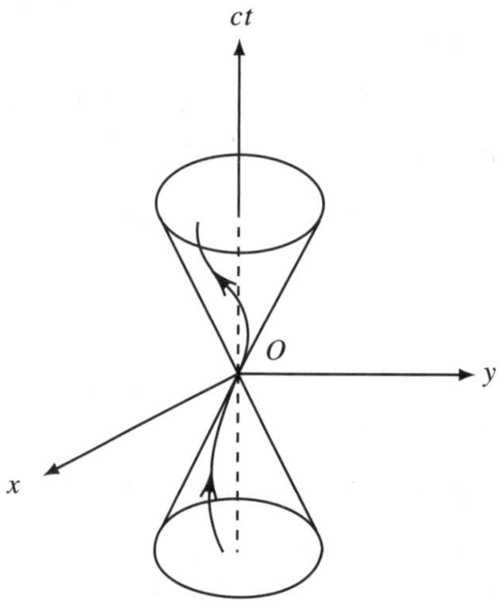


**图 9.4　光锥与世界线**

光锥内任意一点与原点之间的间隔是类时间隔, 光锥外任意一点与原点之间的间隔为类空间隔. 假设一个粒子 $t = 0$ 时刻（现在）的空间位置是 $(x, y) = (0, 0)$.

光锥外任意一点对该粒子都不可能有任何影响, 该粒子也不会对光锥外任意一点有任何影响, 这是由于类空间隔不可能有因果关系；因此我们断言：对于该粒子来说, 光锥以外是另一个世界. 光锥内任意一点与原点的时间次序是绝对的, 这是由于类时间隔的时间次序是确定的；只有光锥内原点下方（过去）的点才可能影响该粒子, 该粒子只会影响光锥内上方（未来）的点. 对于粒子来说, 它的世界在光锥内；粒子只能在光锥内（它的世界）从下方（过去）运动到达光锥顶点（现在）, 进而向光锥内的上方（未来）走去. 粒子在光锥内一直沿着 $ct$ 增加的方向运动由下半部分穿过顶点（原点）到达上半部分所描出的曲线称为粒子的世界线.

在上面一段的评述中, 将 "粒子" 换成 "我们" 也成立. 特别地, 我们可以做如下的评述. 我们"此时"处于"此地", 我们看到的（对我们有影响的）都是"过去"发生的事情；谈论 (与我们所在的 "此地" 不同的) "某地""此时" 发生的某个事件对于 "此时""此地" 的我们没有任何意义, 这是因为类空间隔的两个事件不可能有因果关系.

### 9.3.4　动钟变慢和动尺变短

狭义相对论时空观中最为有趣的概念是“动钟变慢”效应和“动尺变短”效应.

**1. 动钟变慢（时间膨胀）**

考察在 $\Sigma$ 系中一个静止的物体内部发生的一个演化过程（如一个静置时钟的一段走时），将这一过程的开始和结束分别记为事件 1 和事件 2.

在 $\Sigma$ 系中观察这两个事件，其空间间隔为零，$\Delta\boldsymbol{x}=0$；时间间隔不为零，$\Delta t\neq 0$，因而其时空间隔只有时间部分的贡献.

换到 $\Sigma'$ 系中观察，由洛伦兹变换知

$$c\Delta t'=\gamma(c\Delta t-\beta\Delta x).$$

将 $\Delta x=0$ 代入得到

$$\Delta t'=\gamma\Delta t. \tag{9.3.17}$$

注意 $\gamma>1$. 上式表明在 $\Sigma'$ 系观察到的 $\Sigma$ 系中两个同地发生的事件之间的时间间隔比 $\Sigma$ 系中的观测值大；换句话说就是运动的时钟看起来走时变慢了.

动钟变慢效应是相对的，在 $\Sigma'$ 系上的观察者看来 $\Sigma$ 系上静止的钟变慢，反之亦然.

考察一个粒子的衰变是一个好的例子. 在粒子静止的参照系，某粒子从产生到衰变有一个固有的寿命 $\Delta\tau$；相对于粒子运动速度不同的观察者观测到的该粒子的寿命 $\Delta t$ 是不同的. 尽管他们观测到的粒子寿命都比粒子的固有寿命长，但是那些知道上述规律的观察者就可以根据他自己测到的粒子速度和粒子寿命推断出粒子的固有寿命，

$$\Delta t=\gamma\Delta\tau. \tag{9.3.18}$$

**2. 动尺变短（空间收缩）**

在与一个物体相对静止的参考系中，测量该物体的长度并不需要同时读出其首尾对应于坐标系的刻度. 但是在与该物体相对运动的参照系中测量其长度，必须同时读出其首尾对应于坐标系的刻度，这就是一个运动物体长度的定义.

考虑在 $\Sigma'$ 系中有一个沿 $x'$ 方向静置的尺子，其长度为

$$l_0=\Delta x'=x'_b-x'_a.$$

注意这里由于尺子在 $\Sigma'$ 系中静止，测量该尺子静止长度时，尺子首尾坐标 $x'_a$ 和 $x'_b$ 并不需要同时读出.

令 $\Sigma'$ 系相对于 $\Sigma$ 系沿 $x$ 轴以速度 $v$ 运动，两参考系相互平行. 为了在 $\Sigma$ 系中测量这个尺子的长度，利用洛伦兹坐标变换得到

$$l_0=\Delta x'=\gamma(\Delta x-v\Delta t).$$

考虑运动物体长度 $l=\Delta x$ 的定义，需将 $\Delta t=0$ 代入上式，由此可得

$$l_0=\gamma l, \tag{9.3.19}$$

上式表明一个运动物体在其运动方向上的长度看起来变短了. 这就是洛伦兹收缩效应的解释.

动尺变短效应也是相对的, 在 $\Sigma'$ 系上的观察者看来 $\Sigma$ 系上静止的尺变短, 反之亦然.

"动钟变慢"和"动尺变短"可以理解为运动引起了"时间膨胀"和"空间收缩". 由于"时间膨胀"因子与"空间收缩"因子相同, 不难理解, 一个运动物体的体积与其中发生的两个事件之间时间间隔的乘积, 是一个不随观察者所处参照系改变的不变量.

为了进一步理解动钟变慢效应和动尺变短效应, 我们来看几个重要的例子.

**例 9.5** 设宇宙射线在地球大气层边缘产生一个高速粒子垂直射向地面, 该粒子刚好穿过大气层时衰变. 分别在地球参照系和粒子静止参照系对该物理过程加以讨论.

**解** 在地球上观察, 运动粒子的速度为 $v$, 运动粒子的寿命为 $\Delta t$, 静止大气层的厚度为 $l_0$. 观测这一过程的结论是

$$l_0 = v\Delta t. \tag{9.3.20}$$

在粒子自己看来, 运动大气层速度为 $v$, 粒子固有寿命为 $\Delta\tau$, 运动大气层的厚度为 $l$. 观测同一过程的结论是

$$l = v\Delta\tau. \tag{9.3.21}$$

利用"动钟变慢"公式和"动尺变短"公式可以证明这个例子中两种观测结论在数学上是等价的. 这一点也不稀奇,"粒子在其寿命内恰好穿越大气层"这一物理规律不依赖于惯性参照系变换;这正是相对性原理所要求的.

**例 9.6** 静止长度为 $l_0$ 的车厢, 以速度 $v$ 相对于地面运动. 车厢内一个小球从末端出发, 以相对于车厢匀速 $u_0$ 运动至车厢首端. 试求地面观察者观测到小球从车厢末端运动到首端的时间.

**解** 这类问题有两种典型的解法.

方法 1, 应用速度变换公式和动尺变短公式:

$$\Delta t = \frac{l}{u-v} = \frac{\dfrac{l_0}{\gamma}}{\dfrac{u_0+v}{1+\dfrac{u_0 v}{c^2}} - v} = \left(1+\frac{u_0 v}{c^2}\right)\gamma\frac{l_0}{u_0}.$$

方法 2, 直接应用洛伦兹坐标变换, 取车厢静止系为 $\Sigma'$ 系, 地面为 $\Sigma$ 系:

$$\Delta t = \gamma\left(\Delta t' + \frac{v}{c^2}\Delta x'\right).$$

将 $\Delta x' = l_0$, $\Delta t' = l_0/u_0$ 代入上式得

$$\Delta t = \left(1+\frac{u_0 v}{c^2}\right)\gamma\frac{l_0}{u_0}.$$

**例 9.7** 给定参照系内的观察者可以随时方便地读取同一参考系的所有时钟;因此假定给定参考系内的所有时钟均已同步. 时钟与观察者有相对运动时, 观察者只有在与运动时钟相遇时才能方便地直接读取运动时钟的读数; 与该观察者处于同一惯性系的那些没有与运动时钟相遇的观察者, 则可以通过这个与运动时钟相遇的观察者, 间接地获取运动时钟的读

数. 设惯性系 $\Sigma'$ 相对于 $\Sigma$ 系沿 $x$ 轴方向以速度 $v$ 运动. 在 $\Sigma'$ 系的 $x'$ 轴和 $\Sigma$ 系的 $x$ 轴上分别设置一系列走时相同的时钟, 记 $\Sigma'$ 系 $x'$ 处的时钟为 $C'_{x'}$, $\Sigma$ 系 $x$ 处的时钟为 $C_x$. 记 $\Sigma'$ 系和 $\Sigma$ 系的观察者分别为 $O'$ 和 $O$. $C'_0$ 时钟和 $C_0$ 时钟相遇时, 两个观察者 $O'$ 和 $O$ 都能直接或间接地读出 $C'_0$ 和 $C_0$ 的读数;对于同一个时钟, 两个观察者得到的读数相同, 假定两个时钟在此刻的读数都是零.

(1) 试求时钟 $C'_0$ 与时钟 $C_{x_1}$ 相遇时两者的读数, 从 $\Sigma$ 系中观测者 $O$ 的观点, 讨论运动时钟 $C'_0$ 如何变慢;

(2) 试求时钟 $C'_0$ 与 $C_0$ 相遇时 $C_{x_1}$ 上的读数, 从 $\Sigma'$ 系中观测者 $O'$ 的观点, 讨论运动时钟 $C_{x_1}$ 如何变慢.

**解**　如图 9.5 所示, 将时钟 $C'_0$ 与时钟 $C_{x_1}$ 相遇记为事件 $P_1$, $C'_0$ 和 $C_0$ 相遇事件记为 $P_0$.

(1) 在 $\Sigma$ 系中观察, 事件 $P_0 : (x_0 = 0, t_0 = 0)$;事件 $P_1 : (x_1, t_1)$, 满足 $x_1 = vt_1$. 因此

$$t_1 = \frac{x_1}{v}.$$

这就是事件 $P_1$ 在时钟 $C_{x_1}$ 的读数, 可以被 $O'$ 和 $O$ 同时读取.

在 $\Sigma'$ 系中观察, 事件 $P_0 : (x'_0 = 0, t'_0 = 0)$;事件 $P_1 : (x'_1, t'_1)$.

直接应用洛伦兹变换关系 $ct'_1 = \gamma ct_1 - \gamma\beta x_1$, 得

$$t'_1 = \frac{1}{\gamma} t_1.$$

这就是时钟 $C'_0$ 在事件 $P_1$ 的读数.

观察者 $O$ 分析 $P_0$ 和 $P_1$ 两个事件, 在 $\Sigma$ 系中分别在 $t_0$ 和 $t_1$ 时刻, 两次读出同一个动钟 $C'_0$ 的读数, 得出 $\Delta t' = t'_1 - t'_0$, $\Delta t = t_1 - t_0$, 因此

$$\Delta t' = \frac{1}{\gamma} \Delta t.$$

根据上述结果, 在 $\Sigma$ 系中观测者 $O$ 认为, 动钟 $C'_0$ 变慢.

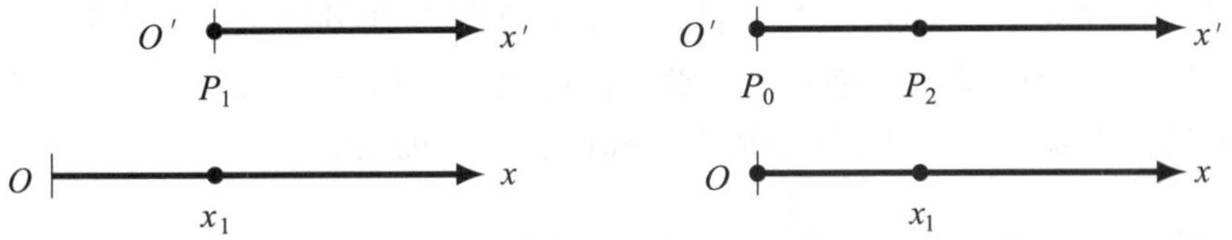


**图 9.5　动钟变慢与同时的相对性**

(2) 设 $\Sigma'$ 系中观察者 $O'$ 看到 $C'_0$ 和 $C_0$ 相遇事件 $P_0$ 发生的同时, $C'_{x'_2}$ 和 $C_{x_1}$ 也相遇, 后一事件记为 $P_2$, 如图 9.5 所示.

在 $\Sigma$ 系中观察, 事件 $P_2 : (x_2 = x_1, t_2)$.

在 $\Sigma'$ 系中观察, 事件 $P_2 : (x'_2, t'_2)$, 应满足 $t'_2 = 0$, 这是因为观察者 $O'$ 看到 $P_2$ 和 $P_0$ 同时发生.

直接应用洛伦兹变换关系 $ct'_2 = \gamma ct_2 - \gamma\beta x_2$, 得到

$$t_2 = \beta\frac{x_2}{c} = \beta\frac{x_1}{c} = \beta^2 t_1.$$

这就是事件 $P_2$ 在时钟 $C_{x_1}$ 的读数, 可以被 $O'$ 读取.

注意这里 $\Sigma$ 系中的两个时钟 $C_{x_1}$ 和 $C_0$ 在 $\Sigma$ 系中是同步的, 但在 $\Sigma'$ 系中同时读这两个时钟的读数是不同的;这就是同时的相对性.

观察者 $O'$ 分析 $P_1$ 和 $P_2$ 两个事件, 在 $\Sigma'$ 系中两次读出同一个动钟 $C_{x_1}$ 的读数, 得出 $\Delta t' = t'_1 - t'_2$, $\Delta t = t_1 - t_2$, 由此可得

$$\Delta t = t_1 - \beta^2 t_1 = \frac{1}{\gamma^2}t_1,$$

$$\Delta t' = t'_1 - t'_2 = t'_1 - t'_0 = \frac{1}{\gamma}t_1.$$

经过简单的整理, 我们得到

$$\Delta t = \frac{1}{\gamma}\Delta t'.$$

根据上述结果, 在 $\Sigma'$ 系中观测者 $O'$ 认为, 动钟 $C_{x_1}$ 变慢.

## 9.4 四维时空中的标量、矢量和张量

到目前为止, 我们还没有讨论电动力学在惯性系变换下究竟是怎么满足相对性原理的. 我们只是讨论了惯性系相对性和光速不变性两个原理如何导致惯性系坐标 $(x, y, z, t)$ 的洛伦兹变换, 以及与此相联系的新的时空观.

相对性原理要求物理学规律在惯性系变换下不变, 这就要求相同的物理学规律在两个惯性系坐标下数学方程的形式是不变的; 这种性质称为描述同一物理学规律的数学方程在惯性系坐标变换下的协变性. 牛顿提出的经典力学的相对性原理即牛顿力学方程在伽利略坐标变换下的协变性. 狭义相对论的物理学规律的相对性即物理学方程在洛伦兹坐标变换下的协变性.

为了理解物理规律在坐标变换下的协变性, 我们需要用到标量、矢量和张量的数学概念. 在讨论参照系坐标(四维)洛伦兹变换下的标量、矢量和张量之前, 我们不妨先讨论较为简单易懂的三维欧氏空间中坐标变换下的标量、矢量和张量.

### 9.4.1 三维欧几里得空间中的标量、矢量和张量

考虑三维欧几里得空间中的一般曲线坐标系变换. 我们从老坐标 $\Sigma$ 系变到新坐标 $\Sigma'$ 系. 空间点 $P$ 在老坐标下为 $(x^1, x^2, x^3)$, 在新坐标下为 $(x'^1, x'^2, x'^3)$. 注意坐标函数应该理解为空间点 $P$ 的函数 $x^i = x^i(P)$. 给定新老坐标之间的变换关系即给定 $x'^i = x'^i(x^1, x^2, x^3)$, $x^i = x^i(x'^1, x'^2, x'^3)$.

坐标函数的微分从老坐标到新坐标的变换关系为

$$\mathrm{d}x'^i = \frac{\partial x'^i}{\partial x^j}\mathrm{d}x^j \equiv a^i_j \mathrm{d}x^j, \tag{9.4.1}$$

其逆变换为

$$\mathrm{d}x^i = \frac{\partial x^i}{\partial x'^j}\mathrm{d}x'^j \equiv b^i_j \mathrm{d}x'^j. \tag{9.4.2}$$

由偏导数的链式法则可知 $a^i_m b^m_j = \delta^i_j$. 将 $a^i_m$ 的上下指标分别理解为行列指标, 则可以将其理解为矩阵 $[a^i_j] = \mathrm{A}$;类似地, $[b^i_j] = \mathrm{B}$. 显然 $\mathrm{AB} = \mathcal{I}$, 其中 $\mathcal{I}$ 为单位矩阵.

我们将 $\mathrm{d}x^i$ 的 3 个数看作列向量,

$$\mathrm{d}x^i = \begin{bmatrix} \mathrm{d}x^1 \\ \mathrm{d}x^2 \\ \mathrm{d}x^3 \end{bmatrix}. \tag{9.4.3}$$

列向量也可以记为 $\mathrm{d}x^i = |\mathrm{d}x\rangle$. 这种用尖括号表示向量的符号是由狄拉克首先引入的. 利用狄拉克符号, 方程 (9.4.1) 可以简洁地写成

$$|\mathrm{d}x'\rangle = \mathrm{A}|\mathrm{d}x\rangle. \tag{9.4.4}$$

**1. 三维欧氏空间中的标量与矢量的引入**

现在我们来考察一个标量函数, 例如静电势 $\phi$, 它是空间点的函数 $\phi = \phi(P)$, 因此在老坐标下可以写成 $\phi(x^1, x^2, x^3)$. 当我们从 $\Sigma$ 系变到 $\Sigma'$ 系时, 同一空间点的静电势应该不变; 因此在新坐标下静电势应该写成

$$\phi'(x'^1, x'^2, x'^3) = \phi\left[x^1(x'^1, x'^2, x'^3), x^2(x'^1, x'^2, x'^3), x^3(x'^1, x'^2, x'^3)\right]. \tag{9.4.5}$$

这就是标量不变性.

对于空间给定点 $P$(笛卡儿系中记为 $\boldsymbol{x}$) 处给定的位移微元 (笛卡儿系中记为 $\mathrm{d}\boldsymbol{x}$), 我们称其为元位移. 元位移矢量两端的电势差在笛卡儿系中写成我们熟知的形式,

$$\mathrm{d}\phi(\boldsymbol{x}) = \mathrm{d}\boldsymbol{x} \cdot \nabla\phi(\boldsymbol{x}).$$

我们通常说上式是在计算元位移矢量 $\mathrm{d}\boldsymbol{x} = (\mathrm{d}x, \mathrm{d}y, \mathrm{d}z)$ 和梯度矢量 $(\partial_x, \partial_y, \partial_z)$ 的内积.

现在我们来看元位移矢量两端的电势差在一般曲线坐标系下是如何计算的. 对于前述两个曲线坐标系, 在老坐标和新坐标下我们分别得到

$$\mathrm{d}\phi = \mathrm{d}x^i \frac{\partial}{\partial x^i}\phi,$$
$$\mathrm{d}\phi' = \mathrm{d}x'^i \frac{\partial}{\partial x'^i}\phi'.$$

由导数的链式法则, 我们得到

$$\frac{\partial}{\partial x'^j} = b^i_j \frac{\partial}{\partial x^i}. \tag{9.4.6}$$

我们已经将 $\mathrm{d}x^i$ 的 3 个数(笛卡儿系中元位移矢量 $\mathrm{d}\boldsymbol{x}$ 在一般曲线坐标系中的推广)看作列向量, 记为 $\mathrm{d}x^i = |\mathrm{d}x\rangle$;相应地 $\dfrac{\partial}{\partial x^i}\phi$ 的 3 个数(笛卡儿坐标系中梯度矢量的推广)应该看作行向量, 记为 $\langle\partial|\phi$. 根据方程 (9.4.6) 和方程 (9.4.5), 我们得到如下的行向量微分算符的变换关系:

$$\langle\partial'| = \langle\partial|\mathrm{A}^{-1}. \tag{9.4.7}$$

现在我们看到行向量 $\partial_i = \langle\partial|$ 和列向量 $\mathrm{d}x^i = |\mathrm{d}x\rangle$ 在坐标变换下的变换矩阵是互逆的. 行向量和列向量在坐标变换下都按照一定的关系变换; 重要的是坐标变换下存在不变量,

$$\mathrm{d}\phi = \langle\partial|\phi|\mathrm{d}x\rangle = \langle\partial'|\phi'|\mathrm{d}x'\rangle. \tag{9.4.8}$$

为了区分矢量在坐标变换下如前所述的不同变换关系, 我们称行向量 $\partial_i = \langle\partial|$ 为协变矢量, 列向量 $\mathrm{d}x^i = |\mathrm{d}x\rangle$ 为逆变矢量.

**2. 三维欧氏空间中的间隔不变性, 逆变矢量与协变矢量的对偶关系 ***

初学者可以跳过这一小节, 直接阅读下一小节关于三维欧氏空间中标量、矢量和张量定义的讨论. 这对于实际应用并没有多大影响; 待将来有需要时再回头来阅读这一小节的讨论.

为了进一步搞清楚协变矢量和逆变矢量的意义, 我们来考察元位移矢量.

元位移矢量模的平方可以写成

$$\mathrm{d}s^2 = g_{ij}\mathrm{d}x^i\mathrm{d}x^j. \tag{9.4.9}$$

这里 $g_{ij}$ 为度规系数. 考察坐标系 $(x^1, x^2, x^3)$ 与笛卡儿系 $\boldsymbol{x} = (x, y, x)$ 之间的变换, 我们立即得到

$$g_{ij} = \frac{\partial x}{\partial x^i}\cdot\frac{\partial x}{\partial x^j} + \frac{\partial y}{\partial x^i}\cdot\frac{\partial y}{\partial x^j} + \frac{\partial z}{\partial x^i}\cdot\frac{\partial z}{\partial x^j}.$$

根据度规系数的这一定义, 显然度规系数是对称的, 即 $g_{ij} = g_{ji}$. 为了记号方便, 我们进一步引入度规系数 $g^{ij}$, 其定义如下:

$$g^{im}g_{mj} = \delta^i_j. \tag{9.4.10}$$

将度规系数看作矩阵, 记 $[g^{ij}] = \mathcal{G}$, 这里 $i$ 和 $j$ 分别理解为 $\mathcal{G}$ 的行指标和列指标; 显然 $[g_{ij}] = \mathcal{G}^{-1}$. 注意笛卡儿系的度规矩阵为单位矩阵.

为了数学表述的方便, 我们利用度规系数引入

$$\mathrm{d}x_i = g_{ij}\mathrm{d}x^j. \tag{9.4.11}$$

$\mathrm{d}x_i$ 的 3 个数可以看作行向量,

$$\mathrm{d}x_i = (\mathrm{d}x_1, \mathrm{d}x_2, \mathrm{d}x_3). \tag{9.4.12}$$

我们称其为协变元位移矢量, 记为 $\mathrm{d}x_i = \langle\mathrm{d}x|$;下面将会看到之所以将其称为协变元位移矢量的原因.

方程 (9.4.11) 可以写成

$$\langle\mathrm{d}x| = \widetilde{|\mathrm{d}x\rangle}\mathcal{G}^{-1}, \tag{9.4.13}$$

其中, ~表示矩阵的转置.

利用逆变元位移矢量(列向量)的变换关系, 我们得到

$$\widetilde{|\mathrm{d}x'\rangle}\mathcal{G}'^{-1} = \widetilde{\mathrm{A}|\mathrm{d}x\rangle}\mathcal{G}'^{-1} = \widetilde{|\mathrm{d}x\rangle}\widetilde{\mathrm{A}}\mathcal{G}'^{-1} = \widetilde{|\mathrm{d}x\rangle}\mathcal{G}^{-1}\mathcal{G}\widetilde{\mathrm{A}}\mathcal{G}'^{-1}.$$

利用矩阵乘法运算的结合律以及方程（9.4.13），我们立即得到协变元位移矢量的变换关系

$$\langle \mathrm{d}x'| = \langle \mathrm{d}x| \left( \mathcal{G}\widetilde{\mathrm{A}}\mathcal{G}'^{-1} \right). \tag{9.4.14}$$

现在我们可以将元位移矢量模的平方（内积）写成

$$\mathrm{d}s^2 = \mathrm{d}x_j \mathrm{d}x^j = \langle \mathrm{d}x|\mathrm{d}x\rangle. \tag{9.4.15}$$

欧氏空间中两点之间的距离与坐标变换无关，即

$$\mathrm{d}s'^2 = \mathrm{d}s^2. \tag{9.4.16}$$

这是坐标变换下的空间间隔不变性. 空间间隔为坐标变换下的不变量（标量）.

分别在 $\Sigma'$ 系和 $\Sigma$ 系中计算空间间隔，利用上述逆变矢量和协变矢量的变换关系式，由间隔不变性我们得到

$$\begin{aligned} \mathrm{d}s'^2 &\equiv \langle \mathrm{d}x'|\mathrm{d}x'\rangle \\ &= \langle \mathrm{d}x|\mathcal{G}\widetilde{\mathrm{A}}\mathcal{G}'^{-1}\mathrm{A}|\mathrm{d}x\rangle \\ &= \mathrm{d}s^2 \equiv \langle \mathrm{d}x|\mathrm{d}x\rangle. \end{aligned}$$

利用矩阵乘法运算的结合律，我们得到

$$\mathrm{A}^{-1} = \mathcal{G}\widetilde{\mathrm{A}}\mathcal{G}'^{-1}. \tag{9.4.17}$$

由此我们立即得到由间隔不变性所规定的度规系数的变换关系

$$\mathcal{G}' = \mathrm{A}\mathcal{G}\widetilde{\mathrm{A}}. \tag{9.4.18}$$

直接从度规系数的定义出发，也可以证明这一结果. 这说明间隔不变性是三维欧式空间的内禀几何性质.

利用方程（9.4.17），协变元位矢的变换关系，方程 (9.4.14) 可以写成

$$\langle \mathrm{d}x'| = \langle \mathrm{d}x|\mathrm{A}^{-1}, \tag{9.4.19}$$

$$\mathrm{d}x'_i = \mathrm{d}x_j b^j_i. \tag{9.4.20}$$

这就是我们将 $\mathrm{d}x_i$ 称为协变元位移矢量的原因；其变换关系与方程 (9.4.6) 一样.

上述讨论表明，逆变元位移矢量与协变元位移矢量是同一个元位移矢量的两种表达；我们也将它们分别称为元位移矢量的逆变分量和协变分量.

一个矢量有协变和逆变两种表示. 我们已经看到在线性代数中，协变矢量和逆变矢量分别对应于行向量和列向量；在狄拉克的记号系统中则分别对应于左矢量（bra）和右矢量（ket）；在微分几何中则分别对应于 1-形式和矢量. 无论采用哪种说法，它们都是一个量的两种对偶的表示，其中一个量作用于另一个对偶的量，例如行向量乘以列向量或左矢量乘以右矢量或 1-形式作用于矢量，则可以得到一个数（坐标变换下的不变量）.

**3. 三维欧氏空间中的标量、矢量与张量的定义**

根据上述讨论, 我们可以定义三维欧氏空间中的标量、矢量和二阶张量.

(1)矢量

如果 $F^i$ 在坐标变换下的变换关系与坐标微分(逆变元位矢)的变换关系相同,

$$F'^i = a^i_j F^j, \tag{9.4.21}$$

则称之为逆变矢量.

如果 $F_i$ 在坐标变换下的变换关系与协变元位矢的变换关系相同,

$$F'_i = F_j b^j_i, \tag{9.4.22}$$

则称之为协变矢量. 例如算符 $\partial_i = (\partial_x, \partial_y, \partial_z)$ 为协变矢量微分算符.

(2)二阶张量

按如下方式变换(两次使用逆变元位矢变换关系)的 9 个数 $P^{ij}$ 构成一个二阶逆变张量,

$$P'^{ij} = a^i_k a^j_l P^{kl}. \tag{9.4.23}$$

按如下方式变换(两次使用协变元位矢变换关系)的 9 个数 $P_{ij}$ 构成一个二阶协变张量,

$$P'_{ij} = P_{kl} b^k_i b^l_j. \tag{9.4.24}$$

按如下方式变换(逆变元位矢变换关系和协变元位矢变换关系各使用一次)的 9 个数 $P^{i\cdot}_{\cdot j}$ 构成一个二阶混合张量,

$$P'^{i\cdot}_{\cdot j} = a^i_k P^{k\cdot}_{\cdot l} b^l_j. \tag{9.4.25}$$

很显然度规系数构成二阶张量.

(3)标量

三维欧氏空间坐标变换下的不变量, 比如空间间隔以及两个矢量的内积 $A_i B^i$ 等.

根据上述讨论不难证明如下重要事实.

两个矢量(比如位移和力)的内积 $\mathrm{d}x_i F^i = F_i \mathrm{d}x^i$ 是标量. 正如元位矢可以有逆变矢量 $\mathrm{d}x^i$ 和协变矢量 $\mathrm{d}x_i$ 两种表示, 任意矢量, 例如力, 也有逆变矢量 $F^i$ 和协变矢量 $F_i$ 两种表示. 对于一个标量函数 $\phi(\boldsymbol{x})$, 其数值在坐标变换下不变, 不难理解 $\mathrm{d}\phi(\boldsymbol{x}) = \mathrm{d}x^i \partial_i \phi$ 是标量.

两个逆变矢量 $A^i$ 和 $B^j$ 可以构成一个二阶逆变张量 $A^i B^j$; 两个协变矢量 $A_i$ 和 $B_j$ 可以构成一个二阶协变张量 $A_i B_j$.

度规系数 $g_{ij}$ 为二阶协变张量; $g^{ij}$ 为二阶逆变张量. 利用度规张量可以由一个协变矢量 $F_i$ 得到相应的逆变矢量 $F^i = g^{ij} F_j$, 反之亦然, $F_i = g_{ij} F^j$. 利用度规张量可以由一个逆变张量得到相应的协变张量, $P_{ij} = g_{im} g_{jn} P^{mn}$; 也可以得到相应的混合张量, $P_{i\cdot}^{\cdot j} = g_{im} P^{mj}$, $P^{i\cdot}_{\cdot j} = g_{jm} P^{im}$. 度规系数可以简单地用来升降矢量和张量的指标.

对于初学者来说, 矢量有上下指标(逆变和协变)之分, 可以类比于线性代数中的列矢量和行矢量加以理解; 行矢量乘以一个列矢量的结果是一个数(标量). 然而张量也有上下指标之分, 这似乎不太好理解. 这里我们着重指出, 张量的作用在于它作用于两个矢量可以得到一个数(标量);例如应力张量 $\boldsymbol{\mathcal{P}}$ 做功可以写成

$$\Delta W = -\Delta \boldsymbol{S} \cdot \boldsymbol{\mathcal{P}} \cdot \mathrm{d}\boldsymbol{x},$$

其中, $\Delta \boldsymbol{S}$ 为应力张量作用的面积矢量, 我们知道该面积上的受力为 $\Delta \boldsymbol{F} = -\Delta \boldsymbol{S} \cdot \boldsymbol{\mathcal{P}}$; $\mathrm{d}\boldsymbol{x}$ 为位移矢量.

利用应力张量的混合张量表达式, 我们可以将上式写成

$$\Delta W = -\Delta S_i P^{i\cdot}_{\cdot j} \mathrm{d}x^j.$$

将混合张量 $P^{i\cdot}_{\cdot j}$ 理解为行列指标分别为 $i$ 和 $j$ 的矩阵 $|\rangle P\langle|$, 则上述表达式可以写成如下的线性代数形式:

$$\Delta W = -\langle \Delta S|\rangle P\langle|\mathrm{d}x\rangle. \tag{9.4.26}$$

上式表明, 混合张量 $P^{i\cdot}_{\cdot j}$ 作为一个矩阵($|\rangle P\langle|$), 它把一对行向量($-\langle\Delta S|$)和列向量($|\mathrm{d}x\rangle$)变成了一个数($\Delta W$).

很显然, 混合张量 $P^{i\cdot}_{\cdot j}$ 的变换关系用矩阵形式可以简洁地写成

$$|\rangle P'\langle| = \mathrm{A}|\rangle P\langle|\mathrm{A}^{-1}. \tag{9.4.27}$$

相应地, 标量不变性可以表达为下述简洁的形式:

$$\begin{aligned}
\Delta W' &= -\langle \Delta S'|\rangle P'\langle|\mathrm{d}x'\rangle \\
&= -(\langle \Delta S|\mathrm{A}^{-1})(\mathrm{A}|\rangle P\langle|\mathrm{A}^{-1})(\mathrm{A}|\mathrm{d}x'\rangle) \\
&= -\langle \Delta S|\rangle P\langle|\mathrm{d}x\rangle = \Delta W.
\end{aligned}$$

上式中利用了矩阵乘法的结合律.

对于逆变张量和协变张量, 也可以有上述简明的线性代数类比. 记 $P^{ij} = |\rangle P|\rangle$, $P_{ij} = \langle|P\langle|$, 则有

$$|\rangle P'|\rangle = \mathrm{A}|\rangle P|\rangle \widetilde{\mathrm{A}}, \tag{9.4.28}$$

$$\langle|P'\langle| = \widetilde{\mathrm{A}^{-1}}\langle|P\langle|\mathrm{A}^{-1}. \tag{9.4.29}$$

张量的另外一种理解是它总能够将一个矢量变换为另外一个矢量, 例如上面提到的应力张量的例子:

$$\Delta \boldsymbol{F} = -\Delta \boldsymbol{S} \cdot \boldsymbol{\mathcal{P}}.$$

考虑到矢量有上下标之分, 我们不能理解上式可以写成如下的指标形式:

$$\begin{aligned}
\Delta F_i &= -\Delta S_j P^{j\cdot}_{\cdot i} = -\Delta S^j P_{ji}, \\
\Delta F^i &= -\Delta S_j P^{ji} = -\Delta S^j P^{\cdot i}_{j\cdot}.
\end{aligned}$$

一般地, 我们有如下称为商定则的判定定理.

**商定则** 如果对于任意矢量 $A_i$ 都有 $A_iP^{ij}$ 为矢量, 则 $P^{ij}$ 必为张量. 如果对于任意张量 $P^{ij}$ 都有 $A_iP^{ij}$ 为矢量, 则 $A_i$ 必为矢量. 如果对于任意矢量 $A_i$ 都有 $A_iB^j$ 为张量, 则 $B^j$ 必为矢量. 如果对于任意矢量 $A_i$ 都有 $A_iB^i$ 为标量, 则 $B^i$ 必为矢量.

对于张量 $P_{ij}$, 如果满足 $P_{ij}=P_{ji}$, 则称之为对称张量; 如果满足 $P_{ij}=-P_{ji}$, 则称之为反对称张量. 很显然, 对于一个一般的二阶张量, 总可以将其分解为一个二阶对称张量和一个二阶反对称张量之和. 前面我们提到协变矢量对应于 1-形式; 二阶反对称协变张量则对应于 2-形式.

**例 9.8** 三维欧氏空间中从老的笛卡儿系变换到新的笛卡儿系, 试证明变换矩阵为正交矩阵.

**解** 对于三维欧氏空间, 笛卡儿坐标的度规矩阵 $\mathcal{G}=\mathcal{I}$ 为单位矩阵. 从老的笛卡儿系变换到新的笛卡儿系, 新的坐标系仍然是笛卡儿系, 因此度规矩阵仍然不变 $\mathcal{G}'=\mathcal{G}=\mathcal{I}$.

由方程 (9.4.18) 我们立即得到正交化条件

$$\mathrm{A}^{-1}=\widetilde{\mathrm{A}}. \tag{9.4.30}$$

变换矩阵为正交矩阵. 正交化指的是将原来的笛卡儿坐标系的 3 个基矢变换为 3 个相互正交的新的基矢.

上述变换中, 如果新老坐标的原点重合, 则为转动变换. 欧几里得空间中三维笛卡儿坐标系的转动变换为正交变换. 转动变换的坐标变换关系可以写成

$$x'^i=a^i_jx^j. \tag{9.4.31}$$

转动变换为线性变换, 即 $a^i_j$ 不依赖于 $x^i$. 由正交化条件可知, 9 个变换系数 $a^i_j$ 中只有 3 个是独立的; 这 3 个独立系数显然可以由确定坐标系转动的三个欧拉 (L.Euler,1707—1783, 瑞士) 角决定.

牛顿第二定律和动能定理在旧的坐标系下可以分别写成

$$\frac{\mathrm{d}}{\mathrm{d}t}p^i=F^i, \tag{9.4.32}$$

$$\Delta\left(\frac{1}{2m}p_ip^i\right)=F_i\Delta x^i. \tag{9.4.33}$$

根据上面关于矢量和标量的讨论, 我们知道上面两个方程在新的坐标系下分别为

$$\frac{\mathrm{d}}{\mathrm{d}t}p'^i=F'^i; \tag{9.4.34}$$

$$\Delta\left(\frac{1}{2m}p'_ip'^i\right)=F'_i\Delta x'^i. \tag{9.4.35}$$

方程的形式在坐标变换下保持不变, 因此我们说牛顿第二定律和动能定理在三维欧氏空间坐标系变换下是协变的.

物理规律的这种协变性表现在其不依赖于坐标系的选取.

## 9.4.2 洛伦兹变换下四维"时空"的标量、矢量和张量

洛伦兹变换给出了惯性参照系四维坐标 $(x, y, z, ct)$ 的变换关系. 为讨论方便, 我们引入如下的记号

$$x^{\mu}=\begin{bmatrix}x^1\\x^2\\x^3\\x^4\end{bmatrix}=\begin{bmatrix}x\\y\\z\\ct\end{bmatrix}=\begin{bmatrix}\boldsymbol{x}\\ct\end{bmatrix}. \tag{9.4.36}$$

我们约定希腊字母的指标取值为 $\mu=1,2,3,4$; 而拉丁字母指标的取值为 $i=1,2,3$. 当我们使用了希腊字母 $\beta,\gamma$ 作为上下标时, 相信读者不会将它们与洛伦兹变换公式中的记号混淆.

前面讨论过的特殊的洛伦兹变换可以写成

$$x'^{\mu}=a^{\mu}_{\nu}x^{\nu}, \tag{9.4.37}$$

按照爱因斯坦约定, 当某一项中出现一个上指标和另一个下指标相同时, 自动地对这个指标从 1 到 4 求和.

洛伦兹变换的系数 $a^{\mu}_{\nu}$ ( 按上标为行标, 下标为列标理解 ) 可以组成一个矩阵,

$$[a^{\mu}_{\nu}]=\mathrm{A}=\begin{bmatrix}\gamma&0&0&-\gamma\beta\\0&1&0&0\\0&0&1&0\\-\gamma\beta&0&0&\gamma\end{bmatrix}. \tag{9.4.38}$$

很显然, $x^{\mu}$ 可以理解为列向量.

逆变换可以写成

$$x^{\mu}=b^{\mu}_{\nu}x'^{\nu}. \tag{9.4.39}$$

逆变换系数同样可以写成矩阵形式

$$[b^{\mu}_{\nu}]=\mathrm{B}=\begin{bmatrix}\gamma&0&0&+\gamma\beta\\0&1&0&0\\0&0&1&0\\+\gamma\beta&0&0&\gamma\end{bmatrix}. \tag{9.4.40}$$

注意这里的变换矩阵和逆变换矩阵都是对称的.

很显然

$$\mathrm{AB}=\mathcal{I}, \tag{9.4.41}$$

其中, $\mathcal{I}$ 为 $(4\times 4)$ 的单位矩阵.

注意洛伦兹变换矩阵的逆矩阵并非其自身的转置, 因而变换矩阵并非正交矩阵; 这一点与三维笛卡儿坐标系的转动是不同的. 这种差异的原因来自于狭义相对论的四维时空间隔微元平方的如下规定:

$$\mathrm{d}s^2=\mathrm{d}x^2+\mathrm{d}y^2+\mathrm{d}z^2-(c\mathrm{d}t)^2, \tag{9.4.42}$$

其中, 时间间隔的贡献与空间间隔的贡献差了一个负号.

洛伦兹变换下时空间隔具有不变性，这与三维笛卡儿坐标系转动变换下空间间隔的不变性是类似的；需要注意的是，三维欧氏空间间隔和四维时空间隔的度量规则是不同的.

为了继续讨论的方便，我们引入闵可夫斯基（H. Minkowski, 1864—1909, 德国）度规

$$g_{\mu\nu}=\begin{cases}0 & (\mu\neq\nu),\\ 1 & (\mu=\nu=1,2,3),\\ -1 & (\mu=\nu=4);\end{cases} \tag{9.4.43}$$

$$g^{\mu\nu}=\begin{cases}0 & (\mu\neq\nu),\\ 1 & (\mu=\nu=1,2,3),\\ -1 & (\mu=\nu=4).\end{cases} \tag{9.4.44}$$

注意，记 $[g^{\alpha\beta}]=\mathcal{G}$，则有 $[g_{\alpha\beta}]=\mathcal{G}^{-1}$.

利用闵可夫斯基度规，我们可以将时空间隔微元的平方写成

$$\mathrm{d}s^2=g_{\mu\nu}\mathrm{d}x^{\mu}\mathrm{d}x^{\nu}. \tag{9.4.45}$$

注意，时空间隔不变性要求 $g'_{\mu\nu}=g_{\mu\nu}$，

$$\mathcal{G}'=\mathcal{G}. \tag{9.4.46}$$

时空间隔不变性使得四维时空是一个非欧氏四维空间，我们将称之为闵可夫斯基空间. 注意，洛伦兹变换前后四维时空的度规是不变的，这一重要性质与三维欧式空间笛卡儿系的转动变换是类似的；变换前后闵可夫斯基度规都是不变的常量，因此我们说四维时空（闵可夫斯基空间）是平直的.

仿照上一小节对于三维欧式空间的讨论，进一步引入

$$x_{\mu}=g_{\mu\nu}x^{\nu}, \tag{9.4.47}$$

我们可以将时空间隔微元的平方写成更加简洁的形式

$$\mathrm{d}s^2=\mathrm{d}x_{\mu}\mathrm{d}x^{\mu}. \tag{9.4.48}$$

与 $x^{\mu}$ 或 $\mathrm{d}x^{\mu}$ 可以理解为列向量对应，$x_{\mu}$ 或 $\mathrm{d}x_{\mu}$ 可以理解为行向量，

$$x_{\mu}=(x_1,x_2,x_3,x_4)=(x,y,z,-ct)=(\boldsymbol{x},-ct). \tag{9.4.49}$$

**需要注意的是，在四维闵氏空间中将一个列向量转换为相应的行向量时，其中的时间分量需要改变符号.**

利用狄拉克符号，记列向量 $\mathrm{d}x^{\mu}=|\mathrm{d}x\rangle$，行向量 $\mathrm{d}x_{\mu}=\langle\mathrm{d}x|$.

洛伦兹坐标变换关系可以写成

$$|\mathrm{d}x'\rangle=\mathrm{A}|\mathrm{d}x\rangle. \tag{9.4.50}$$

在下一小节中我们将证明

$$\langle\mathrm{d}x'|=\langle\mathrm{d}x|\mathrm{A}^{-1}. \tag{9.4.51}$$

容易验证, 上述两个方程满足

$$\langle \mathrm{d}x'|\mathrm{d}x'\rangle = \langle \mathrm{d}x|\mathrm{d}x\rangle,$$

这正是四维闵氏空间中间隔不变性的要求.

**4. 四维闵氏空间中的间隔不变性, 逆变矢量与协变矢量的对偶关系 ***

初学者可以跳过这一小节, 直接阅读下一小节关于四维闵氏空间中标量、矢量和张量定义的讨论. 这对于实际应用并没有多大影响; 待将来有需要时再回头来阅读这一小节的讨论.

方程 (9.4.47) 可以写成

$$\langle \mathrm{d}x| = \widetilde{|\mathrm{d}x\rangle}\mathcal{G}^{-1}. \tag{9.4.52}$$

由以上两个方程可得

$$\begin{aligned}\langle \mathrm{d}x'| &= \widetilde{|\mathrm{d}x'\rangle}\mathcal{G}'^{-1}\\ &= \widetilde{|\mathrm{d}x\rangle}\widetilde{\mathrm{A}}\mathcal{G}'^{-1} = \widetilde{|\mathrm{d}x\rangle}\mathcal{G}^{-1}\mathcal{G}\widetilde{\mathrm{A}}\mathcal{G}'^{-1}\\ &= \langle \mathrm{d}x|\mathcal{G}\widetilde{\mathrm{A}}\mathcal{G}'^{-1}.\end{aligned}$$

上式中用到了矩阵乘法的结合律. 由此可得

$$\langle \mathrm{d}x'| = \langle \mathrm{d}x|\mathcal{G}\widetilde{\mathrm{A}}\mathcal{G}'^{-1}. \tag{9.4.53}$$

这一关系式与上一小节中关于三维欧式空间的讨论结果相同.

现在我们再来看看时空间隔不变性的要求. 利用上式以及方程 (9.4.50), 我们得到

$$\langle \mathrm{d}x|\mathrm{d}x\rangle = \langle \mathrm{d}x'|\mathrm{d}x'\rangle = \langle \mathrm{d}x|\mathcal{G}\widetilde{\mathrm{A}}\mathcal{G}'^{-1}\mathrm{A}|\mathrm{d}x\rangle.$$

由此可得

$$\mathrm{A}^{-1} = \mathcal{G}\widetilde{\mathrm{A}}\mathcal{G}'^{-1}. \tag{9.4.54}$$

这一关系式与上一小节中关于三维欧式空间的讨论结果也是相同的.

利用上式与方程 (9.4.53), 我们立即得到

$$\langle \mathrm{d}x'| = \langle \mathrm{d}x|\mathrm{A}^{-1}. \tag{9.4.55}$$

这一关系与三维欧式空间中的协变元位移矢量的变换关系一样, 它也可以写成

$$\mathrm{d}x'_\mu = \mathrm{d}x_\nu b^\nu_\mu.$$

现在我们来检查方程 (9.4.54) 和方程 (9.4.46) 的自洽性. 由这两个方程我们得到

$$\mathrm{A}^{-1} = \mathcal{G}\widetilde{\mathrm{A}}\mathcal{G}^{-1}. \tag{9.4.56}$$

不难验证, 闵可夫斯基度规 $\mathcal{G}$ 和洛伦兹变换矩阵 A 满足这一重要关系. 这一点也不奇怪, 因为洛伦兹变换是一种满足时空间隔不变性的变换.

我们将把 $x^\mu$ 和 $x_\mu$ 分别称为逆变四维位矢和协变四维位矢. 四维位矢的逆变和协变两种表示显然可以按下列方式相互转换

$$\begin{aligned} x_\mu &= g_{\mu\nu}x^\nu, \\ x^\mu &= g^{\mu\nu}x_\nu. \end{aligned} \tag{9.4.57}$$

**5. 四维闵氏空间中标量、矢量与张量的定义**

现在我们可以仿照三维欧氏空间中笛卡儿坐标系转动的情形, 定义洛伦兹变换下四维时空的标量、矢量和张量.

(1) 洛伦兹标量

若一个时空点的函数 $f(\boldsymbol{x}, ct)$ 的数值在洛伦兹坐标变换下不变, 则称之为洛伦兹不变量, 或标量. 如时空间隔是洛伦兹标量.

(2) 四维矢量

若 $A^\mu$ 在坐标系变换下的变换关系与四维逆变位矢 $x^\mu$ 相同, 为

$$A'^\mu = a^\mu_\nu A^\nu, \tag{9.4.58}$$

则称之为四维逆变矢量.

若 $A_\mu$ 在坐标系变换下的变换关系与四维协变位矢 $x_\mu$ 相同, 为

$$A'_\mu = A_\nu b^\nu_\mu, \tag{9.4.59}$$

则称之为四维协变矢量.

例如, 算符

$$\partial_\mu \equiv \frac{\partial}{\partial x^\mu} = \left(\partial_{\boldsymbol{x}}, \frac{1}{c}\partial_t\right) \tag{9.4.60}$$

是一个协变矢量.

(3) 四维二阶张量

若 $F^{\mu\nu}$ 在坐标系变换下的变换关系为

$$F'^{\mu\nu} = a^\mu_\alpha a^\nu_\beta F^{\alpha\beta}, \tag{9.4.61}$$

则称之为二阶逆变张量.

若 $F_{\mu\nu}$ 在坐标系变换下的变换关系为

$$F'_{\mu\nu} = F_{\alpha\beta} b^\alpha_\mu b^\beta_\nu, \tag{9.4.62}$$

则称之为二阶协变张量.

若 $F^{\mu\cdot}_{\cdot\nu}$ 在坐标系变换下的变换关系为

$$F'^{\mu\cdot}_{\cdot\nu} = a^\mu_\alpha F^{\alpha\cdot}_{\cdot\beta} b^\beta_\nu, \tag{9.4.63}$$

则称之为二阶混合张量.

根据上述张量的定义可以证明闵可夫斯基度规 $g^{\mu\nu}$ 和 $g_{\mu\nu}$ 分别为逆变张量和协变张量; 我们将把它们称为闵可夫斯基度规张量.

利用闵可夫斯基度规张量, 对于每一个逆变(协变)矢量我们都可以得到一个协变(逆变)矢量,

$$A_\mu = g_{\mu\nu} A^\nu, \tag{9.4.64}$$

$$A^\mu = g^{\mu\nu} A_\nu. \tag{9.4.65}$$

由此可知, 任意一个矢量都有两种表示: 逆变矢量和协变矢量; 这与逆变位矢和协变位矢一样. 一对逆变矢量(列向量)和协变矢量(行向量)之间相互变换的规则是: 前三个(空间)分量相同, 第四个(时间)分量反号!

显然, 张量的定义可以从矢量的外积发展而来, 如 $A^\mu B^\nu$ 为逆变张量 $A_\mu B_\nu$ 为协变张量; 不难理解, 可以利用度规张量类似地从一个逆变张量构造一个协变张量, 等等.

度规系数可以简单地用来升降指标. 因此需要将一个矢量或张量在其协变形式和逆变形式之间转换时, 我们只需记住如下简单的规则即可.

**在狭义相对论中, 矢量和张量的空间指标取 1, 2, 3, 而时间指标取 4. 升降矢量或张量的一个指标时, 当该指标为空间指标(本书的惯例为 1, 2, 3)时相应的分量不变, 而当该指标取时间指标(本书的惯例为 4)时相应的分量改变符号.**

进一步地, 我们可以定义矢量的内积

$$A_\mu B^\mu = B_\nu A^\nu, \tag{9.4.66}$$

容易证明, 矢量的内积是一个不变量(标量).

如果一个物理规律可以写成与参考系无关的形式, 比如

$$A^\mu = B^\mu, \tag{9.4.67}$$

或者

$$B_\mu A^\mu = 0, \tag{9.4.68}$$

我们就说这个规律(方程)是洛伦兹协变的.

### 9.4.3* 洛伦兹变换与三维转动变换的比较

我们已经将三维欧氏空间中笛卡儿系的转动变换推广到四维闵可夫斯基空间中的洛伦兹变换. 在进一步讨论之前, 我们不妨检查一下洛伦兹变换与三维欧氏空间中笛卡儿系的转动变换究竟有何异同.

三维欧氏空间中一般曲线坐标系变换所满足的关系方程 (9.4.18), 在洛伦兹变换下显然也是满足的,

$$\mathcal{G}' = \mathrm{A}\mathcal{G}\widetilde{\mathrm{A}}. \tag{9.4.69}$$

对于三维转动变换和洛伦兹变换, 都有 $\mathcal{G}' = \mathcal{G}$; 这意味着三维欧氏空间和四维时空都是平直的. 因此我们有

$$\mathrm{A}^{-1} = \mathcal{G}\widetilde{\mathrm{A}}\mathcal{G}^{-1}. \tag{9.4.70}$$

由此可知, 变换矩阵的逆是度规矩阵对交换矩阵的相似变换.

对于笛卡儿系转动, $\mathcal{G}=\mathcal{I}$, 我们得到正交化条件 $\mathrm{A}^{-1}=\widetilde{\mathrm{A}}$.

对于洛伦兹变换, $\mathcal{G}\neq\mathcal{I}$; 方程 (9.4.70) 可以看作正交化条件的一种推广. 很显然, 洛伦兹变换可以看作正交变换的推广.

对于一般的洛伦兹变换, 新老惯性系中空间坐标都采用笛卡儿系, 两惯性系原点重合, 但是空间坐标可以不相互平行. 由于度规张量是对称的, 方程 (9.4.69) 提供了 10 个约束条件; 这表明时空坐标变换的 16 个系数 $a_{\nu}^{\mu}$ 中只有 6 个是独立的; 显然空间坐标转动的 3 个欧拉角和两个惯性系之间的相对速度的 3 个分量正好确定 6 个独立的变换系数.

在四维闵可夫斯基空间中, 考虑只将三维欧氏空间的笛卡儿系绕 $z$ 轴逆时针转动 $\theta$ 角的特殊的转动变换, 坐标变换的矩阵可以写成

$$\mathrm{R}=\begin{bmatrix}\cos\theta & \sin\theta & 0 & 0\\ -\sin\theta & \cos\theta & 0 & 0\\ 0 & 0 & 1 & 0\\ 0 & 0 & 0 & 1\end{bmatrix}. \tag{9.4.71}$$

上述转动变换可以理解为内嵌于四维时空中的三维空间的转动.

前述特殊的洛伦兹变换的坐标变换矩阵可以写成

$$\mathrm{L}=\begin{bmatrix}\gamma & 0 & 0 & -\gamma\beta\\ 0 & 1 & 0 & 0\\ 0 & 0 & 1 & 0\\ -\gamma\beta & 0 & 0 & \gamma\end{bmatrix}=\begin{bmatrix}\cosh\rho & 0 & 0 & -\sinh\rho\\ 0 & 1 & 0 & 0\\ 0 & 0 & 1 & 0\\ -\sinh\rho & 0 & 0 & \cosh\rho\end{bmatrix}, \tag{9.4.72}$$

其中, $\tanh\rho=\beta$, $\sinh\rho=\gamma\beta$, $\cosh\rho=\gamma$.

因此特殊的洛伦兹变换可以理解为四维时空坐标中 $(y,z)$ 坐标轴不动而 $(x,ct)$ 坐标"转动"的变换.

对于上述笛卡儿系的转动和洛伦兹"转动", 两维变换的变换矩阵可以分别写成

$$\mathrm{R}(\theta)=\begin{bmatrix}\cos\theta & \sin\theta\\ -\sin\theta & \cos\theta\end{bmatrix}=\mathcal{I}\cos\theta+\mathrm{i}\sigma_2\sin\theta=\exp\left(\mathrm{i}\sigma_2\theta\right), \tag{9.4.73}$$

$$\mathrm{L}(\rho)=\begin{bmatrix}\cosh\rho & -\sinh\rho\\ -\sinh\rho & \cosh\rho\end{bmatrix}=\mathcal{I}\cosh\rho-\sigma_1\sinh\rho=\exp\left(-\rho\sigma_1\right). \tag{9.4.74}$$

在上式中我们用到了泡利矩阵, 其定义为

$$\sigma_1=\begin{bmatrix}0 & 1\\ 1 & 0\end{bmatrix},\ \sigma_2=\begin{bmatrix}0 & -\mathrm{i}\\ \mathrm{i} & 0\end{bmatrix},\ \sigma_3=\begin{bmatrix}1 & 0\\ 0 & -1\end{bmatrix}. \tag{9.4.75}$$

注意, $\sigma_i^2=\mathcal{I}$. $|\mathrm{R}(\theta)|=1$, $|\mathrm{L}(\rho)|=1$.

显而易见, 笛卡儿系绕其一个坐标轴的转动变换构成一个以 $\theta$ 为参数的连续群 (李群); 变换矩阵为正交矩阵, 并且具有行列式为 1 的特殊性, 因此称为 SO(2). 相应地, 特殊的洛伦兹变换也构成了一个以 $\rho$ 为参数的李群, 我们称其为特殊的洛伦兹群或洛伦兹子群.

### 9.4.4 四维时空中的四维梯度、散度、旋度和达朗贝尔算符

在前面介绍四维矢量时, 我们谈到对于坐标的导数算符

$$\partial_\mu \equiv \frac{\partial}{\partial x^\mu} = \left(\partial_{\boldsymbol{x}},\ \frac{1}{c}\partial_t\right) \tag{9.4.76}$$

是一个协变矢量, 其变换与坐标变换是反的;利用逆变度规张量我们可以从这个协变矢量构造出一个相应的逆变矢量, $\partial^\mu = g^{\mu\nu}\partial_\nu$,

$$\partial^\mu = \begin{bmatrix} \partial_{\boldsymbol{x}} \\ -\dfrac{1}{c}\partial_t \end{bmatrix}. \tag{9.4.77}$$

很显然 $\partial^\mu$ 和 $\partial_\nu$ 分别是一个四维矢量算符(可记为 $\Box$)的逆变表示和协变表示. 不难理解, $\Box$ 这个四维矢量算符是三维笛卡儿系中 $\nabla$ 算符的四维推广.

考虑三维笛卡儿坐标系中的拉普拉斯(标量)算符和三维矢量算符 $\nabla$ 之间的关系,

$$\nabla^2 = \nabla \cdot \nabla,$$

拉普拉斯算符(标量)为 $\nabla$ 算符(矢量)与其自身的内积. 我们立即可以推广到四维情形, 写下达朗贝尔算符

$$\Box^2 = \langle \Box | \Box \rangle = \partial_\mu \partial^\mu = \nabla^2 - \frac{1}{c^2}\partial_t^2. \tag{9.4.78}$$

注意达朗贝尔算符 $\Box^2$ 是四维矢量算符 $\Box$ 与其自身的内积, 因而是一个洛伦兹不变量; 四维时空中的算符 $\Box^2 = \langle \Box | \Box \rangle$ 是三维欧氏空间中的算符 $\nabla^2 = \nabla \cdot \nabla$ 的自然推广.

进一步地, 我们认识到一个四维矢量场 $j^\mu(x^1, x^2, x^3, x^4)$ 的四维散度应该是一个洛伦兹不变量(标量), 可以写成 $\partial_\mu j^\mu$. 当然, 根据标量不变性我们有

$$\partial^\mu j_\mu = \partial_\mu j^\mu. \tag{9.4.79}$$

一个标量(洛伦兹不变量)场 $\phi(x^1, x^2, x^3, x^4)$ 的四维梯度应该写成

$$\langle \Box | \phi = \partial_\mu \phi = \left(\partial_{\boldsymbol{x}},\ \frac{1}{c}\partial_t\right)\phi. \tag{9.4.80}$$

当然也可以写成

$$\phi | \Box \rangle = \partial^\mu \phi = \begin{bmatrix} \partial_{\boldsymbol{x}} \\ -\dfrac{1}{c}\partial_t \end{bmatrix}\phi. \tag{9.4.81}$$

四维梯度看起来有点奇特(一个矢量有协变和逆变两种表示). 注意三维笛卡儿系的梯度的定义是 $\mathrm{d}\phi = \mathrm{d}\boldsymbol{x} \cdot \nabla\phi$, 其中的要点是计算元位矢和梯度矢量的内积. 相应地, 在四维情形下, 标量场的微分应该写成四维元位矢和四维梯度矢量的内积;这可以写成

$$\mathrm{d}\phi = \partial_\mu \phi \mathrm{d}x^\mu = \left(\partial_{\boldsymbol{x}},\ \frac{1}{c}\partial_t\right)\phi \begin{bmatrix} \mathrm{d}\boldsymbol{x} \\ c\mathrm{d}t \end{bmatrix} = \mathrm{d}\boldsymbol{x} \cdot \nabla\phi + \mathrm{d}t\partial_t\phi. \tag{9.4.82}$$

当然也可以写成

$$\mathrm{d}\phi = \mathrm{d}x_\mu \partial^\mu \phi = (\mathrm{d}\boldsymbol{x},\ -c\mathrm{d}t) \begin{bmatrix} \partial_{\boldsymbol{x}} \\ -\dfrac{1}{c}\partial_t \end{bmatrix}\phi = \mathrm{d}\boldsymbol{x} \cdot \nabla\phi + \mathrm{d}t\partial_t\phi. \tag{9.4.83}$$

两者结果相同! 这一点也不奇怪, 这就是标量不变性!

现在我们来看看三维笛卡儿系中的旋度如何推广到四维情形. 为此我们先来检查三维矢量场的旋度计算, 例如

$$\boldsymbol{B}=\nabla\times\boldsymbol{A}, \tag{9.4.84}$$

写成分量形式就是

$$B_1=\partial_2A_3-\partial_3A_2,\ B_2=\partial_3A_1-\partial_1A_3,\quad\cdots \tag{9.4.85}$$

在三维笛卡儿系中, 我们已经认识到两个矢量的叉积实际上是一个张量 ( $B_1\mapsto B_{23}$, $B_2\mapsto B_{31},\cdots$ ).

我们将上式稍加推广, 得到计算四维矢量场 $A_\mu$ 的四维旋度的表达式

$$F_{\mu\nu}=\partial_\mu A_\nu-\partial_\nu A_\mu. \tag{9.4.86}$$

很明显四维矢量场 $A_\mu$ 的四维旋度定义了一个四维反对称二阶张量.

## 9.5 麦克斯韦电磁场理论的洛伦兹协变性

在系统地讨论麦克斯韦电磁场理论的狭义相对论协变性之前, 我们先讨论四维协变理论应用于平面电磁波传播的这样一个问题. 虽然其中的数学, 在有了上一节的基础之后, 是简单的, 但是这个简单应用所反映的物理深刻性是毫无疑问的.

### 9.5.1 平面电磁波的四维波矢

平面电磁波的相位为

$$\phi=\boldsymbol{k}\cdot\boldsymbol{x}-\frac{\omega}{c}ct. \tag{9.5.1}$$

由于相位只是一个计数 ( 例如波峰数目的计数 ), 不应该依赖于参考系的选取, 我们断言:平面电磁波的相位是一个洛伦兹标量. 将上式右边写成一个洛伦兹不变量 $k^\mu x_\mu=k_\mu x^\mu$, 由此我们识别出逆变四维波矢

$$k^\mu=\begin{bmatrix}\boldsymbol{k}\\ \dfrac{\omega}{c}\end{bmatrix}. \tag{9.5.2}$$

由逆变四维波矢, 通过使用度规张量升降指标, 我们可以得到相应的协变四维波矢

$$k_\mu=\left(\boldsymbol{k},\ -\frac{\omega}{c}\right). \tag{9.5.3}$$

注意逆变矢量和协变矢量之间的转换规则可以简单地理解为转置后将第四个 ( 时间 ) 分量改变符号.

逆变四维波矢的变换方式与坐标的洛伦兹变换一样, $k'^\mu=a^\mu_\nu k^\nu$. 根据四维波矢的变换关系, 可以解释实验上观察到的光行差现象和横向多普勒效应以及菲佐的水流实验!

**例 9.9**　在 $\Sigma$ 系中观察到真空中电磁波的频率为 $\omega$, 波矢与 $x$ 轴夹角为 $\theta$; 在 $\Sigma'$ 系中观察到波的频率为 $\omega'$, 波矢与 $x'$ 轴夹角为 $\theta'$. 试用 $\omega$ 和 $\theta$ 表示 $\omega'$ 和 $\theta'$.

**解**　由于真空中光速不变, 在两个参照系中光速均有 $c=\omega/k=\omega'/k'$. 利用逆变四维波矢的洛伦兹变换关系 $k'^{\mu}=a^{\mu}_{\nu}k^{\nu}$ 可以解出

$$\begin{cases}\omega'=\omega\gamma\left(1-\dfrac{v}{c}\cos\theta\right),\\ \tan\theta'=\dfrac{\sin\theta}{\gamma\left(\cos\theta-\dfrac{v}{c}\right)}.\end{cases} \tag{9.5.4}$$

式 (9.5.4) 第一式为相对论多普勒（C. J. Doppler, 1803—1853, 奥地利）效应（已经为实验所证实）, 第二式为相对论光行差效应（已为恒星视位置的观测所证实）.

令 $\Sigma'$ 系为光源静止系, 则 $\omega'$ 为光源的静止频率 $\omega_0$. $\Sigma$ 系中观察者看到的频率为

$$\omega=\frac{\omega_0}{\gamma\left(1-\dfrac{v}{c}\cos\theta\right)}. \tag{9.5.5}$$

注意, $\cos\theta=0$ 时, 经典多普勒效应消失; 这里相对论的多普勒效应仍然存在, 称之为横向多普勒效应.

**例 9.10**　试给出运动流体介质中光的传播速度与流体运动方向之间的关系（菲佐公式）.

**解**　设介质静止系为 $\Sigma'$ 系, 相对于实验室系 $\Sigma$ 的运动速度为 $v$, 沿着 $x$ 轴方向. 介质静止系中光速各向同性, 由介质的折射率给定 $n=ck'/\omega'$. 令 $\theta$ 和 $\theta'$ 分别为两参考系中观测的同一束光与各自的 $x$ 和 $x'$ 轴的夹角.

利用逆变四维波矢的洛伦兹变换关系 $k'^{\mu}=a^{\mu}_{\nu}k^{\nu}$ 可以解出观测者看到的运动介质中的光速为

$$v_\phi=\frac{\omega}{k}=\frac{c}{n}+v\cos\theta'-\frac{1}{n^2}v\cos\theta',$$

上式中已经略去了 $\beta^2$ 量级的小项; 考虑到 $\theta$ 和 $\theta'$ 的差别为 $\beta$ 量级, 上式可近似为

$$v_\phi=\frac{c}{n}+v\cos\theta-\frac{1}{n^2}v\cos\theta.$$

这个结论解释了菲佐的水流实验.

### 9.5.2　达朗贝尔方程的洛伦兹不变性

我们已经知道电荷守恒方程

$$\partial_t\rho+\nabla\cdot\boldsymbol{j}=0, \tag{9.5.6}$$

与达朗贝尔方程

$$\begin{cases}\left(\nabla^2-\dfrac{1}{c^2}\partial_t^2\right)\boldsymbol{A}&=-\mu_0\boldsymbol{j},\\ \left(\nabla^2-\dfrac{1}{c^2}\partial_t^2\right)\phi&=-\dfrac{1}{\epsilon_0}\rho,\end{cases} \tag{9.5.7}$$

联立给出了电磁场基本规律的势理论.

上述方程可以导出洛仑茨规范条件

$$\nabla\cdot\boldsymbol{A}+\frac{1}{c^2}\partial_t\phi=0. \tag{9.5.8}$$

利用势理论给出的矢势和标势, 电磁场由下列关系给出

$$\boldsymbol{B}=\nabla\times\boldsymbol{A}, \tag{9.5.9}$$

$$\boldsymbol{E}=-\nabla\phi-\partial_t\boldsymbol{A}. \tag{9.5.10}$$

注意这两个方程在电动力学的势理论中并非必要, 只是在解释结果时将势理论与场理论联系起来比较方便.

电荷守恒定律的相对性要求将其写成洛伦兹协变形式

$$\partial_\mu j^\mu=0. \tag{9.5.11}$$

由此得四维电流密度

$$j^\mu=\begin{bmatrix}\boldsymbol{j}\\ c\rho\end{bmatrix}. \tag{9.5.12}$$

逆变四维电流密度的变换关系与洛伦兹坐标变换关系一样, $j'^\mu=a^\mu_\nu j^\nu$; 由此可得电荷密度和电流密度的如下变换关系:

$$\begin{cases}\boldsymbol{j}'_\perp=\boldsymbol{j}_\perp,\\ j'_\parallel=\gamma\left(j_\parallel-\beta c\rho\right),\\ c\rho'=\gamma\left(c\rho-\beta j_\parallel\right).\end{cases} \tag{9.5.13}$$

式 (9.5.13) 中 $\boldsymbol{\beta}=\boldsymbol{v}/c$. 下角标 $\parallel$ 和 $\perp$ 分别代表平行和垂直于两个惯性系相对速度 $\boldsymbol{v}$ 的分量.

电动力学的洛伦兹协变性要求将达朗贝尔方程写成洛伦兹协变形式; 利用达朗贝尔算符的四维协变性, 我们立即写下

$$\Box^2A^\mu=-\mu_0 j^\mu. \tag{9.5.14}$$

由此可知四维矢势为

$$A^\mu=\begin{bmatrix}\boldsymbol{A}\\ \dfrac{\phi}{c}\end{bmatrix}. \tag{9.5.15}$$

不难理解, 上述讨论自然导致了洛仑茨规范的协变性,

$$\partial_\mu A^\mu=0. \tag{9.5.16}$$

为了势理论结果的解释方便, 我们还需要考察场与势的关系是否协变. 为此我们写出协变四维矢势

$$A_\mu=\left(\boldsymbol{A},\ -\frac{\phi}{c}\right). \tag{9.5.17}$$

计算四维矢势的四维旋度,

$$F_{\mu\nu}=\partial_\mu A_\nu-\partial_\nu A_\mu. \tag{9.5.18}$$

很明显, 四维矢势 $A_\mu$ 的四维旋度定义了一个四维反对称二阶协变张量, 我们称之为电磁场协变张量

$$F_{\mu\nu}=\begin{bmatrix}0 & +B_3 & -B_2 & \frac{1}{c}E_1\\ -B_3 & 0 & +B_1 & \frac{1}{c}E_2\\ +B_2 & -B_1 & 0 & \frac{1}{c}E_3\\ -\frac{1}{c}E_1 & -\frac{1}{c}E_2 & -\frac{1}{c}E_3 & 0\end{bmatrix}. \tag{9.5.19}$$

由电磁场协变张量, 通过使用度规张量升降指标 $F^{\mu\nu}=g^{\mu\alpha}F_{\alpha\beta}g^{\beta\nu}$, 我们可以得到相应的电磁场逆变张量

$$F^{\mu\nu}=\begin{bmatrix}0 & +B_3 & -B_2 & -\frac{1}{c}E_1\\ -B_3 & 0 & +B_1 & -\frac{1}{c}E_2\\ +B_2 & -B_1 & 0 & -\frac{1}{c}E_3\\ \frac{1}{c}E_1 & \frac{1}{c}E_2 & \frac{1}{c}E_3 & 0\end{bmatrix}. \tag{9.5.20}$$

注意逆变张量和协变张量之间的转换规则可以简单地理解为角标出现一次"4", 则改变一次符号.

由逆变张量的变换关系, 可以得到电磁场的变换关系式

$$\begin{cases}\frac{1}{c}E'_{\parallel}(\boldsymbol{x}',ct')=\frac{1}{c}E_{\parallel}(\boldsymbol{x},ct),\\ B'_{\parallel}(\boldsymbol{x}',ct')=B_{\parallel}(\boldsymbol{x},ct);\\ \frac{1}{c}\boldsymbol{E}'_{\perp}(\boldsymbol{x}',ct')=\gamma\left[\frac{1}{c}\boldsymbol{E}_{\perp}(\boldsymbol{x},ct)+\frac{\boldsymbol{v}}{c}\times\boldsymbol{B}(\boldsymbol{x},ct)\right],\\ \boldsymbol{B}'_{\perp}(\boldsymbol{x}',ct')=\gamma\left[\boldsymbol{B}_{\perp}(\boldsymbol{x},ct)-\frac{\boldsymbol{v}}{c}\times\frac{1}{c}\boldsymbol{E}(\boldsymbol{x},ct)\right].\end{cases} \tag{9.5.21}$$

式 (9.5.21) 中角标 $\parallel$ 和 $\perp$ 分别表示平行和垂直于惯性系相对运动方向.

为了正确理解上面的电磁场变换关系式, 需要注意如下重要事实. 矢量（张量）的概念是由位矢发展而来的, 而位矢是在空间给定一点 $P$ 上定义的；因此四维空间的四维矢量（张量）是在给定四维时空点（或事件）$P$ 定义的 4 个（16 个）数, 其数值变换关系由坐标变换确定. 当四维时空给定点（事件）$P$ 的矢量（张量）按坐标变换关系变换时, 该点 $P$ 的坐标也相应地变换. 上式给出的是同一四维时空点 $P$ 处电磁场数值的变换关系.

电磁场张量及其给出的电磁场在惯性系之间的变换关系反映了一个重要事实: 电场和磁场是同一事物在两个方面的表现.

当 $v/c\to 0$ 时, 在方程 (9.5.21) 中保留 $\boldsymbol{v}/c$ 的一阶项, 我们可以得到电磁场变换关系

的低速近似表达式,

$$\begin{cases} \dfrac{1}{c}E'_{\parallel} = \dfrac{1}{c}E_{\parallel}, \\ B'_{\parallel} = B_{\parallel}; \\ \dfrac{1}{c}\boldsymbol{E}'_{\perp} = \dfrac{1}{c}\boldsymbol{E}_{\perp} + \dfrac{\boldsymbol{v}}{c} \times \boldsymbol{B}, \\ \boldsymbol{B}'_{\perp} = \boldsymbol{B}_{\perp} - \dfrac{\boldsymbol{v}}{c} \times \dfrac{1}{c}\boldsymbol{E}. \end{cases} \tag{9.5.22}$$

注意上面倒数第二式右边的第二项与本书第 2.4 节中所讨论的法拉第的动生电动势是一致的.

根据电磁场的变换关系, 可以立即证明

$$c^2B^2 - E^2 = c^2B'^2 - E'^2, \tag{9.5.23}$$

$$c\boldsymbol{B} \cdot \boldsymbol{E} = c\boldsymbol{B}' \cdot \boldsymbol{E}'. \tag{9.5.24}$$

这两个洛伦兹不变量表明: 自由空间中平面电磁波的电场与磁场垂直且电场与磁感应强度幅值比为光速的性质不随惯性系变换而改变;这一点也不奇特, 因为麦克斯韦方程组是洛伦兹协变的.

**例 9.11** 利用四维电磁场张量, 证明方程 (9.5.23).

**证** 计算电磁场张量的缩并得到洛伦兹不变量

$$-\frac{1}{4\mu_0}F^{\mu\nu}F_{\mu\nu} = \frac{1}{2}\epsilon_0 E^2 - \frac{1}{2\mu_0}B^2. \tag{9.5.25}$$

式 (9.5.25) 乘以常数 $2/\epsilon_0$ 得到洛伦兹不变量 $E^2 - c^2B^2$.

直接利用电磁场的变换关系式也可以证明上述结论.

**例 9.12** 求以匀速 $\boldsymbol{v}$ 运动的荷电 $e$ 的粒子产生的电磁场.

**解** 选取参照系 $\Sigma'$ 为粒子静止系; 观察者所在参照系为 $\Sigma$ 系, $x$ 轴取为粒子运动方向. $\Sigma$ 系中观察场的时刻为 $t = 0$, 粒子在此时刻的位置取为坐标原点. 令 $\Sigma'$ 的原点与 $\Sigma$ 系相同.

在 $\Sigma'$ 系中观察: $P = (x', y', z', ct')$, 粒子产生的场为静电场,

$$\boldsymbol{E}' = \frac{e}{4\pi\epsilon_0} \cdot \frac{\boldsymbol{x}'}{|\boldsymbol{x}'|^3}, \quad \boldsymbol{B}' = \boldsymbol{0}.$$

在 $\Sigma$ 系中观察: $P = (x, y, z, ct = 0)$; 先由四维时空点 $P$ 处电磁场数值的变换关系得到

$$\begin{aligned} E_x &= \frac{e}{4\pi\epsilon_0} \cdot \frac{x'}{|\boldsymbol{x}'|^3}, \quad & B_x &= 0; \\ E_y &= \gamma\frac{e}{4\pi\epsilon_0} \cdot \frac{y'}{|\boldsymbol{x}'|^3}, \quad & B_y &= -\gamma\frac{v}{c^2} \cdot \frac{e}{4\pi\epsilon_0} \cdot \frac{z'}{|\boldsymbol{x}'|^3}; \\ E_z &= \gamma\frac{e}{4\pi\epsilon_0} \cdot \frac{z'}{|\boldsymbol{x}'|^3}, \quad & B_z &= \gamma\frac{v}{c^2} \cdot \frac{e}{4\pi\epsilon_0} \cdot \frac{y'}{|\boldsymbol{x}'|^3}. \end{aligned}$$

再利用坐标变换关系, 将等式右边的 $\Sigma'$ 系坐标换回 $\Sigma$ 系坐标,

$$\boldsymbol{E}(\boldsymbol{x}, ct = 0) = \frac{\gamma}{\left[1 + \gamma^2\left(\dfrac{\boldsymbol{v}}{c} \cdot \boldsymbol{n}\right)^2\right]^{3/2}} \cdot \frac{e\boldsymbol{x}}{4\pi\epsilon_0|\boldsymbol{x}|^3},$$

$$\boldsymbol{B}=\frac{\boldsymbol{v}}{c^2}\times\boldsymbol{E},$$

其中, $\boldsymbol{n}=\boldsymbol{x}/|\boldsymbol{x}|$.

带电粒子在平行和垂直于其运动方向产生的电场分别为

$$\boldsymbol{E}_{\parallel}=\frac{1}{\gamma^2}\boldsymbol{E}_{0,\parallel},$$

$$\boldsymbol{E}_{\perp}=\gamma\boldsymbol{E}_{0,\perp},$$

其中, $\boldsymbol{E}_0$ 为静止粒子的静电场

$$\boldsymbol{E}_0=\frac{e\boldsymbol{x}}{4\pi\epsilon_0|\boldsymbol{x}|^3}.$$

这里利用洛伦兹变换所得到的结果与第 7.4 节中直接利用李纳-维谢尔势得到的结果相同.

### 9.5.3　真空中麦克斯韦方程组的四维协变形式

到目前为止, 我们已经讨论了矢势标势理论表述的麦克斯韦电磁学的洛伦兹协变性. 由于矢势标势理论与电场磁场理论的等价性, 自然地, 麦克斯韦方程组也是洛伦兹协变的.

麦克斯韦方程组中的两个非齐次方程,

$$\begin{cases}\nabla\cdot\boldsymbol{E}=\dfrac{1}{\epsilon_0}\rho(\boldsymbol{x},t),\\ \nabla\times\boldsymbol{B}=\mu_0\boldsymbol{j}(\boldsymbol{x},t)+\dfrac{1}{c^2}\partial_t\boldsymbol{E}(\boldsymbol{x},t),\end{cases}\tag{9.5.26}$$

电场的散度方程和磁场的旋度方程相当于 4 个分量方程, 利用逆变电磁场张量可以写成如下的四维协变形式

$$-\partial_\mu F^{\mu\nu}=\mu_0 j^\nu.\tag{9.5.27}$$

麦克斯韦方程组中的两个齐次方程,

$$\begin{cases}\nabla\cdot\boldsymbol{B}=0,\\ \nabla\times\boldsymbol{E}=-\partial_t\boldsymbol{B}(\boldsymbol{x},t),\end{cases}\tag{9.5.28}$$

磁场的散度方程和电场的旋度方程也相当于 4 个分量方程, 利用协变电磁场张量可以写成如下的四维协变形式

$$\partial_\lambda F_{\mu\nu}+\partial_\nu F_{\lambda\mu}+\partial_\mu F_{\nu\lambda}=0.\tag{9.5.29}$$

注意, 该方程是一个全反对称方程, 其左边对于每一对下标都是反对称的; 因此只有当 $\lambda,\mu,\nu$ 取值不同时, 该方程才不是一个平庸方程 ( $0=0$ ); 由此可知 $\lambda,\mu,\nu$ 只需要取 $1,2,3,4$ 中不同的 3 个数, 因此该方程实际上只是 4 个分量方程.

麦克斯韦方程组中的两个齐次方程也可以利用逆变对偶电磁场张量写成更加简略的四维协变形式. 为此, 我们引入全反对称四阶逆变张量 $\epsilon^{\alpha\beta\gamma\delta}$, 其定义为, 当指标 $(\alpha\ \beta\ \gamma\ \delta)=(1\ 2\ 3\ 4)$ 或其偶置换时, $\epsilon^{\alpha\beta\gamma\delta}=1$; 当指标为奇置换时, $\epsilon^{\alpha\beta\gamma\delta}=-1$; 当指标中有两个相等时, $\epsilon^{\alpha\beta\gamma\delta}=0$. 相应的四阶协变张量为 $\epsilon_{\alpha\beta\gamma\delta}=-\epsilon^{\alpha\beta\gamma\delta}$.

现在, 我们可以利用上述四阶全反对称逆变张量由电磁场协变张量构造逆变电磁场对偶张量

$$\mathcal{F}^{\mu\nu}=\frac{1}{2}\epsilon^{\mu\nu\alpha\beta}F_{\alpha\beta}=\begin{bmatrix}0 & \frac{1}{c}E_3 & -\frac{1}{c}E_2 & B_1\\ -\frac{1}{c}E_3 & 0 & \frac{1}{c}E_1 & B_2\\ \frac{1}{c}E_2 & -\frac{1}{c}E_1 & 0 & B_3\\ -B_1 & -B_2 & -B_3 & 0\end{bmatrix}. \tag{9.5.30}$$

注意逆变电磁场对偶张量 $\mathcal{F}^{\mu\nu}$ 的元素可以通过 $\boldsymbol{B}\to\boldsymbol{E}/c$, $\boldsymbol{E}/c\to-\boldsymbol{B}$ 的替换规则从逆变电磁场张量 $F^{\mu\nu}$ 得到.

利用上述逆变电磁场对偶张量, 我们立即可以将麦克斯韦方程组的两个齐次方程写成下列简洁的四维协变形式,

$$-\partial_\mu\mathcal{F}^{\mu\nu}=0. \tag{9.5.31}$$

需要指出的是, 麦克斯韦方程组的洛伦兹协变性最早是由三维理论得出的. 其过程简略叙述如下.

由 $\Sigma$ 系中的麦克斯韦方程组出发, 应用从 $\Sigma$ 系 $(\boldsymbol{x},ct)$ 到 $\Sigma'$ 系 $(\boldsymbol{x}',ct')$ 的洛伦兹坐标变换, 利用隐函数的微分法则, 将原来的麦克斯韦方程组中的 $\partial_{\boldsymbol{x}}$ 和 $\partial_t$ 表示成 $\partial_{\boldsymbol{x}'}$ 和 $\partial_{t'}$. 例如, 在前述特殊的洛伦兹变换下,

$$\partial_x E_x\left[\boldsymbol{x}'(\boldsymbol{x},ct),ct'(\boldsymbol{x},ct)\right]=\left(\gamma\partial_{x'}-\gamma\beta\partial_{ct'}\right)E_x(\boldsymbol{x}',ct'), \tag{9.5.32}$$

$$\partial_{ct} B_x\left[\boldsymbol{x}'(\boldsymbol{x},ct),ct'(\boldsymbol{x},ct)\right]=\left(\gamma\partial_{ct'}-\gamma\beta\partial_{x'}\right)B_x(\boldsymbol{x}',ct'). \tag{9.5.33}$$

经过繁琐但直接的代数运算可以发现, 如果 $\boldsymbol{E}(\boldsymbol{x}',ct')$ 和 $\boldsymbol{B}(\boldsymbol{x}',ct')$ 按方程 (9.5.21) 规定的方式变换为 $\boldsymbol{E}'(\boldsymbol{x}',ct')$ 和 $\boldsymbol{B}'(\boldsymbol{x}',ct')$, 同时 $c\rho(\boldsymbol{x}',ct')$和$\boldsymbol{j}(\boldsymbol{x}',ct')$ 按照与洛伦兹坐标 $(ct,\boldsymbol{x})$ 变换相同的方式, 即方程（9.5.13）变换为 $c\rho'(\boldsymbol{x}',ct')$和$\boldsymbol{j}'(\boldsymbol{x}',ct')$, 则麦克斯韦方程组在 $\Sigma'$ 系中的形式不变,

$$\begin{cases}\nabla'\cdot\boldsymbol{E}'=\dfrac{1}{\epsilon_0}\rho'(\boldsymbol{x}',t'),\\ \nabla'\times\boldsymbol{E}'=-\partial_{t'}\boldsymbol{B}'(\boldsymbol{x}',t'),\\ \nabla'\cdot\boldsymbol{B}'=0,\\ \nabla'\times\boldsymbol{B}'=\mu_0\boldsymbol{j}'(\boldsymbol{x}',t')+\dfrac{1}{c^2}\partial_{t'}\boldsymbol{E}'(\boldsymbol{x}',t').\end{cases} \tag{9.5.34}$$

这里, $\nabla'=\nabla_{\boldsymbol{x}'}$.

这与简洁的四维协变理论给出的结果是等价的. 由于麦克四维方程组可以利用四维二阶电磁场张量写成简洁的协变形式, 据此我们也可以立即得到上述结论, 即方程（9.5.34）.

### 9.5.4* 介质中麦克斯韦方程组的四维协变形式

介质的麦克斯韦方程组中的两个齐次方程与真空中情形相同, 其四维协变形式已经在上一小节讨论过;这里讨论非齐次的两个方程:

$$\begin{cases}\nabla\cdot\boldsymbol{D}=\rho_{\mathrm{f}}(\boldsymbol{x},t),\\ \nabla\times\boldsymbol{H}=\boldsymbol{j}_{\mathrm{f}}(\boldsymbol{x},t)+\partial_t\boldsymbol{D}(\boldsymbol{x},t),\end{cases} \tag{9.5.35}$$

其中

$$\begin{cases}\boldsymbol{D}=\epsilon_0\boldsymbol{E}+\boldsymbol{P}(\boldsymbol{x},t),\\ \boldsymbol{H}=\dfrac{1}{\mu_0}\boldsymbol{B}-\boldsymbol{M}(\boldsymbol{x},t).\end{cases} \tag{9.5.36}$$

自由电荷和自由电流满足守恒方程

$$\partial_t\rho_{\rm f}+\nabla\cdot\boldsymbol{j}_{\rm f}=0. \tag{9.5.37}$$

很显然, 自由电流和自由电荷构成四维自由电流 $j_{{\rm f},\mu}=(\boldsymbol{j}_{\rm f},c\rho_{\rm f})$. 自由电荷守恒方程可以写成四维协变形式

$$\partial_\mu j_{\rm f}^\mu=0. \tag{9.5.38}$$

利用四维自由电流的变换关系 $j_{\rm f}^{\prime\mu}=a^\mu_\nu j_{\rm f}^\nu$, 我们立即可以得到自由电荷密度和自由电流密度的如下变换关系:

$$\begin{cases}\boldsymbol{j}'_{{\rm f},\perp}=\boldsymbol{j}_{{\rm f},\perp},\\ j'_{{\rm f},\parallel}=\gamma\left(j_{{\rm f},\parallel}-\beta c\rho_{\rm f}\right),\\ c\rho'_{\rm f}=\gamma\left(c\rho_{\rm f}-\beta j_{{\rm f},\parallel}\right).\end{cases} \tag{9.5.39}$$

将方程 (9.5.35) 和方程 (9.5.26) 比较, 注意四维自由电流是洛伦兹协变的, 我们立即得到如下结论:如果方程 (9.5.35) 和方程 (9.5.26) 一样是洛伦兹协变的, 那么 $(\frac{1}{c\epsilon_0}\boldsymbol{D},\mu_0\boldsymbol{H})$ 或 $(\boldsymbol{D},\frac{1}{c}\boldsymbol{H})$ 的变换关系与 $(\frac{1}{c}\boldsymbol{E},\ \boldsymbol{B})$ 的变换关系一定是一样的. 进一步根据方程 (9.5.36), 我们立即知道 $(\boldsymbol{P},-\frac{1}{c}\boldsymbol{M})$ 的变换关系与 $(\frac{1}{c}\boldsymbol{E},\ \boldsymbol{B})$ 的变换关系也是一样的.

由上述讨论, 利用替换规则 $(\frac{1}{c}\boldsymbol{E}\to\boldsymbol{D},\ \boldsymbol{B}\to\frac{1}{c}\boldsymbol{H})$, 我们从方程 (9.5.20) 得到如下四维 ($\boldsymbol{D},\boldsymbol{H}$) 二阶逆变张量:

$$G^{\mu\nu}=\begin{bmatrix}0 & +\frac{1}{c}H_3 & -\frac{1}{c}H_2 & -D_1\\ -\frac{1}{c}H_3 & 0 & +\frac{1}{c}H_1 & -D_2\\ +\frac{1}{c}H_2 & -\frac{1}{c}H_1 & 0 & -D_3\\ D_1 & D_2 & D_3 & 0\end{bmatrix}. \tag{9.5.40}$$

利用替换规则 $(\frac{1}{c}\boldsymbol{E}\to\boldsymbol{P},\ \boldsymbol{B}\to-\frac{1}{c}\boldsymbol{M})$, 我们从方程 (9.5.20) 得到如下四维 (极化磁化) 二阶逆变张量:

$$\mathcal{M}^{\mu\nu}=\begin{bmatrix}0 & -\frac{1}{c}\boldsymbol{M}_3 & \frac{1}{c}\boldsymbol{M}_2 & -P_1\\ \frac{1}{c}\boldsymbol{M}_3 & 0 & -\frac{1}{c}\boldsymbol{M}_1 & -P_2\\ -\frac{1}{c}\boldsymbol{M}_2 & \frac{1}{c}\boldsymbol{M}_1 & 0 & -P_3\\ P_1 & P_2 & P_3 & 0\end{bmatrix}. \tag{9.5.41}$$

利用上面得到的四维张量 $G^{\mu\nu}$, 我们立即将介质中麦克斯韦方程组中的两个非齐次方程写成如下的四维协变形式:

$$-\partial_\mu G^{\mu\nu} = \frac{1}{c} j_{\mathrm{f}}^{\nu}. \tag{9.5.42}$$

$(\boldsymbol{D},\ \frac{1}{c}\boldsymbol{H})$ 的变换关系可以从四维张量 $G^{\mu\nu}$ 的变换关系得到, 也可以简单地从方程 (9.5.21) 通过前述替换规则得到

$$\begin{cases} D'_{\parallel}(\boldsymbol{x}', ct') = D_{\parallel}(\boldsymbol{x}, ct), \\ \dfrac{1}{c}H'_{\parallel}(\boldsymbol{x}', ct') = \dfrac{1}{c}H_{\parallel}(\boldsymbol{x}, ct); \\ \boldsymbol{D}'_{\perp}(\boldsymbol{x}', ct') = \gamma\left[\boldsymbol{D}_{\perp}(\boldsymbol{x}, ct) + \dfrac{\boldsymbol{v}}{c} \times \dfrac{1}{c}\boldsymbol{H}(\boldsymbol{x}, ct)\right], \\ \dfrac{1}{c}\boldsymbol{H}'_{\perp}(\boldsymbol{x}', ct') = \gamma\left[\dfrac{1}{c}\boldsymbol{H}_{\perp}(\boldsymbol{x}, ct) - \dfrac{\boldsymbol{v}}{c} \times \boldsymbol{D}(\boldsymbol{x}, ct)\right]. \end{cases} \tag{9.5.43}$$

类似地, 我们可以得到 $(\boldsymbol{P},\ -\frac{1}{c}\boldsymbol{M})$ 的变换关系

$$\begin{cases} P'_{\parallel}(\boldsymbol{x}', ct') = P_{\parallel}(\boldsymbol{x}, ct), \\ \dfrac{1}{c}M'_{\parallel}(\boldsymbol{x}', ct') = \dfrac{1}{c}M_{\parallel}(\boldsymbol{x}, ct); \\ \boldsymbol{P}'_{\perp}(\boldsymbol{x}', ct') = \gamma\left[\boldsymbol{P}_{\perp}(\boldsymbol{x}, ct) - \dfrac{\boldsymbol{v}}{c} \times \dfrac{1}{c}\boldsymbol{M}(\boldsymbol{x}, ct)\right], \\ -\dfrac{1}{c}\boldsymbol{M}'_{\perp}(\boldsymbol{x}', ct') = \gamma\left[-\dfrac{1}{c}\boldsymbol{M}_{\perp}(\boldsymbol{x}, ct) - \dfrac{\boldsymbol{v}}{c} \times \boldsymbol{P}(\boldsymbol{x}, ct)\right]. \end{cases} \tag{9.5.44}$$

介质极化强度和磁化强度矢量的上述变换关系表明, 介质的极化和磁化是同一的, 或者说是相对的; 在一个惯性系中观测只有极化没有磁化, 换到另外一个惯性系中观测, 则可能既有极化又有磁化.

当自由电荷密度与自由电流密度按方程 (9.5.39) 变换, 并且 $(\boldsymbol{D}, \boldsymbol{H})$ 按方程 (9.5.43) 变换时, 方程 (9.5.35) 在惯性系变换下保持不变, 这就是介质中麦克斯韦方程组中两个非齐次方程的协变性. $(\boldsymbol{E}, \boldsymbol{B})$ 按方程 (9.5.21) 变换则保证两个齐次方程的形式不变. 在新的惯性系中, 介质中的麦克斯韦方程组为

$$\begin{cases} \nabla' \cdot \boldsymbol{D}' = \rho'_{\mathrm{f}}(\boldsymbol{x}', t'), \\ \nabla' \times \boldsymbol{E}' = -\partial_{t'}\boldsymbol{B}'(\boldsymbol{x}', t'), \\ \nabla' \cdot \boldsymbol{B}' = 0, \\ \nabla' \times \boldsymbol{H}' = \boldsymbol{j}'_{\mathrm{f}}(\boldsymbol{x}', t') + \partial_{t'}\boldsymbol{D}'(\boldsymbol{x}', t'). \end{cases} \tag{9.5.45}$$

## 9.6 电荷不变性与李纳-维谢尔势

到目前为止, 我们已经讨论了关于连续分布的电荷电流系统的麦克斯韦方程组的洛伦兹协变性. 在这一讨论过程中, 我们看到了电荷守恒定律及其洛伦兹不变性的重要.

那么, 对于运动带电粒子(点电荷)的情形呢?

在经典电动力学部分讨论电磁辐射时, 我们已经看到运动带电粒子的矢势和标势可以由连续分布电荷系统的达朗贝尔方程的解(推迟势)导出, 这就是李纳-维谢尔势. 我们注意到了李纳-维谢尔势正比于运动点电荷的荷电量 $q$. 由一般的运动电荷的李纳-维谢尔势的结果, 我们讨论了匀速直线运动带电粒子的李纳-维谢尔势, 并且我们看到了如下重要事实. 如果假定"电荷不随参照系变换而变化", 那么匀速直线运动带电粒子的李纳-维谢尔势满足洛伦兹协变性.

现在我们知道不仅匀速直线运动带电粒子的势满足洛伦兹协变性, 一般的连续分布电荷系统的势也满足洛伦兹协变性. 那么对于一般的运动点电荷呢?

注意李纳-维谢尔势并不依赖于带电粒子的加速度, 只依赖于带电粒子的速度(当然按照推迟因子的要求, 必须要在相对于观测时刻 $t$ 合适提前的辐射时刻 $t'$ 取值). 这就告诉我们, 可以变换到粒子辐射时刻与其相对静止的惯性系 $\tilde{\Sigma}$, 其速度相对我们观测者的惯性系 $\Sigma$ 为 $\boldsymbol{v}_{\mathrm{e}}(t')=\dot{\boldsymbol{x}}_{\mathrm{e}}(t')$; 只要注意到推迟规则 $c(t-t')=|\boldsymbol{x}-\boldsymbol{x}_{\mathrm{e}}(t')|$, 其中 $\boldsymbol{x}$ 为观测位置, 我们就可以先计算出粒子辐射时刻在其静止系中"简单"的库仑势, 然后按照四维势的洛伦兹变换"简单"地变回观测者所在的参照系. 结果与李纳-维谢尔在洛伦兹变换发表之前分别独立得到的完全一致!

**例 9.13** 由四维势的协变性导出李纳-维谢尔势.

**解** 粒子辐射时刻与其相对静止的惯性系 $\tilde{\Sigma}$, 其速度相对我们观测者的惯性系 $\Sigma$ 为 $\boldsymbol{v}_{\mathrm{e}}(t')=\dot{\boldsymbol{x}}_{\mathrm{e}}(t')$. 注意 $\Sigma$ 系中在 $(\boldsymbol{x},t)$ 观测粒子产生的势; $\Sigma$ 系中观测到粒子辐射时刻的位置为 $\boldsymbol{x}_{\mathrm{e}}(t')$; $\boldsymbol{r}=\boldsymbol{x}-\boldsymbol{x}_{\mathrm{e}}(t')$, $r=c(t-t')$.

粒子辐射时刻与其相对静止的惯性系 $\tilde{\Sigma}$ 中在 $(\tilde{\boldsymbol{x}},\tilde{t})$ 观测的势为静止粒子的势

$$\tilde{\phi}=\frac{1}{4\pi\epsilon_0}\cdot\frac{e}{\tilde{r}}, \tag{9.6.1}$$

$$\tilde{\boldsymbol{A}}=\boldsymbol{0}. \tag{9.6.2}$$

这里 $e$ 为粒子的电荷. $\tilde{\boldsymbol{r}}=\tilde{\boldsymbol{x}}-\tilde{\boldsymbol{x}}_{\mathrm{e}}(\tilde{t}')$.

注意 $(\tilde{\boldsymbol{x}},\tilde{t})$ 与 $(\boldsymbol{x},t)$ 是同一事件分别在 $\Sigma$ 系和 $\tilde{\Sigma}$ 系中的表述;同样地, $(\boldsymbol{x}_{\mathrm{e}},t')$ 和 $(\tilde{\boldsymbol{x}}_{\mathrm{e}},\tilde{t}')$ 也是同一事件分别在 $\Sigma$ 系和 $\tilde{\Sigma}$ 系中的表述.

利用四维势的洛伦兹变换, 我们得到 $\Sigma$ 系中的四维势,

$$\boldsymbol{A}=\gamma\frac{\boldsymbol{v}_{\mathrm{e}}}{c^2}\cdot\frac{1}{4\pi\epsilon_0}\cdot\frac{e}{\tilde{r}}, \tag{9.6.3}$$

$$\phi=\gamma\frac{1}{4\pi\epsilon_0}\cdot\frac{e}{\tilde{r}}, \tag{9.6.4}$$

其中, $\gamma=(1-\beta^2)^{-1/2}$, $\beta=v_{\mathrm{e}}/c$.

由间隔不变性知 $\tilde{r}=c(\tilde{t}-\tilde{t}')$. 进一步利用四维坐标的洛伦兹变换公式, 我们得到

$$\tilde{r}=c(\tilde{t}-\tilde{t}')=\gamma\left[c(t-t')-\frac{\boldsymbol{v}_{\mathrm{e}}}{c}\cdot(\boldsymbol{x}-\boldsymbol{x}_{\mathrm{e}})\right], \tag{9.6.5}$$

由此可得

$$\tilde{r}=\gamma\left(r-\frac{\boldsymbol{v}_{\mathrm{e}}}{c}\cdot\boldsymbol{r}\right). \tag{9.6.6}$$

代入 $\Sigma$ 系中四维势的表达式, 我们得到最早由李纳和维谢尔分别运用经典方法得到的以他们的名字命名的运动带电粒子的势

$$\boldsymbol{A}=\frac{\mu_0}{4\pi}\cdot\frac{e\boldsymbol{v}_{\mathrm{e}}}{r-\dfrac{\boldsymbol{v}_{\mathrm{e}}}{c}\cdot\boldsymbol{r}},\tag{9.6.7}$$

$$\phi=\frac{1}{4\pi\epsilon_0}\cdot\frac{e}{r-\dfrac{\boldsymbol{v}_{\mathrm{e}}}{c}\cdot\boldsymbol{r}}.\tag{9.6.8}$$

在上述利用洛伦兹变换得到李纳-维谢尔势的过程中, 我们再一次使用了"电荷不随参照系变换而变化"这一重要前提.

这究竟意味着什么呢? 答案简单明了:"电荷守恒定律"的洛伦兹协变性本身要求"电荷不变性:带电粒子的电荷不依赖于参照系的选取".

在一个给定的惯性系 $\Sigma$ 中, 考虑连续分布电荷系统, 我们会说该系统满足电荷守恒定律(微分方程)

$$\partial_t\rho(\boldsymbol{x},t)+\nabla\cdot\boldsymbol{j}(\boldsymbol{x},t)=0;\tag{9.6.9}$$

换到另外一个惯性系, 我们会说电荷守恒定律应该满足"相对性原理", 因此上述方程依然成立. 在上一节中, 通过将电荷守恒方程写成四维协变形式, 我们得到了四维电流密度矢量.

在这个给定的惯性系 $\Sigma$ 中, 考虑运动着的体积有限且均匀带电的单个刚性粒子, 其电荷为

$$Q=\int\mathrm{d}^3\boldsymbol{x}\rho.\tag{9.6.10}$$

现在我们换到带电粒子瞬时静止的惯性系 $\Sigma'$ 中, 我们会说电荷为

$$Q_0=\int\mathrm{d}^3\boldsymbol{x}'\rho_0,\tag{9.6.11}$$

但是在这个粒子瞬时静止的惯性系 $\Sigma'$ 中, 电流密度为

$$\boldsymbol{j}_0=\boldsymbol{0}.\tag{9.6.12}$$

由四维电流密度矢量的变换关系, 我们立即得到在 $\Sigma$ 系中

$$\rho=\gamma_u\rho_0\equiv\frac{1}{\sqrt{1-\left(\dfrac{u}{c}\right)^2}}\rho_0,\tag{9.6.13}$$

其中, $\boldsymbol{u}=\dot{\boldsymbol{x}}_{\mathrm{e}}(t)$ 为带电粒子在 $\Sigma$ 系中的瞬时速度.

考虑到洛伦兹收缩效应, 我们有

$$\mathrm{d}^3\boldsymbol{x}=\frac{1}{\gamma_u}\mathrm{d}^3\boldsymbol{x}'.\tag{9.6.14}$$

由此我们得到

$$Q=Q_0.\tag{9.6.15}$$

电荷是一个洛伦兹不变量.

注意到上述关于电荷守恒的讨论对于变速运动的单个带电粒子也是适用的, 我们立即得到如下重要结论.

**电荷不变性**　带电粒子的电荷不依赖于参照系的选取.

需要指出的是, 电荷的洛伦兹不变性是由电动力学的洛伦兹协变性决定的. 上面我们只讨论了麦克斯韦方程组的协变性, 下一节我们将会看到在讨论相对论力学时,"电荷不变性"也不违反力学规律的协变性要求."电荷不变性"在整个狭义相对论的范畴内都是正确的;这也是被大量实验所证实的.

## 9.7　狭义相对论力学

经典力学中带电粒子运动的哈密顿变分原理为

$$\delta\mathcal{S}=0, \tag{9.7.1}$$

其中的作用量 $\mathcal{S}=\int\tilde{\mathrm{d}}\mathcal{S}$,

$$\tilde{\mathrm{d}}\mathcal{S}=[m\boldsymbol{u}+q\boldsymbol{A}(\boldsymbol{x},t)]\cdot\mathrm{d}\boldsymbol{x}-\left[\frac{1}{2}mu^2+q\phi(\boldsymbol{x},t)\right]\mathrm{d}t. \tag{9.7.2}$$

$m$ 和 $q$ 分别为带电粒子的质量和电荷, $\boldsymbol{u}$ 为粒子速度. 这里的符号 $\tilde{\mathrm{d}}$ 用以强调它并不是一个全微分.

粒子电荷贡献的作用量为

$$\begin{aligned}\tilde{\mathrm{d}}\mathcal{S}_{\mathrm{f}}&=q\boldsymbol{A}(\boldsymbol{x},t)\cdot\mathrm{d}\boldsymbol{x}-q\phi(\boldsymbol{x},t)\,\mathrm{d}t\\&=qA_\mu\mathrm{d}x^\mu.\end{aligned} \tag{9.7.3}$$

粒子质量贡献的作用量为

$$\tilde{\mathrm{d}}\mathcal{S}_{\mathrm{p}}=\boldsymbol{p}\cdot\mathrm{d}\boldsymbol{x}-\frac{1}{2m}p^2\mathrm{d}t, \tag{9.7.4}$$

其中, 粒子动量定义为

$$\boldsymbol{p}=m\boldsymbol{u}. \tag{9.7.5}$$

考虑到带电粒子的电荷是一个洛伦兹不变量, 我们看到粒子电荷贡献的作用量显然已经是洛伦兹协变形式. 这再一次说明了"电荷不变性"是物理规律满足协变性的结果!

为了得到协变形式的运动方程, 我们需要将粒子质量贡献的作用量也写成协变形式

$$\tilde{\mathrm{d}}\mathcal{S}_{\mathrm{p}}=P_\mu\mathrm{d}x^\mu. \tag{9.7.6}$$

这将在下面几个小节加以详细讨论.

### 9.7.1　四维速度

在相对论的运动学中我们已经讨论过, 在给定的参考系 $\Sigma$ 中测得的粒子速度, $\mathrm{d}\boldsymbol{x}/\mathrm{d}t=\boldsymbol{u}$, 并不是一个洛伦兹协变量. 因此经典力学中的粒子动量 $\boldsymbol{p}=m\boldsymbol{u}$ 与粒子动能 $\dfrac{1}{2}mu^2$ 不能

像前面已经讨论过的矢势与标势那样简单地构成一个四维矢量. 方程 (9.7.4) 不能简单地写成协变形式.

然而, 在任意参考系中的任意时刻, 只要测得指定粒子在该参考系下的速度, 就可以用测量者所在参照系下的时间间隔 $\mathrm{d}t$ 推算出粒子静止参考系中对应的 (因而也是粒子自身固有的) 时间间隔 $\mathrm{d}\tau$, 两者之间的关系就是我们讨论过的动钟变慢效应,

$$\mathrm{d}\tau = \frac{\mathrm{d}t}{\gamma_u}, \tag{9.7.7}$$

$$\gamma_u = \frac{1}{\sqrt{1-\dfrac{u^2}{c^2}}}, \tag{9.7.8}$$

其中, $\boldsymbol{u}$ 是粒子在给定参照系 $\Sigma$ 中的速度; 注意, $\boldsymbol{u}$ 并不是我们下面将要讨论的 $\Sigma'$ 系相对于 $\Sigma$ 系的运动速度 $\boldsymbol{v}$.

显然, $\mathrm{d}\tau$ 不依赖于惯性系的选取, 它是一个洛伦兹不变量, 我们称之为运动粒子的固有时; 无论是在 $\Sigma$ 系还是在 $\Sigma'$ 系测量同一个粒子, 该粒子的固有时是相同的.

利用运动粒子的固有时, 我们可以定义四维速度矢量

$$U^{\mu} \equiv \frac{\mathrm{d}x^{\mu}}{\mathrm{d}\tau}. \tag{9.7.9}$$

这是一个逆变四维矢量, 显然有

$$U^{\mu} = \begin{bmatrix} \gamma_u \boldsymbol{u} \\ \gamma_u c \end{bmatrix}. \tag{9.7.10}$$

对应的协变四维速度矢量可以立即写出

$$U_{\mu} = (\gamma_u \boldsymbol{u}, -\gamma_u c). \tag{9.7.11}$$

由逆变四维速度的洛伦兹变换可以求出 $\boldsymbol{u}$ 和 $\boldsymbol{u}'$ 之间的变换关系, 结果与我们前面不用四维理论得出的相同.

现在我们有了四维速度矢量, 在进一步讨论相对论力学之前, 我们不妨讨论一下四维电流密度的另外一种引入方式.

电荷的运动给出电流密度 $\boldsymbol{j} = \rho \boldsymbol{u}$. 考虑"电荷不变性", 我们可以将电荷量

$$q = \int \mathrm{d}^3 \boldsymbol{x} \rho(\boldsymbol{x}), \tag{9.7.12}$$

与洛伦兹收缩联系起来.

$$\mathrm{d}^3 \boldsymbol{x} = \frac{1}{\gamma_u} \mathrm{d}^3 \boldsymbol{x}_0, \tag{9.7.13}$$

其中, $\boldsymbol{u}$ 为电荷运动速度, $\boldsymbol{x}_0$ 为电荷静止系坐标. 由此可得, 电荷静止系的电荷密度为

$$\rho_0 = \frac{1}{\gamma_u} \rho, \tag{9.7.14}$$

它显然是一个洛伦兹不变量.

由此我们可以引入四维电流密度

$$j_{\mu} \equiv \rho_0 U_{\mu} = (\boldsymbol{j}, -c\rho). \tag{9.7.15}$$

这样引入的四维电流密度与我们前面不用四维速度引入的完全相同! 这就再一次证明了"电荷不变性"是物理规律满足协变性要求的结果!

### 9.7.2 四维动量

为了记号方便, 我们首先将经典力学中粒子的质量记为 $m_0$.

现在我们已经有了四维速度, 为了将哈密顿变分原理中粒子质量贡献的作用量写成协变形式, 我们构造粒子的四维动量

$$P_\mu = m_0 U_\mu. \tag{9.7.16}$$

注意, 这里的 $m_0$ 应为一洛伦兹标量, 其物理意义将在下面的讨论中逐步阐明.

根据四维速度的表达式, 协变四维动量可以写成

$$P_\mu = \left(\boldsymbol{p},\ -\frac{\mathcal{E}}{c}\right), \tag{9.7.17}$$

其中动量 (对应于空间) 和能量 (对应于时间) 部分分别为

$$\boldsymbol{p} = m\boldsymbol{u}, \tag{9.7.18}$$

$$\mathcal{E} = mc^2, \tag{9.7.19}$$

$$m = m_0\frac{1}{\sqrt{1-\dfrac{u^2}{c^2}}}. \tag{9.7.20}$$

$m$ 称为粒子的运动质量, 后面将要看到这确实意味着粒子运动时惯性增大. 低速极限下, 由 $u/c \to 0$ 可得 $m \to m_0$, 故 $m_0$ 称为粒子的静止质量.

对应的逆变四维动量可以立即写出

$$P^\mu = \begin{bmatrix} \boldsymbol{p} \\ \dfrac{\mathcal{E}}{c} \end{bmatrix}. \tag{9.7.21}$$

由四维动量立即可以得到一个洛伦兹不变量

$$P_\mu P^\mu = p^2 - \frac{\mathcal{E}^2}{c^2} = -\frac{\mathcal{E}_0^2}{c^2}. \tag{9.7.22}$$

最后一个等号是该不变量在粒子静止系中的表示, 即

$$\mathcal{E}_0 = m_0c^2. \tag{9.7.23}$$

由此得到质能关系

$$\mathcal{E}^2 = p^2c^2 + m_0^2c^4. \tag{9.7.24}$$

方程 (9.7.19)、方程 (9.7.23) 和方程 (9.7.24) 统称为爱因斯坦质能关系式.

检查一下根据协变性定义的粒子能量

$$\mathcal{E} = \frac{m_0c^2}{\sqrt{1-\dfrac{u^2}{c^2}}}, \tag{9.7.25}$$

我们可以知道粒子的相对论动能

$$\mathcal{T}\equiv\mathcal{E}-\mathcal{E}_0=\frac{m_0c^2}{\sqrt{1-\dfrac{u^2}{c^2}}}-m_0c^2. \tag{9.7.26}$$

在低速极限下, 由 $u/c\to 0$ 可得

$$\mathcal{T}=\frac{1}{2}m_0u^2+\cdots, \tag{9.7.27}$$

结果与经典力学的粒子动能一致.

## 9.7.3 洛伦兹协变形式的带电粒子哈密顿力学

根据前述讨论, 我们可以写出粒子质量贡献部分的作用量的协变形式,

$$\begin{aligned}\tilde{\mathrm{d}}\mathcal{S}_{\mathrm{p}}&=P_\mu\mathrm{d}x^\mu\\&=\boldsymbol{p}\cdot\mathrm{d}\boldsymbol{x}-\mathcal{E}\mathrm{d}t.\end{aligned} \tag{9.7.28}$$

注意, 在低速极限下将 $\boldsymbol{p}=m_0\boldsymbol{u}$ 和 $\mathcal{E}=\frac{1}{2}m_0u^2+m_0c^2$ 代入上式后, 得到的粒子运动方程与经典力学一致;哈密顿量中多了一个常数项 $m_0c^2$ 对粒子运动方程没有任何影响.

四维协变形式的总的作用量为

$$\tilde{\mathrm{d}}\mathcal{S}=[\boldsymbol{p}+q\boldsymbol{A}(\boldsymbol{x},t)]\cdot\mathrm{d}\boldsymbol{x}-\mathcal{H}(\boldsymbol{p},\boldsymbol{x},t)\mathrm{d}t, \tag{9.7.29}$$

其中哈密顿量为

$$\mathcal{H}(\boldsymbol{p},\boldsymbol{x},t)=\mathcal{E}(\boldsymbol{p})+q\phi(\boldsymbol{x},t), \tag{9.7.30}$$

$$\mathcal{E}(\boldsymbol{p})=\sqrt{p^2c^2+m_0^2c^4}. \tag{9.7.31}$$

对这个洛伦兹协变形式的作用量应用哈密顿变分原理, 变分计算的过程与第 6.1.2节低速运动情形的变分类似.

对于 $\boldsymbol{p}$ 的变分给出

$$0=\delta_p\mathcal{S}=\int\delta\boldsymbol{p}\cdot\left(\mathrm{d}\boldsymbol{x}-\frac{c^2}{\mathcal{E}}\boldsymbol{p}\mathrm{d}t\right). \tag{9.7.32}$$

利用 $c^2\boldsymbol{p}/\mathcal{E}=\boldsymbol{u}$, 我们由上式立即得到

$$\frac{\mathrm{d}\boldsymbol{x}}{\mathrm{d}t}=\boldsymbol{u}. \tag{9.7.33}$$

这不过是速度的定义.

对于 $\boldsymbol{x}$ 的变分与低速情形完全一样, 利用第 6.1.2节的结果, 我们立即得到

$$\frac{\mathrm{d}\boldsymbol{p}}{\mathrm{d}t}=q\left(\boldsymbol{E}+\boldsymbol{u}\times\boldsymbol{B}\right)\equiv\boldsymbol{F}. \tag{9.7.34}$$

这正是洛伦兹力方程.

由上述两个哈密顿运动方程, 利用 $c^2\boldsymbol{p}/\mathcal{E}=\boldsymbol{u}$, 我们得到

$$\frac{\mathrm{d}}{\mathrm{d}t}\mathcal{E}=\boldsymbol{F}\cdot\boldsymbol{u}. \tag{9.7.35}$$

这是狭义相对论的能量变化率方程.

需要强调指出的是, 以上三个方程显然是洛伦兹协变的. 洛伦兹力方程适用于任意惯性参照系. 我们只需要记住, 惯性系变换时, 电磁场的变换关系由方程 (9.5.21) 给出的洛伦兹变换确定; 粒子动量和能量构成四维动量; 计算动量变化率时, 公式 $\boldsymbol{p}=m\boldsymbol{u}$ 中的质量应理解为爱因斯坦指出的运动质量,

$$\boldsymbol{p}=m\boldsymbol{u}=\frac{m_0}{\sqrt{1-\dfrac{u^2}{c^2}}}\boldsymbol{u}. \tag{9.7.36}$$

现在我们看到运动质量的概念确实意味着运动增加了粒子的惯性. 狭义相对论的洛伦兹力方程与经典电动力学中的洛伦兹力方程的本质区别在于运动质量概念的引入. 实际上, 我们将方程 (9.7.36) 定义的粒子动量称之为相对论动量是比较方便的.

这里我们需要着重强调, 狭义相对论的物理规律协变性要求, 质量不是一个洛伦兹不变量, 而电荷可以是一个洛伦兹不变量! 因此我们可以说“电荷不变性”, 但是我们不能说“质量不变性”!

**例 9.14**　带电粒子在均匀恒定磁场中的运动.

**解**　由能量变化率方程

$$\frac{\mathrm{d}}{\mathrm{d}t}\mathcal{E}=q\boldsymbol{E}\cdot\boldsymbol{u}=0, \tag{9.7.37}$$

知粒子运动速率为常数 $u$, 故运动质量为常数.

由洛伦兹力方程

$$\frac{\mathrm{d}}{\mathrm{d}t}\boldsymbol{p}=q\left(\boldsymbol{E}+\boldsymbol{u}\times\boldsymbol{B}\right)=q\boldsymbol{u}\times\boldsymbol{B},$$

知平行于磁场方向动量为常数, 故 $\boldsymbol{u}_{\parallel}$ 不变; 垂直运动方程为

$$\frac{\mathrm{d}}{\mathrm{d}t}\boldsymbol{p}_{\perp}=m\dot{\boldsymbol{u}}_{\perp}=q\boldsymbol{u}_{\perp}\times\boldsymbol{B}.$$

由上式知, 垂直运动为匀速圆周运动. 圆周运动的回旋频率为

$$\omega=\frac{qB}{m},$$

回旋半径为

$$a=\frac{u_{\perp}}{\omega}.$$

注意, $m=\gamma_u m_0$ 为运动质量.

**例 9.15**　试给出正则形式的相对论性带电粒子哈密顿力学.

**解**　带电粒子在电磁场中的正则动量为

$$\boldsymbol{P}=\boldsymbol{p}+q\boldsymbol{A}(\boldsymbol{x},t), \tag{9.7.38}$$

其中, $\boldsymbol{p}=m\boldsymbol{u}$, $m$ 为运动质量.

将上式代入基于非正则变量的协变形式的作用量表达式, 我们得到

$$\tilde{\mathrm{d}}\mathcal{S} = \boldsymbol{P}\cdot\mathrm{d}\boldsymbol{x} - \mathcal{H}(\boldsymbol{P},\boldsymbol{x},t)\mathrm{d}t, \tag{9.7.39}$$

其中哈密顿量为

$$\mathcal{H}(\boldsymbol{P},\boldsymbol{x},t) = \mathcal{E}\left[\boldsymbol{P} - q\boldsymbol{A}(\boldsymbol{x},t)\right] + q\phi(\boldsymbol{x},t), \tag{9.7.40}$$

$$\mathcal{E}\left[\boldsymbol{P} - q\boldsymbol{A}(\boldsymbol{x},t)\right] = \sqrt{|\boldsymbol{P} - q\boldsymbol{A}(\boldsymbol{x},t)|^2c^2 + m_0^2c^4}. \tag{9.7.41}$$

注意 $\boldsymbol{P}$ 和 $\boldsymbol{x}$ 显然已经是正则变量. 分别对于 $\boldsymbol{P}$ 和 $\boldsymbol{x}$ 变分, 可以得到速度定义式、洛伦兹力公式以及狭义相对论的能量变化率公式 ( 参考本章习题 ), 结果与用非正则形式理论得到的完全一样.

### 9.7.4 四维协变形式的动力学方程与四维力

在上一小节中, 我们已经得到了协变形式的洛伦兹力方程和能量变化率方程.

将 $\mathrm{d}t = \gamma_u\mathrm{d}\tau$ 代入上面得到的洛伦兹力公式和能量变化率公式, 可以将带电粒子运动的动力学方程进一步写成四维协变形式,

$$\frac{\mathrm{d}P_\mu}{\mathrm{d}\tau} = K_\mu \equiv (\boldsymbol{K}, -\frac{1}{c}\boldsymbol{u}\cdot\boldsymbol{K}), \tag{9.7.42}$$

其中

$$\boldsymbol{K} = \gamma_u\boldsymbol{F} = \gamma_u q\left(\boldsymbol{E} + \boldsymbol{u}\times\boldsymbol{B}\right). \tag{9.7.43}$$

将上式中的三维电磁场矢量用四维电磁场张量表示, 我们得到四维力的协变表达式

$$K_\mu = qF_{\mu\nu}U^\nu. \tag{9.7.44}$$

由此可得四维协变形式的带电粒子运动方程

$$\frac{\mathrm{d}x^\mu}{\mathrm{d}\tau} = U^\mu, \tag{9.7.45}$$

$$\frac{\mathrm{d}P_\mu}{\mathrm{d}\tau} = qF_{\mu\nu}U^\nu. \tag{9.7.46}$$

到此为止我们已经讨论了狭义相对论力学, 其低速极限是经典力学.

**例 9.16** 实验室中有一线电荷密度为 $\lambda$ 的直线以速度 $v$ 向右运动 ( $\lambda > 0$ ), 与其无限接近且平行的另一线电荷密度为 $-\lambda$ 的直线以相同速度向左运动. 距离荷电直线 $r$ 处有一点电荷 $q$ 以平行于荷电直线的速度 $u$ 向右运动 ( $q > 0$ ). 试分别分析点电荷在实验室 $\varSigma$ 系和点电荷静止的 $\varSigma'$ 系中的受力.

**解** 实验室中的两个线电荷相当于净电荷为零的通电直导线.

( 1 ) $\varSigma$ 系. 通电直导线不产生电场, 只产生垂直于点电荷运动方向的磁场,

$$I = 2\lambda v.$$

点电荷受到该电流产生的磁场作用的沿垂直方向的吸引力

$$F_\perp = -\frac{\mu_0 I}{2\pi r}qu.$$

（2）$\Sigma'$ 系. 正负线电荷的速度分别为

$$u_{\pm}=\frac{v\mp u}{1\mp\dfrac{vu}{c^2}}.$$

考虑动尺变短效应, 正负线电荷密度变为

$$\lambda_{\pm}=\pm\gamma_{\pm}\lambda_0,$$

其中, $\gamma_{\pm}=(1-u_{\pm}^2/c^2)^{-1/2}$; $\lambda_0=\lambda/\gamma_v$ 为静止线电荷密度, $\gamma_v=(1-v^2/c^2)^{-1/2}$.

由此可得 $\Sigma'$ 系中通电直导线上净线电荷密度为

$$\lambda_t=\lambda_++\lambda_-=(\gamma_+-\gamma_-)\lambda_0=-\gamma_u\frac{2uv}{c^2}\lambda,$$

其中, $\gamma_u=(1-u^2/c^2)^{-1/2}$.

$\Sigma'$ 系中静止点电荷 $q$ 受到该线电荷产生电场的沿垂直方向的吸引力

$$F'_{\perp}=q\frac{\lambda_t}{2\pi\epsilon_0 r}=-\gamma_u\frac{\mu_0 2\lambda v}{2\pi r}qu=-\gamma_u\frac{\mu_0 I}{2\pi r}qu.$$

比较两个参照系的结果得到

$$F'_{\perp}=\gamma_u F_{\perp}. \tag{9.7.47}$$

这与四维力的变换关系是一致的. 由四维力的变换关系 $K'^{\mu}=a^{\mu}_{\nu}K^{\nu}$ 可得

$$\boldsymbol{K}'_{\perp}=\boldsymbol{K}_{\perp},$$

注意, 上式中的 $\perp$ 指的是垂直于两个惯性系相对运动速度方向的分量. 代入四维力的定义, $\boldsymbol{K}=\gamma_u\boldsymbol{F}$, 立即得

$$\gamma_{u'}q\left(\boldsymbol{E}'+\boldsymbol{u}'\times\boldsymbol{B}'\right)_{\perp}=\gamma_u q\left(\boldsymbol{E}+\boldsymbol{u}\times\boldsymbol{B}\right)_{\perp}.$$

特别地, 取 $\Sigma'$ 系为粒子静止的惯性系, 则上式变为

$$q\boldsymbol{E}'_{\perp}=\gamma_u q\left(\boldsymbol{E}_{\perp}+\boldsymbol{u}\times\boldsymbol{B}\right). \tag{9.7.48}$$

这与方程 (9.7.47) 一致.

注意由方程 (9.7.47) 可得

$$\boldsymbol{E}'_{\perp}=\gamma_u\left(\boldsymbol{E}_{\perp}+\boldsymbol{u}\times\boldsymbol{B}\right). \tag{9.7.49}$$

这与电磁场的变换关系是一致的. 因此例题中带电粒子在其静止系中所受到的洛伦兹力, 也可以采用另一种方式计算; 由实验室系中的电磁场直接通过电磁场变换关系计算出静止系中的电磁场, 然后在静止系中直接用洛伦兹力公式计算, 所得结果不变.

## 9.8* 四维形式的电磁场能量动量定理——四维能量动量张量

我们现在来讨论真空中电磁场能量动量守恒定理的四维协变形式.

根据上一节对于带电粒子四维力的讨论,我们立即写下连续分布电荷系统的四维力密度

$$f_\mu = F_{\mu\nu} j^\nu, \tag{9.8.1}$$

其空间分量为洛伦兹力密度,时间分量代表洛伦兹力做功的功率密度,

$$f_\mu = \left(\rho \boldsymbol{E} + \boldsymbol{j} \times \boldsymbol{B},\ -\frac{1}{c}\boldsymbol{j} \cdot \boldsymbol{E}\right). \tag{9.8.2}$$

将三维形式的电磁场能量密度、能流、动量密度以及动量流(电磁场应力张量)等用四维电磁场张量表示出来,我们就会发现可以构造一个四维对称张量 $T^{\mu\nu}$,我们将称此四维张量为电磁场的能量动量张量,其定义如下:

$$T^{\mu\nu} \equiv \frac{1}{\mu_0}\left(F^{\mu\alpha}F^{\nu\beta}g_{\alpha\beta} - \frac{1}{4}g^{\mu\nu}F_{\alpha\beta}F^{\alpha\beta}\right). \tag{9.8.3}$$

四维能量动量张量的空间分量为麦克斯韦电磁场应力张量

$$T^{ij} = \mathcal{T}^{ij}, \quad (i, j = 1, 2, 3). \tag{9.8.4}$$

四维能量动量张量的时间分量为电磁场能量密度

$$T^{44} = w = \frac{1}{2}\epsilon_0 E^2 + \frac{1}{2}\frac{B^2}{\mu_0}. \tag{9.8.5}$$

四维能量动量张量的空时分量代表坡印廷矢量,时空分量代表电磁场动量密度,

$$T^{i4} = \frac{1}{c}(\boldsymbol{S})^i, \quad (i = 1, 2, 3), \tag{9.8.6}$$

$$T^{4i} = c(\boldsymbol{g})^i, \quad (i = 1, 2, 3), \tag{9.8.7}$$

其中,$\boldsymbol{S} = \boldsymbol{E} \times \boldsymbol{H}$ 为坡印廷矢量,$\boldsymbol{g} = \epsilon_0 \boldsymbol{E} \times \boldsymbol{B}$ 为真空中电磁场动量密度.

电磁场能量守恒和动量守恒定理可以统一写成四维协变形式

$$-\partial_\mu T^{\mu\nu} = f^\nu. \tag{9.8.8}$$

其中,$\nu = 4$ 情形对应于电磁场的能量定理;$\nu = 1, 2, 3$ 情形对应于电磁场的动量定理.

## 9.9 粒子的动量与能量

我们将狭义相对论的动力学简要总结如下.

四维动量:

$$P_\mu = \left(\boldsymbol{p},\ -\frac{\mathcal{E}}{c}\right), \tag{9.9.1}$$

$$P^\mu = \begin{bmatrix} \boldsymbol{p} \\ \dfrac{\mathcal{E}}{c} \end{bmatrix}. \tag{9.9.2}$$

三维相对论动量:

$$\boldsymbol{p} = m\boldsymbol{u}, \tag{9.9.3}$$

$$\frac{\mathrm{d}}{\mathrm{d}t}\boldsymbol{x} = \boldsymbol{u}. \tag{9.9.4}$$

相对论能量:

$$\mathcal{E} = mc^2. \tag{9.9.5}$$

运动质量:

$$m = m_0 \frac{1}{\sqrt{1-\dfrac{u^2}{c^2}}}, \tag{9.9.6}$$

其中, $m_0$ 为粒子静止质量.

由动力学方程

$$\frac{\mathrm{d}}{\mathrm{d}t}\boldsymbol{p} = q\left(\boldsymbol{E} + \boldsymbol{u}\times\boldsymbol{B}\right) \equiv \boldsymbol{F}, \tag{9.9.7}$$

我们知道动量守恒对电磁相互作用依然成立.

由动力学方程和能量的定义知

$$\frac{\mathrm{d}}{\mathrm{d}t}\mathcal{E} = \boldsymbol{F}\cdot\boldsymbol{u}, \tag{9.9.8}$$

由此可知能量守恒对电磁相互作用依然成立.

洛伦兹协变性给出爱因斯坦质能关系

$$-P_\mu P^\mu = \frac{\mathcal{E}^2}{c^2} - p^2 = m_0^2 c^2. \tag{9.9.9}$$

### 9.9.1　电子电磁质量与经典半径的狭义相对论理论

对于静止的带电粒子, 其产生的静电库仑场能量集中在其附近, 并不能辐射到远处. 质能关系导致一个很重要的概念: 正比于静止质量的静止能量. 考虑到静止带电粒子的库仑场能量与其自身不能分离, 粒子静止能量（质量）必然包含其静电场的能量（质量）; 因此带电粒子的静止质量应该包含一部分电磁质量（由其静电场能量贡献）.

以电子为例, 假定电子的电荷均匀分布于半径为 $r_\mathrm{e}$ 的球面上, 其静电场能量为

$$W_\mathrm{e} = \int \mathrm{d}^3\boldsymbol{x}\frac{1}{2}\epsilon_0 E^2 = \frac{e^2}{8\pi\epsilon_0 r_\mathrm{e}}. \tag{9.9.10}$$

电子的电磁质量为其静电场能量按照爱因斯坦质能关系所对应的质量,

$$m_\mathrm{em} = \frac{W_\mathrm{e}}{c^2} = \frac{1}{2}\cdot\frac{e^2}{4\pi\epsilon_0 r_\mathrm{e} c^2}. \tag{9.9.11}$$

假定电子静止质量 $m_{\mathrm{e}}$ 的一半来自于其电磁质量,

$$m_{\mathrm{em}} = \frac{1}{2} m_{\mathrm{e}}, \tag{9.9.12}$$

我们可以得到电子的经典半径

$$r_{\mathrm{e}} = \frac{e^2}{4\pi\epsilon_0 m_{\mathrm{e}} c^2}. \tag{9.9.13}$$

现在我们再来回顾一下第 8.1 节中讨论过的洛伦兹的经典电子论中关于电子电磁质量的论述. 根据那里的结果, 对于一个以速度 $\boldsymbol{v}$ 运动的电子, 假定其电荷均匀分布于半径为 $r_{\mathrm{e}}$ 的球面上, 则其携带的电磁场的动量为

$$\boldsymbol{p} = \gamma m_{\mathrm{elec}} \boldsymbol{v}, \tag{9.9.14}$$

其中, 电子的静止电磁质量为

$$m_{\mathrm{elec}} = \frac{\boldsymbol{p}}{\gamma \boldsymbol{v}} = \frac{2}{3} \cdot \frac{e^2}{4\pi\epsilon_0 r_{\mathrm{e}} c^2}. \tag{9.9.15}$$

将上式与这里我们利用爱因斯坦狭义相对论的质能关系得到的电子的电磁质量方程 (9.9.11) 相比, 我们得到

$$m_{\mathrm{elec}} = \frac{4}{3} m_{\mathrm{em}}. \tag{9.9.16}$$

洛伦兹经典电子论给出的电子电磁质量和爱因斯坦质能关系给出的电子电磁质量之间差了一个因子 4/3, 这一混乱反映了物理学理论中的一个根本上的困难. 带电粒子电磁质量的上述理论困难即使在量子理论中也是难以解决的. 进一步的关于电磁质量的讨论可以参考本章习题.

需要指出的是, 有诸多的实验证据表明, 带电粒子的电磁质量是真实存在的, 而且其量级与上述理论估计也是相符的.

### 9.9.2 电磁相互作用——光子

我们已经知道, 电磁相互作用是通过推迟势以光速传播的. 描述电磁相互作用推迟势的达朗贝尔方程是四维协变的, 其中标势的方程为

$$\left(\nabla^2 - \frac{1}{c^2}\partial_t^2\right) \frac{\phi}{c} = -\mu_0 c \rho. \tag{9.9.17}$$

注意达朗贝尔算符是四维协变的.

齐次的达朗贝尔方程为

$$\left(\nabla^2 - \frac{1}{c^2}\partial_t^2\right) \phi\left(\boldsymbol{x}, t\right) = 0, \tag{9.9.18}$$

它描述的是电磁波的传播.

当我们寻求上述波动方程的平面波解时, 令 $\phi = \phi_0 \mathrm{e}^{\mathrm{i}(\boldsymbol{k}\cdot\boldsymbol{x} - \omega t)}$, 我们得到了电磁波的色散关系:

$$\frac{\omega^2}{c^2} - k^2 = 0. \tag{9.9.19}$$

经典的电动力学给出的电磁波（光）的能量和动量是连续传播的. 1900 年, 普朗克为了解决黑体辐射强度紫外发散的经典物理困难, 提出了“能量子”的概念: 频率为 $\omega$ 的电子谐振子, 其能量只能是 $\hbar\omega$ 的整数倍; $2\pi\hbar = 6.63 \times 10^{-34}\ \mathrm{J \cdot s}$ 为普朗克常数.

1905 年, 爱因斯坦将普朗克的“能量子”概念进一步推广, 提出电磁波能量的传播和吸收的最小单位也是普朗克的能量子, 并据此给出了光电效应的理论解释. 爱因斯坦因为此项工作获得了 1921 年的诺贝尔物理学奖.

在狭义相对论中, 我们已经看到平面电磁波的频率与波矢构成了一个四维矢量, 粒子的能量与动量也构成了一个四维矢量. 光电效应方程将光的频率与光的能量传播和吸收过程中的“颗粒”性, 即“能量子”对应起来, 那么波矢呢?

1909 年, 爱因斯坦根据其狭义相对论进一步提出, 电磁波动量的传播和吸收也是量子化的.

对于频率 $\omega$ 和波数 $\boldsymbol{k}$ 给定的电磁波, 其能量和动量的最小单位分别为

$$\begin{cases} \mathcal{E} = \hbar\omega, \\ \boldsymbol{p} = \hbar\boldsymbol{k}. \end{cases} \tag{9.9.20}$$

这就表明光（电磁波）携带的能量和动量都是分立的（量子化的）, 光（电磁波）的这种分立（或称颗粒）的单位称为光子.

将电磁波的色散关系方程中的每一项都乘以 $\hbar^2$, 我们得到光子的能量动量关系:

$$\frac{\mathcal{E}^2}{c^2} - p^2 = 0. \tag{9.9.21}$$

注意到在式 (9.9.21) 中, 当 $\boldsymbol{p} \to 0$ 时, $\mathcal{E} \to 0$; 因此根据爱因斯坦质能关系我们断言光子的静止质量为零,

$$m_{\text{photon}} = 0. \tag{9.9.22}$$

光子的能量动量关系也能够从光子的四维动量 $p_\mu = \left(\boldsymbol{p}, -\dfrac{\mathcal{E}}{c}\right)$ 得到.

经典电动力学范畴内, 当我们看电磁波在一个静止的电子上散射时, 我们会说, 根据电磁场的动量定理, 电子获得的（能）动量等于散射前后电磁波的（能）动量之差. 考虑光的量子性质, 我们会说入射光子与电子之间发生相互作用（散射）, 散射前后光子的（能）动量之差即为电子获得的（能）动量. 这样我们就能够将电磁波与带电粒子之间的作用看成为光子与带电粒子之间的作用, 这种相互作用满足（能）动量守恒规律. 两个带电粒子之间的电磁相互作用可以看作由它们之间交换光子而产生.

这种通过相互之间交换“粒子”从而产生相互作用（力）的过程非常类似于如下的现象. 设想冰面上有两个彼此独立的雪橇, 每个雪橇上都坐着一个人并携带许多乒乓球; 设想两个雪橇上的人彼此交换乒乓球, 尽管他们投掷乒乓球的速度可能不等, 但最终各自拥有的乒乓球数目保持不变; 这样尽管每个雪橇以及其中的人加上乒乓球的总的质量保持不变, 但是两个雪橇之间确实有了相互作用力, 因为它们的动量都发生了改变.

因此带电粒子之间相互作用问题可以处理为带电粒子以及光子构成的粒子体系中各个粒子之间的相互作用问题, 体系中每个粒子（包括光子）都各自携带动量和能量; 动量守恒

要求各个粒子（包括光子）三维动量的总和在相互作用（散射）前后保持不变；能量守恒则要求各个粒子（包括光子）携带的能量总和在散射前后保持不变.

根据爱因斯坦的光量子理论, 光（电磁波）在自由电子上散射时, 可以看作光子与自由电子的弹性散射, 散射光子的动量和能量（电磁波的波数和频率）由狭义相对论的动量守恒和能量守恒确定. 很显然, 光量子理论预言的在静止电子上的散射波的频率一般要低于入射波；这与经典理论（汤姆孙散射）的结果明显不同.

容易证明, 波长为 $\lambda$ 的光子在静止电子上散射时, 散射角（光子出射方向和入射方向的夹角）为 $\theta$ 的散射光子的波长为

$$\lambda' = \lambda + \frac{4\pi\hbar}{m_e c}\sin^2\frac{\theta}{2}. \tag{9.9.23}$$

上述结果是康普顿（A. H. Compton, 1892—1962, 美国）在 1923 年根据爱因斯坦的光量子理论得到的. 康普顿据此解释了他的（硬）X 射线在石墨晶体上散射实验的结果, 并因此获得了 1927 年诺贝尔物理奖.

康普顿效应的理论解释使得人们能够正确理解更早前（自1904年开始）就已经多次确认的 $\gamma$ 射线散射能谱偏软的实验观测结果.

令 $\Delta\lambda \equiv \lambda' - \lambda$, 由上式可得

$$\frac{\Delta\lambda}{\lambda} = \frac{\hbar\omega}{m_e c^2}\cdot 2\sin^2\frac{\theta}{2}. \tag{9.9.24}$$

由此可知, 当入射光子的能量与静止电子的能量可比时, 散射光子的波长（频率）显著大于（小于）入射光子的波长（频率）.

一个有趣的历史事实是, 爱因斯坦提出光量子学说后, 普朗克一直是反对的, 他认为爱因斯坦将他的“能量子”学说推进得过了头；然而 1923 年康普顿效应的发现给了爱因斯坦光量子学说以极大的支持.

1913 年, 波尔（N. H. D. Bohr, 1885—1962, 丹麦）受普朗克和爱因斯坦量子论的启发, 提出了氢原子核外电子的“定态假说”和辐射的“频率法则”, 成功地解释了氢原子的辐射光谱. 波尔由于在原子结构和辐射方面的卓越贡献获得了 1922 年的诺贝尔奖.

爱因斯坦凭着他的光量子理论, 与普朗克和波尔, 并称为量子力学的三大奠基人.

爱因斯坦的光量子理论, 以及随后康普顿散射实验对光量子理论的证实, 结合经典电动力学的电磁波理论, 奠定了光的波粒二象性的基础；这也是现代量子力学基本思想的重要起源之一. 光的波粒二象性指的是, 光有时候看起来像波, 因为它表现出像普通的声波等机械波那样的衍射和干涉行为；光有时候看起来又像粒子, 因为它表现出像普通的实物粒子那样的颗粒性的行为, 其能量和动量的传播和吸收都是颗粒状的.

在狭义相对论的框架下考虑这一事实, 即电磁波的频率-波矢四维矢量对应于粒子的能量-动量四维矢量这一点, 让我们不难理解光的能量和动量的颗粒性；那么反过来这种对应关系, 方程 (9.9.20) 是否意味着实物粒子也具有频率和波矢这种原本只有声波这类机械波以及电磁波才具有的波动特性呢?

1924 年, 德布罗意（L. de Broglie, 1892—1987, 法国）受爱因斯坦光量子理论和波尔氢原子光谱的量子论的启发, 在他的博士论文中提出了实物粒子的波粒二象性, 德布罗意波与方程 (9.9.20) 完全符合. 德布罗意由于物质波理论的创立获得了 1929 年的诺贝尔物理奖.

进一步的问题是, 既然德布罗意波将实物粒子的量子性质与波联系了起来, 那么描述实物粒子的量子行为的方程是否应该写成波动方程呢?

1926 年薛定谔 (E. Schrodinger, 1887—1961, 奥地利) 发表了他的波动力学——薛定谔方程; 几乎与此同时, 海森堡 (W. K. Heisenberg, 1901—1976, 德国) 独立提出了他的测不准原理, 并据此得到了矩阵力学. 稍后薛定谔证明了他的波动力学与海森堡的矩阵力学的等价性. 海森堡和薛定谔由于对量子力学基本理论建立的贡献分别获得了 1932 年和 1933 年的诺贝尔物理奖.

### 9.9.3* 核子之间的强相互作用——介子

构成原子核的质子和中子统称为核子. 一般地, 一个原子核, 譬如氦原子核, 其中有多个质子. 这些质子之间存在库仑斥力的作用, 但事实是大多数原子核是稳定的; 这些核子并没有因为库仑斥力飞散开来. 基于上述事实, 我们说核子之间存在着相互吸引的作用力, 该吸引力强得足以克服库仑斥力. 然而, 毕竟两个相互之间距离远大于原子核尺度的质子之间确实只能观测到库仑斥力; 因此我们说核子之间的这种强相互作用一定是短程相互作用, 它只在原子核尺度 $d \sim 10^{-15}\text{m}$ 内才明显不为零; 超过原子核的尺度, 随着距离的增加强相互作用力应该比库仑力的平方反比律衰减得更快.

我们已经知道, 电磁相互作用由满足达朗贝尔方程的四维协变势描述, 其中标势满足的方程为

$$\left(\nabla^2 - \frac{1}{c^2}\partial_t^2\right)\phi = -\frac{1}{\epsilon_0}\rho. \tag{9.9.25}$$

注意达朗贝尔算符是四维协变的.

为了简单起见, 我们假定核子之间的强相互作用可以由一个标量势 $U(\boldsymbol{x}, t)$ 表示. 设想标量势 $U(\boldsymbol{x}, t)$ 本身就是一个洛伦兹不变量, 并假定其满足达朗贝尔方程,

$$\left(\nabla^2 - \frac{1}{c^2}\partial_t^2\right)U(\boldsymbol{x}, t) = \rho_h. \tag{9.9.26}$$

其中, $\rho_h$ 为核子之间强相互作用的源项, 不妨假定其也是洛伦兹不变量. 由于达朗贝尔算符是洛伦兹协变的, 这样假定的方程具有洛伦兹协变性.

很显然, 这样的方程, 其稳态解给出的强相互作用力满足平方反比关系, 与实际观测的强相互作用为短程力的事实不符. 因此上述方程必须修正为

$$\left(\nabla^2 - \frac{1}{c^2}\partial_t^2 - \mu^2\right)U = \rho_h. \tag{9.9.27}$$

由于 $\mu^2$ 为常数, 这个修正的方程仍然是洛伦兹协变的.

相应的稳态方程为

$$\left(\nabla^2 - \mu^2\right)U = \rho_h. \tag{9.9.28}$$

设源项具有球对称性, 该方程的解不难求出,

$$U = U_0\frac{1}{r}e^{-\mu r}. \tag{9.9.29}$$

其中, $r$ 为核子中心到场点的距离. 因此, 只要我们取 $\mu \approx 1/d \sim 10^{15}\ \mathrm{m}^{-1}$, 我们就能得到符合预期的短程相互作用, 当然 $U_0$ 的大小可以根据强相互作用力的大小进一步确定.

现在, 我们来考察方程 (9.9.27) 对应的齐次方程

$$\left(\nabla^2 - \frac{1}{c^2}\partial_t^2 - \mu^2\right) U = 0. \tag{9.9.30}$$

根据电动力学中达朗贝尔方程的解给出电磁波的经验, 我们预计上述方程给出"强相互作用波". 寻求上述方程的平面波形式的解 $U = U_0 \mathrm{e}^{\mathrm{i}(\boldsymbol{k}\cdot\boldsymbol{x} - \omega t)}$, 我们立刻得到

$$\frac{\omega^2}{c^2} - k^2 - \mu^2 = 0, \tag{9.9.31}$$

这就是"强相互作用波"的色散关系.

鉴于爱因斯坦从"光波"得到了"光子", 对应于这种"强相互作用波", 也应该存在"强相互作用子"; 其能量和动量分别为 $\mathcal{E} = \hbar\omega$ 和 $\boldsymbol{p} = \hbar\boldsymbol{k}$. 将上述色散方程两边同乘以 $\hbar^2$, 我们得到这种"强相互作用子"的能量 $\mathcal{E}$ 和动量 $\boldsymbol{p}$ 之间的关系,

$$\frac{\mathcal{E}^2}{c^2} - p^2 - \hbar^2\mu^2 = 0. \tag{9.9.32}$$

由上式可得, 当这种"强相互作用子"的动量为零 ( 静止 ) 时, 其静止能量为

$$\mathcal{E}_0 = \hbar\mu c. \tag{9.9.33}$$

将前述根据实验观测估计的 $\mu$ 的数值代入, 我们得到 $\mathcal{E}_0 = 170$ MeV; 注意电子的静止能量为 $m_\mathrm{e}c^2 \approx 0.511$ MeV. 这种"强相互作用子", 由于其静止质量的数量级介于电子和质子之间, 称为介子 ( meson ).

上述结果由汤川秀树 ( H. Yukawa, 1907—1981, 日本 ) 于 1935 年得到, 方程 (9.9.29) 称为 Yukawa 势. 汤川秀树关于核子之间强相互作用的理论受到了爱因斯坦的狭义相对论和光量子论的启发, 他预言的介子在 1947 年得到了实验的证实; 汤川秀树由于发现介子的贡献获得了 1949 年的诺贝尔物理奖.

汤川秀树的工作证明了狭义相对论及其预言的质能关系在强相互作用领域也是正确的. 他对介子存在的预言是人类智慧的又一次展示.

汤川秀树曾经讲过, 创新的最为重要之处在于对一件事情的专注, 在强调创新时也不要过于贬低模仿.

### 9.9.4 质量亏损与结合能

动量守恒和能量守恒可以推广到强相互作用与弱相互作用.

当若干个静止质量为 $m_{0,i}$ 的粒子由强相互作用或弱相互作用结合为一个静止质量为 $M_0$ 的粒子时, 由能量守恒知

$$\Delta\mathcal{E} = \sum_i m_{0,i}c^2 - M_0c^2 \equiv \Delta M c^2, \tag{9.9.34}$$

其中, $\Delta M$ 称为质量亏损, $\Delta\mathcal{E}$ 称为结合能.

对于原子核来说, 元素周期表中原子序数小于 26（对应于铁元素）的轻核融合（聚变）成较重的核后都是放出能量；而原子序数大于 26 的重核分裂（裂变）成较轻的核后也是放出能量.

原子核的裂变和聚变反应符合上述爱因斯坦质能关系.

**例 9.17** 带电 π 介子衰变为 μ 子和中微子的反应为

$$\pi^+ \to \mu^+ + \nu.$$

各粒子静止质量为 $m_\pi = 139.57\ \mathrm{MeV}/c^2$, $m_\mu = 105.66\ \mathrm{MeV}/c^2$, $m_\nu = 0$. 求 π 介子静止系中 μ 子的动量、能量和速度.

**解** π 介子静止系中, 其自身动量和能量为

$$(\boldsymbol{p}_\pi,\ W_\pi) = \left(\boldsymbol{0},\ m_\pi c^2\right).$$

令反应后 $\mu$ 子和中微子的动量分别为 $\boldsymbol{p}_\mu$ 和 $\boldsymbol{p}_\nu$, 由爱因斯坦质能关系得到反应后的 $\mu$ 子和中微子的能量分别为

$$\begin{aligned} W_\mu &= \sqrt{p_\mu^2 c^2 + m_\mu^2 c^4}, \\ W_\nu &= p_\nu c. \end{aligned}$$

由动量守恒和能量守恒得到

$$\begin{aligned} &\boldsymbol{p}_\mu + \boldsymbol{p}_\nu = \boldsymbol{0}, \\ &\sqrt{p_\mu^2 c^2 + m_\mu^2 c^4} + p_\nu c = m_\pi c^2. \end{aligned}$$

由此解得

$$\begin{aligned} p_\mu &= \frac{m_\pi^2 - m_\mu^2}{2m_\pi} c, \\ W_\mu &= \frac{m_\pi^2 + m_\mu^2}{2m_\pi} c^2. \end{aligned}$$

$\mu$ 子的速度 $u_\mu$ 可以由下式算出,

$$\frac{1}{\sqrt{1 - \left(\dfrac{u_\mu}{c}\right)^2}} m_\mu c^2 = W_\mu.$$

爱因斯坦的质能关系的一个重要应用是, 原子核裂变和聚变反应放出的能量等于反应前后的质量亏损与光速平方的乘积. 一种广泛流传的然而与事实不符的说法是, 爱因斯坦的质能关系促使了原子武器的发明. 第二次世界大战期间, 两名获悉纳粹德国原子武器研究计划的科学家逃离德国到达美国后, 找到了爱因斯坦. 他们将这一重要情况告之爱因斯坦后, 为了确保盟国的胜利, 爱因斯坦欣然接受了他们的建议, 给当时的美国总统罗斯福写信建议美国抢先完成原子武器的研制. 二战后, 并未实际参与原子武器研究计划的爱因斯坦和波尔以及美国原子弹研制的曼哈顿计划领导人奥本海默（J. R. Oppenheimer, 1904—1967, 美国）等人, 看到了原子武器实际使用时的威力, 特别是其对于人类未来命运的巨大威胁, 多方呼吁全面禁止核武器的研发和使用.

## 习题与解答

1. 一辆以速度 $v$ 运行的列车上的观察者, 在经过某一高大建筑物时, 在建筑物顶端避雷针上看见一脉冲电火花, 电火花的光先后照亮铁路沿线上的两座铁塔. 设建筑物和两座铁塔在与列车前进方向平行的一直线上; 地面上两铁塔到建筑物的距离都是 $l_0$, 铁塔与建筑物的高度相同; 试求列车上的观测者看到的两铁塔被电火花照亮的时刻差.

答案: 地面参照系中 $\Delta x' = 2l_0$, $\Delta t' = 0$.

直接应用洛伦兹坐标变换关系得 $\Delta t = \gamma \dfrac{v}{c^2} \cdot 2l_0$.

2. 有一光源 S 与接收器 R 相对静止, 距离为 $l_0$. 该装置浸泡在折射率为 $n$ 的均匀无限的流体介质中. 试计算以下 3 种情况下从光源发出光信号到接收器接收到光信号所经历的时间:

(1) 液体相对于 S-R 装置静止;

(2) 液体沿着 S-R 连线方向以速度 $v$ 流动;

(3) 液体以垂直于 S-R 连线方向的速度 $v$ 流动.

答案: 通常光学中的介质折射率的倒数, 是与介质相对静止的观察者测得的介质中光速与真空中光速之比.

(1) $\Delta t = l_0 n/c$.

(2) 取介质静止系 $\Sigma'$ 相对 S-R 装置静止系 $\Sigma$ 以速度 $v$ 沿 $x$ 轴方向运动. 利用速度变换公式, 计算介质中 S-R 装置所在参照系看到的光速 $u_x$,

$$\Delta t = \frac{l_0}{u_x} = \frac{l_0}{\dfrac{c}{n} + v}\left(1 + \frac{v}{cn}\right).$$

(3) 参照系选取与 (2) 相同. S-R 连线为 $y$ 轴.

$\Sigma'$ 系中观察发射光和接收光两个事件:

$$\begin{aligned}
\Delta x' &= -v\Delta t', \\
\Delta y' &= \Delta y. \\
\Delta t' &= \frac{\sqrt{\Delta x'^2 + \Delta y'^2}}{\dfrac{c}{n}}.
\end{aligned}$$

在 $\Sigma$ 系中观察两个事件:

$$\begin{aligned}
\Delta x &= 0, \\
\Delta y &= l_0.
\end{aligned}$$

由洛伦兹坐标变换得

$$\Delta t' = \gamma\left(\Delta t - \frac{v}{c^2}\Delta x\right) = \gamma \Delta t.$$

由此可得

$$\Delta t = \frac{1}{\gamma} \cdot \frac{l_0}{\sqrt{\dfrac{c^2}{n^2} - v^2}}.$$

3. 一列火车以速度 $v$ 相对地面运动. 车厢内观察者观测到一根直尺与铁轨夹角为 $\theta$, 试计算地面观察者观测到的直尺与铁轨的夹角.

答案:令 $\theta'$ 为地面观察者测得的直尺与铁轨的夹角,

$$\tan\theta' = \gamma_v \tan\theta.$$

4. 设惯性系 $\Sigma'$ 相对于 $\Sigma$ 运动速度为 $v$, 方向与坐标系的 $x$ 轴和 $x'$ 轴相同. 假定一粒子在 $\Sigma'$ 中的速度为 $u$. 保留 $v/c$ 的一阶项, 给出 $\Sigma$ 系中粒子的速度. 讨论何种情形下与伽利略变换相同.

答案:在 $u/c \sim v/c \ll 1$ 时与伽利略变换相同.

5. 惯性参照系 $\Sigma'$ 以速度 $v$ 沿 $\Sigma$ 系的 $x$ 轴运动. 设两个惯性系(四维时空坐标)的原点重合. 分别在 $x'$ 轴和 $x$ 轴上设置在各自参照系内同步的一系列时钟. 设 $\Sigma$ 系内 $x$ 处时钟与 $\Sigma'$ 系内 $x'$ 处时钟相遇时, 两者读数相同. 试求该读数以及 $x$ 与 $x'$ 的关系.

答案:很显然 $x' = x = 0$, $t' = t = 0$ 是一个解(两参照系原点重合).

直接应用洛伦兹坐标变换关系考察两个时钟相遇且读数相同这一事件 $P$ 在两个参照系中的表述.

令 $t' = t$, 由 $t' = \gamma t - \gamma\beta\dfrac{x}{c}$ 得到

$$t = \beta\frac{x}{c}\cdot\frac{1}{1-\dfrac{1}{\gamma}}.$$

代入 $x' = \gamma x - \gamma v t$ 得到

$$x' = -x.$$

6. 在恒星惯性系中看到一飞船沿着 $x$ 轴运动. 设飞船中的观察者测得飞船做匀加速运动, 即任一瞬间在飞船静止的惯性系中, 飞船的加速度 $g$ 为一常数. 设飞船在恒星参照系中以零初速度从 $x = 0$ 开始运动, 试计算飞船速度达到 $v$ 时运动的距离 $x$.

解答:设某一瞬间飞船在恒星系坐标 $(x, t)$ 中运动速度为 $V$, 则其在以 $V$ 运动的参照系中坐标为 $(x', t')$,

$$x = \gamma_V (x' + Vt'),$$
$$t = \gamma_V \left(t' + \frac{V}{c^2}x'\right),$$

其中

$$\gamma_V = \frac{1}{\sqrt{1-\dfrac{V^2}{c^2}}}.$$

由 $v' = \mathrm{d}x'/\mathrm{d}t'$, $a' = \mathrm{d}v'/\mathrm{d}t'$, $v = \mathrm{d}x/\mathrm{d}t$, $a = \mathrm{d}v/\mathrm{d}t$ 可得

$$a = \frac{1}{\gamma_V^3}\cdot\frac{a'}{\left(1+\dfrac{Vv'}{c^2}\right)^3}.$$

将 $a'=g$ 以及 $V=v$, 因此 $v'=0$ 等代入上式得

$$a=\frac{g}{\gamma_v^3},$$
$$x=\int_0^t \mathrm{d}tv=\int_0^v \mathrm{d}v\frac{v}{a}=\frac{1}{g}\int_0^v \mathrm{d}v\gamma_v^3 v,$$

计算出积分得到

$$x=\frac{c^2}{g}\left(\gamma_v-1\right).$$

7. 一列静止长度与站台同为 $l_0$ 的列车以高速 $v$ 通过站台. 车厢的首尾两端（$A'$-$B'$）放置了两个校准的时钟, 站台的首尾两端（$A$-$B$）也设置了两个校准的时钟. 假设火车首端与站台首端相遇时, 两个相遇的时钟（$A$-$A'$）的读数均为零. 试求火车尾端 $B'$ 经过站台首端 $A$ 时车上观察者和站台观察者看到的四个钟的读数.

答案:设列车和站台参照系分别为 $\Sigma'$ 和 $\Sigma$, $x$ 轴为运动方向. 两系坐标原点分别为 $A'$ 和 $A$.

记车尾 $B'$ 经过站台首端 $A$ 为事件 $P_0$;

记车上观察者看到的与 $P_0$ 同时发生的事件 $P_1$ 为 $B$ 发出的一信号;

记站台观察者看到的与 $P_0$ 同时发生的事件 $P_2$ 为 $A'$ 发出的一信号.

（1）$\Sigma'$ 系观察:

事件 $P_0:(x'_0=-l_0,t'_0)$, 事件 $P_1:(x'_1,t'_1=t'_0)$, 事件 $P_2:(x'_2=0,t'_2)$.

（2）$\Sigma$ 系观察:

事件 $P_0:(x_0=0,t_0)$, 事件 $P_1:(x_1=-l_0,t_1)$, 事件 $P_2:(x_2,t_2=t_0)$.

$t'_0$ 为所求的两系观察者看到的 $B'$ 与车上看到的 $A'$ 读数. $t_0$ 为两观察者看到的 $A$ 与站台看到的 $B$ 读数. $t_1$ 为车上观察者看到的 $B$ 读数. $t'_2$ 为站台观察者看到的 $A'$ 读数.

考察 $P_0$ 的坐标变换, 可确定 $t'_0$, $t_0$.

进而考察 $P_1$ 的坐标变换, 可确定 $t_1$; 考察 $P_2$ 的坐标变换, 可确定 $t'_2$.

8. 解答第 9.3 节例 9.7 中的第二个问题:

（1）直接应用动钟变慢公式;

（2）应用动尺变短公式.

9. 在一个与惯性系相对匀速平动的飞船内, 某人在某个静止的仪器上做了一个实验. 试证明: 在任意惯性系中观察, 该飞船的体积与该实验持续的时间的乘积为不变量.

10. 闵可夫斯基建议狭义相对论四维时空的第四个坐标可以选取虚数坐标 $\mathrm{i}ct$ 用以表示时间, 即四维坐标取为 $(x,y,z,\mathrm{i}ct)$; 相应的四维空间为赝欧几里得空间, 其度规张量为单位张量.

（1）写出相应的洛伦兹坐标变换矩阵, 协变位矢和逆变位矢;

（2）分别以协变矢量和逆变矢量写出：四维速度、四维动量、四维电流密度、四维势、四维波矢.

答案:设 $\Sigma'$ 系相对 $\Sigma$ 系运动速度为 $v$. 取相对运动方向为 $x$ 轴, 两参照系时空坐标原

点重合, 则特殊的洛伦兹变换可以写成

$$\begin{bmatrix} x' \\ y' \\ z' \\ \mathrm{i}ct' \end{bmatrix} = \begin{bmatrix} \gamma & 0 & 0 & \mathrm{i}\gamma\beta \\ 0 & 1 & 0 & 0 \\ 0 & 0 & 1 & 0 \\ -\mathrm{i}\gamma\beta & 0 & 0 & \gamma \end{bmatrix} \begin{bmatrix} x \\ y \\ z \\ \mathrm{i}ct \end{bmatrix}.$$

（1）坐标变换矩阵和逆变位矢由上式给出. 协变位矢简单地为逆变位矢的转置;

（2）逆变矢量为协变矢量的转置, 因此我们只要给出协变形式的四维矢量、四维速度、四维动量、四维电流密度、四维势和四维波矢分别为

$$\begin{aligned} &U_\mu = \gamma_u(\boldsymbol{u},\ \mathrm{i}c), \\ &p_\mu = m_0 U_\mu = \gamma_u m_0(\boldsymbol{u},\ \mathrm{i}c) = (m\boldsymbol{u},\ \mathrm{i}mc) = \left(\boldsymbol{p},\ \mathrm{i}\frac{\mathcal{E}}{c}\right), \\ &j_\mu = \rho_0 U_\mu = (\boldsymbol{j},\ \mathrm{i}c\rho), \\ &A_\mu = \left(\boldsymbol{A},\ \mathrm{i}\frac{\phi}{c}\right), \\ &k_\mu = \left(\boldsymbol{k},\ \mathrm{i}\frac{\omega}{c}\right). \end{aligned}$$

其中, 四维速度和四维动量可以根据定义由四维位矢直接写出; 四维动量也可以考虑作用量 $p_\mu \mathrm{d}x^\mu$ 为不变量; 四维电流密度可以考虑电荷守恒定律, $\partial_\mu j^\mu$ 为不变量; 四维势可以考虑作用量 $A_\mu \mathrm{d}x^\mu$ 为不变量; 四维波矢可以考虑相位 $k_\mu x^\mu$ 为不变量. 注意, 这里的记号, 上指标也可以写成下指标, 即无需区分逆变和协变; 四维矢量的四个分量的变换关系与坐标变换相同.

11. 单个运动的点电荷粒子的电荷密度和电流密度分别为

$$\begin{aligned} \rho(\boldsymbol{x},t) &= Q\delta^3\left[\boldsymbol{x} - \boldsymbol{x}_\mathrm{e}(t)\right], \\ \boldsymbol{j}(\boldsymbol{x},t) &= Q\delta^3\left[\boldsymbol{x} - \boldsymbol{x}_\mathrm{e}(t)\right]\dot{\boldsymbol{x}}_\mathrm{e}(t). \end{aligned}$$

这里 $\boldsymbol{x}_\mathrm{e}(t)$ 和 $\dot{\boldsymbol{x}}_\mathrm{e}(t)$ 分别表示 $t$ 时刻粒子的位置和速度.

相应的电荷连续性方程可以写成

$$\partial_t\{Q\delta^3\left[\boldsymbol{x} - \boldsymbol{x}_\mathrm{e}(t)\right]\} + \nabla\cdot\{Q\delta^3\left[\boldsymbol{x} - \boldsymbol{x}_\mathrm{e}(t)\right]\dot{\boldsymbol{x}}_\mathrm{e}(t)\} = 0.$$

试由上述电荷连续性方程的洛伦兹协变性要求出发, 讨论电荷 $Q$ 的洛伦兹不变性.

答案: 点电荷的电荷密度和电流密度表达式原本是在低速运动情形下写出的, 其中暗含了电荷量不依赖于粒子运动状态的假定. 注意到

$$\partial_t\{\delta^3\left[\boldsymbol{x} - \boldsymbol{x}_\mathrm{e}(t)\right]\} + \nabla\cdot\{\delta^3\left[\boldsymbol{x} - \boldsymbol{x}_\mathrm{e}(t)\right]\dot{\boldsymbol{x}}_\mathrm{e}(t)\} = 0,$$

可以立即得到如下结论, 只要 $Q$ 是常量, 运动点电荷的连续性方程就是洛伦兹协变的.

注意: $(c\delta^3\left[\boldsymbol{x} - \boldsymbol{x}_\mathrm{e}(t)\right], -\delta^3\left[\boldsymbol{x} - \boldsymbol{x}_\mathrm{e}(t)\right]\dot{\boldsymbol{x}}_\mathrm{e}(t))$ 为四维矢量. 只要 $Q$ 是洛伦兹标量, 则 $(cQ\delta^3\left[\boldsymbol{x} - \boldsymbol{x}_\mathrm{e}(t)\right], -Q\delta^3\left[\boldsymbol{x} - \boldsymbol{x}_\mathrm{e}(t)\right]\dot{\boldsymbol{x}}_\mathrm{e}(t))$ 必为四维矢量; 运动点电荷的连续性方程在“电荷不变性”条件下是洛伦兹协变的.

12. 一静止的雷达每秒钟发射 $n_{\rm rad}$ 个电磁脉冲, 脉冲在以速度 $v$ 向雷达运动的物体表面上被反射回雷达接收器. 试问雷达接收器每秒钟接收到多少个电磁脉冲.

答案:雷达静止系中发射波的频率可视为 $\omega=2\pi\cdot n_{\rm rad}$. 应用相对论多普勒效应公式计算出运动物体看到的入射波频率; 反射体静止系中反射波频率与入射波相同. 再一次应用多普勒效应公式计算雷达接收器看到的反射波频率. 令 $\beta=v/c$, 每秒接收脉冲数为

$$n_{\rm rec}=\frac{1+\beta}{1-\beta}n_{\rm rad}.$$

13. 一静止光源发出的一束光入射到一向着光源运动的平面镜上被反射; 光源静止系中入射波的角频率为 $\omega_0$, 入射角为 $\theta_0$. 试计算:平面镜运动方向与其法线平行情形下, 光源静止系看到的反射光频率和反射角.

答案:平面镜静止系中, 反射定律成立, 反射波频率与入射波频率相等,

$$\omega=\omega_0\gamma^2\left(1+\beta^2+2\beta\cos\theta_0\right),$$
$$\tan\theta=\frac{\sin\theta_0}{\gamma^2\left[2\beta+(1+\beta^2)\cos\theta_0\right]}.$$

14. 一列以速度 $v$ 运动的火车, 车尾向地面建筑外立面上的一平面镜子发射一束频率为 $\omega_0$ 的光. 设火车运行方向与镜面平行, 车尾观察者看到的发射光线与平面镜法线夹角（入射角）为 $\theta_0$. 试计算车头观察者看到的反射光的频率和反射角.

答案:$\omega=\omega_0$, $\theta_r=\theta_0$.

15. 电偶极子 $\boldsymbol{p}_0$ 以速度 $\boldsymbol{v}$ 匀速运动, 求它产生的势和电磁场.

答案:由电偶极子静止系 $\Sigma'$ 中的矢势和标势, 应用四维势变换到实验室系 $\Sigma$ 中:

$$\phi=\gamma\frac{1}{4\pi\epsilon_0}\cdot\frac{\boldsymbol{p}_0\cdot\boldsymbol{r}'}{r'^3},\qquad \boldsymbol{A}=\frac{\boldsymbol{v}}{c^2}\phi,$$

其中, $\boldsymbol{r}'=\gamma(\boldsymbol{r}_\parallel-\boldsymbol{v}t)+\boldsymbol{r}_\perp$.

$\Sigma'$ 系中电偶极子产生的电磁场为

$$\boldsymbol{E}'=\frac{1}{4\pi\epsilon_0}\cdot\frac{3\boldsymbol{p}_0\cdot\boldsymbol{r}'\boldsymbol{r}'-\boldsymbol{p}_0r'^2}{r'^5},\qquad \boldsymbol{B}'=\boldsymbol{0},$$

应用电磁场变换关系变回 $\Sigma$ 系即可.

16. 半径为 $R$ 的不带电的磁化介质球内磁感应强度在以球心为原点的球坐标 $(r,\theta,\phi)$ 下为 $\boldsymbol{B}=\dfrac{B_0}{R^2}\boldsymbol{e}_zr^2\sin^2\theta$. 设该介质球在实验室中绕 $z$ 轴以角速度 $\omega$ 做非相对论性旋转, 试求实验室系中观察到的球内电磁场.

答案: 实验室系中球内与介质相对静止一点的速度为

$$\boldsymbol{v}=\omega\boldsymbol{e}_z\times\boldsymbol{r}.$$

实验室系中该点的电磁场变换到以 $\boldsymbol{v}$ 运动的惯性系中, 即为介质球静止时球内该点的电磁场,

$$\boldsymbol{B}'=\frac{B_0}{R^2}\boldsymbol{e}_zr^2\sin^2\theta,\qquad \boldsymbol{E}'=\boldsymbol{0},$$

变回实验室系得

$$\boldsymbol{E}=-\boldsymbol{v}\times\boldsymbol{B}',\qquad \boldsymbol{B}=\boldsymbol{B}'.$$

17. 实验室中两个间距为 $d$ 的点电荷 $q_1$ 和 $q_2$, 以同样的速度 $\boldsymbol{v}$ 匀速直线运动. 考虑电荷运动速度垂直和平行于两电荷连线两种情形. 试计算两电荷间的作用力(要求分别采用两种方法:利用电磁场的变换关系;利用四维力的变换关系).

答案:作用力方向沿两电荷之间连线.

(1) 垂直情形

$$F=\frac{1}{\gamma}\cdot\frac{1}{4\pi\epsilon_0}\cdot\frac{q_1q_2}{d^2}.$$

(2) 平行情形

$$F=\frac{1}{\gamma^2}\cdot\frac{1}{4\pi\epsilon_0}\cdot\frac{q_1q_2}{d^2}.$$

18. 两个静止质量均为 $m_0/2$ 的粒子用一个静止质量可以忽略的压缩弹簧连在一起. 设弹簧突然断开后两个粒子都以速度 $v$ 分别向相反的方向飞去. 试计算系统静止质量 $m$ 以及系统静止时弹簧的压缩势能 $U$.

答案:

$$m=\gamma m_0,$$
$$U=(\gamma-1)m_0c^2.$$

19. 试证明一对正负电子不可能湮灭为一个光子.

提示:利用能量动量守恒定律.

20. 波长为 $\lambda$ 的光子在静止电子上散射, 设散射角(光子出射方向和入射方向的夹角)为 $\theta$. 试证明: 散射光子的波长为

$$\lambda'=\lambda+\frac{2h}{m_ec}\sin^2\frac{\theta}{2}.$$

其中, $h$ 为普朗克常数, $m_e$ 为电子静止质量.

提示:利用能量动量守恒定律.

21. 实验室中有两点电荷 $q_1$ 与 $q_2$. 在笛卡儿坐标系 $(x,y,z)$ 中, $q_1$ 以速度 $v$ 沿 $x$ 轴匀速飞行, $q_2$ 静止于 $(0,y_0,0)$. 试计算 $q_1$ 通过坐标原点时两个点电荷各自的受力, 并简要讨论所得结果.

答案:$q_1$ 受静止电荷 $q_2$ 的静电场作用力 $\boldsymbol{F}_1$ 直接计算.

$q_2$ 所受力先在 $q_1$ 静止系计算, 再利用四维力的变换关系变回实验室系,

$$\boldsymbol{F}_1=-\frac{q_1q_2}{4\pi\epsilon_0y_0^2}\boldsymbol{e}_y,$$
$$\boldsymbol{F}_2=\gamma\cdot\frac{q_1q_2}{4\pi\epsilon_0y_0^2}\boldsymbol{e}_y.$$

22. 考虑实验室中的一个双粒子系统. 运动粒子 1 的能量为 $E_1$, 其静止质量为 $m_1$;静止粒子 2 的质量为 $m_2$, 要求:

(1) 计算质心系的速度;

(2)计算质心系中各粒子的动量和能量以及质心系中系统的总质量 $M$.

答案:实验室系 $\Sigma$ 中各粒子动量和能量以及系统总动量和总能量分别为,

粒子 1: $\boldsymbol{p}_1, E_1=\sqrt{p_1^2c^2+m_1^2c^4}$.

粒子 2: $\boldsymbol{p}_2=\boldsymbol{0}, E_2=m_2c^2$.

系统: $\boldsymbol{p}=\boldsymbol{p}_1+\boldsymbol{p}_2$, $E=E_1+E_2$.

质心系 $\Sigma'$ 中: $\boldsymbol{p}'=\boldsymbol{p}_1'+\boldsymbol{p}_2'=\boldsymbol{0}$, $E'=Mc^2$.

(1)由系统总的四维动量从实验室系 $p^\mu$ 到质心系 $p'^\mu$ 的变换关系得质心系速度

$$\boldsymbol{v}=\frac{\boldsymbol{p}c^2}{E}.$$

(2)由 $p'_\mu p'^\mu=p_\mu p^\mu$ 得

$$M=\sqrt{m_1^2+m_2^2+\frac{2m_2E_1}{c^2}}.$$

由质心系速度得 $\boldsymbol{p}_2'=-\gamma m_2\boldsymbol{v}$; 由质心系定义得 $\boldsymbol{p}_2'=-\boldsymbol{p}_1'$. 由 $p'_{1,2}$ 根据质能关系得 $E'_{1,2}$.

23. 粒子在实验室系 $\Sigma$ 中的能量和动量分别为 $E$ 和 $\boldsymbol{p}$. $\Sigma'$ 沿 $\Sigma$ 系的 $x$ 轴以速度 $v$ 运动, 两参考系平行. 设 $\Sigma$ 系中粒子动量与 $x$ 轴的夹角为 $\theta$, $\Sigma'$ 系中粒子动量与 $x'$ 轴的夹角为 $\theta'$. 试证明

$$\tan\theta'=\frac{\sin\theta}{\gamma\left(\cos\theta-\beta\dfrac{E}{cp}\right)}.$$

根据上述结果, 将真空中的平面电磁波看成光子, 试证明相对论的光行差公式

$$\tan\theta'=\frac{\sin\theta}{\gamma(\cos\theta-\beta)}.$$

提示:应用四维动量的变换关系, 真空中的光子

$$\frac{E}{cp}=1.$$

24. 证明第 9.7.3节中给出的正则形式的哈密顿力学确实能够给出正确的运动方程.

提示:简单地写出正则运动方程后, 利用 $\boldsymbol{P}=\boldsymbol{p}+q\boldsymbol{A}(\boldsymbol{x},t)$, 参考第 6.1.2节中的计算过程, 不难得到正确的洛伦兹力方程.

25. 考虑洛伦兹变换在低速情形下的一阶近似, 试证明在此近似下时空间隔不变性仍然得以保留.

26. 假定电子电荷均匀分布于半径为 $r_{\mathrm{e}}$(经典电子半径)的球面上. 试计算以速度 $\boldsymbol{v}$ 匀速运动电子产生的电磁场的能量, 将这一能量按质能关系折合为电磁质量, 并对电子电磁质量的理论困难给出初步的讨论.

解答:取电子位置为球坐标原点, 其运动方向为 $z$ 轴. 运动电子产生的电场为

$$\boldsymbol{E}=\frac{\gamma}{\left[1+\gamma^2\left(\dfrac{\boldsymbol{v}}{c}\cdot\boldsymbol{n}\right)^2\right]^{3/2}}\cdot\frac{e\boldsymbol{x}}{4\pi\epsilon_0|\boldsymbol{x}|^3}.$$

运动电子所产生电场的能量为

$$\begin{aligned} W_{\mathrm{E}} &= \frac{\epsilon_0}{2}\int 2\pi r^2 \sin\theta \mathrm{d}\theta \mathrm{d}r \frac{\gamma^2}{(1+\gamma^2\beta^2\cos^2\theta)^3} E_0^2 \\ &= \frac{1}{2} W_{\mathrm{elec}} \int_{-1}^{1} \mathrm{d}(\cos\theta) \frac{\gamma^2}{(1+\gamma^2\beta^2\cos^2\theta)^3}, \end{aligned}$$

其中, $E_0(r) = e/4\pi\epsilon_0 r^2$. $W_{\mathrm{elec}} = e^2/8\pi\epsilon_0 r_{\mathrm{e}}$ 为静止电子所产生电场的能量. 上式中积分的结果为

$$\frac{1}{4}\left[3 + 2\frac{1}{\gamma^2} + 3\frac{\gamma}{\beta}\arctan(\gamma\beta)\right].$$

考虑 $E^2 - c^2B^2$ 为洛伦兹不变量, 可定出磁场能量 $W_{\mathrm{B}} = W_{\mathrm{E}} - W_{\mathrm{elec}}$. 从而计算出运动电子所产生电磁场的能量 $W_{\mathrm{EM}} = 2W_{\mathrm{E}} - W_{\mathrm{elec}}$.

如果令电磁质量为 $m_{\mathrm{EM}} = W_{\mathrm{EM}}/\gamma c^2$, 则显然有

$$\begin{aligned} m_{\mathrm{EM}} &\neq m_{\mathrm{em}} \\ &\neq m_{\mathrm{elec}}. \end{aligned}$$

其中, $m_{\mathrm{em}}$ 表示由电子的静电场能量按质能关系折合成的电磁质量; $m_{\mathrm{elec}}$ 表示由运动电子的电磁场动量按惯性质量等于动量与速度的比值折合成的电磁质量(参见第 9.9.1 节). 电子的上述三种电磁质量在数值上都不相等; 更加令人困惑的是, 由运动电子电磁场能量按照质能关系折合出的电磁(静止)质量 $m_{\mathrm{EM}}$ 竟然依赖于电子运动的速度.

上述 3 种电磁质量的定义中, 唯有洛伦兹原先的根据电磁场动量定义的 $m_{\mathrm{elec}}$ 反映了惯性, 这是原本在力学中赋予质量概念的物理含义; 也只有洛伦兹的电磁质量具有与狭义相对论一致的运动质量的概念.

电磁质量的起源在于带电粒子携带的电磁场. 究竟是按电磁场动量还是按电磁场能量来定义电磁质量, 是一个基本的物理问题, 即质量究竟是惯性还是能量.

分别按电磁场动量和能量定义的电磁质量之间出现上述差异这一点是不难理解的. 电磁场的能量和能流以及动量和动量流(麦克斯韦应力张量)一起构成四维能动张量, 因此电磁场的能量和动量并不能构成一个四维矢量.

# 附录 A　国际单位制与高斯单位制

本书使用的是国际单位（SI）制，其中的 7 个基本物理量（单位）分别是长度（m）、质量（kg）、时间（s）、电流（A）、热力学温度（K）、物质的量（mol）和发光强度（cd）.

SI 制基本物理量中的前四个构成其电磁学部分，即 MKSA 制的 4 个基本物理量；其中除了 3 个力学基本量外的电磁学基本量为电流（A）. 由于历史的原因，高斯单位制在文献中也经常使用. 高斯单位制 (下或称 Gauss 制) 的基本物理量（单位）只有 3 个力学量，它们分别为长度（cm）、质量（g）和时间（s）.

在进一步讨论单位制之前，我们回顾一下静电学和静磁学的两个基本定律.

库仑定律给出了两个相距为 $r$ 的点电荷之间作用力的平方反比关系：

$$F = k_{\mathrm{C}}\frac{q'q}{r^2}, \tag{A.0.1}$$

其中，$k_{\mathrm{C}}$ 为量纲和数值均未确定的比例常量. 确定 $k_{\mathrm{C}}$ 即确定了电荷的单位.

根据库仑定律，我们可以不失一般性地定义电场为单位点电荷的受力：

$$E = k_{\mathrm{C}}\frac{q}{r^2}. \tag{A.0.2}$$

安培定律给出了两条相距为 $\lambda$ 的长直载流导线之间单位长度上的作用力：

$$\frac{\mathrm{d}F}{\mathrm{d}l} = 2k_{\mathrm{A}}\frac{I'I}{\lambda}. \tag{A.0.3}$$

其中，$k_{\mathrm{A}}$ 为量纲和数值均未确定的比例常量. 确定 $k_{\mathrm{A}}$ 即确定了电流的单位.

根据安培定律，我们可以定义磁感应强度：

$$B = 2k_{\mathrm{A}}\alpha_{\mathrm{B}}\frac{I}{\lambda}. \tag{A.0.4}$$

其中，$\alpha_{\mathrm{B}}$ 亦为量纲和数值均未确定的比例常量. 确定 $k_{\mathrm{A}}\alpha_{\mathrm{B}}$ 就进一步确定了磁感应强度的单位. 这里多一个因子 $\alpha_{\mathrm{B}}$ 是为了保留选择磁感应强度单位的自由度；因为一旦 $k_{\mathrm{C}}$ 和 $k_{\mathrm{A}}$ 确定，就确定了电荷、电场与电流的单位.

考察电荷守恒定律 $I = \partial_t Q$ 或

$$\partial_t\rho + \nabla\cdot\boldsymbol{J} = 0. \tag{A.0.5}$$

我们发现 $k_{\mathrm{C}}$ 和 $k_{\mathrm{A}}$ 并不能独立选取. 结果表明，根据库仑定律和安培定律，将电荷与电流的单位调整得满足上述简明的电荷守恒定律，则必有

$$\frac{k_{\mathrm{C}}}{k_{\mathrm{A}}} = c^2, \tag{A.0.6}$$

$k_\mathrm{C}$ 和 $k_\mathrm{A}$ 不是相互独立的.

法拉第感应定律给出了磁通变化感应的电动势

$$\mathcal{E} = -\alpha_\mathrm{F}\frac{\mathrm{d}}{\mathrm{d}t}\int \mathrm{d}\boldsymbol{S}\cdot\boldsymbol{B}, \tag{A.0.7}$$

其微分形式为

$$\nabla\times\boldsymbol{E} = -\alpha_\mathrm{F}\partial_t\boldsymbol{B}. \tag{A.0.8}$$

其中, $\alpha_\mathrm{F}$ 为量纲和数值均未确定的比例常量.

很显然, $\alpha_\mathrm{F}$ 并非独立于前述三个比例常量, 因为 $k_\mathrm{C}$, $k_\mathrm{A}$ 和 $\alpha_\mathrm{B}$ 确定后 $\boldsymbol{E}$ 和 $\boldsymbol{B}$ 的单位就确定了. 通过简单的量纲分析, 可知 $\alpha_\mathrm{B}\alpha_\mathrm{F}$ 为一无量纲常数.

为了确定这一无量纲常数, 现在我们从带有比例常量的法拉第定律出发, 重新考察第2.4.2节中关于低速带电粒子受电磁场作用力的伽利略不变性的例题. 不难得到下述结果

$$\boldsymbol{F} = q\left(\boldsymbol{E}+\alpha_\mathrm{F}\boldsymbol{u}\times\boldsymbol{B}\right). \tag{A.0.9}$$

由方程(A.0.3)、(A.0.4)不难得到洛伦兹力公式

$$\boldsymbol{F} = q\left(\boldsymbol{E}+\frac{1}{\alpha_\mathrm{B}}\boldsymbol{u}\times\boldsymbol{B}\right). \tag{A.0.10}$$

比较以上两个方程, 我们立即得到

$$\alpha_\mathrm{B}\alpha_\mathrm{F} = 1. \tag{A.0.11}$$

从上述讨论可以看出, $\alpha_\mathrm{B} = 1/\alpha_\mathrm{F}$ 只是在电场(以及电荷、电流)的单位由 $k_\mathrm{C} = c^2k_\mathrm{A}$ 确定后, 辅助地通过 $\alpha_\mathrm{B}k_\mathrm{A}$ 确定磁感应强度的单位. 所谓“辅助”指的是, 改变 $\alpha_\mathrm{B}$ 只影响磁感应强度的单位而不影响其他. 4 个比例常量包括两个基本常量($k_\mathrm{C,A}$), 其中独立的只有一个, 以及两个辅助常量($\alpha_\mathrm{B,F}$), 其中独立的也只有一个.

根据上面的定义, 麦克斯韦方程组可以写成

$$\begin{cases}\nabla\cdot\boldsymbol{E} = 4\pi k_\mathrm{C}\rho,\\ \nabla\times\boldsymbol{E} = -\alpha_\mathrm{F}\partial_t\boldsymbol{B},\\ \nabla\cdot\boldsymbol{B} = 0,\\ \nabla\times\boldsymbol{B} = \alpha_\mathrm{B}\left(4\pi k_\mathrm{A}\boldsymbol{J}+\dfrac{k_\mathrm{A}}{k_\mathrm{C}}\partial_t\boldsymbol{E}\right).\end{cases} \tag{A.0.12}$$

由此可以得到自由空间的电磁波方程

$$\left(\nabla^2-\frac{1}{c^2}\partial_t^2\right)\boldsymbol{B} = \boldsymbol{0}. \tag{A.0.13}$$

这就是电磁学的 4 个基本定律(库仑定律、电荷守恒定律、安培定律和法拉第定律)加上麦克斯韦位移电流假说的结果.

早期的磁学和电学是独立研究的, 其中磁学测量是用小磁针进行的. 1832 年高斯发表了“用绝对单位测量地磁场强度”, 基于安培定律论证了以力学中的长度、质量、时间等 3 个

基本量来测量磁学量, 引入了以 cm, g, s 等 3 个力学基本单位为基础的“绝对单位制”, 从而确立了电流等磁学量的绝对单位. 高斯的合作者韦伯, 将这一思想扩展到电学测量, 随即确立了电荷等电学量的绝对单位.

在静磁学的范畴内, 令安培定律中的比例常量 $k_{\mathrm{A}}=1$ 是比较方便的. 这就使得高斯能够基于安培定律确立电流和其他磁学量的单位. 进一步利用电荷守恒定律, 可以确立电荷以及其他电学量的单位, 这就是绝对电磁单位或简称电磁单位（CGSM）制. 电磁单位制的基本物理量只有 3 个力学量, 其他所有的电磁学量的单位都是 emu.

在静电学的范畴内, 令库仑定律中的比例常量 $k_{\mathrm{C}}=1$ 是比较方便的. 这就使得韦伯能够基于库仑定律确立电荷和其他电学量的单位. 进一步利用电荷守恒定律, 可以确立电流以及其他磁学量的单位, 这就是绝对静电单位或简称静电单位（CGSE）制. 静电单位制的基本物理量只有 3 个力学量, 其他所有的电磁学量的单位都是 esu.

1855 年韦伯与科尔劳施合作, 测定了电荷的电磁单位和静电单位的比值, 其数值与光速相近.

采用 CGSE 制, 使得电学部分最为简洁; 采用 CGSM 制, 使得磁学部分最为简洁. 高斯单位制是静电单位和电磁单位混合制, 即电学部分采用静电制（所有电学量的单位都是 esu）而磁学部分采用电磁制（所有磁学量的单位都是 emu）.

CGSE 制、CGSM 制和高斯单位制虽然能够带来理论演算的方便, 但是在这些单位制下由于基本物理量没有包括电磁学物理量, 从而导致了电磁学物理量单位的上述混乱现象; 这也给实际工程计算带来了困难. 为了解决这一问题, MKSA 制在 3 个力学基本量的基础上增加了一个电磁学基本物理量（电流）; 选取 $k_{\mathrm{A}}$ 通过安培定律确定电流的单位. 从物理理解的角度来说, 这反映了电磁学揭示了有别于力学的物理本质. 为了理解这一点, 我们只需要回顾一个重要的事实, 即库仑定律揭示了电荷这一重要的物理概念. 考虑到电流和电荷通过电荷守恒定律联系起来, 无论是通过库仑定律定义电荷（CGSE）还是通过安培定律定义电流（CGSM）都显得相当古怪. 注意, 通过安培定律确定电流的单位是一回事, 而通过安培定律定义电流这一物理量则是另一回事. 在增加一个基本的电磁量（确定 $k_{\mathrm{A}}$ 的量纲）的基础上, 进一步适当地选取 $k_{\mathrm{A}}$ 的数值, MKSA 有理制下的麦克斯韦方程组中不再像高斯制下那样出现无理数 $4\pi$.

不同的电磁学单位制下, 如何选取上述与实验定律有关的比例常量的出发点在于将最终的方程写成简洁的形式.

表 A.1 给出了 4 种单位制下比例常量的选取.

**表 A.1 电磁学单位制中比例常量的选取**

| 单位制 | $k_{\mathrm{C}}$ | $k_{\mathrm{A}}$ | $\alpha_{\mathrm{B}}$ | $\alpha_{\mathrm{F}}$ |
|---|---|---|---|---|
| CGSE | 1 | $c^{-2}$ | 1 | 1 |
| CGSM | $c^2$ | 1 | 1 | 1 |
| 高斯单位制 | 1 | $c^{-2}$ | $c$ | $c^{-1}$ |
| 国际单位制 | $\dfrac{1}{4\pi\epsilon_0}\equiv 10^{-7}c^2$ | $\dfrac{\mu_0}{4\pi}\equiv 10^{-7}$ | 1 | 1 |

注: $k_{\mathrm{A}}/k_{\mathrm{C}}=c^{-2}$, $\alpha_{\mathrm{B}}\alpha_{\mathrm{F}}=1$. 国际单位制规定相距 1 m 的通以同样电流的无限长细直导线上每米作用力为 $10^{-7}$ N 时, 电流为 1 A.

表 A.2给出了国际单位制和高斯单位制下电磁学基本方程的对比.

**表 A.2 国际单位制与高斯单位制下的基本方程**

| | 国际单位制 | 高斯单位制 |
|---|---|---|
| 基本常数 | $\begin{cases}\epsilon_0 = 10^7/(4\pi c^2)\ \mathrm{F/m} \\ \mu_0 = 4\pi\times 10^{-7}\ \mathrm{H/m} \\ c = 3\times 10^8\ \mathrm{m/s}\end{cases}$ | $\begin{cases}\epsilon_0 = 1 \\ \mu_0 = 1 \\ c = 3\times 10^{10}\ \mathrm{cm/s}\end{cases}$ |
| 麦氏方程组 | $\begin{cases}\nabla\cdot\boldsymbol{D} = \rho_{\mathrm{f}} \\ \nabla\times\boldsymbol{E} = -\partial_t\boldsymbol{B} \\ \nabla\cdot\boldsymbol{B} = 0 \\ \nabla\times\boldsymbol{H} = \boldsymbol{J}_{\mathrm{f}} + \partial_t\boldsymbol{D}\end{cases}$ | $\begin{cases}\nabla\cdot\boldsymbol{D} = 4\pi\rho_{\mathrm{f}} \\ \nabla\times\boldsymbol{E} = -\dfrac{1}{c}\partial_t\boldsymbol{B} \\ \nabla\cdot\boldsymbol{B} = 0 \\ \nabla\times\boldsymbol{H} = \dfrac{4\pi}{c}\boldsymbol{J}_{\mathrm{f}} + \dfrac{1}{c}\partial_t\boldsymbol{D}\end{cases}$ |
| 洛伦兹力 | $\boldsymbol{F} = Q\left(\boldsymbol{E} + \boldsymbol{v}\times\boldsymbol{B}\right)$ | $\boldsymbol{F} = Q\left(\boldsymbol{E} + \dfrac{1}{c}\boldsymbol{v}\times\boldsymbol{B}\right)$ |
| 本构关系 | $\begin{cases}\boldsymbol{D} = \epsilon_0\boldsymbol{E} + \boldsymbol{P} = \epsilon\boldsymbol{E} \\ \boldsymbol{B} = \mu_0\boldsymbol{H} + \mu_0\boldsymbol{M} = \mu\boldsymbol{H}\end{cases}$ | $\begin{cases}\boldsymbol{D} = \boldsymbol{E} + 4\pi\boldsymbol{P} = \epsilon\boldsymbol{E} \\ \boldsymbol{B} = \boldsymbol{H} + 4\pi\boldsymbol{M} = \mu\boldsymbol{H}\end{cases}$ |
| 极化磁化 | $\begin{cases}\boldsymbol{P} = \chi_{\mathrm{E}}\epsilon_0\boldsymbol{E} \\ \boldsymbol{M} = \chi_{\mathrm{M}}\boldsymbol{H} \\ \epsilon = (1+\chi_{\mathrm{E}})\,\epsilon_0 \\ \mu = (1+\chi_{\mathrm{M}})\,\mu_0\end{cases}$ | $\begin{cases}\boldsymbol{P} = \chi_{\mathrm{E}}\boldsymbol{E} \\ \boldsymbol{M} = \chi_{\mathrm{M}}\boldsymbol{H} \\ \epsilon = 1 + 4\pi\chi_{\mathrm{E}} \\ \mu = 1 + 4\pi\chi_{\mathrm{M}}\end{cases}$ |
| 欧姆定律 | $\boldsymbol{j} = \sigma\boldsymbol{E}$ | $\boldsymbol{j} = \sigma\boldsymbol{E}$ |
| 电磁势 | $\begin{cases}\boldsymbol{B} = \nabla\times\boldsymbol{A} \\ \boldsymbol{E} = -\nabla\phi - \partial_t\boldsymbol{A}\end{cases}$ | $\begin{cases}\boldsymbol{B} = \nabla\times\boldsymbol{A} \\ \boldsymbol{E} = -\nabla\phi - \dfrac{1}{c}\partial_t\boldsymbol{A}\end{cases}$ |

原则上, 高斯单位制下电磁学中的其他方程都可以从表 A.2中给出的基本方程推导出来. 表 A.3给出了国际单位制与高斯单位制方程之间的转换关系.

根据表 A.3中的转换系数, 由熟知的国际单位制下的方程, 我们不难得到如下结果.

电磁场能流密度:

$$\begin{cases}\text{国际单位制: } \boldsymbol{S} = \boldsymbol{E}\times\boldsymbol{H}, \\ \text{高斯单位制: } \boldsymbol{S} = \dfrac{c}{4\pi}\boldsymbol{E}\times\boldsymbol{H}.\end{cases} \tag{A.0.14}$$

电磁场能量密度:

$$\begin{cases}\text{国际单位制: } \mathrm{d}w = \boldsymbol{E}\cdot\mathrm{d}\boldsymbol{D} + \boldsymbol{H}\cdot\mathrm{d}\boldsymbol{B}, \\ \text{高斯单位制: } \mathrm{d}w = \dfrac{1}{4\pi}\left(\boldsymbol{E}\cdot\mathrm{d}\boldsymbol{D} + \boldsymbol{H}\cdot\mathrm{d}\boldsymbol{B}\right).\end{cases} \tag{A.0.15}$$

电磁场动量密度:

$$\begin{cases}\text{国际单位制: } \boldsymbol{g}=\epsilon_0\boldsymbol{E}\times\boldsymbol{B},\\ \text{高斯单位制: } \boldsymbol{g}=\dfrac{1}{4\pi c}\boldsymbol{E}\times\boldsymbol{B}.\end{cases} \tag{A.0.16}$$

**表 A.3 国际单位制与高斯单位制下符号和公式的转换**

| 物 理 量 | 国际单位制 | 高斯单位制制 |
|---|---|---|
| 电荷 | $q$ | $(4\pi\epsilon_0)^{1/2}q$ |
| 电荷密度 | $\rho,(\sigma,\lambda)$ | $(4\pi\epsilon_0)^{1/2}\rho,(\sigma,\lambda)$ |
| 电流 | $I$ | $(4\pi\epsilon_0)^{1/2}I$ |
| 电流密度 | $\boldsymbol{j},(\boldsymbol{\alpha})$ | $(4\pi\epsilon_0)^{1/2}\boldsymbol{j},(\boldsymbol{\alpha})$ |
| 电场强度 | $\boldsymbol{E}$ | $(4\pi\epsilon_0)^{-1/2}\boldsymbol{E}$ |
| 电位移矢量 | $\boldsymbol{D}$ | $(\epsilon_0/4\pi)^{1/2}\boldsymbol{D}$ |
| 电偶极矩 | $\boldsymbol{p}$ | $(4\pi\epsilon_0)^{1/2}\boldsymbol{p}$ |
| 极化强度 | $\boldsymbol{P}$ | $(4\pi\epsilon_0)^{1/2}\boldsymbol{P}$ |
| 磁场强度 | $\boldsymbol{H}$ | $(4\pi\mu_0)^{-1/2}\boldsymbol{H}$ |
| 磁感应强度 | $\boldsymbol{B}$ | $(\mu_0/4\pi)^{1/2}\boldsymbol{B}$ |
| 磁偶极矩 | $\boldsymbol{m}$ | $(\mu_0/4\pi)^{-1/2}\boldsymbol{m}$ |
| 磁化强度 | $\boldsymbol{M}$ | $(\mu_0/4\pi)^{-1/2}\boldsymbol{M}$ |
| 标势 | $\phi$ | $(4\pi\epsilon_0)^{-1/2}\phi$ |
| 矢势 | $\boldsymbol{A}$ | $(\mu_0/4\pi)^{1/2}\boldsymbol{A}$ |
| 电阻率 | $\eta$ | $(4\pi\epsilon_0)^{-1}\eta$ |
| 光速 | $(\epsilon_0\mu_0)^{-1/2}$ | $c$ |
| 极化率 | $\chi_{\mathrm{E}}$ | $4\pi\chi_{\mathrm{E}}$ |
| 磁化率 | $\chi_{\mathrm{M}}$ | $4\pi\chi_{\mathrm{M}}$ |
| 介电常数 | $\epsilon$ | $\epsilon\epsilon_0$ |
| 磁导率 | $\mu$ | $\mu\mu_0$ |
| 磁通量 | $\Psi$ | $(\mu_0/4\pi)^{1/2}\Psi$ |
| 电容 | $C$ | $(4\pi\epsilon_0)C$ |
| 电感 | $L$ | $(4\pi\epsilon_0)^{-1}L$ |

注:长度、质量与时间等力学量以及其他非电磁学物理量的符号不变. 将国际单位制下的方程中出现在国际单位制列中的符号对应地换成高斯单位制列中的符号, 并在最终的结果中将乘积 $\epsilon_0\mu_0$ 换成 $c^{-2}$, 即可得到相应的高斯单位制下的方程;反之亦然.

推迟势的达朗贝尔方程:

$$\begin{cases}\text{国际单位制: } \left(\nabla^2-\dfrac{1}{c^2}\partial_t^2\right)\begin{bmatrix}\boldsymbol{A}\\ \dfrac{\phi}{c}\end{bmatrix}=-\mu_0\begin{bmatrix}\boldsymbol{J}\\ c\rho\end{bmatrix},\\ \text{高斯单位制: } \left(\nabla^2-\dfrac{1}{c^2}\partial_t^2\right)\begin{bmatrix}\boldsymbol{A}\\ \phi\end{bmatrix}=-4\pi\begin{bmatrix}\dfrac{\boldsymbol{J}}{c}\\ \rho\end{bmatrix}.\end{cases} \tag{A.0.17}$$

洛仑茨规范条件:

$$\begin{cases}\text{国际单位制: } \nabla\cdot\boldsymbol{A}+\dfrac{1}{c^2}\partial_t\phi=0,\\ \text{高斯单位制: } \nabla\cdot\boldsymbol{A}+\dfrac{1}{c}\partial_t\phi=0.\end{cases} \tag{A.0.18}$$

辐射阻尼力:

$$\begin{cases} \text{国际单位制: } \boldsymbol{F}_{\mathrm{s}} = \dfrac{2}{3} Z^2 \dfrac{r_{\mathrm{e}}}{c} m_{\mathrm{e}} \ddot{\boldsymbol{v}}, \\ \text{高斯单位制: } \boldsymbol{F}_{\mathrm{s}} = \dfrac{2}{3} Z^2 \dfrac{r_{\mathrm{e}}}{c} m_{\mathrm{e}} \ddot{\boldsymbol{v}}. \end{cases} \tag{A.0.19}$$

电子经典半径

$$\begin{cases} \text{国际单位制: } r_{\mathrm{e}} = \dfrac{e^2}{4\pi\epsilon_0 m_{\mathrm{e}} c^2}, \\ \text{高斯单位制: } r_{\mathrm{e}} = \dfrac{e^2}{m_{\mathrm{e}} c^2}. \end{cases} \tag{A.0.20}$$

四维电流密度:

$$\begin{cases} \text{国际单位制: } J_\mu = (\boldsymbol{J}, \ -c\rho), \\ \text{高斯单位制: } J_\mu = (\boldsymbol{J}, \ -c\rho). \end{cases} \tag{A.0.21}$$

四维势:

$$\begin{cases} \text{国际单位制: } A_\mu = \left(\boldsymbol{A}, \ -\dfrac{1}{c}\phi\right), \\ \text{高斯单位制: } A_\mu = (\boldsymbol{A}, \ -\phi)\,. \end{cases} \tag{A.0.22}$$

在实际应用中, 我们可以选取任意 4 个独立的电磁学物理量, 给出这 4 个独立量的无量纲化因子, 从而将所有的电磁学物理量和方程无量纲化. 这在本质上相当于选取一个方便于我们在具体的领域内应用的单位制.

# 附录 B　经典电动力学的电磁对称性

在这个附录中, 我们先讨论麦克斯韦方程组以及洛伦兹力的电磁对称性, 再简要介绍狄拉克的磁单极子理论结果. 电磁对称性的要点如下: 从电磁场的实验测量来看, 比如利用洛伦兹力公式测量电荷的受力, 考虑运动的相对性我们会认识到我们并不能完全确定我们测量得到的究竟是电场还是磁场; 这就是说电磁场本身是统一的, 电场之所以称为"电场", 磁场之所以称为"磁场", 这在一定程度上是由历史上的命名习惯造成的.

## B.1　麦克斯韦方程组和洛伦兹力的电磁对称性

现有的麦克斯韦方程组为

$$\nabla \cdot \boldsymbol{D} = \rho_{\mathrm{e}}, \tag{B.1.1}$$

$$\nabla \times \boldsymbol{H} = \boldsymbol{j}_{\mathrm{e}} + \partial_t \boldsymbol{D}, \tag{B.1.2}$$

$$\nabla \cdot \boldsymbol{B} = 0, \tag{B.1.3}$$

$$\nabla \times \boldsymbol{E} = -\partial_t \boldsymbol{B}. \tag{B.1.4}$$

其中, $\boldsymbol{D} = \epsilon_0 \boldsymbol{E}$, $\boldsymbol{B} = \mu_0 \boldsymbol{H}$.

由麦克斯韦方程组的前两个方程可得电荷连续性方程

$$\partial_t \rho_{\mathrm{e}} + \nabla \cdot \boldsymbol{j}_{\mathrm{e}} = 0, \tag{B.1.5}$$

其中, $\rho_{\mathrm{e}}$ 和 $\boldsymbol{j}_{\mathrm{e}}$ 分别为电荷密度和电流密度.

洛伦兹力公式为

$$\boldsymbol{f} = \rho_{\mathrm{e}} \boldsymbol{E} + \boldsymbol{j}_{\mathrm{e}} \times \boldsymbol{B}. \tag{B.1.6}$$

相应的带有电荷 $Q_{\mathrm{e}}$ 运动速度为 $\boldsymbol{u}$ 的单粒子在电磁场中的受力为

$$\boldsymbol{F} = Q_{\mathrm{e}} \left( \boldsymbol{E} + \boldsymbol{u} \times \boldsymbol{B} \right). \tag{B.1.7}$$

假定存在磁荷, 则麦克斯韦方程组的后两个方程和洛伦兹力公式都需要修正. 计入磁单极子效应, 我们得到修正的麦克斯韦方程组为

$$\nabla \cdot \boldsymbol{D} = \rho_{\mathrm{e}}, \tag{B.1.8}$$

$$\nabla \times \boldsymbol{H} = \boldsymbol{j}_{\mathrm{e}} + \partial_t \boldsymbol{D}, \tag{B.1.9}$$

$$\nabla \cdot \boldsymbol{B} = \rho_{\mathrm{m}}, \tag{B.1.10}$$

$$\nabla \times \boldsymbol{E} = -\boldsymbol{j}_{\mathrm{m}} - \partial_t \boldsymbol{B}. \tag{B.1.11}$$

修正的麦克斯韦方程组的后两个方程意味着磁荷密度 $\rho_{\mathrm{m}}$ 和磁流密度 $\boldsymbol{j}_{\mathrm{m}}$ 满足磁荷守恒方程

$$\partial_t \rho_{\mathrm{m}} + \nabla \cdot \boldsymbol{j}_{\mathrm{m}} = 0. \tag{B.1.12}$$

计入磁单极子效应修正的洛伦兹力公式为

$$\boldsymbol{f} = \rho_{\mathrm{e}} \boldsymbol{E} + \boldsymbol{j}_{\mathrm{e}} \times \boldsymbol{B} + \rho_{\mathrm{m}} \boldsymbol{H} - \boldsymbol{j}_{\mathrm{m}} \times \boldsymbol{D}. \tag{B.1.13}$$

相应的带有电荷 $Q_{\mathrm{e}}$ 和磁荷 $Q_{\mathrm{m}}$ 运动速度为 $\boldsymbol{u}$ 的单粒子在电磁场中的受力为

$$\boldsymbol{F} = Q_{\mathrm{e}} \left( \boldsymbol{E} + \boldsymbol{u} \times \boldsymbol{B} \right) + Q_{\mathrm{m}} \left( \boldsymbol{H} - \boldsymbol{u} \times \boldsymbol{D} \right). \tag{B.1.14}$$

为了进一步理解麦克斯韦方程组的电磁对称性, 我们引入电磁场的二元变换

$$\overline{\boldsymbol{E}} = \boldsymbol{E} \cos\theta + c\boldsymbol{B} \sin\theta, \tag{B.1.15}$$

$$c\overline{\boldsymbol{B}} = -\boldsymbol{E} \sin\theta + c\boldsymbol{B} \cos\theta; \tag{B.1.16}$$

相应的电荷和磁荷的二元变换为

$$\overline{\rho}_{\mathrm{e}} = \rho_{\mathrm{e}} \cos\theta + \epsilon_0 c \rho_{\mathrm{m}} \sin\theta, \tag{B.1.17}$$

$$\epsilon_0 c \overline{\rho}_{\mathrm{m}} = -\rho_{\mathrm{e}} \sin\theta + \epsilon_0 c \rho_{\mathrm{m}} \cos\theta; \tag{B.1.18}$$

电流和磁流的二元变换为

$$\bar{\boldsymbol{j}}_{\mathrm{e}} = \boldsymbol{j}_{\mathrm{e}} \cos\theta + \epsilon_0 c \boldsymbol{j}_{\mathrm{m}} \sin\theta, \tag{B.1.19}$$

$$\epsilon_0 c \bar{\boldsymbol{j}}_{\mathrm{m}} = -\boldsymbol{j}_{\mathrm{e}} \sin\theta + \epsilon_0 c \boldsymbol{j}_{\mathrm{m}} \cos\theta. \tag{B.1.20}$$

令 $\overline{\boldsymbol{D}} = \epsilon_0 \overline{\boldsymbol{E}}$, $\overline{\boldsymbol{B}} = \mu_0 \overline{\boldsymbol{H}}$, 则上述二元变换使得修正的麦克斯韦方程组变换为

$$\nabla \cdot \overline{\boldsymbol{D}} = \overline{\rho}_{\mathrm{e}}, \tag{B.1.21}$$

$$\nabla \times \overline{\boldsymbol{H}} = \bar{\boldsymbol{j}}_{\mathrm{e}} + \partial_t \overline{\boldsymbol{D}}, \tag{B.1.22}$$

$$\nabla \cdot \overline{\boldsymbol{B}} = \overline{\rho}_{\mathrm{m}}, \tag{B.1.23}$$

$$\nabla \times \overline{\boldsymbol{E}} = -\bar{\boldsymbol{j}}_{\mathrm{m}} - \partial_t \overline{\boldsymbol{B}}. \tag{B.1.24}$$

修正的麦克斯韦方程组在二元变换下的不变性表明电荷与磁荷之间的区别在于名称的习惯; 如果粒子的电荷和磁荷总是成比例, 则现有的、修正的以及二元变换后的麦克斯韦方程组本质上并没有什么区别. 事实上令 $\rho_{\mathrm{m}} = 0$, $\boldsymbol{j}_{\mathrm{m}} = 0$, 则修正的麦克斯韦方程组即为原来的麦克斯韦方程组, 但是变换后的麦克斯韦方程组形式不变; 只要二元变换中 $\theta \neq 0$, 例如 $\theta = \pi/4$, 则变换后的麦克斯韦方程组形式上就存在磁荷和磁流.

在上述二元变换下, 不难证明下列恒等式

$$\rho_{\mathrm{e}} \boldsymbol{E} + \rho_{\mathrm{m}} \boldsymbol{H} = \overline{\rho}_{\mathrm{e}} \overline{\boldsymbol{E}} + \overline{\rho}_{\mathrm{m}} \overline{\boldsymbol{H}}, \tag{B.1.25}$$

$$\boldsymbol{j}_{\mathrm{e}} \times \boldsymbol{B} - \boldsymbol{j}_{\mathrm{m}} \times \boldsymbol{D} = \bar{\boldsymbol{j}}_{\mathrm{e}} \times \overline{\boldsymbol{B}} - \bar{\boldsymbol{j}}_{\mathrm{m}} \times \overline{\boldsymbol{D}}; \tag{B.1.26}$$

$$Q_{\mathrm{e}}\boldsymbol{E} + Q_{\mathrm{m}}\boldsymbol{H} = \overline{Q}_{\mathrm{e}}\overline{\boldsymbol{E}} + \overline{Q}_{\mathrm{m}}\overline{\boldsymbol{H}}, \tag{B.1.27}$$

$$Q_{\mathrm{e}}\boldsymbol{u} \times \boldsymbol{B} - Q_{\mathrm{m}}\boldsymbol{u} \times \boldsymbol{D} = \overline{Q}_{\mathrm{e}}\boldsymbol{u} \times \overline{\boldsymbol{B}} - \overline{Q}_{\mathrm{m}}\boldsymbol{u} \times \overline{\boldsymbol{D}}. \tag{B.1.28}$$

由此我们证明了修正的洛伦兹力公式给出的力在上述二元变换下是不变的, 即

$$\begin{aligned} \boldsymbol{f} &= \rho_{\mathrm{e}}\boldsymbol{E} + \boldsymbol{j}_{\mathrm{e}} \times \boldsymbol{B} + \rho_{m}\boldsymbol{H} - \boldsymbol{j}_{\mathrm{m}} \times \boldsymbol{D} \\ &= \overline{\rho}_{\mathrm{e}}\overline{\boldsymbol{E}} + \bar{\boldsymbol{j}}_{\mathrm{e}} \times \overline{\boldsymbol{B}} + \overline{\rho}_{\mathrm{m}}\overline{\boldsymbol{H}} - \bar{\boldsymbol{j}}_{\mathrm{m}} \times \overline{\boldsymbol{D}}; \end{aligned} \tag{B.1.29}$$

$$\begin{aligned} \boldsymbol{F} &= Q_{\mathrm{e}}\left(\boldsymbol{E} + \boldsymbol{u} \times \boldsymbol{B}\right) + Q_{\mathrm{m}}\left(\boldsymbol{H} - \boldsymbol{u} \times \boldsymbol{D}\right) \\ &= \overline{Q}_{\mathrm{e}}\left(\overline{\boldsymbol{E}} + \boldsymbol{u} \times \overline{\boldsymbol{B}}\right) + \overline{Q_{\mathrm{m}}}\left(\overline{\boldsymbol{H}} - \boldsymbol{u} \times \overline{\boldsymbol{D}}\right). \end{aligned} \tag{B.1.30}$$

综合上述讨论, 我们得出如下结论; 如果粒子的电荷和磁荷总是成比例, 则粒子在电磁场中的受力在现有的电动力学 ( 无磁单极子 ) 和计入磁单极子效应修正的电动力学框架下是没有区别的.

应该强调指出的是电和磁是同一事物在两个方面的表现. 这一事实我们在讨论狭义相对论中的电磁场和洛伦兹力的惯性系之间变换关系时已经看到. 这里讨论的麦克斯韦方程组和洛伦兹力 ( 计入磁荷效应 ) 在二元变换下的不变性再一次加深了我们对电磁同一性的认识.

**例 B.1** 证明一个不带电的磁单极子和一个不带磁荷的点电荷之间的作用力满足牛顿第三定律.

**证** 从略.

## B.2 狄拉克的磁单极子理论结果简介

考虑一个电荷为 $e$ 质量为 $m$ 的粒子 ( 例如电子 ) 以大碰撞参数被以磁荷为 $g$ 的静止磁单极子产生的磁场散射. 磁单极子产生的静磁场由上一节修正的麦克斯韦方程组结合简单的高斯定理给出, 带电粒子在磁场中的运动方程由经典的洛伦兹力方程给出; 带电粒子散射过程的经典力学计算从略. 结果表明散射后带电粒子角动量的变化为

$$\Delta L_z = \frac{1}{2\pi}eg. \tag{B.2.1}$$

注意, 式 (B.2.1) 表明, 带电粒子角动量的变化与碰撞参数以及带电粒子的速度、质量等均无关, 只取决于带电粒子的电荷与磁单极子的磁荷.

假定角动量的变化满足量子化条件

$$\Delta L_z = n\frac{h}{2\pi}, \tag{B.2.2}$$

其中, $n$ 为整数, $h$ 为普朗克常数.

由此可得

$$eg = nh. \tag{B.2.3}$$

这与最早由狄拉克在 1931 年运用量子理论得到的量子化条件相符.

狄拉克量子化条件将磁单极子的磁荷 $g$ 与电荷的量子化联系起来; 如果不使用磁单极子的磁荷, 则定不出基本电荷的数值. 这是一个非常吸引人的理论结果, 然而迄今为止的物理学实验都没有确认磁单极子的存在.

# 附录 C　经典电动力学的空间反射、时间反演和电荷共轭对称性

空间反射变换和时间反演变换以及与其相联系的物理规律的对称性或不变性在理论物理中是一个很重要的课题. 空间反射变换下的不变性的要点是物理规律不依赖于左手系还是右手系的人为选取;时间反演变换下的不变性的要点是微观物理规律时间可逆;电荷共轭变换下的不变性的要点是物理规律不依赖于电荷符号的人为选取. 在这个附录中, 我们讨论电磁场理论在空间反射、时间反演变换以及电荷共轭变换下的不变性;作为讨论这一问题的基础, 我们先简要介绍经典力学的情形.

## C.1　经典力学的空间反射和时间反演不变性

空间反射变换 $\mathcal{P}$ 定义为

$$\mathcal{P} : \boldsymbol{x} \to -\boldsymbol{x}. \tag{C.1.1}$$

时间反演变换 $\mathcal{T}$ 定义为

$$\mathcal{T} : t \to -t. \tag{C.1.2}$$

我们先讨论经典力学在空间反射变换和时间反演变换下的对称性.

质量为 $m$ 的粒子在势 $U(\boldsymbol{x}, t)$ 的作用下, 其运动方程为

$$m\frac{\mathrm{d}^2\boldsymbol{x}}{\mathrm{d}t^2} = -\frac{\partial}{\partial \boldsymbol{x}}U. \tag{C.1.3}$$

经典粒子的运动是时间可逆的, 因此上述方程在 $\mathcal{T}$ 变换下应该是不变的;$\mathcal{P}$ 变换将直角坐标系在右手系和左手系之间相互变换, 经典力学规律应该不依赖于右手系还是左手系的选取, 因此, 上述方程在 $\mathcal{P}$ 变换下也应该是不变的.

在 $\mathcal{P}$ 变换下, 上述方程两边同时改变符号;很显然, 粒子的运动规律在 $\mathcal{P}$ 变换下是不变的. 上述方程只含关于时间的二阶导数, 因此在 $\mathcal{T}$ 变换下也是不变的. 很显然, 上式在同时施加空间反射变换和时间反演变换 $\mathcal{TP}$ 时, 也是不变的.

需要注意的是粒子的速度

$$\boldsymbol{v} = \frac{\mathrm{d}\boldsymbol{x}}{\mathrm{d}t}, \tag{C.1.4}$$

无论是在 $\mathcal{P}$ 变换下还是 $\mathcal{T}$ 变换下都改变符号, $\boldsymbol{v} \to -\boldsymbol{v}$; 但是如果同时施加上述两个变换 $\mathcal{TP}$, 则速度是不变的.

经典粒子的运动是时间可逆的, 这在数学上的表现为经典力学规律在 $\mathcal{T}$ 变换下或 $\mathcal{TP}$ 变换下的不变性.

## C.2　经典电动力学的空间反射、时间反演和电荷共轭不变性

经典电动力学可以总结为自由空间的麦克斯韦方程组

$$\nabla \cdot \boldsymbol{E} = \frac{1}{\epsilon_0}\rho, \tag{C.2.1}$$

$$\nabla \times \boldsymbol{E} = -\partial_t \boldsymbol{B}, \tag{C.2.2}$$

$$\nabla \cdot \boldsymbol{B} = 0, \tag{C.2.3}$$

$$\nabla \times \boldsymbol{B} = \mu_0 \boldsymbol{j} + \frac{1}{c^2}\partial_t \boldsymbol{E}, \tag{C.2.4}$$

以及洛伦兹力公式

$$\frac{m}{e}\cdot\frac{\mathrm{d}^2\boldsymbol{x}}{\mathrm{d}t^2} = \boldsymbol{E} + \frac{\mathrm{d}\boldsymbol{x}}{\mathrm{d}t}\times\boldsymbol{B}. \tag{C.2.5}$$

这里 $m$ 和 $e$ 分别为带电粒子的质量和电荷. 洛伦兹力公式之所以重要, 原因之一是其描述带电粒子运动规律, 而带粒电子的运动决定了麦克斯韦方程组中的源项 (电荷与电流).

经典电动力学规律应该与右手系还是左手系的选取无关, 而且也应该是时间可逆的, 因此麦克斯韦方程组和洛伦兹力公式无论是在 $\mathcal{P}$ 变换还是在 $\mathcal{T}$ 变换下都应该是不变的.

电荷在上述变换下是不变的,

$$\mathcal{P}(\rho) = \rho, \tag{C.2.6}$$

$$\mathcal{T}(\rho) = \rho. \tag{C.2.7}$$

由经典电动力学在 $\mathcal{P}$ 或 $\mathcal{T}$ 变换下的不变性, 我们可以进一步确定 $(\boldsymbol{j}, \boldsymbol{E}, \boldsymbol{B})$ 等矢量的变换方式.

根据前面对于经典力学的讨论, 我们知道 $\mathcal{P}(\boldsymbol{v}) = -\boldsymbol{v}$, 因此

$$\mathcal{P}(\boldsymbol{j}) = -\boldsymbol{j}. \tag{C.2.8}$$

检查高斯定律我们发现, $\mathcal{P}$ 变换下, 电场强度矢量改变符号,

$$\mathcal{P}(\boldsymbol{E}) = -\boldsymbol{E}. \tag{C.2.9}$$

考虑到 $\mathcal{P}$ 变换下叉乘算符改变符号, 检查安培-麦克斯韦方程, 我们发现

$$\mathcal{P}(\boldsymbol{B}) = -\boldsymbol{B}. \tag{C.2.10}$$

在上述变换下麦克斯韦方程组剩下的两个方程也是自动满足的, 因此我们说麦克斯韦方程组在 $\mathcal{P}$ 变换下是不变的. 很显然洛伦兹力公式在 $\mathcal{P}$ 变换下也是不变的.

注意到经典力学的规律 $\mathcal{T}(\boldsymbol{v}) = -\boldsymbol{v}$, 我们得到

$$\mathcal{T}(\boldsymbol{j}) = -\boldsymbol{j}. \tag{C.2.11}$$

检查高斯定律, 我们知道在 $\mathcal{T}$ 变换下电场强度矢量是不变的,

$$\mathcal{T}(\boldsymbol{E}) = \boldsymbol{E}. \tag{C.2.12}$$

检查安培-麦克斯韦方程, 我们知道

$$\mathcal{T}(\boldsymbol{B}) = -\boldsymbol{B}. \tag{C.2.13}$$

不难验证, $\mathcal{T}$ 变换下, 麦克斯韦方程组和洛伦兹力公式都是不变的.

很显然, 同时施加空间反射变换和时间反演变换, 我们有

$$\mathcal{TP}(\boldsymbol{j}) = \boldsymbol{j}, \tag{C.2.14}$$

$$\mathcal{TP}(\boldsymbol{E}) = -\boldsymbol{E}, \tag{C.2.15}$$

$$\mathcal{TP}(\boldsymbol{B}) = \boldsymbol{B}. \tag{C.2.16}$$

在上述 $\mathcal{TP}$ 变换下, 麦克斯韦方程组和洛伦兹力公式都是不变的.

在讨论经典电动力学规律时, 我们应该注意电荷的符号实际上也是人为选取的, 因此上述规律在电荷共轭

$$\mathcal{C}: e \to -e, \tag{C.2.17}$$

变换下也应该是不变的;由此我们得到

$$\mathcal{C}(\rho) = -\rho, \tag{C.2.18}$$

$$\mathcal{C}(\boldsymbol{j}) = -\boldsymbol{j}, \tag{C.2.19}$$

$$\mathcal{C}(\boldsymbol{E}) = -\boldsymbol{E}, \tag{C.2.20}$$

$$\mathcal{C}(\boldsymbol{B}) = -\boldsymbol{B}. \tag{C.2.21}$$

同时施加空间反射变换和电荷共轭变换, 我们得到

$$\mathcal{CP}(\rho) = -\rho, \tag{C.2.22}$$

$$\mathcal{CP}(\boldsymbol{j}) = \boldsymbol{j}, \tag{C.2.23}$$

$$\mathcal{CP}(\boldsymbol{E}) = \boldsymbol{E}, \tag{C.2.24}$$

$$\mathcal{CP}(\boldsymbol{B}) = \boldsymbol{B}. \tag{C.2.25}$$

作为一个简要的总结,我们将三种变换下物理量的变换关系在下表中列出。

**表 C.1 空间反射、时间反演和电荷共轭变换下物理量的变换关系**

| 变 换 | $\boldsymbol{x}$ | $t$ | $\boldsymbol{v}$ | $\rho$ | $\boldsymbol{j}$ | $\boldsymbol{E}$ | $\boldsymbol{B}$ |
|---|---|---|---|---|---|---|---|
| 空间反射 ($\mathcal{P}$) | − | + | − | + | − | − | − |
| 时间反演 ($\mathcal{T}$) | + | − | − | + | − | + | − |
| 电荷共轭 ($\mathcal{C}$) | + | + | + | − | − | − | − |

# 附录 D　变分原理在物理学中的几个应用

变分原理在物理学的理论方法和实际计算中, 乃至于其他科学领域中, 都有着广泛的应用. 在这个附录中, 我们讨论变分原理在经典力学、电动力学、统计力学以及量子力学中的几个基本的理论应用的例子. 变分原理对于物理理论的重要性主要在于, 人们相信变分原理能够以最为简洁的方式给出正确的物理规律; 我们总是相信更加简洁的描述意味着更加接近根本性的规律.

## D.1　经典力学中的变分原理

低速带电粒子的运动可由经典力学的哈密顿变分原理描述:

$$\tilde{\mathrm{d}}\mathcal{S} = \left[m\boldsymbol{v} + q\boldsymbol{A}\left(\boldsymbol{x},t\right)\right]\cdot \mathrm{d}\boldsymbol{x} - \left[\frac{1}{2}mv^2 + q\phi\left(\boldsymbol{x},t\right)\right]\mathrm{d}t, \tag{D.1.1}$$

其中, $m$ 和 $q$ 分别为粒子的质量和电荷, $\phi$ 和 $\boldsymbol{A}$ 分别为电磁场的标势与矢势. $(\boldsymbol{x},\boldsymbol{v})$ 为粒子的相空间坐标; $\boldsymbol{x}$ 和 $\boldsymbol{v}$ 分别为粒子的位矢和速度. 注意上式中的 $\tilde{\mathrm{d}}$ 并非一个全微分算符.

粒子的作用量由

$$\mathcal{S} = \int\left\{\left[m\boldsymbol{v} + q\boldsymbol{A}\left(\boldsymbol{x},t\right)\right]\cdot \mathrm{d}\boldsymbol{x} - \left[\frac{1}{2}mv^2 + q\phi\left(\boldsymbol{x},t\right)\right]\mathrm{d}t\right\} \tag{D.1.2}$$

给定. 注意上述积分的路径规定如下.

假定粒子在初时刻 $t_1$ 和末时刻 $t_2$ 的相空间坐标给定, 粒子的初态为 $(\boldsymbol{x}_1,\boldsymbol{v}_1;t_1)$, 末态为 $(\boldsymbol{x}_2,\boldsymbol{v}_2;t_2)$; 粒子由初态到末态的相空间轨迹 $[\boldsymbol{x}(t),\boldsymbol{v}(t)]$ 有多种可能. 经典力学的变分原理断言: 当粒子初态和末态确定时, 上述积分沿各种可能的相空间轨迹由确定的初态到确定的末态给出的作用量中最小者所对应的轨迹为粒子真实运动的轨迹. 即粒子运动方程由哈密顿变分原理给出

$$\delta\mathcal{S} = 0. \tag{D.1.3}$$

这里讨论的变分原理, 习惯上又称最小作用量原理.

需要注意的是, 上述变分可以分别对每个相空间坐标独立进行, 且变分时端点值固定. 变分计算的过程参考第 6.1.2节的内容.

在上述低速带电粒子的哈密顿变分原理中, 令 $\boldsymbol{A}=0$, $e\phi(\boldsymbol{x},t)=\Psi(\boldsymbol{x})$, 则有

$$\tilde{\mathrm{d}}\mathcal{S} = m\boldsymbol{v}\cdot \mathrm{d}\boldsymbol{x} - \left[\frac{1}{2}mv^2 + \Psi\left(\boldsymbol{x}\right)\right]\mathrm{d}t. \tag{D.1.4}$$

相应的运动方程为

$$\frac{\mathrm{d}}{\mathrm{d}t}\boldsymbol{x}=\boldsymbol{v}, \tag{D.1.5}$$

$$m\frac{\mathrm{d}}{\mathrm{d}t}\boldsymbol{v}=-\nabla\Psi. \tag{D.1.6}$$

这就是经典的粒子在保守力场中运动的哈密顿力学.

**例 D.1** 在方程 (D.1.2) 中令 $m/q\to 0$, $\partial_t\boldsymbol{A}=0$. 对于 $\boldsymbol{x}$ 的变分给出

$$\frac{\mathrm{d}\boldsymbol{x}_\perp}{\mathrm{d}t}=\frac{\boldsymbol{E}\times\boldsymbol{B}}{B^2},$$

其中, 角标 $\perp$ 表示垂直于磁场的分量. 这一结果表明, 当带电粒子绕磁力线运动的回旋半径趋于零时 ( 强磁场近似 ), 带电粒子垂直于磁场的运动速度与磁场和电场皆垂直. 假定电场较弱, 则这一漂移运动速度远小于光速; 在粒子漂移运动参照系中观察 ( 低速极限下的洛伦兹变换 ), 电场为零. 这个简单例题的结果在磁化等离子体 ( 磁约束聚变等离子体以及空间等离子体 ) 中有着广泛的重要应用.

**例 D.2** 在方程 (D.1.2) 中做替换

$$[m\boldsymbol{v}+q\boldsymbol{A}(\boldsymbol{x},t)]\to\boldsymbol{P},$$

$$\boldsymbol{v}\to\frac{1}{m}[\boldsymbol{P}-q\boldsymbol{A}(\boldsymbol{x},t)],$$

则自变量 ( 相空间坐标 ) 变为正则变量 $(\boldsymbol{x},\boldsymbol{P})$, 相应的运动方程称为正则运动方程. $\boldsymbol{P}$ 称为电磁场中带电粒子的正则动量.

由正则哈密顿力学立即可知, 当系统存在循环坐标, 例如在极坐标 $(r,\theta,z)$ 下系统对于极向角度坐标 $\theta$ 对称时, 相应的粒子极向正则角动量守恒,

$$r^2\nabla\theta\cdot[m\boldsymbol{v}+q\boldsymbol{A}(\boldsymbol{x},t)]=P_\theta$$

为粒子的运动常数.

应该强调指出的是, 哈密顿变分原理的正确性在于其给出的运动方程与实验事实 ( 牛顿运动定律 ) 符合; 所谓"原理", 即意味着其正确性无法从数学逻辑上加以证明.

## D.2 电动力学中的变分原理

电磁场的拉格朗日量密度为

$$\mathcal{L}=\frac{1}{2}\epsilon_0E^2-\frac{1}{2\mu_0}B^2-\rho\phi+\boldsymbol{j}\cdot\boldsymbol{A}, \tag{D.2.1}$$

拉格朗日量 $L$ 由 $\mathrm{d}L=\mathrm{d}^3\boldsymbol{x}\mathcal{L}$ 确定.

电磁场的作用量为

$$\mathcal{S}=\int\mathrm{d}t\mathrm{d}^3\boldsymbol{x}\left(\frac{1}{2}\epsilon_0E^2-\frac{1}{2\mu_0}B^2-\rho\phi+\boldsymbol{j}\cdot\boldsymbol{A}\right), \tag{D.2.2}$$

其中, 电磁场由矢势 $\boldsymbol{A}$ 和标势 $\phi$ 表示,

$$\boldsymbol{E} = -\nabla\phi - \partial_t \boldsymbol{A}, \tag{D.2.3}$$

$$\boldsymbol{B} = \nabla \times \boldsymbol{A}. \tag{D.2.4}$$

四维积分的域为 $\boldsymbol{x} \in V$, $t \in [t_1, t_2]$; 三维空间 $V$ 的边界为闭合曲面 $\Sigma$. 电磁场的矢势和标势在四维积分域的边界上给定, 即

$$[\boldsymbol{A}(\boldsymbol{x}, t)]_{\boldsymbol{x}\in\Sigma},\ \boldsymbol{A}(\boldsymbol{x}, t_{1,2}),\ [\phi(\boldsymbol{x}, t)]_{\boldsymbol{x}\in\Sigma},\ \phi(\boldsymbol{x}, t_{1,2}), \tag{D.2.5}$$

均为给定值.

注意, 电磁场的作用量表达式中 $\boldsymbol{E}$ 和 $\boldsymbol{B}$ 只是辅助量. 最小作用量原理指出, 对于四维积分域边界条件允许的所有的 $\boldsymbol{A}(\boldsymbol{x}, t)$ 和 $\phi(\boldsymbol{x}, t)$, 满足物理规律的真实的 $\boldsymbol{A}(\boldsymbol{x}, t)$ 和 $\phi(\boldsymbol{x}, t)$ 给出作用量的最小(极)值.

细心的读者可能已经发现, 将上述电磁场作用量应用于稳恒磁场情形, 与我们已经熟悉的表达式差了一个负号;因此这里的"最小"也是一个习惯上的说法, 实际上指的是取极值.

作用量中的电学部分与磁学部分差了一个负号, 或者说电磁场的拉格朗日量并不能像拉格朗日力学中可以简单地理解为"动能"减去"势能". 为什么要写成这种古怪的形式, 通过考察作用量的洛伦兹协变性可以帮助我们部分地理解这一问题. 这里需要强调的是, 电磁场的变分原理之所以正确, 是因为由其给出的结果符合实际的电磁学物理规律. 没有人能够从数学逻辑上先验地证明任何一条原理的正确性!

电磁场作用量关于矢势 $\boldsymbol{A}$ 的变分为

$$\delta_{\boldsymbol{A}}\mathcal{S} = \int \mathrm{d}^3\boldsymbol{x}\mathrm{d}t \left[-\epsilon_0 \boldsymbol{E}\cdot\partial_t \delta\boldsymbol{A} - \frac{1}{\mu_0}\boldsymbol{B}\cdot(\nabla\times\delta\boldsymbol{A}) + \boldsymbol{j}\cdot\delta\boldsymbol{A}\right].$$

上式可以化为

$$\begin{aligned}\delta_{\boldsymbol{A}}\mathcal{S} = &\int \mathrm{d}^3\boldsymbol{x}\mathrm{d}t\delta\boldsymbol{A}\cdot\left(\boldsymbol{j} - \frac{1}{\mu_0}\nabla\times\boldsymbol{B} + \epsilon_0\partial_t\boldsymbol{E}\right)\\ &-\int \mathrm{d}^3\boldsymbol{x}\mathrm{d}t\partial_t\left(\epsilon_0\boldsymbol{E}\cdot\delta\boldsymbol{A}\right)\\ &+\int \mathrm{d}^3\boldsymbol{x}\mathrm{d}t\nabla\cdot\left(\frac{1}{\mu_0}\boldsymbol{B}\times\delta\boldsymbol{A}\right).\end{aligned} \tag{D.2.6}$$

由边界条件方程 (D.2.5) 可知

$$\int \mathrm{d}^3\boldsymbol{x}\mathrm{d}t\left[\partial_t\left(\epsilon_0\boldsymbol{E}\cdot\delta\boldsymbol{A}\right)\right] = \int \mathrm{d}^3\boldsymbol{x}\left[\left(\epsilon_0\boldsymbol{E}\cdot\delta\boldsymbol{A}\right)\right]_{t_1}^{t_2} = 0,$$

$$\int \mathrm{d}^3\boldsymbol{x}\mathrm{d}t\left[\nabla\cdot\left(\frac{1}{\mu_0}\boldsymbol{B}\times\delta\boldsymbol{A}\right)\right] = \int \mathrm{d}t\oint \mathrm{d}\boldsymbol{\Sigma}\cdot\left(\frac{1}{\mu_0}\boldsymbol{B}\times\delta\boldsymbol{A}\right) = 0.$$

将上述两式代入由方程 (D.2.6) 并令 $\delta_{\boldsymbol{A}}\mathcal{S} = 0$ 可得麦克斯韦方程组中的安培-麦克斯韦方程

$$\nabla\times\boldsymbol{B} = \mu_0\boldsymbol{j} + \mu_0\epsilon_0\partial_t\boldsymbol{E}. \tag{D.2.7}$$

电磁场作用量关于标势 $\phi$ 的变分为

$$\delta_\phi \mathcal{S} = \int \mathrm{d}^3\boldsymbol{x}\mathrm{d}t \left[-\epsilon_0 \boldsymbol{E} \cdot \nabla (\delta\phi) - \rho\delta\phi\right]. \tag{D.2.8}$$

式 (D.2.8) 可以化为

$$\delta_\phi \mathcal{S} = \int \mathrm{d}^3\boldsymbol{x}\mathrm{d}t \left[\delta\phi (\epsilon_0 \nabla \cdot \boldsymbol{E} - \rho) - \nabla \cdot (\epsilon_0 \boldsymbol{E}\delta\phi)\right]. \tag{D.2.9}$$

由边界条件方程 (D.2.5) 可知

$$\int \mathrm{d}^3\boldsymbol{x}\mathrm{d}t \left[\nabla \cdot (\epsilon_0 \boldsymbol{E}\delta\phi)\right] = \int \mathrm{d}t \oint \mathrm{d}\boldsymbol{\Sigma} \cdot (\epsilon_0 \boldsymbol{E}\delta\phi) = 0.$$

将上式代入方程 (D.2.9), 并令 $\delta_\phi \mathcal{S} = 0$, 可得麦克斯韦方程组中的高斯定律

$$\nabla \cdot \boldsymbol{E} = \frac{1}{\epsilon_0}\rho. \tag{D.2.10}$$

最后由方程 (D.2.3) 和方程 (D.2.4) 可以得到麦克斯韦方程组中的另外两个方程,

$$\nabla \times \boldsymbol{E} = -\partial_t \boldsymbol{B}, \tag{D.2.11}$$

$$\nabla \cdot \boldsymbol{B} = 0. \tag{D.2.12}$$

注意到方程 (D.2.2) 中的 $\mathrm{d}^3\boldsymbol{x}\mathrm{d}t$ 是洛伦兹协变的, 在上述讨论中将 $t$ 改为 $ct$ 并不影响结果;利用方程 (9.5.25), 可以将方程 (D.2.2) 写成四维协变形式

$$\mathcal{S} = \int \mathrm{d}^3\boldsymbol{x}\mathrm{d}x^4 \left(-\frac{1}{4\mu_0} F^{\mu\nu}F_{\mu\nu} + j^\mu A_\mu\right). \tag{D.2.13}$$

在这一节中, 我们看到麦克斯韦方程组可以从一个变分原理演绎出来. 初学者可能惊叹于这种演绎法的优美, 进而对于我们为何要在本书第 2 章中使用较大的篇幅讨论从实验定律中归纳出麦克斯韦方程组的过程感到困惑. 我们再次强调, 没有人能够从数学逻辑上先验地证明任何一条原理, 当然也包括变分原理的正确性! 因此对于物理研究者来说, 即使我们可能不愿意说归纳法比演绎法更加重要, 但至少我们应该认识到掌握归纳法绝对是必不可少的!

## D.3 经典统计力学中的变分原理

在经典统计力学中, 大量同一种类粒子的分布函数 $f(\boldsymbol{x}, \boldsymbol{v}, t)$ 定义为相空间坐标 $(\boldsymbol{x}, \boldsymbol{v})$ 处单位相空间体积内 $t$ 时刻的粒子数. 令系统在 $t$ 时刻的粒子数为 $N(t)$, 则有

$$\mathrm{d}N = \mathrm{d}^3\boldsymbol{x}\mathrm{d}^3\boldsymbol{v} f(\boldsymbol{x}, \boldsymbol{v}, t). \tag{D.3.1}$$

系综平均分布函数可以定义为

$$\bar{f}(\boldsymbol{x}, \boldsymbol{v}, t) = \frac{1}{T_{\mathrm{en}}} \int_{t-T_{\mathrm{en}}/2}^{t+T_{\mathrm{en}}/2} \mathrm{d}t' f(\boldsymbol{x}, \boldsymbol{v}, t'). \tag{D.3.2}$$

其中, 时间间隔 $T_{\text{en}}$ 远大于微观涨落时间, 但远小于系统宏观参数发生变化的特征时间.

系统总粒子数为

$$N=\int \mathrm{d}^3\boldsymbol{x}\mathrm{d}^3\boldsymbol{v}\bar{f}(\boldsymbol{x},\boldsymbol{v},t). \tag{D.3.3}$$

假定系统中粒子之间的相互作用能远小于粒子动能, 则系统总能量为

$$\mathcal{E}=\int \mathrm{d}^3\boldsymbol{x}\mathrm{d}^3\boldsymbol{v}\bar{f}(\boldsymbol{x},\boldsymbol{v},t)\frac{1}{2}mv^2. \tag{D.3.4}$$

描述粒子无规运动程度的物理量——熵的定义为

$$\mathcal{S}=-\int \mathrm{d}^3\boldsymbol{x}\mathrm{d}^3\boldsymbol{v}\bar{f}(\boldsymbol{x},\boldsymbol{v},t)\ln\bar{f}. \tag{D.3.5}$$

系统中大量粒子之间的相互作用满足熵增加原理, 因此封闭系统趋于热力学平衡态时熵达到最大值. 平衡态分布函数 $\bar{f}$ 由最大熵原理确定; 考虑到封闭系统在向平衡态演化过程中, 总粒子数和总能量不变, 我们得到确定平衡态分布函数的下述条件变分

$$\delta\int \mathrm{d}^3\boldsymbol{x}\mathrm{d}^3\boldsymbol{v}\left[-\bar{f}\ln\bar{f}-\alpha\bar{f}-\beta\bar{f}\frac{1}{2}mv^2\right]=0. \tag{D.3.6}$$

计算上述变分得到

$$\int \mathrm{d}^3\boldsymbol{x}\mathrm{d}^3\boldsymbol{v}\left[\delta\bar{f}\left(\ln\bar{f}+\alpha+1+\beta\frac{1}{2}mv^2\right)\right]=0. \tag{D.3.7}$$

由此可得 $\alpha=-1$,

$$\ln\bar{f}+\beta\frac{1}{2}mv^2=0. \tag{D.3.8}$$

令 $\beta=1/k_{\mathrm{B}}T$, 则平衡态分布函数为

$$\bar{f}=n\frac{1}{\left(\frac{2k_{\mathrm{B}}T}{m}\right)^{3/2}}\exp\left(-\frac{\frac{1}{2}mv^2}{k_{\mathrm{B}}T}\right). \tag{D.3.9}$$

其中, 常数 $n$ 根据系统总粒子数的约束条件确定为单位体积的粒子数; 根据系统总能量 $\mathcal{E}$ 不变的条件可以确定

$$\frac{3}{2}k_{\mathrm{B}}T=\frac{1}{N}\mathcal{E}. \tag{D.3.10}$$

这里 $k_{\mathrm{B}}$ 为玻尔兹曼常数, $T$ 为粒子的热力学温度.

方程 (D.3.9) 称为麦克斯韦分布.

结合熵的概念, 变分原理在非平衡态统计力学中计算扩散率和热导等输运系数时也有着极其广泛的应用.

## D.4　量子力学中的变分原理

量子力学将粒子的态描述为波函数 $\psi(\boldsymbol{x},t)$; 在 $\boldsymbol{x}$ 处体积元 $\mathrm{d}^3\boldsymbol{x}$ 内发现粒子的概率正比于 $\mathrm{d}^3\boldsymbol{x}\psi\psi^*$, 这里 $\psi^*$ 表示 $\psi$ 的复共轭.

粒子的拉格朗日量密度为

$$\mathcal{L}=\psi^*\left(\mathrm{i}\hbar\partial_t\right)\psi(\boldsymbol{x},t)-\frac{\hbar^2}{2m}\nabla\psi^*\cdot\nabla\psi-U(\boldsymbol{x},t)\psi^*\psi. \tag{D.4.1}$$

这里 $m$ 为粒子的质量;势能函数 $U(\boldsymbol{x},t)$ 描述粒子受到的作用.

量子力学的最小作用量原理表述为

$$\delta\int \mathrm{d}t\mathrm{d}^3\boldsymbol{x}\mathcal{L}=0. \tag{D.4.2}$$

其中, 积分域为 $t\in[t_1,t_2]$, $\boldsymbol{x}\in V$. $\psi$ 和 $\psi^*$ 的数值在积分域的边界上给定;变分对于 $\psi^*$ 和 $\psi$ 独立进行.

对于 $\psi^*$ 的变分给出

$$0=\int \mathrm{d}t\mathrm{d}^3\boldsymbol{x}\delta\psi^*\left[\mathrm{i}\hbar\partial_t\psi+\frac{\hbar^2}{2m}\nabla^2\psi-U\psi\right]-\int \mathrm{d}t\mathrm{d}^3\boldsymbol{x}\nabla\cdot\left(\frac{\hbar^2}{2m}\delta\psi^*\nabla\psi\right). \tag{D.4.3}$$

式 (D.4.3) 右边第二个体积分可以利用高斯定理化为面积分

$$\int \mathrm{d}t\mathrm{d}^3\boldsymbol{x}\nabla\cdot\left(\frac{\hbar^2}{2m}\delta\psi^*\nabla\psi\right)=\int \mathrm{d}t\oint_{\Sigma}\mathrm{d}\boldsymbol{S}\cdot\left(\frac{\hbar^2}{2m}\delta\psi^*\nabla\psi\right).$$

由于 $\psi^*$ 的数值在积分域的边界上给定, $[\delta\psi^*]_{\boldsymbol{x}\in\Sigma}=0$, 该面积分为零;由此可得

$$\mathrm{i}\hbar\partial_t\psi=\left[-\frac{\hbar^2}{2m}\nabla^2+U(\boldsymbol{x},t)\right]\psi. \tag{D.4.4}$$

这就是著名的薛定谔方程.

对于 $\psi$ 的变分给出薛定谔方程的复共轭

$$-\mathrm{i}\hbar\partial_t\psi^*=\left[-\frac{\hbar^2}{2m}\nabla^2+U(\boldsymbol{x},t)\right]\psi^*. \tag{D.4.5}$$

变分原理对于定态问题, $\mathrm{i}\hbar\partial_t\to E$, 也有着广泛的实际应用.

波函数的概率解释、最小作用量原理或薛定谔方程构成了量子力学最基本的两个假定(原理), 加上物理量为厄密算符这一假定以及系统测定态为定态这一测量假定, 则可以解释单粒子系统的量子行为;对于多粒子量子系统需要进一步引入全同粒子不可分辨假定.

考察方程 (D.4.3), 我们可以看出拉格朗日量密度可以改写成

$$\mathcal{L}=\psi^*\left(\mathrm{i}\hbar\partial_t\right)\psi(\boldsymbol{x},t)-\psi^*\left[-\frac{\hbar^2}{2m}\nabla^2+U(\boldsymbol{x},t)\right]\psi. \tag{D.4.6}$$

将式 (D.4.6) 代入方程 (D.4.2), 结果只差一个全微分项. 由此可以看出哈密顿量(密度)可以写成

$$\mathcal{H}=\psi^*\left[-\frac{\hbar^2}{2m}\nabla^2+U(\boldsymbol{x},t)\right]\psi. \tag{D.4.7}$$

薛定谔在给出他的波动方程的论文中曾经写道, 哈密顿量为何要如此选取这一问题将另行讨论. 有趣的是, 他再也没有发表任何论文去讨论这一关键的要点. 事实上, 迄今为止也没有任何人能够对此给出一个令人满意的解释. 这大概就是"原理"之所以称为"原理"的原因所在吧.

# 附录 E　物理学常数

真空介电常量　$\epsilon_0 = 8.854187817 \times 10^{-12}$ F/m

真空磁导率　$\mu_0 = 4\pi \times 10^{-7}$ H/m

真空中光速　$c = 2.99792458 \times 10^8$ m/s

基本电荷　$e = 1.60217653(14) \times 10^{-19}$ C

电子静止质量　$m_e = 9.1093826(16) \times 10^{-31}$ kg

质子静止质量　$m_p = 1.672621171(29) \times 10^{-27}$ kg

原子质量单位　$m_u = 1.66053886(28) \times 10^{-27}$ kg

电子磁矩　$\mu_e = -9.28476412(80) \times 10^{-24}$ J/T

质子磁矩　$\mu_p = 1.41060671(12) \times 10^{-26}$ J/T

引力常量　$G = 6.6742(10) \times 10^{-11}\ \mathrm{m^3/(kg \cdot s^2)}$

普朗克常量　$h = 6.6260693(11) \times 10^{-34}$ J·s

玻尔兹曼常量　$k = 1.3806505(24) \times 10^{-23}$ J/K

阿伏伽德罗常量　$N_A = 6.0221415(10) \times 10^{23}$ /mol

经典电子半径　$r_e = \dfrac{e^2}{4\pi\epsilon_0 m_e c^2} = 2.817940325(28) \times 10^{-15}$ m

波尔半径　$a_0 = \dfrac{4\pi\hbar^2}{m_e e^2} = 5.291772108(18) \times 10^{-11}$ m

精细结构常数　$\alpha = \dfrac{e^2}{4\pi\epsilon_0 \hbar c} \approx \dfrac{1}{137}$

# 附录 F　中英文人名对照

A

阿尔芬（H. Alfven, 1908—1995, 瑞典）
阿伏伽德罗（A. Avogadro, 1776—1856, 意大利）
爱因斯坦（A. Einstein, 1879—1955, 德国）
安培（A. M. Ampere, 1775—1836, 法国）
昂内斯（H. K. Onnes, 1853—1926, 荷兰）
奥森菲尔德（R. Ochsenfeld, 德国）
奥斯特（H. C. Osted, 1777—1851, 丹麦）

B

泊松（S. D. Poisson, 1781—1840, 法国）
毕奥（J. B. Biot, 1774—1862, 法国）
波尔（N. H. D. Bohr, 1885—1962, 丹麦）
玻尔兹曼（L. E. Boltzman, 1844—1906, 奥地利）
布儒斯特（D. Brewster, 1781—1868, 苏格兰）

D

达朗贝尔（J. d'Alembert, 1717—1783, 法国）
德布罗意（L. de Broglie, 1892—1987, 法国）
狄拉克（P. A. M. Dirac, 1902—1984, 英国）
迪利克雷（J. Dirichlet, 1805—1859, 德国）
笛卡儿（R. Descartes, 1596—1650, 法国）
多普勒（C. J. Doppler, 1803—1853, 奥地利）

F

法拉第（M. Faraday, 1791—1867, 英国）
菲涅尔（A. J. Fresnel, 1788—1827, 法国）
菲佐 (A. H. L. Fizeau, 1819—1896, 法国)
费曼（R. P. Feynman, 1918—1988, 美国）
傅里叶（J. Fourier, 1768—1830, 法国）

夫琅禾费（J. Fraunhofer, 1787—1826, 德国）
弗兰克（I. M. Frank, 1908—1990, 苏联）

G
高斯 (C. F. Gauss, 1777—1855, 德国)
格林（G. Green, 1793—1841, 英国）

H
哈密顿（W. R. Hamilton, 1805—1865, 爱尔兰）
海森堡（W. K. Heisenberg, 1901—1976, 德国）
亥姆霍兹（H. V. Helmholtz, 1821—1894, 德国）
赫兹（H. R. Hertz, 1857—1894, 德国）
胡克（R. Hooke, 1635—1703, 英国）
惠根斯（C. Huygens, 1629—1695, 荷兰）

J
基尔霍夫（G. R. Kirchhoff, 1824—1887, 德国）
伽利略（Galileo Galilei, 1564—1642, 意大利）
金斯（J. H. Jeans, 1877—1946, 英国）

K
卡文迪什（H. Cavendish, 1731—1810, 英国）
开尔文（Lord Kelvin, 1824—1900, 英国）
开普勒（J. Kepler, 1572—1630, 德国）
康普顿（A. H. Compton, 1892—1962, 美国）
柯西（A. L. Cauchy, 1789—1857, 法国）
科尔劳施（R. Kohlrausch, 1809—1858, 德国）
科勒尼希（R. Kronig, 德国）
克拉默斯（H. A. Kramers, 1894—1952, 荷兰）
库仑 (C. A. Coulomb, 1736—1806, 法国)

L
拉格朗日（J. Lagrange, 1736—1813, 法国）
拉普拉斯 (P. S. Laplace, 1749—1827, 法国)
莱布尼兹（G. W. Leibniz, 1646—1716, 德国）
朗道（L. D. Landau, 1908—1968, 苏联）
朗缪尔（I. Langmuir, 1881—1957, 美国）
勒让德（A. M. Legendre, 1752—1833, 法国）

楞次 ( H. Lenz, 1804—1865, 俄国 )
李纳 ( A. M. Lienard, 1869—1958, 法国 )
李政道 ( T. D. Lee, 1926— , 中国 )
洛仑茨 ( L. Lorenz, 丹麦 )
洛伦兹 ( H. A. Lorentz, 1853—1928, 荷兰 )

M
迈克尔孙 ( A. A. Michelson, 1852—1931, 美国 )
迈斯纳 ( W. Meissner, 德国 )
麦克斯韦 ( J. C. Maxwell, 1831—1879, 英国 )
闵可夫斯基 ( H. Minkowski, 1864—1909, 德国 )
莫雷 ( E. W. Morley, 1838—1923, 美国 )

N
牛顿 ( I. Newton, 1642—1727, 英国 )
纽曼 ( F. E. Neumann, 1798—1895, 德国 )
诺伊曼 ( C. G. Neumann, 1832—1925, 德国 )

O
奥本海默 ( J. R. Oppenheimer, 1904—1967, 美国 )
欧几里得 ( Euclid, 约公元前 330—公元前 275, 古希腊 )
欧拉 (L. Euler,1707—1783, 瑞士)
欧姆 ( G. S. Ohm, 1789—1854, 德国 )

P
帕塞瓦尔 ( M. A. Parseval, 法国 )
庞加莱 ( J. H. Poincare, 1854—1912, 法国 )
泡利 ( W. E. Pauli, 1900—1958, 奥地利 )
佩兰 ( J. B. Perrin, 1870—1942, 法国 )
坡印廷 ( J. Poynting, 1852—1914, 英国 )
普朗克 (M. Planck, 1858—1947, 德国)
普利斯特利 ( J. J. Priestley, 1733—1804, 英国 )

Q
切伦科夫 ( P. A. Cherenkov, 1904—1990, 苏联 )

R
瑞利 ( Lord Rayleigh, 1842—1919, 英国 )

S
萨伐尔 ( F. Savart, 1791—1841, 法国 )
塞曼 (P. Zeeman, 1865—1943, 荷兰)
斯托克斯 ( G. G. Stokes, 1819—1903, 英国 )

T
塔姆 ( I. Tamm, 1895—1971, 苏联 )
泰勒 ( B. Taylor, 1685—1731, 英国 )
汤川秀树 ( H. Yukawa, 1907—1981, 日本 )
汤姆孙 ( J. J. Thomson, 1856—1940, 英国 )

W
韦伯 ( W. E. Weber, 1804—1891, 德国 )
维恩 ( W. Wien, 1864—1928, 英国 )
维谢尔 (E. T. Wiechert, 1861—1928, 德国)
吴健雄 ( C. S. Wu, 1912—1997, 中国 )

X
薛定谔 ( E. Schrodinger, 1887—1961, 奥地利 )

Y
雅克比 ( C. G. Jacobi, 1804—1851, 德国 )
杨振宁 ( C. N. Yang, 1922— , 中国 )

# 参 考 文 献


[1] 郭硕鸿. 电动力学[M]. 2 版. 北京:高等教育出版社，1997.

[2] JACKSON J D. Classical Electrodynamics[M]. 3rd. 北京:高等教育出版社，2004.

[3] FEYNMAN R P, LEIGHTON R B, SANDS M. The feynman lectures on physics[M]. Reading: Addison-Wesley Publishing Company，1966.

[4] 旺斯纳斯 R K. 电磁场[M]. 北京:科学出版社，2002.

[5] 张启仁. 经典场论[M]. 北京:科学出版社，2003.

[6] GOLDSTEIN H, POOLE C, SAFKO J. Classical mechanics[M]. 3rd. 北京:高等教育出版社，2005.

[7] 郭敦仁. 数学物理方法[M]. 北京:人民教育出版社，1978.

[8] ARFKEN G B, WEBER H J. Methematical methods for physicists[M]. 6th. Amsterdam: Elsevier Academic Press，2005.

[9] SCHUTZ B F. Geometrical methods of mathematical physics[M]. Cambridge: Cambridge University Press，1980.

[10] 张之翔,王书仁,陈献伟. 电动力学:提纲・专题・例题与习题[M]. 北京:气象出版 社，1988.

[11] 徐辅新,王明智. 研究生入学考试解题指南:电动力学[M]. 合肥:安徽教育出版社，1986.

[12] 胡友秋,程福臻. 电磁学与电动力学・下册[M]. 北京:科学出版社，2008.

# 名词索引